建设工程质量检测人员岗位培训教材

市政基础设施检测

江苏省建设工程质量监督总站 编

中国建筑工业出版社

图书在版编目（CIP）数据

市政基础设施检测/江苏省建设工程质量监督总站编.
—北京：中国建筑工业出版社，2009
（建设工程质量检测人员岗位培训教材）

ISBN 978-7-112-11094-0

Ⅰ.市… Ⅱ.江… Ⅲ.基础设施—市政工程—工程施工—质量检验—技术培训—教学 Ⅳ.TU99

中国版本图书馆 CIP 数据核字（2009）第112329号

本书是《建设工程质量检测人员岗位培训教材》之一，内容包括：市政工程常用材料检测、桥梁伸缩装置检测、桥梁橡胶支座检测、市政道路检测、市政桥梁检测等。

本书既是建设工程质量检测人员的培训教材，也是建设、监理单位的工程质量检测见证人员、施工单位的技术人员和现场取样人员学习用书。

责任编辑：郦锁林
责任设计：郑秋菊
责任校对：袁艳玲 刘 钰

建设工程质量检测人员岗位培训教材
市政基础设施检测
江苏省建设工程质量监督总站 编
*
中国建筑工业出版社出版、发行（北京西郊百万庄）
各地新华书店、建筑书店经销
南京碧峰印务有限公司制版
北京同文印刷有限责任公司印刷
*

开本：850×1168毫米 1/16 印张：19¼ 字数：554千字
2010年4月第一版 2010年11月第二次印刷
印数：3001—6000册 定价：49.00元
ISBN 978-7-112-11094-0
（18357）

版权所有 翻印必究
如有印装质量问题，可寄本社退换
（邮政编码100037）

《建设工程质量检测人员岗位培训教材》编写单位

主编单位：江苏省建设工程质量监督总站
参编单位：江苏省建筑工程质量检测中心有限公司
东南大学
南京市建筑安装工程质量检测中心
南京工业大学
江苏方建工程质量鉴定检测有限公司
昆山市建设工程质量检测中心
扬州市建伟建设工程检测中心有限公司
南通市建筑工程质量检测中心
常州市建筑科学研究院有限公司
南京市政公用工程质量检测中心站
镇江市建科工程质量检测中心
吴江市交通局
解放军理工大学
无锡市市政工程质量检测中心
南京科杰建设工程质量检测有限公司
徐州市建设工程检测中心
苏州市中信节能与环境检测研究发展中心有限公司
江苏祥瑞工程检测有限公司
苏州市建设工程质量检测中心有限公司
连云港市建设工程质量检测中心有限公司
江苏科永和检测中心
南京华建工业设备安装检测调试有限公司

《建设工程质量检测人员岗位培训教材》
编写委员会

主　任：张大春
副主任：蔡　杰　　金孝权　　顾　颖
委　员：周明华　　庄明耿　　唐国才　　牟晓芳　　陆伟东
　　　　谭跃虎　　王　源　　韩晓健　　吴小翔　　唐祖萍
　　　　季玲龙　　杨晓虹　　方　平　　韩　勤　　周冬林
　　　　丁素兰　　褚　炎　　梅　菁　　蒋其刚　　胡建安
　　　　陈　波　　朱晓旻　　徐莅春　　黄跃平　　邰扣霞
　　　　邱草熙　　张亚挺　　沈东明　　黄锡明　　陆震宇
　　　　石平府　　陆建民　　张永乐　　唐德高　　季　鹏
　　　　许　斌　　陈新杰　　孙正华　　汤东婴　　王　瑞
　　　　胥　明　　秦鸿根　　杨会峰　　金　元　　史春乐
　　　　王小军　　王鹏飞　　张　蓓　　詹　谦　　钱培舒
　　　　王　伦　　李　伟　　徐向荣　　张　慧　　李天艳
　　　　姜美琴　　陈福霞　　钱奕技　　陈新虎　　杨新成
　　　　许　鸣　　周剑峰　　程　尧　　赵雪磊　　吴　尧
　　　　李书恒　　吴成启　　杜立春　　朱　坚　　董国强
　　　　刘咏梅　　唐笋翀　　龚延风　　李正美　　卜青
　　　　李勇智

《建设工程质量检测人员岗位培训教材》
审定委员会

主　任：刘伟庆
委　员：缪雪荣　　毕　佳　　伊　立　　赵永利　　姜永基
　　　　殷成波　　田　新　　陈　春　　缪汉良　　刘亚文
　　　　徐　宏　　张培新　　樊　军　　罗　韧　　董　军
　　　　陈新民　　郑廷银　　韩爱民

前　言

随着我国建设工程领域内各项法律、法规的不断完善与工程质量意识的普遍提高，作为其中一个不可或缺的组成部分，建设工程质量检测受到了全社会日益广泛的关注。建设工程质量检测的首要任务，是为工程材料及工程实体提供科学、准确、公正的检测报告，检测报告的重要性体现在它是工程竣工验收的重要依据，也是工程质量可追溯性的重要依据，宏观上讲，检测报告的科学性、公正性、准确性关乎国计民生，容不得丝毫轻忽。

《建设工程质量检测管理办法》(建设部第141号令)、《江苏省建设工程质量检测管理实施细则》、江苏省地方标准《建设工程质量检测规程》(DGJ 32/J21-2009)等的相继颁布实施，为规范建设工程质量检测行为提供了法律依据；对工程质量检测人员的技术素质提出了明确要求。在此基础上，江苏省建设工程质量监督总站组织编写了本套教材。

本套教材较全面系统地阐述了建设工程所使用的各种原材料、半成品、构配件及工程实体的检测要求、注意事项等。教材的编写以上述规范性文件为基本框架，依据相应的检测标准、规范、规程及相关的施工质量验收规范等，结合检测行业的特点，力求使读者通过本教材的学习，提高对工程质量检测特殊性的认识，掌握工程质量检测的基本理论、基本知识和基本方法。

本套教材以实用为原则，它既是工程质量检测人员的培训教材，也是建设、监理单位的工程质量见证人员、施工单位的技术人员和现场取样人员的工具书。本套教材共分九册，分别是《检测基础知识》、《建筑材料检测》、《建筑地基与基础检测》、《建筑主体结构工程检测》、《市政基础设施检测》、《建筑节能与环境检测》、《建筑安装工程与建筑智能检测》、《建设工程质量检测人员岗位培训考核大纲》、《建设工程质量检测人员岗位培训教材习题集》。

本套教材在编写过程中广泛征求了检测机构、科研院所和高等院校等方面有关专家的意见，经多次研讨和反复修改，最后审查定稿。

所有标准、规范、规程及相关法律、法规都有被修订的可能，使用本套教材时应关注所引用标准、规范、规程等的发布、变更，应使用现行有效版本。

本套教材的编写尽管参阅、学习了许多文献和有关资料，但错漏之处在所难免，敬请谅解。为不断完善本套教材，请读者随时将意见和建议反馈至江苏省建设工程质量监督总站(南京市鼓楼区草场门大街88号，邮编210036)，以供今后修订时参考。

目　录

第一章　市政工程常用材料检测 ··· 1
　第一节　土工 ·· 1
　第二节　土工合成材料 ··· 62
　第三节　水泥土 ·· 79
　第四节　石灰(建筑用石灰、道路用石灰) ··· 83
　第五节　道路用粉煤灰 ··· 98
　第六节　道路工程用粗细集料(粗细集料、矿粉、木质素纤维) ····························· 103
　第七节　埋地排水管 ··· 144
　第八节　路面砖与路缘石 ·· 169
　第九节　沥青与沥青混合料 ··· 180
　第十节　路面石材与岩石 ·· 210
　第十一节　检查井盖及雨水箅 ··· 218
第二章　桥梁伸缩装置检测 ··· 230
第三章　桥梁橡胶支座检测 ··· 242
第四章　市政道路检测 ··· 255
第五章　市政桥梁检测 ··· 277
参考文献 ··· 302

第一章 市政工程常用材料检测

第一节 土工

一、含水率试验

1. 概念

本法所指含水率仅适用于测定粗粒土、细粒土、有机质土和冻土的含水率。含水率为某物质所含水质量与该物质干质量之百分比。含水率是土工试验中的一个基本参数。

2. 检测依据

《土工试验方法标准》GB/T 50123—1999

3. 仪器设备及环境

(1)仪器设备

天平:称量 200g,精度 0.01g(10～50g);
　　　称量 600g,精度 0.1g(50～500g);
　　　称量 6 000g,精度 1g(500～5 000g)。

烘箱:能控制温度在 105～110℃。

铝盒:大小适当。

料盘:大小适当。

(2)环境

在室内常温条件下进行。

4. 取样及制备要求

(1)素土、灰土等细粒土每份一般取 15～30g,二灰碎石等粗粒土由于含大颗粒,每份宜取 1 000g 以上。

(2)取样要有代表性,宜采用四分法取样。当取样后不立即进行称量测定时,必须密封防止水分损失。

(3)当采用抽样法测定含水率时,必须抽取两份样品进行平行测定,平行测定两个含水率的差值应符合以下要求:

含水率小于 40%,差值不大于 1%;

含水率不小于 40%,差值不大于 2%;

冻土,差值不大于 3%。

当采用整体法测定含水率时,则直接测定其含水率。

5. 操作步骤

(1)素土、灰土取代表性试样或环刀中试样 15～30g,放入已称重的铝盒,称重精确至 0.01g;二灰碎石等粗粒土取代表性试样 1 000g 左右,称重精确至 1g,放在已称重的料盘中;整体法测定环刀中土的含水率时,称重精确至 0.1g。

(2)将打开盖的铝盒或存料盘放入烘箱,在 105～110℃下烘至恒量(恒量的概念一般为间隔

2h质量差不大于0.1%)。烘干时间对黏土、粉土不得少于8h,对砂土不得少于6h,对有机质含量超过5%的土,应在65~70℃恒温下烘至恒量,时间需更长一些。

(3)将铝盒或料盘从烘箱中取出,铝盒盖上盒盖,放入干燥容器内冷却至室温,称重精确至0.01g或1g或0.1g。

6. 数据处理与结果判定

试样的含水率应按下式计算,准确至0.1%。

$$w_0 = (m_0 - m_d)/m_d \times 100\% \qquad (1-1)$$

式中 m_d——干土质量;

m_0——湿土质量。

或 $w_0 = (m_1 - m_2)/(m_2 - m_3) \times 100\%$ $\qquad (1-2)$

式中 m_2——盒加干土质量;

m_1——盒加湿土质量;

m_3——盒质量。

当两个平行测定含水率的差值符合误差要求时,取两个平行测定含水率的平均值作为测定结果。当两个平行测定含水率的差值超出误差要求时,重新测定。

二、环刀法测密实度试验

1. 概念

所谓环刀法是采用一定体积的不易变形的钢质环刀打入被测土样内,使土样充满环刀,修平上下面而测定土样密度的一种方法。本法适用于测定细粒土的密度和压实度。密度为单位体积内物质的质量;在土木工程中压实度为实测干密度与最大干密度之比。

2. 检测依据

《土工试验方法标准》GB/T 50123—1999

3. 仪器设备及环境

(1)仪器设备

环刀:1)体积60cm³,内径61.8mm,高度20mm。

　　　2)体积100cm³,内径79.8mm,高度20mm。

手柄:与环刀相配套。

修土刀:刀口应锋利平整。

榔头:打击用。

天平:称量500g,精度0.1g。

　　　称量200g,精度0.01g。

烘箱:室温约300℃,精度2℃。

(2)环境要求

室内工作在常温下进行。

4. 取样及制备要求

(1)建筑工程每组2点取平均值;市政工程路基灰土每组1点,其他每组3点取平均值。

(2)取样频率按验收规范执行,市政工程路基每1 000m²每层取一组,沟槽回填每一井段每层取一组。

(3)取样要有代表性。

5. 操作步骤

(1)环刀内壁涂一薄层凡士林,装在手柄内,刀口向下对准选好的取土部位。

(2) 用榔头垂直向下打击,直至环刀全部没入土内。

(3) 用铁锹挖去环刀四周的土,再用铁锹对准环刀下将整个环刀连同土一起铲出,注意不得扰动环刀内的土。

(4) 用修土刀修去环刀四周多余的土,修平环刀上下表面土层,并与环刀口平齐。

(5) 擦净环刀外壁,放入铝盒带回称量,称铝盒、环刀和土的总质量 m_1,精确至 0.1g。

(6) 测定环刀内土的含水量:可整个在 105~110℃烘干称重 m_2 测定,也可取样烘干测定。一般大环刀宜用取样烘干测定含水量,在环刀内土样中分别取两份土样,重约 20~30g,精确至 0.01g,分别放入两个铝盒称重 m_4、烘干称重 m_5 测定其平均值。

保证环刀法测量准确的操作要点:

1) 环刀体积准确。
2) 选取的测量部位要有代表性。
3) 挖出及修土时不得扰动环刀内的土,并修平。
4) 准确称量。
5) 烘干到位。

6. 数据处理与结果判定

(1) 计算

含水率 $w = (m_1 - m_2)/(m_2 - m_3 - m_6)$ （1-3）

式中 m_3——环刀质量;

m_6——铝盒质量。

或含水率 $w_1 = (m_{4-1} - m_{5-1})/(m_{5-1} - m_{6-1})$ （1-4）

$w_2 = (m_{4-2} - m_{5-2})/(m_{5-2} - m_{6-2})$ （1-5）

$w = (w_1 + w_2)/2$ （1-6）

湿密度 $\rho = (m_1 - m_3 - m_6)/V$ （1-7）

干密度 $\rho_d = (m_2 - m_3 - m_6)/V$ （1-8）

式中 V——环刀的体积。

或干密度 $\rho_d = \rho/(1+w)$ （1-9）

平均干密度 $\rho_d = (\rho_{d1} + \rho_{d2} + \rho_{d3})/3$ （1-10）

或平均干密度 $\rho_d = (\rho_{d1} + \rho_{d2})/2$ （1-11）

压实度 $= \rho_d/\rho_{最大}$ （1-12）

(2) 结果判定

当干密度或平均干密度大于等于设计要求的干密度时为合格;

当干密度或平均干密度小于设计要求的干密度时为不合格;

或当压实度大于等于设计要求的压实度时为合格;

当压实度小于设计要求的压实度时为不合格。

三、灌砂法测密实度

1. 国标方法

(1) 概念

所谓灌砂法是利用已知密度的砂灌入试坑来测得被测土样试坑的体积从而测定土样密度的一种方法。本法适用于现场测定粗粒土的密度和压实度,也可以测定细粒土的密度和压实度。

(2) 检测依据

《土工试验方法标准》GB/T 50123—1999

(3)仪器设备及环境

1)仪器设备

密度测定器:由容砂瓶、灌砂漏斗和底盘组成(图1-1)。

灌砂漏斗高135mm,直径165mm,底部有孔径为13mm的圆柱形阀门;容砂瓶容积为4L,容砂瓶与灌砂漏斗之间用螺纹接头连接;底盘承托灌砂漏斗和容砂瓶。

天平:称量15kg,精度5g(1~15kg);称量6 000g,精度1g(1 000~5 000g)。

烘箱:能控制温度在105~110℃。

料盘:大小适当。

工具:挖土铲,料勺,尺等。

2)环境

室内工作在常温下进行。

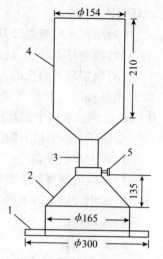

图1-1 密度测定器
1-底盘;2-漏斗;3-漏斗口;
4-容砂瓶;5-阀门

(4)取样及制备要求

1)每组1点。

2)取样频率按验收规范执行,市政工程路基每1 000m²每层取一组。

3)取样要有代表性。

(5)操作步骤

1)标准砂密度的测定

①标准砂应清洗洁净并烘干,粒径宜选用0.25~0.50mm,密度宜选用1.47~1.61g/cm³。

②组装容砂瓶与灌砂漏斗,螺纹连接处应拧紧,称其总质量。

③将密度测定器竖立,灌砂漏斗口向上,关阀门,向灌砂漏斗中注满标准砂,打开阀门使灌砂漏斗内的标准砂漏入容砂瓶中,继续向漏斗内注砂漏入容砂瓶中,当砂停止流动时迅速关闭阀门,倒掉漏斗内多余的砂,称容砂瓶与灌砂漏斗和灌满的标准砂的总质量,准确至5g,试验中应避免振动。

④倒出容砂瓶内的标准砂,通过漏斗向容砂瓶内注水至水面高出阀门,关上阀门,去掉漏斗中多余的水,称容砂瓶与灌砂漏斗和灌满的水的总质量,准确至5g,并测定水温,准确至0.5℃。重复测定三次,三次测值之间的差值不得大于3mL,取三次的平均值。

⑤容砂瓶的容积应按下式计算:

$$V_r = (m_{r2} - m_{r1})/\rho_{wr} \tag{1-13}$$

式中 V_r——容砂瓶容积(mL);

m_{r2}——容砂瓶与灌砂漏斗和灌满的水的总质量(g);

m_{r1}——容砂瓶与灌砂漏斗质量(g);

ρ_{wr}——不同温度时水的密度(g/cm³),见表1-1。

不同温度时水的密度 表1-1

温度(℃)	水的密度(g/cm³)	温度(℃)	水的密度(g/cm³)	温度(℃)	水的密度(g/cm³)
4	1.000 0	15	0.999 1	26	0.996 8
5	1.000 0	16	0.998 9	27	0.996 5
6	0.999 9	17	0.998 8	28	0.996 2
7	0.999 9	18	0.998 6	29	0.995 9
8	0.999 9	19	0.998 4	30	0.995 7
9	0.999 8	20	0.998 2	31	0.995 3

续表

温度(℃)	水的密度(g/cm³)	温度(℃)	水的密度(g/cm³)	温度(℃)	水的密度(g/cm³)
10	0.999 7	21	0.998 0	32	0.995 0
11	0.999 6	22	0.997 8	33	0.994 7
12	0.999 5	23	0.997 5	34	0.994 4
13	0.999 4	24	0.997 3	35	0.994 0
14	0.999 2	25	0.997 0	36	0.993 7

⑥标准砂的密度计算:

$$\rho_s = (m_{rs} - m_{rl})/V_r \tag{1-14}$$

式中 ρ_s——标准砂的密度(g/cm³);

m_{rs}——容砂瓶与灌砂漏斗和灌满的标准砂的总质量(g)。

2)灌砂法试验步骤

①根据试样最大粒径,确定试坑尺寸,见表1-2。

试坑尺寸 表1-2

试样最大粒径(mm)	试坑尺寸(mm)	
	直径	深度
5(20)	150	200
40	200	250
60	250	300

②将选定试验处的表面整平,除去表面松散的土层。

③按确定的试坑直径划出坑口轮廓线,在轮廓线内下挖至要求深度,边挖边将坑内挖出的试样装入盛土容器中,称试样质量 m_p,精确至5g,带回后测定试样的含水率。

④向容砂瓶中注满砂,关上阀门,称容砂瓶与灌砂漏斗和灌满的标准砂的总质量 m_0,准确至5g。

⑤将密度测定器倒置(容砂瓶向上)于挖好的坑口上,打开阀门,使砂注入试坑。在注砂过程中不得有振动。当砂注满试坑时关闭阀门,称容砂瓶与灌砂漏斗和余砂的总质量 m_1,准确至5g,并计算注满试坑所用的标准砂质量 m_s(实际上,仅通过上述方法还无法求得 m_s,$m_0 - m_1 \neq m_s$,因为灌入试坑的量砂除了试坑表面以下部分 m_s 外,由于灌砂漏斗的存在还在试坑表面以上形成一个量砂圆锥体,$m_0 - m_1$ 必须减去该量砂圆锥体的质量才是我们所需要的 m_s。而该量砂圆锥体的质量只有通过在试坑未挖前的表面上先空灌一次量砂来获得)。

(6)数据处理与结果判定

1)试样的密度,应按下式计算:

$$\rho_0 = m_p/(m_s/\rho_s) \tag{1-15}$$

2)试样的干密度,应按下式计算,准确至0.01g/cm³:

$$\rho_d = \rho_0/(1 + w_1) \tag{1-16}$$

3)试样的压实度,应按下式计算:

$$压实度 = \rho_d/\rho_{最大} \times 100\% \tag{1-17}$$

(7)注意事项

1)挖试坑要注意尽量不扰动旁边的土,挖松的土要全部取出称量,不得漏掉。

2)称量好后要立即装入塑料袋密封,防止水分蒸发影响试样含水率的测定,从而影响干密度测定的准确性。

2. 交通方法

(1)概念

所谓灌砂法是利用已知密度的砂灌入试坑来测得被测土样试坑的体积从而测定土样密度的一种方法。本法适用于测定粗粒土的密度和压实度,也可以测定细粒土的密度和压实度。测定粒径不大于15mm 细粒土时用 ϕ100mm 灌砂筒,测定粒径不小于15mm,达 40~60mm 时,应用 ϕ150~ϕ200mm 的灌砂筒。密度为单位体积内物质的质量;压实度为实测干密度与最大干密度之百分比。

(2)检测依据

《公路土工试验规程》JTG E40—2007(T 0111—1993)。

(3)仪器设备及环境

1)仪器设备

灌砂筒:直径 100mm、150mm、200mm(图1-2)。

标定罐:直径 100mm、150mm、200mm(图1-2)。

台秤:称量 10~15kg,精度 5g(1~15kg);

烘箱:能控制温度在 105~110℃。

料盘:大小适当。

工具:挖土铲,料勺,尺等。

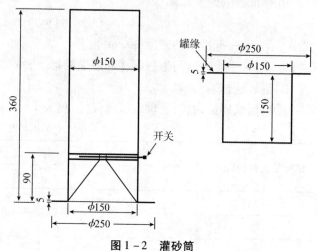

图1-2 灌砂筒

2)环境

室内工作在常温下进行。

(4)取样及制备要求

1)每组1点。

2)取样频率按验收规范执行,市政工程路基每1 000m² 每层取一组。

3)取样要有代表性。

(5)操作步骤

1)确定灌砂筒下部圆锥体内量砂的质量

①在灌砂筒上部储砂筒内装满量砂,筒内量砂的高度与筒顶的距离不超过15mm,称重 m_1,准确至1g。每次标定及而后的试验都维持这个质量不变。

②将开关打开,让砂流出,并使流出砂的体积与工地所挖试坑的体积相当(或与标定罐体积相当)。然后关上开关,称量筒及余砂质量 m_5,准确至1g。

③将灌砂筒放在玻璃板上,打开开关,让砂流出,直到筒内砂不再下流时,关上开关,细心取走灌砂筒。

④收集并称量玻璃板上的量砂 m_{2i} 或称量筒及余砂质量 m_5',准确至1g($m_{2i} = m_5 - m_5'$)。玻璃板上的量砂就是填满灌砂筒下部圆锥体的量砂。

⑤重复上述过程三次,取平均值 m_2,准确至1g。

2)标定量砂的密度

①在灌砂筒上部储砂筒内装入质量为 m_1 的量砂,将灌砂筒放在标定罐上,打开开关,让砂流

出，直到筒内砂不再下流时，关上开关，取下灌砂筒，称量筒及余砂质量 m_{3i}，准确至1g。

②重复上述过程三次，取平均值 m_3，准确至1g。

③按下式计算填满标定罐所需砂的质量 m_a：

$$m_a = m_1 - m_3 - m_2 \qquad (1-18)$$

④用水确定标定罐的体积。

将空罐放在称台上，使罐上口处于水平位置，称量罐的质量 m_7，准确至1g。罐顶放一直尺，慢慢加水至水面刚好接触直尺，移去直尺，称量罐和水的总质量 m_8，并测量水温。重复三次，取平均值。重复测量时仅需用吸管从罐中吸取少量水，并用滴管重新将水加满至接触直尺。标定罐的体积按下式计算：

$$V = (m_8 - m_7)/\rho_{水} \qquad (1-19)$$

⑤按下式计算量砂的密度 ρ_s（g/cm³）：

$$\rho_s = m_a/V \qquad (1-20)$$

3）灌砂法试验步骤：

①选择一个尺寸为40cm×40cm的平坦表面，清扫干净，放上基板，将装有适量量砂的灌砂筒（质量为 m_5）放在基板中心圆孔上，打开开关，至筒内砂不再流动，关上开关，取走灌砂筒并称其质量 m_6，准确至1g。

②取走基板，回收量砂，重新将表面清扫干净。将基板放在原位上，沿基板圆孔边凿洞，直径控制在比基板圆孔直径稍小，随时取出凿松的料，小心放入塑料袋中以防丢失，密封以防失水。洞深控制在标定灌深度左右为宜。凿毕清空松料后，称全部取出料质量 m_t。

③如果所选表面非常平整，则可不用基板，直接挖坑测定。需注意所挖坑要圆整，直径比灌砂桶稍小。

④从全部取出料中取有代表性样品测其含水量 w。细粒土不小于100g，粗粒土不宜小于1 000g。

$$w = (m_{湿} - m_{干})/m_{干} \times 100\% \qquad (1-21)$$

⑤将灌砂筒（质量 m_1）放在对准试坑的基板中心圆孔上（不用基板时直接放试坑上），打开开关，至筒内砂不再流动，关上开关，取走灌砂筒，称量筒及余砂质量 m_4，准确至1g。

⑥回收量砂以备后用。若量砂的湿度已变化或混有杂质，则应烘干过筛，并放置一段时间与空气湿度平衡后再用。

⑦如试坑中颗粒间有较大孔隙，量砂可能进入孔隙时，则应按试坑外形，松弛地放入一层柔软的纱布，再进行灌砂测定。

⑧填满试坑所需量砂的质量 m_b 按下式计算：

有基板：$m_b = m_1 - m_4 - (m_5 - m_6)$ （1-22）

无基板：$m_b = m_1 - m_4 - m_2$ （1-23）

(6) 数据处理与结果判定

1) 试样的湿密度 ρ（g/cm³），应按下式计算，准确至0.01g/cm³：

$$\rho = m_t/(m_b/\rho_s) \qquad (1-24)$$

2) 试样的干密度 ρ_d（g/cm³），应按下式计算，准确至0.01g/cm³：

$$\rho_d = \rho/(1 + 0.01w) \qquad (1-25)$$

3) 试样的压实度，应按下式计算：

$$压实度 = \rho_d/\rho_{最大} \times 100\% \qquad (1-26)$$

四、标准击实

1. 概念

所谓标准击实试验其目的是求得土样的最大干密度和最佳含水量。最大干密度表示在一定击实功下某土样所能达到的干密度最大值,而达到最大干密度所对应的含水量即为某土样的最佳含水量。

标准击实分轻型和重型两种,单位体积击实功分别为:轻型——592.2kJ/m³;重型——2 684.9 kJ/m³。轻型击实适用于粒径小于5mm的黏性土,重型击实适用于粒径不大于20mm的土,当采用三层击实时,最大粒径不大于40mm。

2. 检测依据

《土工试验方法标准》GB/T 50123—1999

3. 仪器设备及环境

(1)仪器设备

1)标准击实仪:重型、轻型,由击实筒、击锤和导筒组成(表1-3、图1-3)。

标准击实仪技术条件　　　　　　　　　　　　　　　　　表1-3

试验方法	锤底直径(mm)	锤质量(kg)	落高(mm)	击实筒			护筒高度(mm)
				内径(mm)	筒高(mm)	容积(cm³)	
轻型	51	2.5	305	102	116	947.4	50
重型	51	4.5	457	152	116	2 103.9	50

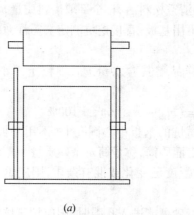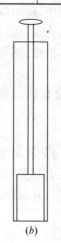

(a)　　　　　(b)

图1-3　击实仪简图

(a)击实筒;(b)击锤与导筒

2)脱模器。

3)烘箱:室温约300℃,精度2℃。

4)天平:感量0.01g。

5)台秤:10kg,感量5g。

6)其他:喷水设备、盘、铲、量筒、铝盒、修土刀等。

(2)环境

在室内常温条件下进行。

4. 取样及制备要求

(1)干土法(土样重复使用)

取有代表性的风干或50℃下烘干试样,碾碎,过筛,用四分法取样,大筒6.5kg,小筒3kg。估计土样现有含水量,适量加水至五级含水量中最低一级含水量,充分拌合,闷料一夜备用。

(2)干土法(土样不重复使用)

用四分法取 5 个样,按 2%～3% 含水量间隔分别加入不同量的水,充分拌合,闷料一夜备用。

(3)湿土法(土样不重复使用)

对于高含水量土,不用过筛,拣去大于 40mm 粗石子并进行修正(参见 JTGE 40—2007)。以天然含水量土样作为第一个土样,可直接用于击实。其余几个试样分别风干,使含水量按 2%～3% 递减。

5. 操作步骤

(1)将准备好的一份试样分 3～5 次加入装好套模的击实筒内,使每一层击实后的试样层高略高于筒高的 1/3 或 1/5。每一层按规定次数击实后,应拉毛该层表面,再加入下一层料进行下一层击实。击实结束后,试样应高出筒顶 2～5mm。

轻型击实分三层,每层击实 25 次。

重型击实分五层,每层击实 56 次。

或分三层,每层击实 94 次。

(2)脱去套筒,用修土刀齐筒顶仔细削平试样表面,拆除底板,擦净筒外壁,称量 m_1,精确到 1g。

(3)用脱模器脱出筒内试样,从试样中心处取样测其含水量。素土一般取 20～30g 两份,其他试样按最大粒径的大小,适当增加取样数量,取一份。

也可整个试样全部烘干来测其含水量。

称量 100g 以内精确到 0.01g,称量 100g 以上精确到 0.1g,称量 1 000g 以上精确到 1g。含水量精确到 0.1%。

(4)按上述步骤击实其他几个试样。

6. 数据处理与结果判定

(1)计算

湿密度 $$\rho = (m_1 - m_0)/V \qquad (1-27)$$

式中 m_0——击实筒重;

V——体积。

干密度 $$\rho_d = \rho/(1+w) \qquad (1-28)$$

(2)确定最大干密度和最佳含水量

以干密度为纵坐标,含水量为横坐标,绘制干密度与含水量的关系曲线,曲线上峰值的纵、横坐标分别为该试样的最大干密度和最佳含水量。

标准击实 GB/T 50123—1999 与 JTGE 40—2007 的主要区别在于击实仪尺寸及击实功稍有不同。

五、界限含水率试验(液塑限联合测定法)

1. 概念

界限含水率试验的目的是测定土样的液限和塑限,塑限是土样从固体颗粒不可塑状态变为塑性状态的含水率界限,而液限则是土样从塑性状态变为液性状态的含水率界限。本方法适用于粒径小于 0.5mm 以及有机质含量不大于 5% 的土。

2. 检测依据

《土工试验方法标准》GB/T 50123—1999

3. 仪器设备及环境

(1)仪器设备

1)液塑限联合测定仪:包括带标尺的圆锥仪、电磁铁、显示屏、控制开关和试样杯。圆锥质量为 76g,锥角为 30°;读数显示宜采用光电式、游标式和百分表式;试样杯内径为 40mm,高度为 30mm(图 1-4)。

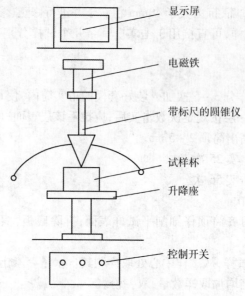

图 1-4 液塑限联合测定仪

2)天平:量程 200g,最小分度值 0.01g。

(2)环境

在室内常温下进行。

4. 取样及制备要求

(1)本试验宜采用天然含水率试样,当土样不均匀时,采用风干试样,当试样中含有粒径大于 0.5mm 的土粒和杂质时,应过 0.5mm 筛。

(2)采用天然含水率试样时,取代表性土样 250g;采用风干试样时,取 0.5mm 筛下的代表性土样 200g;将试样放在橡皮板上用纯水将土样调成均匀膏状,放入调土皿,浸润过夜。

5. 操作步骤

(1)将制备的试样充分调拌均匀,填入试样杯中,填样时不应留有空隙,对较干的试样,应充分搓揉,密实地填入试样杯中,填满后刮平表面。

(2)将试样杯放在联合测定仪的升降台上,在圆锥上抹一薄层凡士林,接通电源,使电磁铁吸住圆锥。

(3)调节零点,将屏幕上的标尺调到零位,调整升降座,使圆锥尖接触试样表面,指示灯亮时圆锥在自重下沉入试样,经 5s 后测读下沉深度(显示在屏幕上),取出试样杯,挖去锥尖入土处的凡士林,取锥体附近的试样不少于 10g,放入铝盒内,测定其含水率。

(4)将试样再加水或吹干并调匀,重复步骤(3)测定第二点、第三点试样的圆锥下沉深度及相应的含水率。液、塑限联合测定应不少于 3 点。3 点入土深度宜控制在 3~4mm、7~9mm、15~17mm 左右。

6. 数据处理与结果判定

(1)以含水率的对数为横坐标,圆锥入土深度的对数为纵坐标绘制关系曲线(图 1-5)。3 点应在一直线上,如图 1-5 中 A。当 3 点不在一条直线上时,通过高含水率的点分别与其余两点连成两条直线,在入土深度为 2mm 处查得 2 个含水率,当这两个含水率的差值小于 2% 时,应以其平均值与高含水率点再连一条直线作为结果,如图 1-5 中 B;当这两个含水率的差值不小于 2% 时,应重作试验。

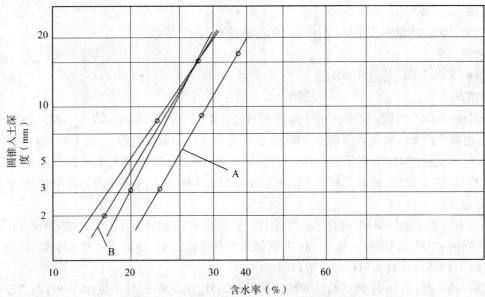

图1-5 含水率与圆锥入土深度对数关系图

(2)在含水率与圆锥入土深度对数关系图上查得入土深度为17mm所对应的含水率为液限w_L,查得入土深度为10mm所对应的含水率为10mm液限,查得入土深度为2mm所对应的含水率为塑限w_p,取值以百分数表示,准确至0.1%。

(3)塑性指数应按下式计算:

$$I_p = w_L - w_p \tag{1-29}$$

(4)液性指数应按下式计算:

$$I_L = (w_0 - w_p)/I_p \tag{1-30}$$

式中:w_0——某一土样的含水率。

六、水泥石灰剂量测定(EDTA滴定法)

1. 概念

石灰稳定土是市政道路工程中一种常用的路基材料,有时为了加快施工进度,也使用水泥作为稳定材料加入土中来提高基层的早期强度。石灰土或水泥土的强度主要取决于石灰或水泥的含量以及它们的品质。EDTA滴定法是测定水泥或石灰剂量最常用的一种方法。

(1)本方法适用于在工地快速测定水泥和石灰类稳定土中的水泥和石灰剂量,并可用于检查混合料拌合的均匀性。用于稳定的土可以是细粒土,也可以是中粒土和粗粒土。本方法不受水泥和石灰稳定土龄期(7d以内)的影响。工地水泥和石灰稳定土含水率的少量变化(±2%),实际上不影响测定结果。

(2)本方法也可以用来测定水泥和石灰综合稳定土中的结合料剂量。

2. 检测依据

《公路工程无机结合料稳定材料试验规程》JTJ 057—94(T 0809—94)

3. 仪器设备及环境

(1)仪器

1)酸式滴定管50mL。

2)大肚移液管10mL。

3)锥形瓶200mL。

4)烧杯2 000mL、1 000mL、3 000mL。

5）容量瓶 1 000mL。

6）天平：500g，感量不大于0.5g，称量100g，感量0.1g。

7）秒表。

8）分析天平：200g，感量0.001g。

(2) 试剂

1）0.1mol/m³ 乙二胺四乙酸二钠（简称 EDTA 二钠）标准液：准确称取 EDTA 二钠（分析纯）37.226g，用微热的无二氧化碳蒸馏水溶解，待全部溶解并冷却至室温后，定容1 000mL。

2）10% 氯化铵（NH_4Cl）溶液：将500g氯化铵（分析纯或化学纯）放在10L的聚乙烯桶内，加蒸馏水4 500mL，充分振荡，使氯化铵完全溶解。也可以在1 000mL的烧杯内分批配制，然后倒入塑料桶内摇匀。

3）1.8% 氢氧化钠（NaOH，内含三乙醇胺）溶液：称取18g（精确至0.1g）氢氧化钠（分析纯），放入洁净干燥的1 000mL烧杯中，加1 000mL蒸馏水使其全部溶解，待溶液冷却至室温后，加入2mL三乙醇胺（分析纯），搅拌均匀后储于塑料桶中。

4）钙红指示剂：将0.2g钙试剂羟酸钠（分子式 $C_{21}H_{13}O_7N_2SNa$，分子量460.39）与20g预先在105℃烘箱中烘过1h的硫酸钾混合。一起放入研钵中，研成极细粉末，储于棕色广口瓶中，以防吸湿受潮。

(3) 环境

在20±5℃下进行。

4. 试样及制备要求

(1) 相同原材料的每一种基层混合材料需抽取代表性原材料预先送样试验建立灰剂量标准曲线。

(2) 市政道路工程现场抽样检测要求每2 000m²每一层抽取一组样品送检，在混合均匀压实前抽取及时送检。

5. 操作步骤

准备标准曲线：

(1) 取样：取工地用水泥或石灰和集料。风干后分别过2.0mm或2.5mm筛，用烘干法或酒精法测其含水量（水泥可假定为0%）。

(2) 混合料组成的计算：

公式：干料质量 = 湿料质量/(1+含水量)

计算步骤：

1）干混合料质量 = 300/(1+最佳含水量)

2）干土质量 = 干混合料质量/[1+石灰（或水泥）剂量]

3）干石灰（或水泥）质量 = 干混合料质量 - 干土质量

4）湿土质量 = 干土质量 × (1+土的风干含水量)

5）湿石灰质量 = 干石灰质量 × (1+石灰的风干含水量)

6）石灰土中应加入的水 = 300 - 湿土质量 - 湿石灰质量

(3) 准备5种试样，每种2个样品（以水泥为例），如下：

第一种：称两份300g土料❶分别放在2个搪瓷杯内，集料的含水量应等于工地预期达到的最佳含水量。土料中所加水应与工地所用的水相同（300g为湿质量）。

---

❶ 如为细粒土，则每份的质量可以减为100g，对应加200mL10%氯化铵（NH_4Cl）溶液。

第二种：准备两份水泥剂量为2%的水泥土混合料试样各300g，分别放在2个搪瓷杯内，水泥土混合料的含水量应等于工地预期达到的最佳含水量。混合料中所加水应与工地所用的水相同。

第三种、第四种、第五种的水泥剂量分别为4%、6%、8%❶，其他同第二种。

(4)取一个盛有试样的搪瓷杯，在杯中加600mL10%氯化铵溶液，用不锈钢搅拌棒充分搅拌3min(每分钟搅110～120次)。如混合料是细粒土，则也可以用1 000mL的具塞三角瓶代替搪瓷杯，手握三角瓶(口向上)用力振荡3min(每分钟120±5次)以代替搅拌。放置沉淀4min[如4min后得到的是浑浊悬浮液，则应增加放置沉淀时间，直到出现澄清悬浮液为止，并记录所需的时间，以后所用该种水泥(或石灰)土混合料的试验，均以该时间为准]，然后将上部清液转移到300mL烧杯内，搅匀，加表面皿待测。

(5)用移液管吸取上层(液面下1～2cm)悬浮液10.0mL放入200mL三角瓶内，用量筒量取50mL1.8%氢氧化钠(内含三乙醇胺)溶液倒入三角瓶中，此时溶液的pH值为12.5～13.0(可用pH12～14精密试纸检验)，然后加入钙红指示剂(体积约为黄豆大小)，摇匀，溶液呈玫瑰红色。用EDTA二钠标准液滴定至纯蓝色为终点，记录EDTA二钠标准液的耗量(精确至0.1mL)。

(6)对其他几个搪瓷杯中的试样，用同样的方法进行试验，记录下各自的EDTA二钠标准液的耗量。

(7)以统一水泥或石灰剂量混合料EDTA二钠标准液的耗量毫升数的平均值为纵坐标，以水泥或石灰剂量(%)为横坐标制图。两者的关系应是一条顺滑的曲线，如图1-6所示。

如工地所用材料改变，必须重新做标准曲线。

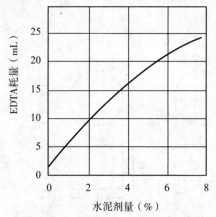 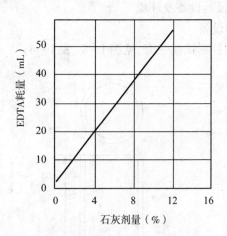

图1-6 水泥或石灰剂量－EDTA耗量曲线

水泥或石灰剂量测定步骤：

取有代表性的水泥土或石灰土混合料，称300g放入搪瓷杯中，用搅拌棒将结块搅散，加600mL10%氯化铵溶液，然后按上述步骤(4)、(5)进行操作，测出其EDTA耗量(mL)。

6. 数据处理与结果判定

(1)当为石灰土时，一般在常规剂量下灰剂量标准曲线基本为一条直线，相关系数在0.999以上，此时，实测灰剂量按下式计算：

$$Y = aX + b \tag{1-31}$$

式中 a、b——回归常数；
X——实测样品EDTA消耗量(mL)；

---

❶ 举例水泥剂量为0%、2%、4%、6%、8%，实际应使工地所用水泥或石灰剂量位于准备标准曲线的五个剂量的中间。

Y——实测样品灰剂量(%)。

(2)当灰剂量标准曲线不为一条直线时,以实测样品 EDTA 消耗量,在 EDTA 消耗量—灰剂量曲线图上查图反推直接得到实测样品灰剂量数值。

(3)CJJ 4—97 对含灰量的要求范围是 -1%~+2%。当检测结果在设计灰剂量的 -1%~+2% 时为符合要求,否则不符合要求。

七、无机结合料稳定土抗压强度

1. 市政方法

(1)概念

无机结合料抗压强度是市政工程路基施工中的一个重要指标,基层结合料的抗压强度对整个道路的质量起着重要作用。目前常用的路基混合材料有石灰粉煤灰稳定碎石(二灰碎石)、石灰稳定碎石(三渣)、石灰土稳定碎石、水泥稳定碎石。

无机结合料抗压强度试验的目的:

1)对工地混合料基层的施工质量或拌合厂混合料生产质量进行检验;

2)在试验室对混合料的配合比进行选择或核验试验。

(2)检测依据

《粉煤灰石灰类道路基层施工及验收规程》CJJ 4—97

(3)仪器设备及环境

仪器设备:

1)圆柱形试模三套,见图 1-7、表 1-4;

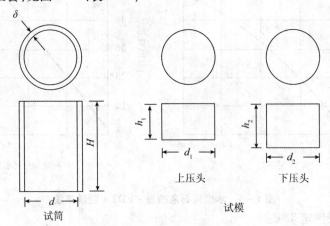

图 1-7 圆柱形试模

圆柱形试模尺寸(mm)   表 1-4

公称试件尺寸 (直径×高) (cm×cm)	适用混合料	d	d_1	d_2	H	h_1	h_2	δ	试件截面积 (cm^2)
5×5	石灰土 粉煤灰石灰土	50.4	50.0	50.0	130	40.0	80.0	10.0	20
10×10	粉煤灰石灰集料 (最大粒径不大于25mm)	100.8	100.4	100.4	180	50.0	90.0	11	80
15×15	粉煤灰石灰集料 (最大粒径不大于50mm)	151.4	151	151	270	60.0	100	14.0	180

2)压制试件用1 000kN压力机一台;
3)测定试件抗压强度用100～300kN压力试验机一台;
4)脱模器一台;
5)天平:1 000～5 000g,感量1g;
6)台秤:10～15kg,感量5g;
7)水浴;
8)养生室一间;
9)配套工具。

环境要求:
试验在常温下进行。
养生条件:温度20±2℃,相对湿度大于90%。

(4)取样及制备要求

1)试验室配料:
先将粉煤灰、石灰、土的团粒打碎,粉煤灰、石灰过5mm筛,土过10mm筛,集料过25mm、40mm、50mm筛(当规定最大粒径为25mm、40mm、50mm时)。按设计配合比进行配料,将材料在拌合盘内拌合均匀,再将其摊平,按最佳含水量将应加的水(扣除原材料中所含水分)均匀喷洒在试料上,用拌合铲将混合料拌合均匀;然后将其装入密封容器或塑料袋中浸润备用。如混合料中含有土,其浸润时间可适当延长至6～10h。如采用1%～3%水泥和石灰作为结合料,应在试料浸润后再加入水泥拌合均匀,并在1h内将试件制完。

2)工地或拌合厂取样:
取工地或拌合厂拌合均匀的混合料不少于成型6个试件的试料,用塑料袋密封后,记录试样采集桩号或厂拌日期和混合料配合比,送试验室立即测定含水量,并制作试件。如采用1%～3%水泥和石灰作为结合料,应在混合料拌匀后立即取样送检,并在1h内完成试件制作。在制作试件时,如试料中有少量超尺寸颗粒集料(不应大于5%),可在制作试件前将其除去。

3)取样频率为每层每2 000m²抽取一组样品送检。

(5)操作步骤

1)如为试验室配料试验,根据混合料的最大干密度和规定的压实系数,计算出每个湿试件的质量;如为工地取样,则根据基层压实干密度和实际含水量,计算出每个湿试件的质量;如为拌合厂取样,则根据最大干密度和最佳含水量,计算出每个湿试件的质量;5cm试件按100cm³计算、10cm试件按800cm³计算、15cm试件按2 700cm³计算试件湿重,然后分别称取试样。

2)选取合适的试模,擦净涂油,制试件时,先将下压头放在制试件用的垫板上,压头两边垫2～3cm高的垫块,再放上试筒。将湿试料分一次(5cm试件)、分两次(10cm试件)、分三次(15cm试件)均匀地装入试模中,并将其整平。每次装料后用捣棒均匀捣实一遍,并将表面整平,然后装下一层试料。全部混合料装完后,将试模连同垫板放在压力机上,再放上压头。先以约1MPa的压强对混合料进行初压,撤去试筒底部垫块,然后慢速均匀地施加压力,直至达到规定的试件高度为止,记录成型压力,稳定3min后卸载,将试模移至脱模机上,将试件脱出。

3)在试件端部十字交叉位置,用卡尺测量试件高度,精确至0.1mm,取4处高度的平均值作为试件的高度,它与试件规定高度的允许偏差:5cm试件为±0.5mm、10cm试件为±1.0mm、15cm试件为±1.3mm;以上相当于干密度允许偏差为±1%。

4)称试件质量,5cm试件、10cm试件、15cm试件分别精确至0.2g、1g、5g。

5)试件一次共6个或9个,分成A、B两组或A、B、C三组,编号并注明制作日期。

6)养生:A、B两组试件称重后,以塑料薄膜裹覆,立即放到养生室养生7d和28d,养生温度为

20±2℃,相对湿度大于90%。

7)试验步骤:

①在到达养生龄期前一天,将试件取出置于同温度条件水浴中浸水24h,在浸水过程中始终保持水面高出试件顶面2.5cm。

②到达浸水时间后,将试件从水浴中取出,用湿布吸去周边水分,再将试件放置在压力试验机的下压板上,启动压力机使上压板与试件顶面均匀接触,然后以1mm/min的变形速度加压,直至试件破坏,记录破坏荷载。

8)试件快速抗压强度测定:这种强度测定方法是供拌合厂控制日常产品质量或工地及时了解混合料基层施工质量时使用的,可与7d和28d常温抗压强度建立相关关系。

①将C组试件放在65±1℃的恒温箱内保温20~24h,取出冷却到室温。

②按6试验步骤测定试件的抗压破坏荷载。

(6)数据处理与结果判定

1)按下式计算混合料试件的抗压强度:

$$R_7、R_{28} 或 R_快 = P/A \tag{1-32}$$

以三块平均值作为结果

式中 $R_7、R_{28}$ 或 $R_快$——分别代表7d、28d和快速养生抗压强度(MPa),精确至0.01MPa;

A——试件的受压面积(mm^2);

P——试件的破坏荷载(N)。

2)当有混合料抗压强度设计要求值时,按设计要求值评定。当无混合料抗压强度设计要求值时,按表1-5要求值评定。大于等于要求值为符合要求,小于要求值为不符合要求。

CJJ 4—97 对粉煤灰石灰类混合料抗压强度的要求　　表1-5

部位	R_7			R_{28}	
	快速路和主干路	次干路	支路	快速路和主干路	次干路
基层	≥0.70	≥0.55	≥0.50	≥1.75	≥1.38
底基层	≥0.50	≥0.45	—	—	—

2. 交通方法

无机结合料稳定土无侧限抗压强度 JT/J 057—94 中的 T 0805—94。

(1)概念

本试验方法适用于测定无机结合料稳定土(包括稳定细粒土、中粒土和粗粒土)试件的无侧限抗压强度。本试验方法是按照预定干密度用静压法或用击实法制作高度:直径=1:1的圆柱体试件,经标准条件养护、浸水后测定其抗压强度。由于击实法制作试件比较困难,所以应尽可能采用静压法制备等干密度试件。其他稳定材料或综合稳定土的抗压强度应参照本法。

(2)检测依据

《公路工程无机结合料稳定材料试验规程》TJ 057—94

(3)仪器设备及环境

1)仪器设备

①圆孔筛:孔径40mm、25mm(或20mm)及5mm的筛各一个。

②试模:φ50mm×50mm,适用于最大粒径不大于10mm的细粒土;

φ100mm×100mm,适用于最大粒径不大于25mm的中粒土;

φ150mm×150mm,适用于最大粒径不大于40mm的粗粒土。

每种试模配相应的上下压柱。

③脱模器。

④万能试验机:量程1 000kN或600kN。

⑤夯锤和导管:尺寸同标准击实仪。

⑥养护箱或养护室:能恒温保湿。

⑦水槽:深度应大于试件高度50mm。

⑧测强设备:路面材料强度试验仪,或量程不大于200kN的压力机和万能试验机。

⑨称量设备:天平:感量0.01g;台称:称量10kg,感量5g。

⑩其他:烘箱、铝盒、量筒、拌合工具等。

2)环境条件

在室内常温下进行。

(4)取样及制备要求

1)试料准备:

①将具有代表性的风干试料(必要时也可以在50℃烘箱内烘干),用木锤和木碾捣碎,但应避免破碎颗粒的原粒径。将土过筛并进行分类。如试料为粗粒土,则除去大于40mm的颗粒备用;如试料为中粒土,则除去大于25mm(或20mm)的颗粒备用;如试料为细粒土,则除去大于10mm的颗粒备用。试料数量应多于实际用量。

②在预定作试验的前一天,取有代表性的试料测定其风干含水量,取样数量按细粒土不少于100g,中粒土不少于1 000g,粗粒土不少于2 000g。

2)按标准击实法确定最佳含水量和最大干密度。

(5)操作步骤

1)制作试件

①对于同一无机结合料剂量的混合料,需要制作相同状态的试件数量(即平行试验的数量)与土类及操作的仔细程度有关。对于无机结合料稳定细粒土,一组至少应制作6个试件;对于无机结合料稳定中粒土和粗粒土,一组至少应分别制作9个和13个试件。

②称取一定数量的风干土并计算干土的质量,其数量随试件大小而变化。对于 $\phi 50mm \times 50mm$ 试件,每个约需干土180~210g;对于 $\phi 100mm \times 100mm$ 试件,每个约需干土1 700~1 900g;对于 $\phi 150mm \times 150mm$ 试件,每个约需干土5 700~6 000g。

细粒土可以一次称取6个试件的土;中粒土可以一次称取3个试件的土;粗粒土只能一次称取1个试件的土。

③将称好的土放在长方盘内。向土中加水,对于细粒土(特别是黏性土),使其含水量较最佳含水量小3%左右;对于中粒土和粗粒土,可按最佳含水量加水。将土和水拌合均匀后放在密封容器内浸润备用。如为石灰稳定土和水泥石灰综合稳定土,可将石灰和土一起搅拌后进行浸润。

浸润时间:黏性土12~24h;粉性土6~8h;砂性土、砂砾土、红土砂砾、级配砂砾等可以缩短到4h左右;含土很少的未筛分碎石、砂砾及砂可以缩短到2h。

④在浸润过的试料中,加入预定数量的水泥或石灰并拌合均匀。在拌合过程中,应将预留的3%的水(对于细粒土)加入土中,使混合料的含水量达到最佳含水量。拌合均匀的加有水泥的混合料应在1h内按下述方法制成试件,超过1h的混合料应作废。其他结合料稳定土混合料虽不受此限制,但也应尽快制成试件。

2)按预定的干密度试件

①在万能试验机上制作试件。制备一个预定干密度的试件所需要的稳定土混合料数量 m_1 (g)随试模的规格尺寸而变,用下式计算:

$$m_1 = \rho_d V(1+w) \tag{1-33}$$

式中　V——试模的体积；

　　　w——稳定土混合料的含水量；

　　　ρ_d——稳定土试件的干密度(g/cm^3)。

②将试模的下压柱放入试模的下部,两侧加垫块使下压柱外露2~3cm。将称量好的规定数量$m_2(g)$的稳定土混合料分2~3次加入试模中(可用漏斗),每次加入后用夯棒轻轻均匀插捣密实。ϕ50mm×50mm小试件可一次加料。然后,将上压柱放入试模内,理想时上压柱外露也在2~3cm,即上下压柱外露距离相当。注:预先在试模的内壁及上下压柱的底面涂一薄层机油,方便脱模。

③将整个试模连同上下压柱一起放到万能机上,加压直至上下压柱都压入试模为止。维持压力1min。卸压,取下试模,放到脱模器上将试件顶出。称量试件的质量m_2,小、中、大试件分别准确至1g、2g、5g。用游标卡尺测量试件的高度h,准确至0.1mm。再对试件进行编号。注:用水泥稳定有粘结性的材料时,可立即脱模;用水泥稳定无粘结性的材料时,最好过几小时再脱模。

④用锤击法制作试件时,步骤同前。只是用击锤(可以利用标准击实试验的锤,但上压柱顶面需垫一层橡皮,以保护锤面和压柱顶面不受损伤)将上下压柱打入试模内。

3)养生

①试件称量测尺寸并编号后,应立即放到养护设备内恒温保湿养生。但大、中试件应先用塑料薄膜包裹。有条件时可采用蜡封保湿养生。养生时间视需要而定。作为工地施工控制,通常只取7d。质量检测应取7d和28d。养生温度北方20±2℃,南方25±2℃。

②在养生期的最后一天,取出试件称其质量m_3,再将试件浸泡在同温度的水中,水面应高出试件2.5cm左右。在养生期间,试件的质量损失应符合:小、中、大试件分别不大于1g、4g、10g。否则试件作废。

4)抗压强度试验步骤

①将已浸水一昼夜的试件从水中取出,用软布吸去试件表面可见自由水,并称试件的质量m_4。

②用游标卡尺量记试件的高度h_1,对面各量一次,取平均值,准确至0.1mm。

③将试件放到路面材料强度试验仪或小量程压力机、万能机的受压球座平台上,进行抗压试验。加压过程应保持约1mm/min的速度等变形加压,直至试件破坏,记录试件最大荷载值$P(N)$。

④从试件内部取代表性试样测定其含水量w_1。

(6)数据处理与结果判定

1)单个试件的抗压强度R_c按下式计算:

$$R_c = P/A \tag{1-34}$$

式中　P——试件破坏时的最大压力(N);

　　　A——试件的截面积(mm^2)。

2)《公路路面基层施工技术规范》JTJ 034—2000中的规定:

①每组试件的最少数量见表1-6。

每组试件的最少数量　　　　　　　　　　　　表1-6

偏差系数	<10%	10%~15%	15%~20%
细粒土	6	9	
中粒土	6	9	13
粗粒土		9	13

②水泥和石灰稳定土的抗压强度标准见表1-7。

水泥和石灰稳定土的抗压强度标准(MPa)　　　　表1-7

类型	水泥稳定土		石灰稳定土	
公路等级	二级及以下	高速和一级	二级及以下	高速和一级
基层	2.5~3	3~5	≥0.8	—
底基层	1.5~2.0	1.5~2.5	0.5~0.7	≥0.8

③一组抗压强度按下式计算评定：

$$R \geq R_d/(1-Z_a C_v) \tag{1-35}$$

式中　R——一组抗压强度的平均值(MPa)；

　　　R_d——抗压强度要求值(MPa)；

　　　C_v——一组抗压强度值的偏差系数，等于标准差除以平均值；

　　　Z_a——标准正态分布表中随保证率而变的系数，高速和一级公路取95%保证率，Z_a = 1.645；其他公路取90%保证率，Z_a = 1.282。

当一组抗压强度的平均值符合上式要求时为合格；不符合上式要求时为不合格。

3）精密度或允许误差要求：

一组数块抗压强度的偏差系数 C_v(%) 应符合以下要求：

小试件：不大于10%；

中试件：不大于15%；

大试件：不大于20%。

八、土粒密度试验

1. 概念

土粒密度为土粒质量与其自身体积之比，该体积不包括土粒堆积所形成的土粒间的孔隙。土粒密度是土的基本物理性能之一。土粒密度试验方法有三种，比重瓶法、浮称法和虹吸管法。其适用范围如下。

(1) 比重瓶法

土粒粒径小于5mm的各类土。

(2) 浮称法

土粒粒径等于大于5mm的各类土，且其中粒径大于20mm的土质量应小于总土质量的10%。

(3) 虹吸管法

土粒粒径等于大于5mm的各类土，且其中粒径大于20mm的土质量应等于大于总土质量的10%。

2. 检测依据

《土工试验方法标准》GB/T 50123—1999

3. 仪器设备及环境

(1) 仪器设备

1) 比重瓶法

①比重瓶：100mL或50mL，长颈或短颈。

②恒温水槽：准确度±1℃。

③砂浴：可调节温度。

④天平：称量200g，最小分度值0.001g。

⑤温度计:0~50℃,最小分度值0.5℃。

2)浮称法

①浮称天平:称量2 000g,最小分度值0.5g,见图1-8。

②盛水容器:尺寸大于铁丝筐。

③铁丝筐:孔径小于5mm,边长或直径10~15cm,高10~20cm。

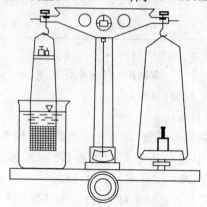

图1-8 浮秤天平

3)虹吸管法

①虹吸筒装置:由虹吸筒和虹吸管组成,见图1-9。

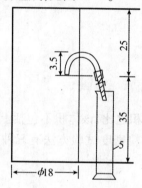

图1-9 虹吸筒装置

②天平:称量1 000g,最小分度值0.1g。

③量筒:大于500mL。

(2)环境

在室内进行,温度20±5℃。

4. 取样及制备要求

(1)将土样从土样筒或包装袋中取出,对土样的颜色、气味、夹杂物、类别和均匀程度进行描述记录,分散成碎块。

(2)对于粒径全部小于5mm的土样,用四分法称取500g烘干备用。

(3)对于粒径全部大于5mm的土样,用四分法称取3 000g烘干备用。称取烘干试样1 000g两份,分别过20mm孔径筛,以两次的平均值确定该样品中粒径大于20mm的土颗粒质量占试样总质量的百分比。以确定采用何种方法。

(4)对于既有5mm以下颗粒又有5mm以上颗粒的土样,按5mm以上颗粒所占比例用四分法称取适量烘干备用,确保至少有2 000g以上大于5mm颗粒,一般取5 000~6 000g。称取烘干样品1 000g两份,分别过5mm和20mm孔径筛,以两次的平均值确定该样品中粒径小于5mm的土颗粒质量占试样总质量的百分比和粒径等于、大于5mm的土颗粒质量占试样总质量的百分比;同时确定该样品中粒径大于20mm的土颗粒质量占粒径大于5mm的土颗粒质量的百分比。以确定采用何种方法测定大于5mm的土颗粒的密度。

(5)烘干温度一般土105~110℃,对于有机质含量超过5%的土以及含石膏或硫酸盐的土,应在65~70℃下烘干。

5. 操作步骤

(1)比重瓶法

1)比重瓶的校准:

①将比重瓶洗净、烘干,置于干燥器内,冷却后称重,准确至0.001g。

②将煮沸经冷却的纯水注入比重瓶,长颈比重瓶注水至刻度处;短颈比重瓶注满水,塞紧瓶塞,多余水自瓶塞毛细管中溢出。将比重瓶放入恒温水槽直至瓶内水温稳定。取出比重瓶,擦干外壁,称瓶水总质量,准确至0.001g。测定恒温水槽内水温,准确至0.5℃。

③调节数个恒温水槽内的水温,宜每级相差5℃,测定不同温度下的瓶、水总质量。每个温度下应平行测定两次,其差值不得大于0.002g,取两次的平均值。以水温为纵坐标,瓶、水总质量为横坐标绘制温度与瓶、水总质量的关系曲线,见图1-10。

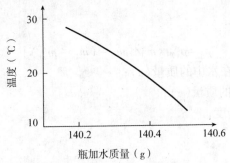

图1-10 温度与瓶、水总质量关系曲线

2)将比重瓶烘干。称烘干试样15g(100mL比重瓶)或10g(50mL比重瓶)装入比重瓶,称试样和瓶的总质量,准确至0.001g。

3)向比重瓶中注入半瓶纯水,摇动比重瓶,并放在砂浴上煮沸。煮沸时间自悬液沸腾起砂土不少于30min;黏土、粉土不少于1h。沸腾后应调节砂浴温度,使比重瓶内悬液不溢出。对砂土宜用真空抽气法;对含有可溶盐、有机质和亲水性胶体的土必须用中性液体(煤油)代替纯水(此时不能用煮沸法),采用真空抽气法排气,真空表读数宜接近当地一个大气负压值,抽气时间不得少于1h。

4)将煮沸经冷却的纯水(或抽气后的中性液体)注入装有试样悬液的比重瓶中。长颈比重瓶注水至刻度处;短颈比重瓶注满水,塞紧瓶塞,多余水自瓶塞毛细管中溢出。将比重瓶放入恒温水槽直至瓶内水温稳定,且瓶内上部悬液澄清。取出比重瓶,擦干外壁,称瓶、试样、水总质量,准确至0.001g。测定瓶内水温,准确至0.5℃。

5)从温度与瓶水总质量的关系曲线上查得这个试验温度下的瓶、水总质量。

(2)浮称法

1)取代表性试样500~1 000g,将试样颗粒表面清洗干净,浸入水中一昼夜后取出,放入铁丝筐,并缓慢地将铁丝筐浸没于水中,在水中摇动至试样中无气泡逸出。

2)称铁丝筐和试样在水中的质量,取出试样烘干,并称烘干试样的质量。

3)称量铁丝筐在水中的质量,并测定盛水容器内水的温度,准确至0.5℃。

(3)虹吸管法

1)取代表性试样 700~1 000g,将试样颗粒表面清洗干净,浸入水中一昼夜后取出晾干,对大颗粒试样宜用干布擦干表面,并称晾干试样质量。

2)将清水注入虹吸筒,至虹吸管口有水溢出时关死管夹,再将试样缓慢放入虹吸筒中,边放边搅拌,直至试样中再无气泡逸出为止,搅动时不得将水溅出筒外。

3)当虹吸筒内水面平稳后开启管夹,让试样排开的水通过虹吸管流入量筒,称量筒与水的总质量,准确至 0.5g。并测定量筒内水的温度,准确至 0.5℃。

4)取出试样烘干至恒重,称烘干试样的质量,准确至 0.1g。称量筒质量,准确至 0.5g。

6. 数据处理与结果判定

(1)比重瓶法

土粒的密度应按下式计算:

$$\rho_s = \rho_{iT} \times m_d / (m_{bw} + m_d - m_{bws}) \tag{1-36}$$

式中 m_{bw}——比重瓶、水总质量(g);
m_{bws}——比重瓶、水、试样总质量(g);
ρ_{iT}——T℃时纯水和中性液体的密度;
m_d——试样质量(g)。

(2)浮称法

土粒的密度应按下式计算:

$$\rho_s = \rho_{wT} \times m_d / [m_d - (m_{1s} - m'_1)] \tag{1-37}$$

式中 m_{1s}——铁丝筐和试样在水中的质量(g);
m'_1——铁丝筐在水中的质量(g);
ρ_{wT}——T℃时纯水的密度;
m_d——试样质量(g)。

(3)虹吸管法

土粒的密度应按下式计算:

$$\rho_s = \rho_{wT} \times m_d / [(m_{cw} - m_c) - (m_{ad} - m_d)] \tag{1-38}$$

式中 m_{cw}——量筒和水的总质量(g);
m_c——量筒的质量(g);
ρ_{wT}——T℃时纯水的密度;
m_{ad}——晾干试样质量(g);
m_d——试样质量(g)。

(4)当包含小于和大于 5mm 颗粒时,土颗粒平均密度计算

$$\rho_{sm} = 1/(P_1/\rho_{s1} + P_2/\rho_{s2}) \tag{1-39}$$

式中 ρ_{sm}——土颗粒平均密度;
ρ_{s1}——粒径等于大于 5mm 的土颗粒密度;
ρ_{s2}——粒径小于 5mm 的土颗粒密度;
P_1——粒径等于大于 5mm 的土颗粒质量占试样总质量的百分比(%);
P_2——粒径小于 5mm 的土颗粒质量占试样总质量的百分比(%)。

九、土颗粒分析试验

1. 筛析法

(1)概念

筛析法土颗粒分析试验是利用孔径从小到大的一套筛对土样的级配情况进行定量分析的一

种方法,它适用于粒径>0.075mm、≤60mm的土。

(2)检测依据

《土工试验方法标准》GB/T 50123—1999

(3)仪器设备及环境

1)仪器设备

①分析筛:一套共10只加底盘和盖。

　　粗筛:孔径为60mm、40mm、20mm、10mm、5mm、2mm。

　　细筛:孔径为:2.0mm、1.0mm、0.5mm、0.25mm、0.075mm。

②天平:称量5 000g,最小分度值1g;

　　　　称量1 000g,最小分度值0.1g;

　　　　称量200g,最小分度值0.01g。

③振筛机。

④其他:烘箱、研钵、瓷盘、毛刷等。

2)环境条件

室内常温下进行。

(4)取样及制备要求

1)取样数量见表1-8。

土颗粒筛析法取样数量　　　　　　　表1-8

颗粒尺寸(mm)	取样数量(g)
<2	100~300
<10	300~1 000
<20	1 000~2 000
<40	2 000~4 000
<60	4 000以上

2)取样应有代表性。

(5)操作步骤

1)称取规定数量的土样,500g以内准确至0.1g,500g以上准确至1g。

2)将试样过2mm筛,称筛上和筛下的试样质量。当筛下试样质量小于试样总质量的10%时,不作细筛分析;当筛上试样质量小于试样总质量的10%时,不作粗筛分析。

3)取筛上的试样倒入依次叠好的粗筛中,取筛下的试样倒入依次叠好的细筛中,分别进行筛析。细筛宜置于振筛机上振筛,振筛时间为10~15min。手筛时要确保筛析充分。筛析结束后,按由上而下的顺序将各筛取下,称各级筛上及底盘内试样的质量,准确至0.1g。

4)筛后各级筛上和筛底内试样的总和与筛前试样总质量的差值不得大于试样总质量的1%。

5)当土样为含细颗粒的砂土时,所取试样先置于盛水容器中充分搅拌,使试样粗细颗粒完全分离。然后将容器中的试样悬液通过2mm筛,取筛上的试样烘干至恒量,称烘干试样质量,准确至0.1g,按3)、4)步骤进行粗筛分析;取筛下的试样悬液,用带橡皮头的研杆研磨,再过0.075mm筛,并将筛上试样烘干至恒量,称烘干试样质量,准确至0.1g,按3)、4)步骤进行细筛分析。当粒径小于0.075mm的试样质量大于试样总质量的10%时,应按标准密度计法或移液管法测定小于0.075mm试样的颗粒组成。

(6)数据处理与结果判定

1)小于某粒径的试样质量占试样总质量的百分比按下式计算:

$$X = d_x \times m_A/m_B \tag{1-40}$$

式中 X——小于某粒径的试样质量占试样总质量的百分比(%);

m_A——小于某粒径的试样质量(g);

m_B——细筛分析时为小于 2mm 的试样质量,粗筛分析时为试样总质量(g),粗筛时公式为:
$X = m_A/m_B$。

d_x——粒径小于 2mm 的试样质量占试样总质量的百分比(%)。

2)以小于某粒径的试样质量占试样总质量的百分比为纵坐标,以颗粒粒径的对数为横坐标,绘制颗粒大小分布曲线,见图 1-11。

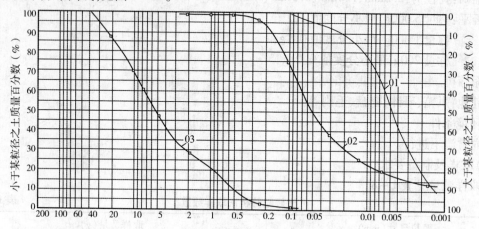

图 1-11 颗粒大小分布曲线

3)必要时计算级配指标:不均匀系数和曲率系数。

①不均匀系数按下式计算:

$$C_u = d_{60}/d_{10} \tag{1-41}$$

式中 C_u——不均匀系数;

d_{60}——限制粒径,颗粒大小分布曲线上的某粒径,小于该粒径的试样质量占试样总质量的 60%;

d_{10}——有效粒径,颗粒大小分布曲线上的某粒径,小于该粒径的试样质量占试样总质量的 10%。

②曲率系数按下式计算:

$$C_c = d_{30}^2/(d_{10} \times d_{60}) \tag{1-42}$$

式中 C_c——曲率系数;

d_{30}——颗粒大小分布曲线上的某粒径,小于该粒径的试样质量占试样总质量的 30%。

2. 密度计法

(1)概念

密度计法是通过测定水和土颗粒的混合悬液随时间由于颗粒大小不同使沉降速度不同而引起的密度变化来间接测定土颗粒大小的一种方法,仅适用于粒径小于 0.075mm 的试样。

(2)检测依据

《土工试验方法标准》GB/T 50123—1999

(3)仪器设备及环境

1)仪器设备

①密度计:

甲种密度计:刻度 -5°~50°,最小分度值 0.5°。

乙种密度计:(20℃/20℃):刻度为0.995°~1.020°,最小分度值为0.000 2°。

②量筒:内径约60mm,容积1 000mL,高约420mm,刻度0~1 000mL,准确至10mL。

③洗筛:孔径0.075mm筛。

④细筛漏斗:上口直径大于洗筛直径,下口直径略小于量筒内径。

⑤天平:称量1 000g,最小分度值0.1g;
　　　　称量200g,最小分度值0.01g。

⑥搅拌器:轮径50mm,孔径3mm,杆长约450mm,带螺旋叶。

⑦煮沸设备:附冷凝管装置。

⑧温度计:刻度0~50℃,最小分度值0.5℃。

⑨其他:秒表、500mL锥形瓶、研钵、木杵、电导率仪等。

2)试剂

① 4%六偏磷酸钠溶液:溶解4g六偏磷酸钠$(NaPO_3)_6$于100mL水中。

② 5%酸性硝酸银溶液:溶解5g硝酸银$(AgNO_3)$于100mL 10%硝酸(HNO_3)溶液中。

③ 5%酸性氯化钡溶液:溶解5g氯化钡$(BaCl_2)$于100mL 10%盐酸(HCl)溶液中。

3)环境条件

在室内温度20±5℃下进行。

(4)取样及制备要求

1)取样应有代表性;

2)宜采用风干试样;

3)当试样中易溶盐含量大于0.5%时,应洗盐。

易溶盐含量测定方法:

1)电导法:按电导率仪使用说明书操作测定T℃时,试样溶液(水土比1:5)的电导率,并按下式计算20℃时试样溶液的电导率:

$$K_{20} = K_T/[1 + 0.02(T - 20)] \qquad (1-43)$$

式中　K_{20}——20℃时悬液的电导率(μs/cm);

　　　K_T——T℃时悬液的电导率(μs/cm);

　　　T——测定时悬液的温度(℃)。

当K_{20}大于1 000μs/cm时,试样应洗盐。

2)目测法:取风干试样3g于烧杯中,加适量纯水调成糊状研散,再加纯水25mL,煮沸10min,冷却后移入试管中,放置过夜,观察试管,出现凝聚现象时应洗盐。

3)易溶盐总量测定:

①浸出液制取:

a. 称取过2mm筛下的风干试样50~100g,准确至0.01g,置于广口瓶中,按水土比1:5加入纯水,搅匀,在振荡器上振荡3min后抽气过滤。另取试样3~5g测定风干含水率。

b. 将滤纸用纯水浸湿后贴在漏斗底部,漏斗装在抽滤瓶上,连通真空泵抽气,使滤纸与漏斗贴紧,将振荡后的试样悬液摇匀,倒入漏斗中抽气过滤,过滤时漏斗应用表面皿盖好。

c. 当发现滤液浑浊时,应重新过滤,经反复过滤,如果仍然浑浊,应用离心机分离。所得的透明滤液,即为试样浸出液,储于细口瓶中供分析用。

②用移液管吸取试样浸出液50~100mL,注入已知质量的蒸发皿中,盖上表面皿,放在水浴锅上蒸干。当蒸干残渣中呈现黄褐色时,应加入15%双氧水1~2mL,继续在水浴锅上蒸干,反复处理至黄褐色消失。

③将蒸发皿放入烘箱,在105~110℃温度下烘干4~8h,取出后放入干燥器中冷却,称蒸发皿

加试样的总质量,再烘干 2~4h,于干燥器中冷却,再称蒸发皿加试样的总质量,反复进行直至最后相邻两次质量差值不大于 0.0001g。

④当浸出液蒸干,残渣中含有大量结晶水时,将使测得的易溶盐质量偏高,遇此情况,可取蒸发皿两个,一个加浸出液 50mL,另一个加纯水 50mL(空白),然后再加入等量 2% 碳酸钠溶液,搅拌均匀后,一起按照上面②、③条的步骤操作,烘干温度改为 180℃。

⑤未经 2% 碳酸钠处理的易溶盐总量按下式计算:

$$W = (m_2 - m_1)(1 + 0.01w)V_w/V_s/m_s \tag{1-44}$$

式中 W——易溶盐总量(%);
V_w——浸出液用纯水体积(mL);
V_s——吸取浸出液体积(mL);
m_s——风干试样质量(g);
w——风干试样含水率(%);
m_2——蒸发皿加烘干残渣质量(g);
m_1——蒸发皿质量(g)。

⑥用 2% 碳酸钠处理的易溶盐总量按下式计算:

$$W = (m - m_0)(1 + 0.01\omega)V_w/V_s/m_s \tag{1-45}$$

$$m_0 = m_3 - m_1$$
$$m = m_4 - m_1$$

式中 m_3——蒸发皿加碳酸钠蒸干后质量(g);
m_4——蒸发皿加碳酸钠加试样蒸干后质量(g);
m_0——蒸干后碳酸钠质量(g);
m——蒸干后试样加碳酸钠质量(g)。

4)洗盐方法:按式(1-45)计算,称取干土质量为 30g 的风干试样质量,准确至 0.01g,倒入 500mL 的锥形瓶中,加纯水 200mL,搅拌后用滤纸过滤或抽气过滤,并用纯水洗涤至滤液的电导率 K_{20} 小于 1000μs/cm(或对 5% 酸性硝酸银溶液和 5% 酸性氯化钡溶液无白色沉淀反应)为止,滤纸上的试样按操作步骤 3)进行操作。

(5)操作步骤

1)称取代表性风干试样 200~300g,过 2mm 筛,求出筛上试样占试样总质量的百分比。取筛下试样测定风干含水率 w_0。

2)试样干质量为 30g 的风干试样质量按下式计算:

当易溶盐含量小于 1% 时:

$$m_0 = 30(1 + 0.01w_0) \tag{1-46}$$

当易溶盐含量大于 1% 时:

$$m_0 = 30(1 + 0.01w_0)/(1 - W) \tag{1-47}$$

3)将风干试样或洗盐后在滤纸上的试样,倒入 500mL 锥形瓶,注入纯水 200mL,浸泡过夜,然后置于煮沸设备上煮沸,宜 40min。

4)将冷却后的悬液移入烧杯中,静置 1min,通过洗筛漏斗将上部悬液过 0.075mm 筛,遗留杯底的沉淀物用带橡皮头研杵研散,再加适量水搅拌,静置 1min,再将上部悬液过 0.075mm 筛,如此重复倾洗(每次倾洗最后所得悬液不得超过 1000mL)直至杯底砂粒洗净,将筛上和杯中砂粒合并洗入蒸发皿中,倾去清水,烘干称量并按筛析法进行细筛分析,并计算各粒级占试样总质量的百分比。

5)将过滤液倒入量筒,加入 4% 六偏磷酸钠溶液 10mL,再注入纯水至 1000mL。(注:对加入六偏磷酸钠后仍产生凝聚的试样应选用其他分散剂。)

6)将搅拌器放入量筒中,沿悬液深度上下搅拌1min,取出搅拌器,立即开动秒表,将密度计放入悬液中,测记0.5min、1min、2min、5min、15min、30min、60min、120min、1 440min时的密度计读数。每次读数均应在预定时间前10~20s将密度计放入悬液中,且接近读数的深度,保持密度计浮泡处在量筒中心,不得贴近量筒内壁。

7)密度计读数均以弯液面上缘为准。甲种密度计应准确至0.5,乙种密度计应准确至0.000 2。每次读数后应取出密度计放入盛有纯水的量筒中,并应测定相应悬液的温度,准确至0.5℃,放入和取出密度计时应小心轻放,不得扰动悬液。

(6)数据处理与结果判定

1)小于某粒径的试样质量占试样总质量的百分比按下式计算:

①甲种密度计:

$$X = 100 C_G (R + m_T + n - C_D)/m_d \tag{1-48}$$

式中 X——小于某粒径的试样质量占试样总质量的百分比(%);
m_d——试样干质量(g);
C_G——土粒密度校准值,查表1-9;
m_T——悬液温度校准值,查表1-10;
n——弯液面校准值;
C_D——分散剂校准值;
R——甲种密度计读数。

②乙种密度计:

$$X = 100 V_x C'_G [(R'-1) + m'_T + n' - C'_D] \rho_{w20}/m_d \tag{1-49}$$

式中 C'_G——土粒密度校准值,查表1-9;
m'_T——悬液温度校准值,查表1-10;
n'——弯液面校准值;
C'_D——分散剂校准值;
R'——乙种密度计读数;
V_x——悬液体积(1 000mL);
ρ_{w20}——20℃时纯水的密度(0.998 232g/cm³)。

2)试样颗粒粒径应按下式计算:

$$d = \sqrt{\frac{1\,800 \times 10^4 \times \eta \times L}{(G_s - G_{wT}) \rho_\Omega \times g \times t}} \tag{1-50}$$

式中 d——试样颗粒粒径(mm);
η——水的动力黏滞系数(kPa·s×10⁻⁶),查表;
ρ_{wT}——T℃时水的密度;
ρ_Ω——4℃时纯水的密度(1.000g/cm³);
L——某一时间内土粒的沉降距离(cm);
t——沉降时间(s);
g——重力加速度(cm/s²)。

3)按筛析法中步骤绘制颗粒大小分布曲线,当密度计法和筛析法联合分析时,应将试样总质量折算后绘制颗粒大小分布曲线,并将两段曲线连成一条平滑的曲线。

土粒密度校正表　　　　　　　　　　　　　　　　　　　　　　　　　表1-9

土粒密度	密度校正值		土粒密度	密度校正值	
	甲种密度计 C_G	乙种密度计 C'_G		甲种密度计 C_G	乙种密度计 C'_G
2.5	1.038	1.666	2.7	0.989	1.588
2.52	1.032	1.658	2.72	0.985	1.581
2.54	1.027	1.649	2.74	0.981	1.575
2.56	1.022	1.641	2.76	0.977	1.568
2.58	1.017	1.632	2.78	0.973	1.562
2.6	1.012	1.625	2.8	0.969	1.556
2.62	1.007	1.617	2.82	0.965	1.549
2.64	1.002	1.609	2.84	0.961	1.543
2.66	0.998	1.603	2.86	0.958	1.538
2.68	0.993	1.595	2.88	0.954	1.532

温度校准值表　　　　　　　　　　　　　　　　　　　　　　　　　表1-10

悬液温度(℃)	温度校正值		悬液温度(℃)	温度校正值	
	甲种密度计 m_T	乙种密度计 m'_T		甲种密度计 m_T	乙种密度计 m'_T
10	-2	-0.0012	20	0	0
10.5	-1.9	-0.0012	20.5	0.1	0.0001
11	-1.9	-0.0012	21	0.3	0.0002
11.5	-1.8	-0.0011	21.5	0.5	0.0003
12	-1.8	-0.0011	22	0.6	0.0004
12.5	-1.7	-0.001	22.5	0.8	0.0005
13	-1.6	-0.001	23	0.9	0.0006
13.5	-1.5	-0.0009	23.5	1.1	0.0007
14	-1.4	-0.0009	24	1.3	0.0008
14.5	-1.3	-0.0008	24.5	1.5	0.0009
15	-1.2	-0.0008	25	1.7	0.001
15.5	-1.1	-0.0007	25.5	1.9	0.0011
16	-1	-0.0006	26	2.1	0.0013
16.5	-0.9	-0.0006	26.5	2.2	0.0014
17	-0.8	-0.0005	27	2.5	0.0015
17.5	-0.7	-0.0004	27.5	2.6	0.0016
18	-0.5	-0.0003	28	2.9	0.0018
18.5	-0.4	-0.0003	28.5	3.1	0.0019
19	-0.3	-0.0002	29	3.3	0.0021
19.5	-0.1	-0.0001	29.5	3.5	0.0022

3. 移液管法

(1) 概念

移液管法是通过抽取经不同时间沉降后的水和土颗粒的混合悬液来测定土颗粒大小的一种方法,仅适用于粒径小于 0.075mm 的试样。

(2) 检测依据

《土工试验方法标准》GB/T 50123—1999

(3) 仪器设备及环境

1) 仪器设备

① 移液管装置:容积 25mL,见图 1-12。

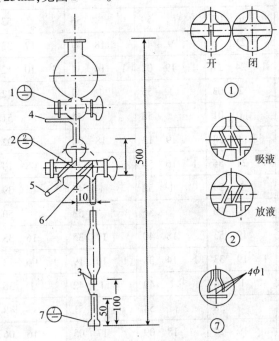

图 1-12 移液管装置

1—二通阀;2—三通阀;3—移液管;4—接吸球;
5—放液口;6—移液管容积(25 ± 0.5mL);7—移液管口

② 烧杯:容积 50mL;

③ 天平:称量 200g,最小分度值 0.001g。

④ 其他:烘箱、研钵、瓷盘、毛刷等。

2) 环境条件

在室内温度 20 ± 5℃下进行。

(4) 取样及制备要求

同密度计法。

(5) 操作步骤

1) 取代表性试样,黏土 10~15g;砂土 20g,准确至 0.001g,并按密度计法中的 1)~4) 步骤制备悬液。

2) 将装置悬液的量筒置于恒温水槽中,测记悬液温度,正确至 0.5℃,实验过程中悬液的温度变化范围为 ±0.5℃。按密度计法中式(1-50)计算粒径小于 0.05mm、0.01mm、0.005mm、0.002mm 和其他所需粒径下沉一定深度所需的静置时间(或查表 1-11 获得)。

土粒在不同温度静水中沉降时间表 表1-11

土粒密度	土粒直径(mm)	沉降距离(cm)	15℃ h	15℃ min	15℃ s	17.5℃ h	17.5℃ min	17.5℃ s	20.0℃ h	20.0℃ min	20.0℃ s	22.5℃ h	22.5℃ min	22.5℃ s	25.0℃ h	25.0℃ min	25.0℃ s	27.5℃ h	27.5℃ min	27.5℃ s
2.6	0.05	25		2	20		20	2		1	55		1	49		1	43		1	37
	0.05	12.5		1	05		1	01			58			54			51			48
	0.01	10		21	45		20	24		19	14		18	06		17	06		16	09
	0.005	10	1	26	59	1	21	37	1	16	55	1	12	24	1	08	25	1	04	14
2.65	0.05	25		2	06		1	59		1	52		1	45		1	40		1	34
	0.05	12.5		1	03			59			56			53			50			47
	0.01	10		21	05	1	19	47		18	39		17	33		16	35		15	39
	0.005	10	1	24	21	1	19	08	1	14	34	1	10	12	1	06	21	1	02	38
2.7	0.05	25		2	02		1	55		1	49		1	42		1	36		1	31
	0.05	12.5		1	01			58			54			51			48			45
	0.01	10		20	28		19	13		18	06		17	02		16	06		15	12
	0.005	10	1	21	54	1	16	50	1	12	24	1	08	10	1	04	24	1	00	47
2.75	0.05	25		1	59		1	52		1	45		1	39		1	34		1	28
	0.05	12.5		1	00			56			53			50			47			44
	0.01	10		19	53		18	40		17	35		16	33		15	38		14	46
	0.005	10	1	19	33	1	14	38	1	10	19	1	06	13	1	02	34		59	04
2.8	0.05	25		1	56		1	49		1	42		1	36		1	31		1	26
	0.05	12.5			58			54			51			48			46			43
	0.01	10		19	20		18	09		17	05		16	06		15	12		14	21
	0.005	10	1	17	20	1	12	33	1	08	22	1	04	22	1	00	50		57	25

3)用搅拌器沿悬液深度上下搅拌1min,取出搅拌器,开启秒表,将移液管的二通阀置于关闭位置、三通阀置于移液管与吸球相通的位置,根据各粒径所需的静置时间,提前10s将移液管放入悬液中,浸入深度为10cm,用吸球吸取悬液。吸取量应不少于25mL。

4)旋转三通阀,使吸球与放液口相通,将多余的悬液从放液口流出,收集后倒入原悬液中。

5)将移液管下口放入烧杯内,旋转三通阀,使吸球与移液管相通,用吸球将悬液挤入烧杯中,再从上口倒入少量纯水,旋转二通阀,使上下口连通,水则通过移液管将悬液洗入烧杯中。

6)将烧杯内的悬液蒸干,在105~110℃温度下烘干至恒量,称烧杯内试样质量,准确至0.001g。

(6)数据处理与结果判定

1)小于某粒径的试样质量占试样总质量的百分比按下式计算:

$$X = 100 m_x V_x / V'_x m_d \quad (1-51)$$

式中 V_x——悬液总体积(1 000mL);

V'_x——吸取悬液的体积(25mL);

m_d——试样干质量(g);

m_x——吸取25mL悬液中试样干质量(g)。

2)按筛析法中步骤绘制颗粒大小分布曲线,当移液管法和筛析法联合分析时,应将试样总质量折算后绘制颗粒大小分布曲线,并将两段曲线连成一条平滑的曲线。

十、砂的相对密度试验

1. 概念

砂的相对密度试验是先进行砂的最大干密度和最小干密度试验,再通过计算得到砂的相对密度。砂的最小干密度试验采用漏斗法和量筒法,砂的最大干密度试验采用振动锤击法。本法适用于粒径不大于5mm的土,且粒径2~5mm的试样质量不大于总质量的15%。

2. 检测依据

《土工试验方法标准》GB/T 50123—1999

3. 仪器设备及环境

(1)仪器设备

1)量筒:容积500mL 和容积1 000mL,后者内径应大于60mm。

2)长颈漏斗:颈管的内径为12mm,颈口应磨平。

3)长杆锥形塞:直径为15mm 的圆锥体,焊接在长铁杆上,见图1-13。

4)砂面拂平器:外环中十字形金属平面焊接在铜杆下端,见图1-13。

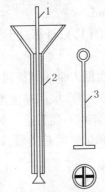

图1-13 漏斗及拂平器

1—锥形塞;2—长颈漏斗;3—砂面拂平器

5)金属圆筒:容积250mL,内径为50mm;容积1 000mL,内径为100mm,高度均为127mm,附护筒。

6)振动叉,见图1-14。

7)击锤:锤质量1.25kg,落高15cm,锤直径5cm,见图1-14。

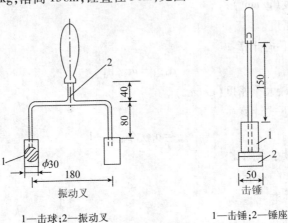

1—击球;2—振动叉 　　1—击锤;2—锤座

图1-14 振动叉及击锤

8)天平:称量1 000g,准确至1g。

(2)环境条件

在室内常温下进行。

4. 取样及制备要求

取代表性试样6 000g烘干备用。

5. 操作步骤

(1)砂的最小干密度试验

1)将长杆锥形塞自长颈漏斗下口穿入,并向上提起,使锥底堵住漏斗管下口,一并放入1 000mL的量筒内,使其下端与量筒底接触。

2)称取烘干的代表性试样700g(m_d),均匀缓慢地倒入漏斗中,将漏斗和锥形塞杆同时提高,使锥体略微离开管口,管口应经常保持高出砂面1~2cm,使试样缓慢且均匀分布地落入量筒中。

3)试样全部落入量筒后,取出漏斗和锥形塞,用砂面拂平器将砂面拂平,测记试样体积,估读至5mL。

注:如果试样中不含2mm以上颗粒,可取试样400g,用500mL的量筒进行试验。

4)用手掌或橡皮板堵住量筒口,将量筒倒转并缓慢地转回到原来的位置,重复数次,记录下试样在量筒内所占体积的最大值,估读至5mL。

5)取上述两种方法测得的较大体积值(V_d),计算最小干密度。

(2)砂的最大干密度试验

1)取代表性试样2 000g,拌匀,分3次倒入金属圆筒进行振击,每层试样宜为圆筒容积的1/3,试样倒入筒后用振动叉以每分钟往返150~200次的速度敲击圆筒两侧,并在同一时间内用击锤锤击试样表面,每分钟30~60次,直至试样体积不变为止。如此重复锤击第二层和第三层。

2)取下护筒,刮平试样表面,称圆筒和试样的总质量,计算出试样质量。

6. 数据处理与结果判定

(1)最小干密度按下式计算:

$$\rho_{dmin} = m_d / V_d \qquad (1-52)$$

式中 ρ_{dmin}——试样的最小干密度(g/cm³)。

(2)最大空隙比按下式计算:

$$e_{max} = \rho_w \rho_s / \rho_{dmin} - 1 \qquad (1-53)$$

式中 e_{max}——试样的最大空隙比;

ρ_w——水的密度(g/cm³);

ρ_s——试样的密度。

(3)最大干密度按下式计算:

$$\rho_{dmax} = m_d / V_d \qquad (1-54)$$

式中 ρ_{dmax}——试样的最大干密度(g/cm³)。

(4)最小空隙比按下式计算:

$$e_{min} = \rho_w \rho_s / \rho_{dmax} - 1 \qquad (1-55)$$

式中 e_{min}——试样的最小空隙比;

ρ_w——水的密度(g/cm³);

ρ_s——试样的密度。

(5)砂的相对密度按下式计算:

$$D_r = (e_{max} - e_0) / (e_{max} - e_{min}) \qquad (1-56)$$

$$D_r = \rho_{dmax}(\rho_d - \rho_{dmin})/\rho_d(\rho_{dmax} - \rho_{dmin}) \tag{1-57}$$

式中　e_0——砂的天然空隙比；

　　　D_r——砂的相对密度（g/cm³）；

　　　ρ_d——要求的干密度（或天然干密度）（g/cm³）。

(6)最小干密度和最大干密度试验应进行两次平行试验,两次密度的差值应不大于0.03g/cm³,取两次的平均值。

十一、承载比试验

1. 概念

所谓承载比就是试样制作成标准试件,用贯入仪对标准试件贯入一定深度所需的单位压力与标准压力的百分比。本方法适用于在规定试样筒内制样后,对扰动土进行试验,试样的最大粒径不大于20mm,采用3层击实制样时,试样的最大粒径不大于40mm。

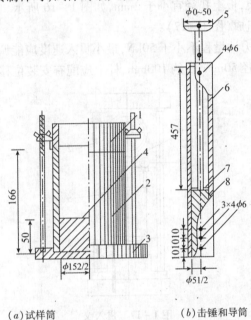

图1-15　试样筒、击锤和导筒

1—护筒；2—击实筒；3—底板；4—垫块；5—提手；6—导筒；7—硬橡皮垫；8—击锤

2. 检测依据

《土工试验方法标准》GB/T 50123—1999

3. 仪器设备及环境

(1)仪器设备

1)试样筒：内径152mm、高166mm的金属圆筒,护筒高50mm；筒内垫块直径151mm,高50mm。见图1-15。

2)击锤和导筒：锤底直径51mm,锤质量4.5kg,落距457mm。

3)标准筛：孔径20mm、40mm和5mm。

4)膨胀量测定装置由三脚架和位移计组成,如图1-16所示。

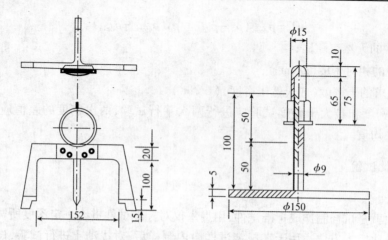

图1-16 膨胀量测定装置及带调节杆的多孔顶板

5)带调节杆的多孔顶板,板上孔径宜小于2mm,如图1-16所示。

6)贯入仪由下列部件组成(图1-17):

①加压和测力设备:测力计量程不小于50kN,最小贯入速度应能调节至1mm/min。

②贯入杆:杆的端面直径50mm,长约100mm,杆上应配有安装位移计的夹孔。

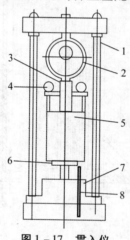

图1-17 贯入仪

1—框架;2—测力计;3—贯入杆;4—位移计;5—试样;6—升降台;7—蜗轮蜗杆精;8—播把

③位移计两只,最小分度值为0.01mm的百分表或准确度为全量程0.2%的位移传感器。

7)荷载块:直径150mm,中心孔眼直径52mm,每块质量1.25kg,共4块,并沿直径分成两个半圆块(图1-18)。

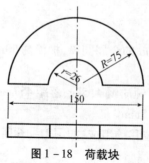

图1-18 荷载块

8)水槽:浸泡试样用,槽内水面应高出试样顶面25mm。

9)其他:台秤、脱模器等。

(2)环境条件

在室内常温下进行。

4. 取样及制备要求

(1)取代表性试样测定风干含水率,按重型击实试验步骤进行备样。土样过20mm或40mm筛,以筛除大于20mm或40mm的颗粒,并记录超径颗粒的百分比,按需要制备数份试样,每份试样质量约6kg。

(2)试样制备应按重型击实试验方法测定试样的最大干密度和最佳含水率。再按最佳含水率备样,进行重型击实试验(击实时放垫块)制备3个试样,若需要制备3种干密度试样,就应制备9个试样,试样的干密度应控制在最大干密度的95%~100%。击实完成后试样超高应小于6mm。

(3)卸下护筒,用修土刀或直刮刀沿试样筒顶修平试样,表面不平处应细心用细料填补,取出垫块,称试样筒和试样总质量。

5. 操作步骤

(1)浸水膨胀试验步骤

1)将一层滤纸铺于试样表面,放上多孔底板,并用拉杆将试样筒和多孔底板固定。倒转试样筒,在试样另一表面铺一层滤纸,并在该表面上放上带调节杆的多孔顶板,再放上4块荷载板。

2)将整个装置(图1-19)放入水槽内(先不放水),安装好膨胀量测定装置,并读取初读数。向水槽内注水,使水自由进入试样的顶部和底部,注水后水槽内水面应保持高出试样顶面25mm,通常浸泡4昼夜。

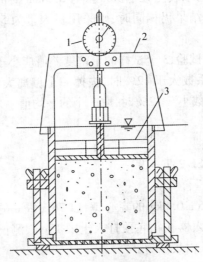

图1-19 浸水膨胀装置
1—位移计;2—膨胀量测定装置;3—荷载板

3)量测浸水后试样的高度变化,并按下式计算膨胀量:

$$\delta_w = 100 \Delta h_w / h_0 \tag{1-58}$$

式中 δ_w——浸水后试样的膨胀量(%);
Δh_w——试样浸水后的高度变化(mm);
h_0——试样的初始高度(116mm)。

4)卸下膨胀量测定装置,从水槽中取出试样筒,吸去试样顶面的水,静置15min后卸下荷载块、多孔顶板和多孔底板,取下滤纸,称试样及试样筒的总质量,并计算试样的含水率及密度的变化。

(2)贯入试验步骤

1)将浸水后的试样放在贯入仪的升降台上,调整升降台的高度,使贯入杆与试样顶面刚好接触,试样顶面放上4块荷载块,在贯入杆上施加45N的荷载,将测力计和变形测量设备的位移计调整至零位。

2)开启电动机,施加轴向压力,使贯入杆以 1~1.25mm/min 的速度压入试样,测定测力计内百分表在指定整读数(如 20、40、60 等)下相应的贯入量,使贯入量在 2.5mm 时的读数不少于 5 个,试验至贯入量为 10~12.5mm 时终止。

3)以单位压力为横坐标,贯入量为纵坐标,绘制单位压力与贯入量的关系曲线,开始段无明显凹曲为正常。否则在变曲率点向坐标引一切线,与坐标的交点为修正后的起点。

6. 数据处理与结果判定

(1)贯入量为 2.5mm 时的承载比按下式计算:

$$CBR_{2.5} = 100p/7\,000 \qquad (1-59)$$

式中　$CBR_{2.5}$——贯入量为 2.5mm 时的承载比(%);
　　　p——贯入量为 2.5mm 时的单位压力(kPa);
　　　7 000——贯入量为 2.5mm 时所对应的标准压力(kPa)。

(2)贯入量为 5.0mm 时的承载比按下式计算:

$$CBR_{5.0} = 100p/10\,500 \qquad (1-60)$$

式中　$CBR_{5.0}$——贯入量为 5.0mm 时的承载比(%);
　　　p——贯入量为 5.0mm 时的单位压力(kPa);
　　　10 500——贯入量为 5.0mm 时所对应的标准压力(kPa)。

(3)当贯入量为 5.0mm 时的承载比大于贯入量为 2.5mm 时的承载比时,试验应重作。若数次试验结果仍相同时,则采用贯入量为 5.0mm 时的承载比。

(4)本试验应进行 3 个平行试验,3 个试样的干密度差值应小于 0.03 g/cm³,当 3 个试验结果的变异系数大于 12% 时,去掉一个偏离大的值,取其余两个的平均值,当变异系数小于 12% 时,取 3 个的平均值。

十二、标准贯入试验简介

采用标准:《土工试验规程》SL 237—1999

1. 概念、目的和适用范围

(1)标准贯入试验是用 63.5 ± 0.5kg 的穿心锤,以 76 ± 2cm 的自由落距,将一定规格尺寸的标准贯入器在孔底预打入土中 15cm,测记再打入 30cm 的锤击数,称为标准贯入击数。

(2)标准贯入试验的目的是用测得的标准贯入击数 N,判断砂土的密实程度或黏性土的稠度,以确定地基土的容许承载力;评定砂土的振动液化势和估计单桩的承载力;并可确定土层剖面和取扰动土样进行一般物理性能试验。

(3)本方法适用于黏质土和砂质土。

2. 仪器设备

(1)标准贯入器

由刃口形的贯入器靴、对开圆筒式贯入器身和贯入器头三部分组成。见图 1-20。

(2)落锤(穿心锤)

质量为 63.5 ± 0.5kg 的钢锤,应配有自动提落锤装置,落距为 76 ± 2cm。

(3)钻杆

直径 42mm,抗拉强度应大于 600MPa;轴线的直线度误差应小于 0.1%。

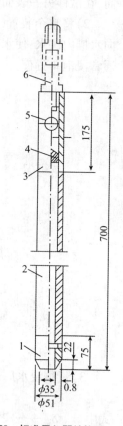

图 1-20　标准贯入器结构图
1—贯入器靴;2—贯入器身;
3—贯入器头;4—钢球;
5—排水孔;6—钻杆接头

(4)锤垫

承受锤击钢垫,附导向杆,两者总质量不超过30kg为宜。

3. 试验方法

(1)先用钻具钻至试验土层标高以上15cm处,清除残土。清孔时应避免试验土层受到扰动。当地下水位以下的土层进行试验时,应使孔内水位高于地下水位,以免出现涌砂和坍孔。必要时应下套管或用泥浆护壁。

(2)贯入前应拧紧钻杆接头,将贯入器放入孔内,避免冲击孔底,注意保持贯入器、钻杆、导向杆连接后的垂直度。孔口宜加导向器,以保证穿心锤中心施力。

注:贯入器放入孔内,测定其深度,要求残土厚度不大于10cm。

(3)采用自动落锤法,将贯入器以每分钟15~30击打入土中15cm后,开始记录每打入10cm的锤击数,累计30cm的锤击数为标准贯入击数N,并记录贯入深度和试验情况,若遇密实土层,贯入30cm的锤击数超过50击时,不应强行打入,记录50击时贯入深度即可。

(4)旋转钻杆,提出贯入器,取贯入器内的土样进行鉴别、描述、记录,并量测其长度。将需要保存的土样仔细包装、编号,供其他试验所用。

(5)按需要进行下一层贯入试验,直至所需的深度。

4. 计算

(1)贯入30cm的锤击数N按下式换算:

$$N = 0.3n/\triangle S \tag{1-61}$$

式中　n——所选取贯入的锤击数;

$\triangle S$——对应锤击数为n的贯入深度。

注:根据用途及相应规范是否需要对N值修正。

(2)如果作了许多深度的贯入试验,可以锤击数(N)为横坐标,以贯入深度标高(H)为纵坐标,绘制锤击数—贯入深度标高关系曲线(图1-21)。

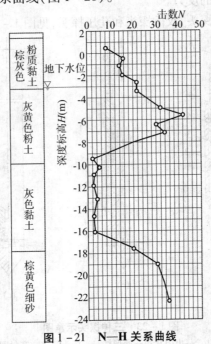

图1-21　N—H关系曲线

十三、静力触探试验

采用标准:《土工试验规程》SL 237—1999

1. 概念和适用范围

(1)静力触探试验是将圆锥形探头按一定速度静态匀速压入土中,量测其贯入阻力(锥头阻力、侧壁摩阻力)的一种方法。

(2)静力触探是工程地质勘察中的一项原位测试方法,其作用有:

1)划分土层,判定土层类别,查明软、硬夹层及土层在水平和垂直方向的均匀性。

2)评价地基土的工程特性(容许承载力、压缩性质、不排水抗剪强度、水平向固结系数、饱和砂土液化势、砂土密实度等)。

3)探寻和确定桩基持力层,预估打入桩沉桩的可能性和单桩承载力。

4)检验人工填土的密实度及地基加固效果。

(3)本方法适用于黏质土和砂质土。

2. 仪器设备

(1)触探主机:应能匀速静态将探头垂直压入土中,其功率和贯入速度应满足相关要求。见图1-22。

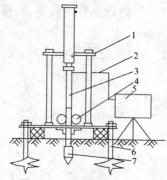

图1-22 贯入装置示意图

1—触探主机;2—导线;3—探杆;4—深度转换装置;5—测量记录仪;6—反力装置;7—探头

(2)反力装置:可提供足够的反力。

(3)探头:按功能分为单桥探头、双桥探头和孔压探头,见图1-23。

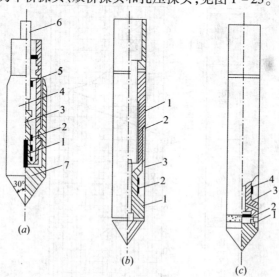

图1-23 三种探头示意图

(a)单桥探头;1—顶柱;2—电阻片;3—变形柱;4—探头筒;5—密封圈;6—电缆;7—锥头

(b)双桥探头;1—变形柱;2—电阻片;3—摩擦筒

(c)孔压静力探头;1—透水石;2—孔压传感器;3—变形柱;4—电阻片

(4)探杆:应符合相关要求。

(5)测量仪器:可采用静态电阻应变仪、静力触探数字测力仪、电子电位差计、深度记录装置。

(6)其他配套工具。

3. 试验方法

(1)平整试验场地,设置反力架装置。将触探主机对准孔位,调平机座,并紧固在反力装置上。

(2)将已穿入探杆内的传感器引线按要求接到量测仪器上,打开电源开关,预热并调试到正常工作状态。

(3)贯入前应试压探头,检查顶柱、锥头、摩擦筒等部件工作是否正常。当测空隙压力时,应使孔压传感器透水面饱和。正常后将连接探头的探杆插入导向器内,调整垂直并紧固导向装置,必须保证探头垂直贯入土中。启动动力设备并调整到正常工作状态。

(4)采用自动记录仪时,应安装深度转换装置,并检查卷纸机构运转是否正常;采用电阻应变仪或数字测力仪时,应设置深度标尺。

(5)将探头按 $1.2 \pm 0.3 m/min$ 均速贯入土中 $0.5 \sim 1.0m$ 左右(冬季应超过冻结线),然后稍许提升,使探头传感器处于不受力状态。待探头温度与地温平衡后(仪器零点基本稳定),将仪器调零或记录初读数,即可进行正常贯入。在深度 $6m$ 以内,一般每贯入 $1 \sim 2m$,应提升探头检查温漂并调零;$6m$ 以下每贯入 $5 \sim 10m$ 应提升探头检查回零情况,当出现异常时,应检查原因,并及时处理。

(6)贯入过程中,当采用自动记录时,应根据贯入阻力大小合理选用供桥电压,并随时核对,校正深度记录误差,做好记录;使用电阻应变仪或数字测力计时,一般每隔 $0.1 \sim 0.2m$ 记录读数一次。

(7)当测定空隙水压力消散时,应在预定的深度或土层停止贯入,并按适当的时间间隔或自动测读空隙水压力消散值,直至基本稳定。

(8)当贯入到预定深度或出现下列情况之一时,应停止贯入。

触探主机达到额定贯入力;探头阻力达到最大容许压力。

反力装置失效。

发现探杆弯曲已超过容许的程度。

(9)试样结束后应及时起拔探杆,并记录仪器的回零情况。探头拔出后立即清洗上油,妥善保管,防止探头被暴晒或受冻。

4. 计算与制图

(1)比贯入阻力 p_s、锥头阻力 q_c、侧壁摩阻力 f_s、空隙水压力 u 和摩阻比 F 按以下公式计算:

$$p_s = k_p \varepsilon_p \tag{1-62}$$

$$q_c = k_q \varepsilon_q \tag{1-63}$$

$$f_s = k_f \varepsilon_f \tag{1-64}$$

$$u = k_u \varepsilon_u \tag{1-65}$$

$$F = f_s / q_c \tag{1-66}$$

式中 k_p、k_q、k_f、k_u——分别为 p_s、q_c、f_s、u 对应的率定系数($kPa/\mu\varepsilon$,kPa/mV);

ε_p、ε_q、ε_f、ε_u——分别为单桥探头、双桥探头、摩擦筒及孔压探头传感器的应变量或输出电压($\mu\varepsilon$,mV)。

(2)静探水平向固结系数 C_{ph} 按下式估算:

$$C_{ph} = T_{50} R^2 / t_{50} \tag{1-67}$$

式中 T_{50}——与圆锥几何形状、透水板位置有关的相应于空隙压力消散度50%的时间因数(对于锥角60°、截面积为 $10cm^2$、透水板位于锥底处的孔压探头,$T_{50} = 5.6$);

R——探头圆锥底半径(cm);

t_{50} ——实测空隙消散度达 50% 时的经历时间 (s)。

(3) 以深度 (H) 为纵坐标,以锥头阻力 q_c (或比贯入阻力 p_s)、侧壁摩阻力 f_s、空隙水压力 u 和摩阻比 F 为横坐标,绘制 q_c–H(p_s–H)、f_s–H、u–H、F–H 关系曲线,即为静力触探曲线图,如图 1–24 所示。

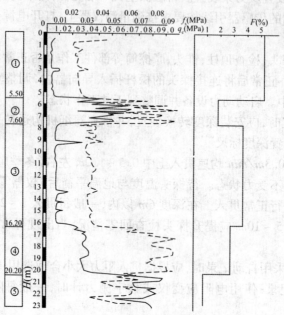

图 1–24 静力触探曲线图

(4) 绘制空隙水压力消散曲线:

1) 数据舍弃:由于土的变异、孔压传感器含气以及操作等原因,使实测的初始空隙水压力滞后很多或波动太大,这些数据应舍弃。

2) 将消散数据归一,化为超空隙压力,消散度 U 定义为:

$$U = \frac{u_t - u_0}{u_i - u_0} \tag{1-68}$$

式中 U——t 时空隙水压力消散度 (%);
　　　u_t——t 时空隙水压力的实测值 (kPa);
　　　u_0——静水压力 (kPa);
　　　u_i——开始 (或贯入) 时的空隙水压力 (t=0) (kPa)。

3) 绘制 U 对 $\lg t$ 的曲线,如图 1–25 所示。

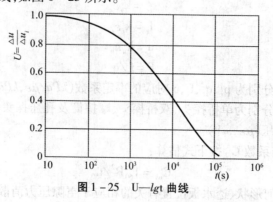

图 1–25 U—$\lg t$ 曲线

十四、路基混合材料配合比设计简介

采用标准：《公路路面基层施工技术规范》JTJ 034—2000

1. 概述

路基混合材料配合比设计的目的是通过试验室试配获得既满足设计和施工要求又比较经济的混合材料配合比。

2. 主要试验仪器设备

(1) 标准筛；
(2) 振筛机；
(3) 电子秤；
(4) 1 000kN 万能试验机；
(5) 养生室；
(6) 泡水池。

3. 试验方法

(1) 首先对所用的各种原材料进行分析试验，确保使用合格的原材料。

(2) 利用各级石料的筛分结果，确定各级石料的使用比例，使全部石料的颗粒级配曲线在规范规定的范围之内。

(3) 分别选用几个不同的结合材料掺量比例，按最佳含水量试拌并分别制作抗压强度试件（一般采用最大干密度及最佳含水量经验值，必要时先进行标准击实），按无机结合料混合材料抗压强度试验方法测定其 $7d$ 抗压强度。

(4) 按各组 $7d$ 抗压强度测定值确定采用哪一个结合材料掺量比例。

(5) 当采用经验值制作试件时，应按确定的材料比例进行标准击实试验。

(6) 确定最终配合比，并提供该配合比下的最大干密度和最佳含水量。

十五、粗粒土和巨粒土的最大干密度试验

1. 表面振动压实仪法

(1) 概念

本试验方法适用于通过 $0.075mm$ 标准筛的颗粒质量百分比不大于 15% 的无黏性自由排水粗粒土和巨粒土。

(2) 检测依据

《公路土工试验规程》JTG E40—2007 中的 T 0133—1993

(3) 仪器设备及环境

1) 仪器设备

①表面振动压实仪，如图 1-26 所示。

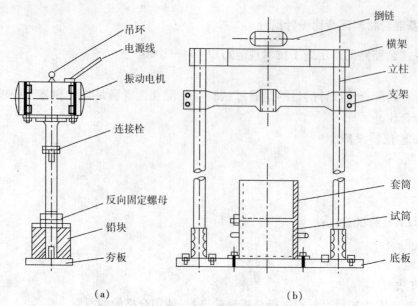

图 1-26　表面振动压实仪

振动器：要求功率 0.75~2.2kW，振动频率 30~50Hz，激振力 10~80kN。

钢制夯：可牢固连接在振动电机上，且有一厚 15~40mm 的夯板，夯板直径略小于试筒内径 2~5mm。夯与振动电机总重在试样表面产生 18kPa 的静压力。

试筒：圆柱形金属筒，见表 1-12。

圆柱形金属筒　　　　　　　　　　　　表 1-12

土粒最大尺寸 (mm)	试样质量 (kg)	试筒尺寸 容积(cm^3)	内径(mm)	套筒高度 (mm)	装料工具
60	34	14 200	280	250	小铲或大勺
40	34	14 200	280	250	小铲或大勺
20	11	2 830	152	305	小铲或大勺
10	11	2 830	152	305	φ25mm 漏斗
5 或 <5	11	2 830	152	305	φ13mm 漏斗

按最大颗粒尺寸选用适当的试筒。固定试筒的底板须固定于混凝土基础上或质量不小于 450kg 的混凝土块上。试筒容积宜每年用灌水法标定一次。

套筒：内径与试筒配套，高度见表 1-12。安装后内壁平齐。

②百分表及表架：百分表量程至少 50mm 以上，分度值 0.025mm。表架支杆应能插入试筒导向瓦套孔中，并使百分表杆中心先与试筒中心线平行。

③台秤：应有足够的量程，精度达到所测土样质量的 0.1%。对于 φ280mm 的试筒，量程 50kg，感量 6g；对于 φ152mm 的试筒，量程 30kg，感量 2g。

④标准筛：60mm、40mm、20mm、10mm、5mm、2mm、0.075mm 圆孔。

⑤直钢条：350mm×25mm×3mm。

⑥钢直尺、大铁盘、烘箱等。

2）检测环境

无特殊要求。

(4) 取样及制样要求

采集足够量代表性试料,烘干备用;并用筛分法测定各粒级的颗粒百分比含量。

1)干土法

直接用烘干试样,充分分散搅拌均匀,准备两个样品,每个分成大致等量的三份备用。

2)湿土法

直接用现场湿土样进行。或对烘干试样加足量水,此时,最小饱和时间约 $1/2h$;加足量水指在拌合盘中无自由水滞积,且在振密过程中基本保持饱和状态。准备两个样品,每个分成大致等量的三份备用。

注:估计向烘干试样中的加水量,可尝试每 $4.5kg$ 试料约加 $1\,000mL$ 水,或按下式估算:

$$M_W = M_S(\rho_W/\rho_d - 1/\rho_S) \tag{1-69}$$

式中 M_W——加水量(g);

M_S——试料质量(g);

ρ_W——水的密度($1\,000kg/m^3$);

ρ_d——由起初振密结果所估算的干密度(kg/m^3);

ρ_S——土粒密度。

(5)操作步骤

1)干土法

①用装料工具将任一份试样徐徐装入试筒,并注意使颗粒分散程度最小,抹平试样表面,然后用橡皮锤或类似物敲击几次试筒外壁,使试样下沉密实。

②将试筒固定于底板上,装上套筒,并与试筒紧密固定。

③放下振动器,振动 $6min$。吊起振动器。

④按上述①~③步骤进行第二层、第三层试样的振动压实。

⑤卸去套筒,将直钢条放在试筒表面直径位置上,测定振毕试样的高度,读数宜从四个均布于试样表面至少距筒壁 $15mm$ 的位置上测得并精确至 $0.5mm$。记录并计算高度 H_0。

⑥卸下试筒,测定并记录试筒及试样质量。计算试样的最大干密度 ρ_{dmax}。

⑦重复①~⑥步骤,直至获得一致的最大干密度。

2)湿土法

①将试筒固定于底板上,用装料工具将任一份试样徐徐装入试筒,宜使振毕试样厚度等于或略小于筒高的 $1/3$。装上套筒,并与试筒紧密固定。

②放下振动器,振动 $6min$。吊起振动器,吸去试样表面自由水。

③按上述①~②步骤进行第二层、第三层试样的振动压实。

④卸下套筒,吸去试样表面的所有自由水。架百分表测压实试样表面与试筒顶面的距离,从而获得压实试样高度(规程中此处明显错误,因为本法无加重底板,而规程中还要测定加重底板表面的百分表读数,且百分表测定与钢直尺测定在精度上明显不一致。笔者认为也应按干土法⑤来测定)。

⑤测定振毕试样含水率后,计算试样的最大干密度 ρ_{dmax}。

⑥重复①~⑤步骤,直至获得一致的最大干密度。

3)巨粒土

①对于最大粒径大于 $60mm$ 的巨粒土,因受试筒尺寸限制,应按相似级配法制备系列模型试料。相似级配法粒径及级配按以下公式及图 1-27 计算确定。

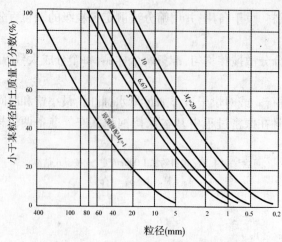

图1-27 原型料与模型料级配关系

②相似级配模型试料粒径：

$$d = D/M_r \tag{1-70}$$

式中　D——原型试料级配某粒径（mm）；
　　　d——原型试料级配某粒径缩小后的粒径，即模型试料相应粒径（mm）；
　　　M_r——粒径缩小倍数，通常称为相似级配模比。

$$M_r = D_{max}/d_{max} \tag{1-71}$$

式中　D_{max}——原型试料级配最大粒径（mm）；
　　　d_{max}——模型试料允许或设定的最大粒径，即 $60mm$、$40mm$、$20mm$、$10mm$ 等。

相似级配模型试料级配组成与原型试料级配组成相同，即：

$$P_{Mr} = P_P \tag{1-72}$$

式中　P_{Mr}——原型试料粒径缩小 M_r 倍后（即模型试料）小于某粒径 d 的百分含量（%）；
　　　P_P——原型试料小于某粒径 d 的百分含量（%）。

③将几种模型分别按干土法或湿土法测定出最大干密度。

(6) 数据处理与结果判定

1) 干土法最大干密度的计算：

$$\rho_{dmax} = M_d/V \tag{1-73}$$

式中　ρ_{dmax}——最大干密度（g/cm^3），精确至 0.001；
　　　M_d——试样干质量（g）；
　　　V——振毕密实试样体积（cm^3）。

$$V = [V_C - A_C(H_0/10)] \times 10^{-6} \tag{1-74}$$

式中　A_C——标定的试筒横断面积（cm^2）；
　　　H_0——振毕密实试样表面与试筒顶的距离（cm）；
　　　V_C——试筒标定的体积（cm^3）。

2) 湿土法最大干密度的计算：

$$\rho_{dmax} = M_m/V/(1 + 0.01w) \tag{1-75}$$

式中　ρ_{dmax}——最大干密度（g/cm^3），精确至 0.001；
　　　M_m——试样湿质量（g）；
　　　V——振毕密实试样体积（cm^3）；
　　　w——振毕密实湿试样含水率（%）。

3)巨粒土原型料最大干密度的确定:

①作图法:

以相似级配模比的 $\ln$ 为横坐标,以最大干密度 ρ_{dmax} 为纵坐标,将几组相似级配模比及对应的最大干密度数据作图,会形成一条近似直线,延长该直线至 $\ln 1$ 即 0 处交点所对应的最大干密度即为巨粒土原型料的最大干密度,见图 1-28。

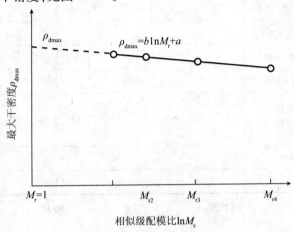

图 1-28 模型料 $\rho_{dmax} - \ln M_r$ 关系

②计算法:

对几组相似级配模比 $\ln$ 及对应最大干密度数据用回归法按下式求出:

$$\rho_{dmax} = a + b\ln M_r \quad (1-76)$$

由于 $M_r = 1$ 时 $\ln M_r = 0$,$\rho_{dmax} = a$

所以巨粒土原型料最大干密度 $\rho_{dmax} = a$。

4)计算干土法所测定的最大干密度试验结果的平均值作为试验报告的最大干密度值。

5)本试验记录格式如表 1-13 所示。

最大干密度试验记录　　　表 1-13

试样编号:CR21　　试样来源:　　试样最大粒径:40mm
相似级配模比:/　　振动频率:50Hz　　全振幅:0.5mm
振动历时:3×10min　　试验方法:干土法　　试验日期:

平行测定次数	1				2			
试样+试筒质量(kg)	42.700				42.850			
试筒质量(kg)	12.800				12.800			
试样质量　干土法 M_d(kg)	(29.900)				(30.055)			
湿土法 M_m(kg)								
试筒容积 V_C(cm³)	14 200				14 200			
试筒横断面积 A_C(cm²)	615.75				615.75			
试样表面与试筒顶面距离 H_i(mm)	21.0	21.0	21.0	21.0	22.0	22.0	22.0	22.0
平均值 H_0(mm)	(21.0)				(22.0)			
试样体积 V(m³)	(0.012 907)				(0.012 845)			

平行测定次数		1	2
湿土法含水量测定	湿料质量(kg)		
	烘干质量(kg)		
	单个含水率(%)		
	平均含水率 w(%)		
试样干密度	干土法 ρ_d(kg/m³)	(2 316.6)	(2 339.8)
	湿土法 ρ_d(kg/m³)		
最大干密度(即平均值) ρ_{dmax}(kg/m³)		(2 328.3)≈2 330	
两个试验值的偏差(%)		(1.00)	
标准差 S(kg/m³)		(11.6)	

试验：　　　　　　　计算：　　　　　　　校核：

注：$V = [V_C - A_C(H_0/10)] \times 10^{-6}$

干土法 $\rho_d = M_d/V$

湿土法 $\rho_d = M_m/V/(1 - 0.01w)$

两个试验值的偏差以平均值的百分比表示。

6）精密度及允许偏差

最大干密度试验结果精度要求如表1-14所列。最大干密度 ρ_{dmax}(kg/m³) 取三位有效数字。

最大干密度试验结果精度要求　　　　　　表1-14

试料粒径 (mm)	标准差 S (kg/m³)	两个试验值的允许偏差范围 (以平均值的百分比表示)(%)
<5	±13	2.7
5~60	±22	4.1

2. 振动台法

(1) 概念

本试验方法适用于通过0.075mm标准筛的颗粒质量百分比不大于15%的无黏性自由排水粗粒土和巨粒土。

(2) 检测依据

《公路土工试验规程》JTG E40—2007 中的 T 0132—1993

(3) 仪器设备及环境

1) 仪器设备

①振动台：固定于混凝土基础上，振动台面尺寸至少为550mm×550mm，且具有足够刚度。最大负荷应满足试筒、套筒、试样、加重底板及加重块等的要求，不宜小于200kg。其频率20~60Hz可调，双振幅0~2mm可调。见图1-29。

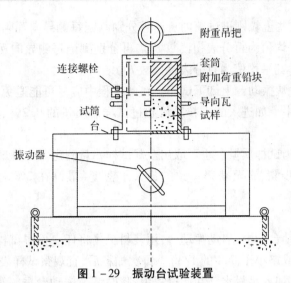

图1-29 振动台试验装置

②试筒:圆柱形金属筒,见表1-12。

③套筒:圆柱形金属筒,见表1-12。

④加重底板:12mm厚的圆形钢板,直径略小于相应试筒内径,中心应有15mm未穿透的提吊螺孔。

⑤加重块:控制加重块和加重底板在试样表面产生的静压力为18kPa。

⑥百分表及表架:百分表量程至少50mm以上,分度值0.025mm。表架支杆应能插入试筒导向瓦套孔中,并使百分表杆中心先与试筒中心线平行。

⑦台秤:应有足够的量程,精度达到所测土样质量的0.1%。对于ϕ280mm的试筒,量程50kg,感量6g;对于ϕ152mm的试筒,量程30kg,感量2g。

⑧标准筛:60mm、40mm、20mm、10mm、5mm、2mm、0.075mm圆孔。

⑨其他工具:起吊机、烘箱、料盘、小铲、大勺及漏斗、橡皮锤、钢直尺、秒表等。

2)环境条件

无特殊要求。

(4)取样及制样要求

同表面振动压实仪法。

(5)操作步骤

1)干土法

①用装料工具将任一份试样徐徐装入试筒,并注意使颗粒分散程度最小,抹平试样表面,然后用橡皮锤或类似物敲击几次试筒外壁,使试样下沉密实。

②放置合适的加重底板于试样表面,轻轻转动几下,使其与试样表面密合一致。卸下加重底板把手。

③将试筒固定于振动台面上,装上套筒,并与试筒紧密固定。将合适的加重块置于加重底板上,注意尽量不与套筒内壁接触。

④设定振动台在振动频率50Hz及垂直振动双振幅0.5mm下振动10min;或在振动频率60Hz及垂直振动双振幅0.35mm下振动8min。振毕卸去加重块及加重底板。

⑤按上述①~④进行第二层、第三层试料的振动压实。但第三层振毕加重底板不立即卸去。

⑥卸去套筒,检查加重底板是否与试样表面密合一致,可按压加重底板一侧边缘,看另一侧是否翘起,若翘起宜在报告中注明。

⑦将百分表架支杆插入每个试筒导向瓦套孔中,刷净试筒顶沿面及加重底板表面测量位置上

的土粒,并尽量避免将这些土粒刷进试筒内。然后分别测记每侧导向瓦附近试筒顶沿面各3个百分表读数,共12个(其平均值为百分表初读数 R_i),再分别测记每侧导向瓦附近加重底板表面各3个百分表读数,共12个(其平均值为百分表终读数 R_f)。

⑧卸去加重底板,并从振动台上卸下试筒。在此过程中应尽可能避免试筒顶沿面及加重底板表面上的土粒进入试筒中。如进入的土粒质量超过试样总质量的0.2%,应测定其质量并在报告中注明。

⑨扣除试筒质量即为试样质量。也可取出全部试样称量测定。计算最大干密度 ρ_{dmax}。

⑩重复上述①~⑨步骤,直至获得一致的最大干密度(最好在2%内)。尽量避免土样重复使用。

2)湿土法

①将试筒固定于振动台面上,启动振动台,用装料工具将任一份湿试样徐徐装入试筒(装料量宜使振毕试样高度等于或略小于筒高的1/3)。每次加料后,宜观察试样表面是否滞积有少量自由水。若无,可用适当工具加入足量水。在此过程中,随时调节振动台振幅和频率,以阻止试样颗粒过分沸动和松散。振动约2~3min后,宜用尽可能不带走土粒的方法吸去表面所有自由水。

②按干土法②~③步骤装上加重底板、套筒及加重块。

③按干土法④步骤进行振动。振毕,卸去加重块及加重底板,吸去试样表面所有自由水。

④按本法①~③步骤进行第二层、第三层试料的振动压实。但第三层振毕加重底板不立即卸去。

⑤吸去加重底板上及边缘所有自由水。按干土法⑦步骤测记百分表读数。

⑥按干土法⑧步骤卸下加重底板及试筒,用台秤测记试筒及试样总质量。为测定试样含水率,仔细将试筒中全部试样取出盛于盘中,必要时可用水冲洗。烘干至恒量测定并记录试样烘干质量。

3)巨粒土

同表面振动压实仪法。

(6)数据处理与结果判定

1)干土法最大干密度的计算:

$$\rho_{dmax} = M_d / V \tag{1-77}$$

式中 ρ_{dmax}——最大干密度(g/cm³),精确至0.001;

M_d——试样干质量(g);

V——振毕密实试样体积(cm³)。

$$V = [V_C - A_C(\triangle H/10)] \times 10^{-6} \tag{1-78}$$

A_C——标定的试筒横断面积(cm²);

$\triangle H$——振毕密实试样表面与试筒顶的距离(cm);

V_C——试筒标定的体积(cm³)。

$\triangle H = (R_i - R_f) + T_P$(顺时针读数百分表)

$= (R_f - R_i) + T_P$(逆时针读数百分表)

R_i——百分表初始读数(0.01mm);

R_f——百分表终读数(0.01mm);

T_P——加重底板厚度(mm)。

2)湿土法最大干密度的计算:

同表面振动压实仪法。

3)巨粒土最大干密度的计算:

同表面振动压实仪法。

4)计算干土法所测定的最大干密度试验结果的平均值作为试验报告的最大干密度值。

5)本试验记录格式如表1-15所示。

最大干密度试验记录　　　　　　　　　　　　　　　　表1-15

试样编号：　　　　　　　试样来源：　　　　　　　试样最大粒径：
相似级配模比：　　　　　振动频率：　　　　　　　全振幅：
振动历时：　　　　　　　试验方法：　　　　　　　干土法试验日期：

平行测定次数		1				2			
试样+试筒质量（kg）		42.700				42.850			
试筒质量（kg）		12.800				12.800			
试样质量	干土法 M_d(kg)	29.900				30.055			
	湿土法 M_m(kg)								
试筒容积 V_C(cm³)		14 200				14 200			
试筒横断面积 A_C(cm²)		615.75				615.75			
百分表初读 R_i(mm)		42.275	42.300	42.275	42.275	46.350	46.350	46.350	46.350
百分表终读 R_f(mm)		33.250	33.275	33.225	33.275	36.400	36.425	36.400	36.400
ΔH(mm)		21.025				21.944			
试样体积 V(m³)		0.012 905				0.012 849			
湿土法含水量测定	湿料质量(kg)								
	烘干质量(kg)								
	单个含水率(%)								
	平均含水率 w(%)								
试样干密度	干土法 ρ_d(kg/m³)	2 316.9				2 339.1			
	湿土法 ρ_d(kg/m³)								
最大干密度(即平均值) ρ_{dmax}(kg/m³)		2 328.0≈2 330							
两个试验值的偏差(%)		0.95							
标准差 S(kg/m³)		11.1							
加重底板厚度 T_P 为12mm						异常情况：			

试验：　　　　　　　计算：　　　　　　　校核：

注：$V = [V_C - A_C(\Delta H/10)] \times 10^{-6}$
　　$\Delta H = (R_i - R_f) + T_P$
　　干土法 $\rho_d = M_d/V$
　　湿土法 $\rho_d = M_m/V/(1-0.01w)$
　　两个试验值的偏差以平均值的百分比表示。

6)精密度及允许偏差：

同表面振动压实仪法。

十六、有机质含量试验

1. 概念

主要是指土中的有机物含量,本方法适用于有机质含量不超过15%的土。采用重铬酸钾容量法—油浴加热法测定。

2. 检测依据

《公路土工试验规程》JTG E40—2007 中的 T 0151—1993

3. 仪器设备及环境

(1)仪器设备及试剂:

1)分析天平:量程200g,感量0.0001g。

2)电炉:应带自动控温调节器。

3)油浴锅:应带铁丝笼。

4)温度计:0~250℃,精度1℃。

5)0.0750mol/L $\frac{1}{6}K_2Cr_2O_7 - H_2SO_4$ 溶液:用分析天平称取经105~110℃烘干并研细的重铬酸钾44.1231g,溶于800mL蒸馏水中(必要时可加热),缓缓加入浓硫酸1000mL,边加入边搅拌,冷却至室温后用蒸馏水定容至2L。

6)0.2硫酸亚铁(或硫酸亚铁铵)溶液:称取硫酸亚铁($FeSO_4 \cdot 7H_2O$ 分析纯)56g或硫酸亚铁铵[$(NH_4)_2SO_4FeSO_4 \cdot 6H_2O$]80g,溶于蒸馏水中,加15mL浓硫酸(密度1.84g/mL 化学纯)。然后加蒸馏水稀释至1L,密封贮存于棕色瓶中。

7)邻菲咯啉指示剂:称取邻菲咯啉($C_{12}N_8N_2 \cdot H_2O$)1.485g,硫酸亚铁($FeSO_4 \cdot 7H_2O$ 分析纯)0.695g,溶于100mL蒸馏水中,此时试剂与 Fe^{2+} 形成红棕色络合物,即[$Fe(C_{12}N_8N_2)_3$]$^{2+}$。贮存于棕色滴瓶中。

8)石蜡(固体)或植物油2kg。

9)浓硫酸(H_2SO_4)(密度1.84g/mL 化学纯)。

10)灼烧过的浮石粉或土样:取浮石或矿质土约200g,磨细并通过0.25mm筛,分散装入数个瓷蒸发皿中,在700~800℃的高温炉内灼烧1~2h,把有机质全部烧尽后备用。

(2)硫酸亚铁(或硫酸亚铁铵)溶液的标定:准确吸取重铬酸钾标准溶液3份,每份20mL分别注入150mL锥形瓶中,用蒸馏水稀释至60mL左右,滴入邻菲咯啉指示剂3~5滴,用硫酸亚铁(或硫酸亚铁铵)溶液进行滴定,使锥形瓶中的溶液由橙黄经蓝绿色突变至橙红色为止。按用量计算硫酸亚铁(或硫酸亚铁铵)溶液的浓度,准确至0.0001mol/L,取3份标定结果的算术平均值作为硫酸亚铁(或硫酸亚铁铵)溶液的标准浓度。

(3)环境要求:

在室内20±5℃条件下进行。

4. 取样及制样要求

将土样风干,过100目筛,取50g贮存备用。

5. 操作步骤

(1)用分析天平准确称取备用土样0.1000~0.5000g,放入一干燥的硬质试管中,用滴定管准确加入0.0750mol/L $\frac{1}{6}K_2Cr_2O_7 - H_2SO_4$ 标准溶液10mL(在加入3mL时摇动试管使土样分散),并在试管口插入一小玻璃漏斗,以冷凝蒸出之水汽。

(2)将 8～10 个已装入土样和标准溶液的试管插入铁丝笼中(每笼中均有 1～2 个空白试管),然后将铁丝笼放入温度为 185～190℃ 的石蜡油浴锅中,试管内的液面应低于油面。要求放入后油浴锅内油温下降至 170～180℃,以后应注意控制电炉,使油温维持在 170～180℃,待试管内试液沸腾时开始计时,煮沸 5min,取出试管冷却,并擦净试管外部油液。

(3)将试管内试样倾入 250mL 锥形瓶中,用水洗净试管内部及小玻璃漏斗,使锥形瓶中溶液总体积达 60～70mL,然后加入邻菲咯啉指示剂 3～5 滴,摇匀,用硫酸亚铁(或硫酸亚铁铵)标准溶液进行滴定,使锥形瓶中的溶液由橙黄经蓝绿色突变至橙红色即为终点,记录硫酸亚铁(或硫酸亚铁铵)溶液的用量,精确至 0.01mL。

(4)空白标定:即用灼烧土代替土样,取 2 个试样,其他操作均与土样试验相同,记录硫酸亚铁(或硫酸亚铁铵)溶液的用量。

6. 数据处理与结果判定

(1)有机质含量按下式计算:

$$\text{有机质}(\%) = [C_{\text{FeSO}_4}(V'_{\text{FeSO}_4} - V_{\text{FeSO}_4}) \times 0.003 \times 1.724 \times 1.1]/m_s \tag{1-79}$$

式中 C_{FeSO_4}——硫酸亚铁标准溶液的浓度(mol/L);

V'_{FeSO_4}——空白标定时用去的硫酸亚铁标准溶液量(mL);

V_{FeSO_4}——测定土样时用去的硫酸亚铁标准溶液量(mL);

m_s——土样质量(将风干土换算为烘干土)(g);

0.003——1/4 碳原子的摩尔质量(g/mol);

1.727——有机碳换算成有机质的系数;

1.1——氧化校正系数。

(2)有机质含量试验记录格式如表 1-16 所示。

有机质含量试验记录   表 1-16

工程编号:　　　　　　　试验:
土样编号:　　　　　　　校核:
土样说明:　　　　　　　试验日期:

平行试验次数		1	2
风干土样质量(g)		0.4126	0.4151
土样干质量(g)		0.3992	0.4016
空白标定时用去的硫酸亚铁标准溶液量 V'_{FeSO_4} (mL)	滴定始读数	0.00	0.00
	滴定终读数	24.87	24.87
	耗量	24.87	24.87
测定土样时用去的硫酸亚铁标准溶液量 V_{FeSO_4} (mL)	滴定始读数	0.00	0.00
	滴定终读数	19.20	19.20
	耗量	19.20	19.20
有机质　　　　　　　　　　　(%)		1.16	1.15
平均有机质含量　　　　　　　(%)		1.15	

注:硫酸亚铁标准溶液的浓度为 0.1434mol/L。风干土样含水率为 3.35%。

(3)有机质含量试验的精密度和允许偏差:

有机质含量两次试验结果精度应符合表 1-17 的规定。

易溶盐总量(质量法)两次测定的允许偏差　　　　表1-17

测定值(%)	绝对偏差(%)	相对偏差(%)
10~5	<0.3	3~4
5~1	<0.2	4~5
1~0.1	<0.05	5~6
0.1~0.05	<0.004	6~7
0.05~0.01	<0.006	7~9
<0.01	<0.008	9~15

十七、易溶盐总量的测定——质量法

1. 概念

主要是指土中的易溶盐含量测定,本方法适用于各类土。

2. 检测依据

《公路土工试验规程》JTG E40—2007 中的 T 0153—1993 和 T 0152—1993

3. 仪器设备及环境

(1)仪器设备及试剂

1)分析天平:量程200g,感量0.0001g。

2)水浴锅、瓷蒸发皿、干燥器。

3)15% H_2O_2。

4)2% Na_2CO_3 溶液:将 2.0g 无水 Na_2CO_3 溶于少量水中,稀释至100mL。

5)过滤设备:包括真空泵、平底瓷漏斗、抽滤瓶。

6)离心机:转速为4000转/min。

7)广口塑料瓶:1000mL。

8)往复式电动振荡机。

(2)环境要求

在室内 20±5℃条件下进行。

4. 取样及制样要求

(1)将土样烘干并通过1mm筛500g备用。

(2)称取 50~100g(视土中含盐量及分析项目而定)备用土样,精确到0.01g,放入干燥的1000mL广口塑料瓶中(或三角瓶)。按土水比例1:5加入不含二氧化碳的蒸馏水(即把蒸馏水煮沸10min迅速冷却所得),盖好瓶盖,在振荡机上振荡(或用手剧烈振荡)3min,立即进行过滤。

(3)采取抽气过滤时,滤前须将滤纸剪成与平底瓷漏斗底部同样大小,并平放在漏斗底上,先加少量蒸馏水抽滤,使滤纸与漏斗紧密接触。然后换上另一个干洁的抽滤瓶进行抽滤。抽滤时要将土悬浊液摇匀后倒入漏斗,使土粒在漏斗底部铺成一薄层,填塞滤纸孔隙,以防止细土粒通过,在往漏斗内倾倒土悬浊液前须先行打开抽气设备,轻微抽气,可避免滤纸浮起,以致滤液浑浊。漏斗上要盖一表面皿,以防水汽蒸发。如发现滤液浑浊,须反复过滤至澄清为止。

(4)当发现抽滤方法不能达到滤液澄清时,应采用离心机分离。所得的透明滤液即为水溶性盐的浸出液。

(5)水溶性盐的浸出液不能久放。pH、CO_3^{2-} 离子、HCO_3^- 离子等项测定应立即进行,其他离子的测定最好在当天完成。

5. 操作步骤

（1）用移液管吸取浸出液 50mL 或 100mL（视易溶盐含量多少确定），注入已在 105～110℃ 烘至恒量（前后两次质量差不大于 1mg）的瓷蒸发皿中，盖上表皿，架空放在飞腾水浴上蒸干（若吸取溶液太多时，可分次蒸干）。蒸干后残渣如呈现黄褐色时（为有机质所致），应加入 15% H_2O_2 1～3mL，继续蒸干，直至黄褐色消失。

（2）将瓷蒸发皿放入 105～110℃ 烘箱中烘干 4～8h，取出放入干燥器中冷却 0.5h，称量。再重复烘干 2～4h，冷却 0.5h，称量，直至连续两次质量差不大于 0.0001g。

6. 数据处理与结果判定

（1）易溶盐总量按下式计算：

$$易溶盐总量(\%) = [(m_2 - m_1)/m_s] \times 100\% \quad (1-80)$$

式中　m_2——蒸发皿加蒸干残渣质量(g)，精确至 0.01g；

　　　m_1——蒸发皿质量(g)；

　　　m_s——相当于 50mL 或 100mL 浸出液的干土样质量(g)。

（2）易溶盐总量试验记录格式如表 1-18 所示。

易溶盐总量试验记录　　　　　　　　　　　　　　　　　　　表 1-18

工程编号：　　　　　　　　　　试验：
土样编号：　　　　　　　　　　校核：
土样说明：　　　　　　　　　　试验日期：

平行试验次数	1	2
吸取浸出液体积 V(mL)	50	50
蒸发皿加蒸干残渣质量(g)	57.3974	57.4828
蒸发皿质量(g)	57.3850	57.4700
残渣质量(g)	0.0124	0.0128
易溶盐总量单值(%)	0.124	0.128
易溶盐总量平均值(%)	0.126	

注：相当于 50mL 浸出液的干土样质量为 10g。

（3）易溶盐总量试验的精密度和允许偏差：

易溶盐总量两次试验结果精度应符合表 1-19 的规定。

易溶盐总量（质量法）两次测定的允许偏差　　　　　　　　表 1-19

易溶盐总量范围(%)	<0.05	0.05～0.2	0.2～0.5	>0.5
允许相对偏差(%)	15～20	10～15	5～10	<5

十八、动力触探

1. 概念

通过不同规格的动力触探探头对不同类型的土层进行触探，根据触探深度和触探击数多少确定不同土层有效深度的方法，本方法适用于黏性土、砂类土和碎石类土。

2. 检测依据

《铁路工程地质原位测试规程》TB 10018—2003

3. 仪器设备及环境

（1）仪器设备

1)分三类,具体规格应符合表 1-20 的要求。

动力触探仪器规格 表 1-20

类型及代号	重锤质量（kg）	重锤落距（cm）	探头截面积（cm³）	探杆外径（mm）	动力触探击数 符号	动力触探击数 单位
轻型 DPL	10±0.2	50±2	13	25	N_{10}	击/30cm
重型 DPH	63.5±0.5	76±2	43	42.50	$N_{63.5}$	击/10cm
特重型 DPSH	120±1.0	100±2	43	50	N_{100}	击/10cm

2)轻型动力触探探头外形尺寸应符合图 1-30 的要求。材质应采用 45 号碳素钢或优于 45 号碳素钢的钢材,表面淬火后的硬度 $HRC=45\sim50$。

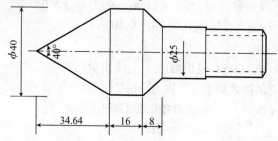

图 1-30　轻型动力触探探头外形尺寸

3)重型、特重型动力触探探头外形尺寸应符合图 1-31 的要求,材质要求与轻型相同。探杆每米质量不宜大于 7.5kg,探杆接头外径应与探杆外径相同,探杆与接头材料应采用耐疲劳高强度的钢材。锤座直径应小于锤径 1/2,并大于 100mm;导杆长度应满足重锤落距的要求,锤座与导杆总质量为 20~25kg。重锤应采用圆柱形,高径比 1~2;重锤中心的通孔直径应比导杆外径大 3~4mm。

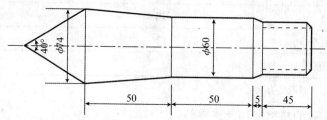

图 1-31　重型、特重型动力触探探头外形尺寸

(2)环境要求

在室外现场非冰冻条件下进行。

4. 操作步骤

(1)首先对机具设备进行检查,确认正常后方可启动。部件磨损及变形超过下列规定时,应及时更换或修复:

1)探头允许磨损量:直径磨损不得大于 2mm,锤尖磨损不得大于 5mm;

2)每节探杆非直线偏差不得大于 0.6%;

3)所有部件连接处丝扣应完好,连接紧固。

(2)动力触探机具安装必须稳固,在作业过程中支架不得偏移。

(3)动力触探时,应始终保持重锤沿导杆笔直下落,锤击频率应控制在 15~30 击/min。

(4)轻型动力触探作业时,应先用轻便钻具钻至所需测试土层的顶面,然后对该土层连续贯入。当贯入 30cm 的击数超过 90 击或贯入 15cm 的击数超过 45 击时,可停止作业。如需要对下卧层进行测试时,可用钻探方法钻透该层后继续触探。

(5)根据地层强度的变化,重型、特重型动力触探可互换使用,当重型动力触探实测击数大于50击/10cm时,宜改用特重型;当重型动力触探实测击数小于5击/10cm时,不得采用特重型动力触探。

(6)在预钻孔内进行重型、特重型动力触探作业,钻孔孔径大于90mm、孔深大于3m、实测击数大于8击/10cm时,可用小于或等于90mm的孔壁管下放至孔底或用松土回填钻孔,以减小探杆径向晃动。

(7)各种类型动力触探的锤座距孔口高度不宜超过1.5m,探杆应保持竖直。

(8)轻型动力触探应每贯入30cm记录其相应击数。

(9)重型、特重型动力触探应每贯入10cm记录其相应击数。地层松软时,可采用测量每阵击(一般为1~5击)的贯入度,并按下式换算成相当于同类型动力触探贯入10cm时的击数:

$$N_{63.5}; N_{120} = 10n/\triangle s \tag{1-81}$$

式中 $N_{63.5}; N_{120}$——重型、特重型动力触探实测击数(击/10cm);
n——每阵击的击数(击);
s——每阵击对应的贯入度(cm)。

5. 数据处理与结果判定

(1)动力触探记录应在现场进行初步整理,并对记录的击数和贯入尺寸进行校核和换算。

(2)轻型动力触探应以每层实测击数的算术平均值作为该层的触探击数平均值 N_{10}。

(3)重型动力触探实测击数 $N_{63.5}$,应按下式进行杆长击数修正:

$$N'_{63.5} = \alpha N_{63.5} \tag{1-82}$$

式中 $N'_{63.5}$——重型动力触探修正后击数;
α——杆长击数修正系数,可按表1-21确定。

杆长击数修正系数 α 值   表1-21

$N_{63.5}$(击/10cm) 杆长L(m)	5	10	15	20	25	30	35	40	≥50
≤2	1.0	1.0	1.0	1.0	1.0	1.0	1.0	1.0	—
4	0.96	0.95	0.93	0.92	0.90	0.89	0.87	0.86	0.84
6	0.93	0.90	0.88	0.85	0.83	0.81	0.79	0.78	0.75
8	0.90	0.86	0.83	0.80	0.77	0.75	0.73	0.71	0.67
10	0.88	0.83	0.79	0.75	0.72	0.69	0.67	0.64	0.61
12	0.85	0.79	0.75	0.70	0.67	0.64	0.61	0.59	0.55
14	0.82	0.76	0.71	0.66	0.62	0.58	0.56	0.53	0.50
16	0.79	0.73	0.67	0.62	0.57	0.54	0.51	0.48	0.45
18	0.77	0.70	0.63	0.57	0.53	0.49	0.46	0.43	0.40
20	0.75	0.67	0.59	0.53	0.48	0.44	0.41	0.39	0.36

(4)特重型动力触探实测击数,应先按下式换算成相当于重型动力触探实测击数后,再按上述方法进行杆长击数修正。

$$N_{63.5} = 3N_{120} - 0.5 \tag{1-83}$$

(5)根据修正后的动力触探击数,应绘制动力触探击数与贯入深度曲线图。

(6)地质土力学分层应根据动力触探击数与贯入深度曲线图,结合场地地质资料进行。由软层(小击数)进入硬层(大击数)时,分层界线应在软层最后一个小值点以下 10~20cm 处;由硬层进入软层时,分层界线应在软层第一个小值点以上 10~20cm 处。

(7)分层后各层动力触探击数平均值的确定,应符合下列要求:

1)在各层土的厚度范围内,划分出地层界面处上、下土层影响击数的范围,中间部分称为该层有效厚度 H_h。

2)在有效厚度范围内,剔除少量击数特殊大值(剔除点的数量不应超过有效厚度内测点数的 10%),余留部分为该层动力触探有效击数。

3)重型动力触探击数平均值 $N_{63.5}$ 取该层动力触探有效击数的算术平均值:

$$N_{63.5} = \sum_1^n N'_{63.5}/n \qquad (1-84)$$

式中 n——参加统计的测点数。

(8)有效厚度小于 0.3m 时,动力触探击数平均值可按下列原则确定:

1)当上、下均为击数较小的土层时,$N_{63.5}$ 可取该层土触探击数的最大值 $(N'_{63.5})_{max}$;

2)当上、下均为击数较大的土层时,$N_{63.5}$ 应取小于或等于该层土触探击数的最小值 $(N'_{63.5})_{min}$。

(9)黏性土地基的基本承载力 σ_0,当贯入深度小于 4m 时,可根据场地土层的 N_{10} 按下表 1-22 确定。

黏性土 σ_0 值(kPa)   表 1-22

N_{10}(击/30cm)	15	20	25	30
σ_0	100	140	180	220

注:表内数值可以线性内插。

(10)冲积洪积成因的中砂~砾砂土地基和碎石类土地基的基本承载力 σ_0,当贯入深度小于 20m 时,可根据场地土层的 $N_{63.5}$ 按表 1-23 确定。

中砂~砾砂土、碎石类土 σ_0 值(kPa)   表 1-23

$N_{63.5}$(击/10cm)	3	4	5	6	7	8	9	10	12	14
中砂~砾砂土	120	150	180	220	260	300	340	380	—	—
碎石类土	140	170	200	240	280	320	360	400	480	540
$N_{63.5}$(击/10cm)	16	18	20	22	24	26	28	30	35	40
碎石类土	600	660	720	780	830	870	900	930	970	1000

(11)基本承载力用于设计时,应进行基础宽度及埋置深度的修正。修正公式应符合现行《铁路桥涵地基和基础设计规范》TB 10002.5—2005 中的有关规定,公式中的修正系数可根据地基土的 $N_{63.5}$ 值按表 1-24 和表 1-25 确定。

宽度、深度修正系数　　　　　　　　　　　表 1-24

土的类型\系数	黏性土				砂类土								碎石类土			
	Q_4 的冲积、洪积土		Q_5 及以前的冲积、洪积土	残积土	粉砂		细砂		中砂		砾砂粗砂		碎石土圆砾土角砾土		卵石土	
	$I_L < 0.5$	$I_L \geq 0.5$			中密	密实	中密	密实	中密	密实	中密	密实	中密	密实	中密	密实
k_1	0	0	0	0	1	1.2	1.5	2	2	3	3	4	3	4	3	4
k_2	2.5	1.5	2.5	1.5	2	2.5	3	4	按表 1-24 取值							

注：1. 节理发育或很发育的风化岩石，k_1、k_2 可参照碎石类土的修正系数，但对已风化成砂、土状者，则取用砂类土、黏性土的修正系数；
2. 稍密状态的砂类土和松散状态的碎石类土，k_1 值可采用表列中密值的 50%；
3. 冻土的 $k_1 = 0$、$k_2 = 0$。

中砂～碎石类土深度修正系数　　　　　　　表 1-25

$N_{63.5}$	≤4	4～6	6～10	10～15	15～20	20～25	25～32	32～40	>40
k_2	1	2	3	4	5	6	7	8	9

（12）黏性土地基极限承载力 p_u，当贯入深度小于 4m 时，可根据场地土层的 N_{10} 按表 1-26 确定。

一般黏性土 p_u 值（kPa）　　　　　　　　表 1-26

N_{10}（击/30cm）	15	20	25	30
p_u	180	260	330	400

注：表内数值可以线性内插；p_u 的变异系数 δ 为 0.291。

（13）冲积洪积成因的中砂～砾砂土地基和碎石类土地基的极限承载力 p_u，当贯入深度小于 20m 时，可根据场地土层的 $N_{63.5}$ 按表 1-27 确定。

中砂～砾砂土、碎石类土 p_u 值（kPa）　　　　表 1-27

$N_{63.5}$（击/10cm）	3	4	5	6	7	8	9	10	12	14
中砂～砾砂土	240	300	360	440	520	600	680	760	—	—
碎石类土	320	390	460	550	645	740	835	930	1 100	1 250
$N_{63.5}$（击/10cm）	16	18	20	22	24	26	28	30	35	40
碎石类土	1 390	1 530	1 670	1 810	1 930	2 020	2 090	2 160	2 260	2 330

注：中砂～砾砂土、碎石类土 p_u 的变异系数 δ 分别为 0.248 和 0.210。

（14）冲积洪积卵石土和圆砾土地基的变形模量 E_0，当贯入深度小于 12m 时，可根据场地土层的 $N_{63.5}$ 按表 1-28 确定。

卵石土、圆砾土 E_0 值（MPa） 表1-28

$N_{63.5}$（击/10cm）	3	4	5	6	8	10	12	14	16
E_0	9.9	11.8	13.7	16.2	21.3	26.4	31.4	35.2	39.0
$N_{63.5}$（击/10cm）	18	20	22	24	26	28	30	35	40
E_0	42.8	46.6	50.4	53.6	56.1	58.0	59.9	62.4	64.3

[案例1-1] 市政道路沟槽回填素土一组三个环刀的试验数据如下：

序号	环刀+湿土质量（g）	环刀+干土质量（g）	环刀质量（g）
1	156.6	134.3	42.4
2	156.7	134.5	42.2
3	155.4	133.2	43.6

已知所用环刀体积为60cm³，该素土的最大干密度为1.76g/cm³，设计要求素土沟槽回填压实度不小于85%。试计算该组环刀的代表密度和压实度，并作评定。

解

（1）干密度=[（环刀+干土质量）-环刀质量]/环刀体积

ρ_{d1} =（134.3-42.4）/60=1.532g/cm³

ρ_{d2} =（134.5-42.2）/60=1.538g/cm³

ρ_{d3} =（133.2-43.6）/60=1.493g/cm³

（2）平均干密度=（1.532+1.538+1.493）/3=1.52g/cm³

（3）压实度=平均干密度/最大干密度=1.52/1.76=86.4%≈86%

（4）该组素土沟槽回填土的压实度符合设计要求。

[案例1-2] 某一组二灰碎石灌砂试验数据如下，要求压实度95%，试计算并作判定（量砂密度为1.450g/cm³）。

序号	桩号	1+230
1	取样位置	第一层
2	试坑深度（cm）	15.0
3	筒与原量砂质量（g）	11 800
4	筒与第一次剩余量砂质量（g）	10 930
5	套环内耗量砂质量（g）	(870)
6	量砂密度（g/cm³）	1.450
7	从套环内取回量砂质量（g）	840
8	套环内残留量砂质量（g）	(30)
9	筒与第二次剩余量砂质量（g）	8 480
10	试坑及套环内耗量砂质量（g）	(3 290)
11	试坑体积（cm³）	(1 669)

续表

序号	桩号		1+230
12	挖出料质量(g)		3 585
13	试样质量(g)		(3 555)
14	含水量测定	湿样质量(g)	1 000
15		干样质量(g)	942
16		含水率(%)	(6.16)
17	试样干密度(g/cm³)		(2.006)
18	最大干密度(g/cm³)		2.050
19	压实度(%)		(98)

解

(5) = (3) - (4)　　　　　(8) = (5) - (7)
(10) = (3) - (8) - (9)　　(11) = [(10) - (5)]/(6)
(13) = (12) - (8)　　　　(16) = [(14) - (15)]/(15)
(17) = (13)/(11)/[1 + (16)]
(19) = (17)/(18)

答:该组二灰碎石压实度为98%,符合要求。

[案例1-3]　某一组素土重型击实试验数据如下:
击实筒体积为997g/cm³,试计算确定最大干密度和最佳含水量。

序号	试件湿土质量(g)	小试样湿土质量(g)	小试样干土质量(g)	小试样含水量(%)	平均含水量(%)	试件干质量(g)	试件干密度(g/cm³)
1	1 885	25.87	23.50	10.09	9.9	1 715	1.72
		24.45	22.28	9.74			
2	2 025	24.85	22.27	11.58	11.7	1 813	1.82
		25.94	23.20	11.81			
3	2 105	25.49	22.46	13.49	13.6	1 853	1.86
		26.32	23.15	13.69			
4	2 110	24.69	21.35	15.64	15.5	1 827	1.83
		25.28	21.91	15.38			
5	2 030	25.4	21.57	17.76	17.8	1 723	1.73
		26.27	22.29	17.86			

解

(1)含水量 = (小试样湿土质量 - 小试样干土质量)/小试样干土质量
(2)平均含水量 = 同组两个含水量之和/2
(3)试件干质量 = 试件湿土质量/(1 + 平均含水量)
(4)试件干密度 = 试件干质量/击实筒体积
(5)根据上表计算结果确定:

最大干密度为 1.86g/cm³。

最佳含水量为 13.6%。

答:该组素土的最大干密度为 1.86g/cm³;最佳含水量为 13.6%。

[案例 1-4] 某一组 10% 灰土含灰量试验数据如下:

序号	初读数(mL)	终读数(mL)	EDTA 耗量(mL)	平均 EDTA 耗量(mL)
1	50	26.5	23.5	23.7
	26.5	2.6	23.9	

含灰量标准曲线公式为 $y = 0.410x - 1.15$

式中 y——含灰量(%);

x——EDTA 耗量(mL)。

试计算该组灰土含灰量,并作评定。

解

(1) EDTA 耗量 = 初读数 - 终读数

(2) 平均 EDTA 耗量 = $(23.5 + 23.9)/2 = 23.7$ mL

(3) 含灰量 $y = 0.410x - 1.15 = 0.410 \times 23.7 - 1.15 = 8.6\% \approx 9\%$

(4) 该组样品的石灰剂量在 10% 的 -1% ~ +2% 范围内,符合要求。

EDTA 滴定法测定灰剂量存在以下缺点:

(1) 标准曲线所用试样的含水量均为最佳含水量,而现场取的试样其含水量不太可能正好是对应含灰量下的最佳含水量,有时可能相差很大,从而产生较大的误差。

例如:某灰土的最佳含水量为 18%,工地取样含水量为 23%,则 100g 湿试样中干试样就少了 3.45g,占干试样的 4.2%,实际上测出的含灰量就有 4.2% 的负偏差。

(2) 每一个基准含灰量试样都要作一组标准击实,一方面工作量巨大,另一方面收费很多。

为此,建议采用了以下变通办法:

(1) 试验方法不变,在进行含灰量标准曲线试验和现场取样试验时,采用固定含水量,比如 19%,此时取烘干混合细料 84g,加入 16mL 蒸馏水就可以了。为了与现场取样试验吻合,消除烘干误差,可将按比例混合好的料适当喷水后烘干再进行滴定。

(2) 现场取的试样先烘干,再碾碎后进行试验。

另外,需要特别注意的是龄期对结果影响很大,要求施工单位或监理单位在工地混合料混合搅拌均匀后立即抽样送检。

CJJ 4—97 对含灰量的要求范围是 -1% ~ +2%。

[案例 1-5] 一组二灰碎石经试件制作、养生、浸水,高度和质量变化符合要求,试件直径为 150mm,一组共成型了 9 个试件,实测破坏荷载值(单位 kN)分别为:14.6、15.2、16.3、15.1、13.3、14.4、14.8、14.8、15.5;该路段为一级公路二灰碎石设计强度要求值为 0.8MPa,试计算强度值并作判定。

解

(1) 按单个强度公式 $R_c = P/A$ 计算出 9 个试件的单块强度为:

0.83、0.86、0.92、0.85、0.75、0.81、0.84、0.84、0.88;

(2) 计算强度平均值为 $R = 0.84$MPa;

(3) 计算标准差为 0.0468MPa;

(4)计算偏差系数为 0.046 8/0.84 = 0.055 8,小于 0.15,符合要求。
(5)计算抗压强度判定值 R。

$$R = R_d/(1 - Z_a C_v)$$
$$= 0.8/(1 - 1.645 \times 0.0558)$$
$$= 0.88 \text{MPa}$$

6)判定:由于强度平均值 $R = 0.84 \text{MPa} < 0.88 \text{MPa}$,所以该批二灰碎石混合料抗压强度不符合要求。

思 考 题

1. 土含水率测定时对烘干温度有何要求?
2. 土含水率测定时烘干恒量的含义是什么?
3. 什么时候需要进行含水率平行测定?
4. 本方法对含水率平行测定差值有何要求?
5. 密度的定义是什么?
6. 压实度的定义是什么?
7. 环刀法的操作要点是什么?
8. 环刀有哪几种?
9. 工程检测对每一组的测点数是如何规定的?
10. 灌砂法测定密度的原理是什么?
11. 为了确保测定的正确性,灌砂操作需注意哪些方面?
12. 灌砂法测定对称量精度有何要求?
13. 对取样如何规定?
14. 灌砂法测定密度的原理是什么?
15. 为了确保测定的正确性,灌砂操作需注意哪些方面?
16. 灌砂法测定对称量精度有何要求?
17. 对取样如何规定?
18. 重型击实的锤重和落距是多少?
19. 标准击实土样制备有哪些方法?
20. 轻型击实分几层? 每层击实多少次?
21. 标准击实一般制备几组样品? 含水量间隔为多少?
22. 液限的含义是什么? 从含水率—入土深度曲线上如何求得?
23. 塑限的含义是什么? 从含水率—入土深度曲线上如何求得?
24. 本法测入土深度用圆锥质量为多少克?
25. 塑性指数的大小代表什么含义?
26. EDTA 的化学名称是什么?
27. EDTA 滴定法测灰剂量的基本原理是什么?
28. EDTA 二钠标准液如何配制?
29. 10% 氯化铵(NH_4Cl)溶液如何配制?
30. 无机混合料抗压强度试件是以什么为基准进行制作的?
31. 无机混合料抗压强度试件单龄期一组是多少个?
32. 7d 龄期无机混合料抗压强度试件如何养生?
33. 对含水泥的混合料抗压强度制作试件有何特殊要求?

34. 无机结合料稳定材料试件的规格有几种?
35. 对不同材料的试件数量有何要求?
36. 对稳定材料抗压强度如何要求?
37. 对稳定材料的养生时间和条件如何要求?
38. 土粒密度试验有哪几种方法?各自的适用范围是如何规定的?
39. 浮称法利用的是什么原理?
40. 对于既有 5mm 以下颗粒又有 5mm 以上颗粒的土样如何制备?
41. 比重瓶如何校准?
42. 土颗粒分析整套筛有哪几只?
43. 什么情况下只需作粗筛分析或细筛分析?
44. 取样数量有什么规定?
45. 密度计法的适用范围是什么?
46. 所用密度计的种类。
47. 密度计法需测定哪几个时间点的密度计读数?
48. 移液管法的适用范围是什么?
49. 砂的密度的含义。
50. 承载比的含义是什么?
51. 承载比试验对所用试件有什么要求?
52. 承载比试验一组 3 个试验结果如何处理?
53. 表面振动压实仪法的使用范围?
54. 两次平行试验的误差要求?
55. 样品如何处理?
56. 最大干密度试验结果精确到几位有效数字?
57. 干土法的操作步骤?
58. 干土法适用范围?
59. 有机质含量测定用土样是什么土?如何制备?
60. 有机质含量试验允许偏差?
61. 易溶盐试验待测液如何制备?
62. 易溶盐试验待测液存放时间有何要求?
63. 易溶盐总量试验的精密度和允许偏差有何要求?
64. 动力触探分哪几种类型?
65. 轻型动力触探锤重为多少千克?
66. 轻型动力触探打击深度为多少厘米?

第二节 土工合成材料

一、概念

1. 概述

土工合成材料是一种以聚合物为原料加工而成的土工织物产品,广泛应用在水利、公路与城市道路、铁路、港口、建筑、航道、隧道。特别是近年来在公路和城市道路上应用得到到迅速推广。选择和应用土工合成材料,是为了防止路基开裂和渗水,土工合成材料有很多种类,具体用途和适用范围各有不同,应用时根据设计要求选择。

2. 产品分类与定义

(1) 土工合成材料:以人工合成的聚合物为原料制成的各种类型产品,是工程建设应用的土工织物、土工膜、土工复合材料、土工特种材料的总称。

(2) 土工织物:透水性的平面土工合成材料,按制造方法不同分为无纺(非织造)土工织物和有纺(织造)土工织物。无纺土工织物是由细丝或纤维按定向排列或非定向排列并结合在一起的织物;有纺土工织物是由两组平行细丝或纱按一定方式交织而成的织物。

(3) 土工膜:由聚合物或沥青制成的一种相对不透水薄膜。

(4) 土工复合材料:由两种或两种以上材料复合成的土工合成材料。有复合土工膜、复合土工织物、复合防排水材料等。

(5) 土工特种材料:有土工格栅、土工网、土工模袋、土工带、土工格室、土工垫等种类。

(6) 土工格栅:聚合物材料经过定向拉伸形成的具有开孔网格、较高强度的平面网状材料。

(7) 土工网:合成材料条带或合成树脂压制成的平面结构网状土工合成材料。

(8) 土工模袋:双层聚合化纤织物制成的连续(或单独)袋状材料。其中充填混凝土或水泥砂浆,凝结后形成板状防护块体。

(9) 土工带:经挤压拉伸或再加筋制成的条带抗拉材料。

(10) 土工格室:由土工格栅、土工织物或土工膜、条带构成的蜂窝状或网格状三维结构材料。

(11) 土工垫:以热塑性树脂为原料,经挤压、拉伸等工序形成的相互缠绕,并在接点上相互熔合、底部为高模量基础层的三维网垫。

3. 土工合成材料分类图

土工合成材料分类,见图1-32。

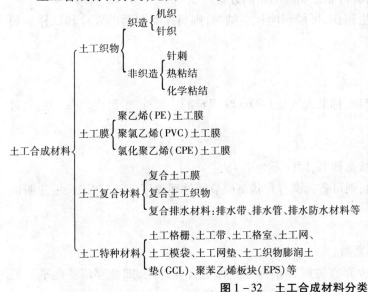

图1-32 土工合成材料分类

4. 检测参数定义

(1) 拉伸强度:试验中试样被拉伸直至断裂时每单位宽度的最大拉力。

(2) 伸长率:对应于最大拉力时的应变量,以百分率表示。

(3) 单位面积质量:单位面积的试样,在标准大气条件下的质量。

(4) 厚度:土工织物在承受规定压力下,正反两面之间的距离。常规厚度:在2kPa压力下测得的试样厚度。

(5) CBR顶破强力:圆柱形顶压杆垂直顶压试样,直至破裂过程中测得的最大顶压力。

(6) 有效孔径:能有效通过土工织物的近似最大颗粒直径。

(7)垂直渗透系数：与土工织物平面垂直方向的渗流的水力梯度等于1时的渗透流速。

(8)压屈强度：塑料排水带的芯带在外力作用下抵抗压裂、倾倒破坏的能力。

(9)排水带通水量：排水带的芯带与滤膜复合体在侧压力作用下，沿排水带截面的纵向通水能力。

二、检测依据

《公路土工合成材料试验规程》JTGE 50—2006
《土工合成材料应用技术规范》GB 50290—1998
《公路土工合成材料应用技术规范》JTJ 019—1998
《公路工程土工合成材料》JT/T 513~521—2004

三、样品要求及数据整理

1. 试样的制备共同要求

(1)用于每次试验的试样，应从样品长度和宽度方向上均匀地裁取，但距样品幅边至少10cm。

(2)试样不应包含影响试验结果的任何缺陷。

(3)对同一项试验，应避免两个以上的试样处在相同的纵向或横向位置上。

(4)试样应沿着卷装长度和宽度方向切割，需要时标出卷装的长度方向。除试验有其他要求，样品上的标志必须标到试样上。

(5)样品经调湿后，再制成规定尺寸的试样。

(6)在切割结构型土工合成材料时可制定相应的切割方案。

(7)如果制样造成材料破碎，发生损伤，可能影响试验结果，则将所有脱落的碎片和试样放到一起，用于备查。

2. 试样的调湿和状态调节

(1)土工织物：

试样应在标准大气条件下调湿24h，标准大气按GB 6529规定的三级标准：温度20±2℃、相对湿度65%±5%。

(2)塑料土工合成材料：

在温度23±2℃的环境下，进行状态调节，时间不少于4h。

(3)如果确认试样不受环境影响，则可省去调湿和状态调节的处理程序，但应在记录中注明试验时的温度和湿度。

3. 数据整理

(1)要计算平均值、标准差、变异系数。

(2)在资料分析中，可疑数据的舍弃宜按照K倍标准差作为舍弃标准，即舍弃那些在平均值$\bar{X}\pm K\sigma$范围以外的测定值，对不同的试件数量，K值按表1-29选用。

统计量的临界值K 表1-29

试件数量	3	4	5	6	7	8	9	10	11	12	13	14
K	1.15	1.46	1.67	1.82	1.94	2.03	2.11	2.18	2.23	2.28	2.33	2.37

四、试验方法

1. 单位面积质量

(1)仪器设备

剪刀或切刀;称量天平(感量为 0.01g);钢尺(刻度至毫米,精度为 0.5mm)。

(2)具体制样要求

1)试样数量:不得少于 10 块,对试样进行编号。

2)试样面积:对土工织物,试样面积为 10 000mm²,裁剪和测量精度为 1mm;对土工格栅、土工网这类孔径较大的材料,试样尺寸应能代表该种材料的全部结构。可放大试样尺寸,剪裁时应从肋间对称剪取,剪裁后应测量试样的实际面积。

(3)操作步骤

称量:将剪裁好的试样按编号顺序逐一在天平上称量,并细心测读和记录,读数应精确到 0.01g。

(4)数据处理

1)按下式计算每块试样的单位面积质量,保留一位小数:

$$G = \frac{m \times 10^6}{A} \qquad (1-85)$$

式中　G——试样单位面积质量(g/m^2);

　　　m——试样质量(g);

　　　A——试样面积(mm^2)。

2)计算 10 块试样单位面积质量的平均值 G,精确到 $0.1g/m^2$;同时计算出标准差 σ 和变异系数 C_v。

2. 厚度试验

(1)土工织物厚度测定

1)仪器设备

①基准板:面积应大于 2 倍的压块面积。

②压块:圆形,表面光滑,面积为 $25cm^2$,重为 5N、50N、500N 不等;其中常规厚度的压块为 5N,对试样施加 2 ± 0.01kPa 的压力。

③百分表:最小分度值 0.01mm。

④秒表:最小分度值 0.1s。

2)具体制样要求

裁取有代表性的试样 10 块,试样尺寸应不小于基准板的面积。

3)试验步骤

测定 2kPa 压力下的常规厚度。

①擦净基准板和 5N 的压块,压块放在基准板上,调整百分表零点。

②提起 5N 的压块,将试样自然平放在基准板与压块之间,轻轻放下压块,使试样受到的压力为 2 ± 0.01kPa,放下测量装置的百分表触头,接触后开始记时,30s 时读数,精确至 0.01mm。

③重复上述步骤,完成 10 块试样的测试。

④根据需要选用不同的压块,使压力为 20 ± 0.1kPa,重复①、②、③规定的程序,测定 20 ± 0.1kPa 压力下的试样厚度。

⑤根据需要选用不同的压块,使压力为 200 ± 1kPa,重复①、②、③规定的程序,测定 200 ± 1kPa 压力下的试样厚度。

4)数据处理

①计算在同一压力下所测定的 10 块试样厚度的算术平均值,以毫米为单位,计算到小数点后三位,修约到小数点后两位。

②如果需要,同时计算出标准差 σ 和变异系数 C_v。

(2)土工膜厚度测定(适用于没有压花和波纹的土工薄膜、薄片)
1)仪器设备及材料
①基准板:表面应平整光滑,并有足够的面积。
②千分表:最小分度值0.001mm。
2)具体制样要求
沿样品的纵向距端部大约1m的位置横向截取试样,试样条宽100mm,无折痕和其他缺陷。数量10块。
3)试验步骤
①基准板、试样和千分表表头应无灰尘、油污。
②测量前将千分表放置在基准板上校准表读值基准点,测量后重新检查基准点是否变动。
③测量厚度时,要轻轻放下表测头,待指针稳定后读值。
④当土工膜(片)宽大于2 000mm时,每2 000mm测量一点;膜(片)宽在300~2 000mm时,以大致相等间距测量10点;膜(片)宽在100~300mm时,每50mm测量一点;膜(片)宽小于100mm时,至少测量3点。对于未裁毛边的样品,应在离边缘50mm以外进行测量。
4)数据处理
①试验结果以试样的平均厚度和厚度的最大值、最小值表示,计算到小数点后4位,修约到小数点后3位,准确至0.001mm。
②如果需要,计算平均厚度的标准差σ和变异系数C_v。
3.有效孔径试验
(1)适用范围
适用于土工织物和复合土工织物孔径的试验方法。
(2)定义
①标准颗粒材料
洁净的玻璃珠或天然砂粒,其粒径应符合规定的粒径分组要求。
②孔径
以通过其标准颗粒材料的直径表征的土工织物的孔眼尺寸。
③有效孔径(O_e)
能有效通过土工织物的近似最大颗粒直径,例如O_{90}表示土工织物中90%的孔径低于该值。
(3)仪器设备及材料
①筛子:直径200mm。
②标准筛振筛机。
横向振动频率:220±10次/min;回转半径:12±1mm。
垂直振动频率:150±10次/min;振幅:10±2mm。
③标准颗粒材料。
标准颗粒材料粒径分组如下:
0.45~0.063、0.63~0.071、0.071~0.090、0.090~0.125、0.125~0.180、0.180~0.250、0.250~0.280、0.280~0.355、0.355~0.500、0.500~0.710(mm)。
④天平:称量200g,感量0.01g。
⑤秒表、细软刷子、剪刀等。
(4)试样制备
①试样数量及尺寸:剪取5×n块试样,n为选取粒径的组数;试样直径应大于筛子直径。
②试样调湿:在规定温度、湿度下状态调节,当试样在间隔至少2h的连续称量中质量变化不

超过试样质量的0.25%时,可认为试样已经调湿。

(5)试验步骤

①试验前应将标准颗粒材料与试样同时放在标准大气条件下进行调湿平衡。

②将同组5块试样平整、无褶皱地放入能支撑试样而不致下凹的支撑筛网上。从较细粒径规格的标准颗粒中称50g,均匀地撒在土工织物表面上。

③将筛框、试样和接收盘夹紧在振筛机上,开动振筛机,摇筛试样10min。

④关机后,称量通过试样进入接收盘的标准颗粒材料质量,精确至0.01g。

⑤更换新的一组试样,用下一较粗规格粒径的标准颗粒材料重复②~④步骤,直至取得不少于三组连续分级标准颗粒材料的过筛率,并有一组的过筛率达到或低于5%。

(6)数据处理

①按下式计算过筛率,结果修约到小数点后两位:

$$B = P/T \times 100$$

式中 B——某组标准颗粒材料通过试样的过筛率(%);

P——5块试样同组粒径过筛量的平均值(g);

T——每次试验用的标准颗粒材料量(g)。

②以每组标准颗粒材料粒径的下限值作为横坐标(对数坐标),相应的平均过筛率作为纵坐标,描点绘制过筛率与粒径的分布曲线。找出的曲线上纵坐标10%所对应的横坐标值,即为O_{90},找出曲线上纵坐标5%所对应的横坐标值,即为O_{95},读取两位有效数字。

③O_{90}、O_{95}值的确定:

O_{90}表示90%的标准颗粒材料留在土工织物上,其过筛率B为$1-90\% =10\%$,曲线上纵坐标为10%点所对应的横坐标即定义为有效孔径O_{90},单位为"mm"。

O_{95}表示95%的标准颗粒材料留在土工织物上,其过筛率B为$1-95\% =5\%$,曲线上纵会标为5%点所对应的横坐标即定义为有效孔径O_{95},单位为"mm"。

4. 拉伸试验

(1)宽条拉伸试验

1)适用范围

①适用于大多数土工合成材料,包括土工织物及复合土工织物,也适用于土工格栅。

②本方法包括测定调湿和浸湿两种试样拉伸性能的程序,包括单位宽度的最大负荷和最大负荷下的伸长率以及特定伸长率下的拉伸力的测定。

2)定义

①名义夹持长度:

用伸长计测量时,名义夹持长度:在试样的受力方向上,标记的两个参考点间的初始距离,一般为60mm(两边距试样对称中心为30mm),记为L_0。

用夹具的位移测量时,名义夹持长度:初始夹具间距,一般为100mm,记为L_0。

②隔距长度:试验机上下两夹持器之间的距离,当用夹具的位移测量时,隔距长度即为名义夹持长度。

③预负荷伸长:在相当于最大负荷1%的外加负荷下,所测的夹持长度的增加值,以"mm"表示(图1-33中的L'_0)。

④实际夹持长度:名义夹持长度加上预负荷伸长(预加张力夹持时)。

⑤最大负荷:试验中所得到的最大拉伸力,以"kN"表示(图1-33中的D点)。

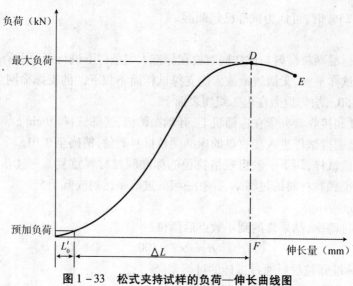

图 1-33 松式夹持试样的负荷—伸长曲线图

⑥伸长率:试验中试样实际夹持长度的增加与实际夹持长度的比值,以"%"表示。

⑦最大负荷下伸长率:在最大负荷下试样所显示的伸长率,以"%"表示。

⑧特定伸长率下的拉伸力:试样被拉伸至某一特定伸长率时单位宽度的拉伸力,以"kN/m"表示。

⑨拉伸强度:试验中试样拉伸直至断裂时单位宽度的最大拉力,以"kN/m"表示。

3)仪器设备

①拉伸试验机:具有等速拉伸功能,拉伸速率可以设定,并能测读拉伸过程中试样的拉力和伸长量,记录拉力—伸长曲线。

②夹具:钳口表面应有足够宽度,至少应与试样200mm同宽,以保证能够夹持试样的全宽,并采用适当措施避免试样滑移和损伤。

注:对大多数材料宜使用压缩式夹具,但对那些使用压缩式夹具出现过多钳口断裂或滑移的材料,可采用绞盘式夹具。

③伸长计:能够测量试样上两个标记点之间的距离,对试样无任何损伤和滑移,能反映标记点的真实动程。伸长计包括力学、光学或电子形式的。伸长计的精度应不超过 ±1mm。

④蒸馏水:仅用于浸湿试样。

⑤非离子润湿剂:仅用于浸湿试样。

4)试样制备

①试样数量:纵向和横向各剪取至少5块试样。

②试样尺寸:

无纺类土工织物试样宽为200 ±1mm(不包括边缘),并有足够的长度以保证夹具间距100mm;为控制滑移,可沿试样的整个宽度与试样长度方向垂直地画两条间隔100mm的标记线(不包含绞盘夹具)。

对于机织类土工织物,将试样剪切约220mm宽,然后从试样的两边拆去数目大致相等的边线以得到200 ±1mm的名义试样宽度,这有助于保持试验中试样的完整性。

注:当试样的完整性不受影响时,则可直接剪切至最终宽度。

对于土工格栅,每个试样至少为200mm宽,并具有足够长度。试样的夹持线在节点处,除被夹钳夹持住的节点或交叉组织外,还应包含至少1排节点或交叉组织;对于横向节距大于或等于75mm的产品,其宽度方向上应包含至少两个完整的抗拉单元。

如使用伸长计,标记点应标在试样的中排抗拉肋条的中心线上,两个标记点之间应至少间隔60mm,并至少含有1个节点或1个交叉组织。

对于针织、复合土工织物或其他织物,用刀或剪子切取试样可能会影响织物结构,此时允许采用热切,但应在试验报告中说明。

当需要测定湿态最大负荷和干态最大负荷时,剪取试样长度至少为通常要求的两倍。将每个试样编号后对折剪切成两块,一块用于测定干态最大负荷,另一块用于测定湿态最大负荷,这样使得每一对拉伸试验是在含有同样纱线的试样上进行的。

5) 试验步骤

① 拉伸试验机的设定

土工织物,试验前将两夹具间的隔距调至 100 ± 3 mm;土工格栅按规定进行。选择试验机的负荷量程,使断裂强力在满量程负荷的 30% ~ 90% 之间。设定试验机的拉伸速度,使试样的拉伸速率为名义夹持长度的 $(20\% \pm 1\%)$/min。

如使用绞盘夹具,在试验前应使绞盘中心间距保持最小,并且在试验报告中注明使用了绞盘夹具。

② 夹持试样

将试样在夹具中对中夹持,注意纵向和横向的试样长度应与拉伸力的方向平行。合适的方法是将预先画好的横贯试件宽度的两条标记线尽可能地与上下钳口的边缘重合。对湿态试样,从水中取出后 3min 内进行试验。

③ 试样预张

对已夹持好的试件进行预张,预张力相当于最大负荷的 1%,记录因预张试样产生的夹持长度的增加值 L_0。

④ 伸长计的使用

在试样上相距 60mm 处分别设定标记点(分别距试样中心 30mm),并安装伸长计,注意不能对试样有任何损伤,并确保试验中标记点无滑移。

⑤ 测定拉伸性能

开动试验机连续加荷直至试样断裂,停机并恢复至初始标距位置。记录最大负荷,精确至满量程的 0.2%;记录最大负荷下的伸长量 ΔL,精确到小数点后一位。

如试样在距钳口 5mm 范围内断裂,结果应予剔除;纵横向每个方向至少试验 5 块有效试样。如试样在夹具中滑移,或者多于 1/4 的试样在钳口附近 5mm 范围内断裂,可采取下列措施:

a. 夹具内加衬垫;
b. 对夹在钳口内的试样加以涂层;
c. 改进夹具钳口表面。

无论采用了何种措施,都应在试验报告中注明。

⑥ 测定特定伸长率下的拉伸力

使用合适的记录测量装置测定在任一特定伸长率下的拉伸力,精确至满量程的 0.2%(图 1-34)。

6) 数据处理

① 拉伸强度

使用下列式计算每个试样的拉伸强度:

$$a_f = F_f C \tag{1-86}$$

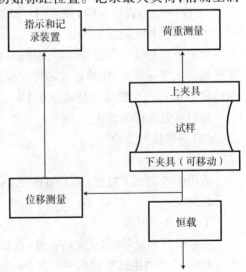

图 1-34 平面拉伸试验

式中 a_f——拉伸强度(kN/m);
F_f——最大负荷(kN);
C——由式(1-87)或式(1-88)求出。

对于非织造品、高密织物或其他类似材料：

$$C = 1/B \qquad (1-87)$$

式中 B——试样的名义宽度(m)。

对于稀松机织土工织物、土工网、土工格栅或其他类似的松散结构材料：

$$C = N_m/N_s \qquad (1-88)$$

式中 N_m——试样1m宽度内的拉伸单元数;
N_s——试样内的拉伸单元数。

②最大负荷下的伸长率

使用式(1-89)计算每个试样的伸长率：

$$\varepsilon = \frac{\Delta L}{L_0 + L_0'} \times 100\% \qquad (1-89)$$

式中 ε——伸长率(%);
L_0——名义夹持长度(使用夹具时为100mm,使用伸长计时为60mm);
L_0'——预负荷伸长量(mm);
ΔL——最大负荷下的伸长量(mm)。

③特定伸长率下的拉伸力

计算每个试样在特定伸长率下的拉伸力,用式(1-90)计算,用"kN/m"表示。例如,伸长率2%时的拉伸力：

$$F_{2\%} = f_{2\%} C \qquad (1-90)$$

式中 $F_{2\%}$——对应2%伸长率时每延米拉伸力(kN/m);
$f_{2\%}$——对应2%伸长率时试样的测定负荷(kN);
C——由式(1-87)或式(1-88)中求出。

④平均值和变异系数

规定分别对纵向和横向两组试样的拉伸强度、最大负荷下伸长率及特定伸长率下的拉伸力计算平均值和变异系数,拉伸强度和特定伸长率下的拉伸力精确至3位有效数字,最大负荷下伸长率精确至0.1%,变异系数精确至0.1%。

每组有效试样为5块。

(2)条带拉伸试验

1)适用范围

适用于各类土工格栅、土工加筋带。

2)定义

①名义夹持长度

用伸长计测量时,名义夹持长度：在试样的受力方向上,标记的两个参考点间的初始距离,一般为60mm(两边距试样对称中心为30mm),记为‰。

用夹具的位移测量时,名义夹持长度：初始夹具的间距,一般为100mm,记为L_0。

②预负荷伸长

在相当于最大负荷1%的外加负荷下,所测的夹持长度的增加值,以"mm"表示(图1-33中的L_0')。

③隔距长度

试验机上下两夹持器之间的距离。当用夹具的位移测量时,隔距长度即为名义夹持长度。

④实际夹持长度

名义夹持长度加预负荷伸长(预加张力夹持时)。

⑤最大负荷

试验中所得到的最大拉伸力,以"kN"表示(图1-33中的 D 点)。

⑥伸长率

试验中试样实际夹持长度内变形的增加量与实际夹持长度的比值,以"%"表示。

⑦最大负荷下伸长率

在最大负荷下试样所显示的伸长率,以"%"表示。

⑧拉伸强度

土工格栅试样被拉伸直至断裂时每单位宽度的最大拉伸力,以"kN/m"表示。

⑨断裂拉力

土工加筋带单条试样被拉伸直至断裂过程中所能承受的最大拉力,以"kN"表示。

3)仪器设备

①拉伸试验机:具有等速拉伸功能,拉伸速率可以设定,并能测读拉伸过程中试样的拉力和伸长量,记录拉力—伸长曲线。

②夹具:钳口应有足够的约束力,允许采用适当措施避免试样滑移和损伤。

注:对大多数材料宜使用压缩式夹具,但对那些使用压缩式夹具出现多钳口断裂或滑移的材料,可采用绞盘式夹具。

③伸长计:能够测量试样上两个标记点之间的距离,对试样无任何损伤和滑移,能反映标记点的真实动程。伸长计包括力学、光学或电子形式的,精度应不超过±1mm。

4)试样制备

①试样数量:土工格栅纵向和横向各裁取至少5根单筋试样;土工加筋带裁取至少5条试样。

②试样尺寸:

对于土工格栅,单筋试样应有足够的长度,试样的夹持线在节点处,除被夹钳夹持住的节点或交叉组织外,还应包含至少1个节点或交叉组织。

如使用伸长计,标记点应标在筋条试样的中心上,两个标记点之间应至少间隔60mm,并至少含有1个节点或1个交叉组织,夹持长度应为数个完整节距。

对于土工加筋带,试样应有足够的长度以保证夹具间距100mm为控制滑移,可沿试样的整个宽度与试样长度方向垂直地画两条间隔100mm的标记线(不包含绞盘夹具)。

5)试验步骤

①拉伸试验机的设定

选择试验机的负荷量程,使断裂强力在满量程负荷的30%~90%之间。设定试验机的拉伸速度,使试样的拉伸速率为名义夹持长度的(20%±1%)/min。如使用绞盘夹具,在试验前应使绞盘中心间距保持最小,并且在试验报告中注明使用了绞盘夹具。

②试样的夹持和预张

将试样在夹具中对中夹持,对已夹持好的试件进行预张,预张力相当于最大负荷的1%,记录因预张试样产生的夹持长度的增加值 L_0(图1-32)。

③伸长计的使用

在分别距试样中心30mm的两个标记点处安装伸长计,不能对试样有任何损伤,并确保试验中标记点无滑移。

④测定拉伸性能

开动试验机连续加荷直至试样断裂,停机并恢复至初始标距位置,记录最大负荷,精确至满量程的0.2%;记录最大负荷下的伸长量,精确到小数点后1位。

如试样在距钳口5mm范围内断裂,结果应予剔除。如试样在夹具中滑移,或者多于1/4的试样在钳口附近5mm范围内断裂,可采取下列措施:

a. 夹具内加衬垫;

b. 对夹在钳口内的试样加以涂层;

c. 改进夹具钳口表面。

无论采用了何种措施,都应在试验报告中注明。

⑤测定特定伸长率下的拉伸力

使用合适的记录测量装置测定在任一特定伸长率下的拉伸力,精确至满量程的0.2%。

6)数据处理

①拉伸强度:

土工格栅试样拉伸强度:

$$\alpha_f = f_n/L \tag{1-91}$$

式中 α_f ——拉伸强度(kN/m);

f_n ——试件的最大拉伸力(kN);

n ——样品宽度上的筋数;

L ——样品宽度(m)。

土工加筋带试样断裂拉力,以试件最大拉伸力表示,单位为kN。

②试样最大负荷下的伸长率:

$$\varepsilon = \frac{\Delta L}{L_0 + L'_0} \times 100\% \tag{1-92}$$

式中 ε ——最大负荷下的伸长率(%);

L_0 ——名义夹持长度(使用夹具时为100mm,使用伸长计时为60mm);

L'_0 ——预负荷伸长量(mm);

ΔL ——最大负荷下的伸长量(mm)。

③特定伸长率下的拉伸力:

土工格栅试样特定伸长率下的拉伸力。

例如,伸长率为2%时的拉伸力:

$$F_{2\%} = f_{2\%} n/L \tag{1-93}$$

式中 $F_{2\%}$ ——对应2%伸长率时每延米拉伸力(kN/m);

$f_{2\%}$ ——对应2%伸长率时试件的拉伸力(kN);

n ——样品宽度上的筋数;

L ——样品宽度(m)。

土工加筋带试样特定伸长率下的拉伸力以试件特定伸长率下的拉力表示,单位为kN。

④平均值和变异系数:

对土工格栅的拉伸强度、最大负荷下伸长率和特定伸长率下的拉伸力计算平均值和变异系数。

对土工加筋带的断裂拉力、最大负荷下伸长率和特定伸长率下的拉伸力计算平均值和变异系数。

拉伸强度、断裂拉力和特定伸长率下的拉伸力精确至3位有效数字,最大负荷下伸长率计算到小数点后1位,修约到整数,变异系数精确至0.1%。

⑤每组有效试样为5个。

5. CBR 顶破强力试验

土工合成材料在工程结构中,要承受各种法向静态力的作用,所以顶破强力是土工合成材料力学性能的重要指标之一。

(1)适用范围

适用于土工织物、土工膜及其复合产品。

(2)定义

1)顶破强力

顶压杆顶压试样直至破裂过程中测得的最大顶压力。

2)顶破位移

从顶压杆顶端开始与试样表面接触时起,直至达到顶破强力时,顶压杆顶进的距离。

3)变形率

环形夹具内侧至顶压杆边缘之间试样的长度变化百分率。

(3)仪器设备

1)试验机:应具有等速加荷功能,加荷速率可以设定,并能测读加荷过程中的应力、应变量,记录应力—应变曲线。

2)顶破夹具:夹具夹持环底座高度须大于100mm,环形夹具内径为150mm(图1-35),其中心必须在顶压杆的轴线上。

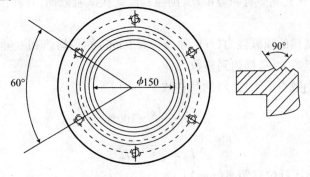

图1-35 夹持设备

3)顶压杆:直径为50mm、高度为100mm的圆柱体,顶端边缘倒成2.5mm半径的圆弧(图1-36)。

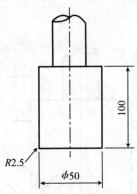

图1-36 顶压杆

(4)试样制备

制样:裁取300mm的圆形试样5块,试样上不得有影响试验结果的可见疵点,在每块试样离外圈50mm处均等开6条8mm宽的槽(图1-37)。

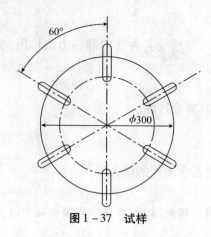

图 1-37 试样

(5) 试验步骤

1) 试样夹持:将试样放入环形夹具内,使试样在自然状态下拧紧夹具,以避免试样在顶压过程中滑动或破损。

2) 将夹持好试样的环形夹具对中放于试验机上,设定试验机满量程范围,使试样最大顶破强力在满量程负荷的 30%~90% 范围内,设定顶压杆的下降速度为 60±5mm/min。

3) 启动试验机,直到试样完全顶破为止,观察和记录顶破情况,记录顶破强力(N)和顶破位移值(mm)。如土工织物在夹具中有明显滑动,则应剔除此次试验数据,并补作试验至 5 块。

(6) 数据处理

1) 分别计算 5 块试样的顶破强力(N)、顶破位移(mm)的平均值和变异系数 C_v。顶破强力和顶破位移计算至小数点后 1 位,修约到整数。

2) 变形率计算至小数点后 1 位,修约到整数。

$$\varepsilon = \frac{L_1 - L_0}{L_0} \times 100\% \tag{1-94}$$

$$L_1 = \sqrt{h^2 + L_0^2} \tag{1-95}$$

以上两式中 h ——顶压杆位移距离(mm);

L_0 ——试验前夹具内侧到顶压杆顶端边缘的距离(mm);

L_1 ——试验后夹具内侧到顶压杆顶端边缘的距离(mm);

ε ——变形率(%)。

h、L_0、L_1 如图 1-38 所示。

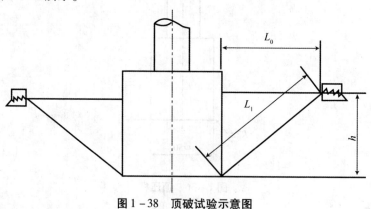

图 1-38 顶破试验示意图

6. 垂直渗透性能试验(恒水头法)

土工织物用作反滤材料时,流水的方向垂直于土工织物的平面,此时要求土工织物既能阻止土颗粒随水流失,又要求它具有一定的透水性。垂直渗透性能主要用于反滤设计,以确定土工织物的渗透性能。

(1)本方法适用于土工织物和复合土工织物。

(2)定义:

1)流速指数

试样两侧50mm水头差下的流速,精确到1mm/s。

注:也可取100mm、150mm水头差下的流速,但应在报告中注明。

2)垂直渗透系数

在单位水力梯度下垂直于土工织物平面流动的水的流速(mm/s)。

3)透水率

垂直于土工织物平面流动的水,在水位差等于1时的渗透流速(1/s)。

(3)仪器设备及材料:

1)恒水头渗透仪(图1-39)

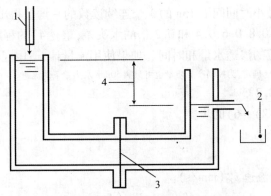

图1-39 水平恒水头渗透仪示意图
1—进水系统;2—出水收集;3—试样;4—水头差

渗透仪夹持器的最小直径50mm,能使试样与夹持器周壁密封良好,没有渗漏。

仪器能设定的最大水头差应不小于70mm,有溢流和水位调节装置,能够在试验期间保持试件两侧水头恒定,有达到250mm恒定水头的能力。

测量系统的管路应避免直径的变化,以减少水头损失。

有测量水头高度的装置,精确到0.2mm。

2)供水系统

试验用水应按GB/T 7489对水质的要求采用蒸馏水或经过过滤的清水,试验前必须用抽气法或煮沸法脱气,水中的溶解氧含量不得超过10mg/kg。

溶解氧含量的测定在水入口处进行,溶解氧的测定仪器或仪表应符合GB/T 7489的有关规定。

水温控制在18~22℃。

注:由于温度校正(表1-30)只同层流相关,流动状态应为层流;工作水温宜尽量接近20℃,以减小因温度校正带来的不准确性。

3)其他用具

秒表,精确到0.1s。

量筒,精确到10mL。

温度计,精确到0.2℃。

(4)试样制备:

1）试样数量和尺寸：试样数量不小于5块，其尺寸应与试验仪器相适应。

2）试样要求：试样应清洁，表面无污物，无可见损坏或折痕，不得折叠，并应放置于平处，上面不得施加任何荷载。

（5）试验步骤：

1）将试样置于含湿润剂的水中，至少浸泡12h直至饱和并赶走气泡。湿润剂采用0.1% V/V的烷基苯磺酸钠。

2）将饱和试样装入渗透仪的夹持器内，安装过程应防止空气进入试样，有条件时宜在水下装样，并使所有的接触点不漏水。

3）向渗透仪注水，直到试样两侧达到50mm的水头差。关掉供水，如果试样两侧的水头在5min内不能平衡，查找是否有未排除干净的空气，重新排气，并在试验报告中注明。

4）调整水流，使水头差达到70±5mm，记录此值，精确到1mm。待水头稳定至少30s后，在规定的时间周期内，用量杯收集通过仪器的渗透水量，体积精确到10mL，时间精确到秒（s）。收集渗透水量至少1 000mL，时间至少30s。如果使用流量计，流量计至少应有能测出水头差70mm时的流速的能力，实际流速由最小时间间隔15s的3个连续读数的平均值得出。

5）分别对最大水头差0.8、0.6、0.4和0.2倍的水头差，重复4）的程序，从最高流速开始，到最低流速结束，并记录下相应的渗透水量和时间。如果使用流量计，适用同样的原则。

注：如土工织物总体渗透性能已确定，为控制产品质量也可只测50mm水头差下的流速。

6）记录水温，精确到0.2℃。

7）对剩下的试样重复2）~6）的步骤。

（6）数据处理：

1）流速指数

按下式计算20℃时的流速v_{20}（mm/s）。

$$V_{20} = v \times R_T / (A \times t) \tag{1-96}$$

式中　v——渗透水的体积（m^3）；

R_T——T℃水温时的水温修正系数（表1-30）；

A——试样过水面积（m^2）；

t——达到水体积V的时间（s）。

如果使用流速仪，流速v_T直接测定，则按式（1-97）计算20℃时的流速V_{20}（mm/s）。

$$v_{20} = v_T \times R_T \tag{1-97}$$

计算每块试样不同水头差下的流速v_{20}。

使用计算法或图解法，用水头差h对流速v_{20}加通过原点作曲线。在一张图上绘出5个试样的水头差h对流速v_{20}的曲线5条。

通过计算法或图解法求出5个试样50mm水头差的流速值，给出平均值和最大、最小值。平均值为该样品的流速指数，精确到1mm/s。

2）垂直渗透系数

计算实际水温下的垂直渗透系数k：

$$k = v/i = v \times \delta / \Delta h \tag{1-98}$$

式中　k——实际水温下的垂直渗透系数（mm/s）；

v——垂直土工织物平面水的流动速度（mm/s）；

i——土工织物上下两侧的水力梯度；

δ——土工织物试样厚度（mm）；

Δh——对土工织物试样施加的水头差（mm）。

计算20℃水温下的垂直渗透系数 k_{20}。

$$k_{20} = k \times R_T \qquad (1-99)$$

式中　k_{20}——水温20℃时的垂直渗透系数(mm/s)；

　　　k——实际水温下的垂直渗透系数(mm/s)；

　　　R_T——T℃水温时的水温修正系数(表1-30)。

水温修正系数　　　　　　　　　表1-30

温度(℃)	R_T	温度(℃)	R_T
18.0	1.050	20.5	0.988
18.5	1.038	21.0	0.976
19.0	1.025	21.5	0.965
19.5	1.012	22.0	0.953
20.0	1.000		

注：水温修正系数 R_T 即为水的动力黏滞系数比 η_t/η_{20}；η_t 为试验水温 t℃时水的动力黏滞系数，η_{20} 为试验水温20℃时水的动力黏滞系数。

3) 透水率

按公式(1-100)计算水温20℃时的透水率 θ_{20}。

$$\theta_{20} = k_{20}/\delta = v_{20}/\Delta h \qquad (1-100)$$

式中　θ_{20}——水温20℃时的透水率(1/s)；

　　　k_{20}——水温20℃时的渗透系数(mm/s)；

　　　δ——土工织物厚度(mm)；

　　　v_{20}——温度20℃时，垂直土工织物平面水的流动速度(mm/s)；

　　　Δh——对土工织物试样施加的水头差(mm)。

7. T 1143—2006 塑料排水带芯带压屈强度

(1) 适用于各种类型的塑料排水带。

(2) 仪器设备：

1) 压力机：具有等速率加荷和恒压功能，能测读加压过程中的应力、应变量，绘制应力—应变曲线。

2) 其他能满足要求的加压设备，如杠杆式加压仪。

3) 百分表：量程为10mm，分度值为0.01mm。

(3) 试样的制备：

制样：裁取圆形试样3块，试样面积为30cm²(直径6.18cm)或50cm²(直径7.98cm)。

(4) 试验步骤：

1) 将试样放在压力机上，上下垫刚性垫板，施加1kPa预压力，将百分表调零。

2) 对试样施加第一级压力(50kPa)，随时记时，恒定压力，每10min从百分表上测读一次试样的压缩变形量。当相邻两次读数差小于试样厚度的1%时，即以此读数作为该级压力的压缩量。

3) 重复1)、2)的步骤分别对试样施加 150kPa、250kPa、350kPa 及 450kPa 压力，测记各级压力的压缩量，精确到0.01mm。

4) 重复1)、2)的步骤对其余两块试样进行试验。

(5) 数据处理：

1) 按下式计算试样在各级压力下的压缩应变。

$$\varepsilon_i = \frac{\Delta h_i}{h_0} \times 100\% \qquad (1-101)$$

式中 ε_i——第 i 级压力下的压缩应变(%);
Δh_i——第 i 级压力下的压缩变形量(mm);
h_0——试样初始厚度(mm)。

2)绘制试样的应力—应变曲线,取初始线性段的最大压力值作为芯带的压屈强度。

3)计算 3 块试样压屈强度的平均值(kPa),按 GB 8170 修约到整数。

8. 通水量试验

(1)适用于各种类型的塑料排水带。

(2)仪器设备:

1)通水能力测定仪有独立式和卧式两种,应满足下列规定:在试样样长范围内受到均匀且恒定的侧压力;试样内部在常水头下进行渗透;试样两端连接处,必须密封良好,在侧压力作用下不漏水。连接管路宜短而粗。上下游水位容器应有溢水装置,保持常水头;水位容器应有较大容积,保证水流稳定。包封排水带用的乳胶膜套,应弹性良好、不漏水,膜厚宜小于 0.3mm。

2)其他,如量筒、秒表、温度计、水桶等。

(3)试样制备:

沿排水板带长度方向随即裁取两块试样,试样长度与通水量能力测试仪相匹配。

(4)试验步骤:

1)将包有乳胶膜的排水带装入通水仪内,密封好两端接头,安装好连接部分。

2)对压力室施加侧压力,通用的侧压力为 350kPa,在整个试验过程中保持恒压。

3)调节上、下游水位,使排水带在水力梯度 $i = 0.5$ 条件下进行渗流。

4)在恒压及恒定水力梯度下渗流半小时后测量渗水量,并记录测量时间,一般每隔 2h 测量一次,直到前后两次通水量差小于前次通水量的 5% 为止,以此作为排水带的通水量。

5)重复 1)~4)步骤,测定另一块排水带的通水量。

(5)数据处理:

1)按下式计算排水带通水量 Q:

$$Q = \frac{W}{ti} \quad (1-102)$$

式中 Q——通水量(cm^3/s);
W——在 t 时段内通过排水带的水量(cm^3);
t——通过水量 W 所经历的时间(s);
i——水力梯度,设定 i 为 0.5。

2)计算两块排水带通水量的平均值,修约到小数点后 1 位。

五、试验中几个注意问题

(1)为避免试样在钳口内打滑或在钳口边缘断裂,和使试样受力均匀,可采取下列措施:①钳口内加衬垫;②钳口内的土工合成材料用固化胶加强;③改进钳口面。不论采取哪种措施,均应在试验报告中说明。

(2)计算数据处理中,计算变异系数 C_v,C_v 反映样品的均匀程度,C_v 越大样品越不均匀,测试值离散性大,平均值的代表性差。一般限定 $C_v < 10\%$。

(3)各指标判定要依据各种产品要求的技术指标。

(4)土工合成材料还有参数:摩擦试验、水平渗透系数、淤堵试验。在产品标准里明确涉及不多,这里不作介绍。

[**案例 1-6**] 作玻纤土工格栅经向拉伸试验,试验数据如下表,试样宽度为 1 个完整的肋,

1m 范围内肋数 41 个,问拉伸强度和延伸率各是多少?

序号	径向拉伸		
	初始长度(mm)	最终长度(mm)	拉力(kN)
1	103.2	106.3	2.731
2	102.5	105.4	2.728
3	101.7	104.5	2.729
4	100.0	102.1	2.732
5	103.2	106.4	2.731
6	102.3	104.4	2.727

解 (1) $\epsilon_p = (L_f - L_0)/L$, $\epsilon_{p1} = (106.3 - 103.2)/103.2 = 3.00\%$;

$\epsilon_{p2} = (105.4 - 102.5)/102.5 = 2.83\%$;

$\epsilon_{p3} = (104.5 - 101.7)/101.7 = 2.75\%$;

$\epsilon_{p4} = (102.1 - 100.0)/100.0 = 2.10\%$;

$\epsilon_{p5} = (106.4 - 103.2)/103.2 = 3.10\%$;

$\epsilon_{p6} = (104.4 - 102.3)/102 = 2.06\%$。

∴ $\epsilon_p = 2.64\%$; $\sigma = 0.45\%$,经 K 倍计算,无需要舍弃数据。

$C_V = 0.45/2.64 = 17.0\%$。

(2) $T_S = P_f/B$ 平均值 $P_f = 2.730 \text{kN}$; $\sigma = 0.002 \text{kN}$,显然无需要舍弃数据;

$$C_V = 0.002/2.730 = 0.07\%$$

1m 范围内有 41 个肋;

∴ $T_S = 2.730 \times 41 \div 1 = 111.93 \text{kN/m}$。

∴ 拉伸强度为 111.93 kN/m;延伸率为 2.64%。

思 考 题

1. 土工布试样制备的要求是什么?
2. 试样的调湿与饱和对环境的要求,及调湿时间。
3. 单位面积质量试验仪器主要名称及精度要求。
4. 土工合成材料的厚度一般指在多少压力下的厚度测定值?
5. 对于较规则的格栅网孔,怎么作网孔尺寸试验,以及精度要求?
6. 拉伸试验,宽条试样、条带拉伸试样的有效宽度、夹具实际宽度是多少?
7. 条带拉伸试验试样数量要求是什么?两夹具的初始间距为多少?设定拉伸速度为多少?
8. 顶破强力试验试样尺寸及数量是多少?顶破装置组成,顶破强度的单位是什么?
9. 垂直渗透试验过程。
10. 拉力机试验过程中,为改进各种钳口工作效果,有哪些改进措施?

第三节 水泥土

一、概念

1. 概述

在深厚的软土层上建造大型工业建筑、高层房屋以及道路工程、港口码头日益增多,因此软土地基加固技术越来越受到工程技术人员的重视。而水泥深层搅拌法加固软土技术（粉喷法）就适于加固软土，加固效果显著，加固后可很快投入使用，适应快速施工要求。在加固施工中无振动、无噪声，对环境不会造成污染。目前，此方法在施工中已得到广泛使用。而实验室对水泥土深层搅拌法质量控制主要是通过水泥土配合比设计和强度检测验证。

2. 水泥土深层搅拌法（粉喷法）定义

是利用水泥作为固化剂的主剂，通过特制的深层搅拌机械，在地基深处就地将软土和固化剂强制拌合，利用固化剂和软土之间所产生的一系列物理—化学反应，使软土硬结成具有整体性、水稳定性和一定强度的优质地基或地下挡土构筑物。

3. 基本原理

基于水泥土的物理—化学反应。水泥拌入软黏土中，遇到土中水分即发生水化和水解反应。当水泥的各种水化物生成后，有的继续硬化，形成水泥石骨架，有的则与周围具有一定活性的黏土颗粒发生离子交换、团粒化作用、凝结硬化反应和碳酸化反应，生成新的化合物，从而提高水泥土的强度。

4. 适用范围

深层搅拌法（粉喷法）适用于天然含水量30%～70%的淤泥质土、黏性土、粉性土地基；但不适用于pH值小于4的土层；加固深度不宜大于15m。

5. 水泥土室内试验目的

(1) 为制定满足设计要求的施工工艺提供可靠的强度数据；

(2) 为现场施工进行材料检验。

二、检测依据

《软土地基深层搅拌加固法技术规程》YBJ 225—1991

《建筑地基处理技术规范》JGJ 79—2002

《粉体喷搅法加固软弱土层技术规范》TB 10113—1996

《普通混凝土力学性能试验方法标准》GB/T 50081—2002（试验方法、方法步骤）

《土工试验方法标准》GB/T 50123—1999

三、仪器设备及环境

(1) 压力机10～30kN或无侧限抗压强度试验机；

(2) 70.7mm×70.7mm×70.7mm或50mm×50mm×50mm试模；

(3) 振动台（频率为3 000±200次/min，负载振幅0.35±0.05mm）；

(4) 标准养护箱。

(5) 试验环境温度为室温。

四、试验方法

室内配合比试验操作规定：

(1) 加固处理土的强度，应以无侧限抗压强度衡量。

(2) 试验操作要求按土工试验规程所规定的操作方法进行。

(3) 在需要加固处理的软弱土地基中，选择有代表性的土层，在取样钻孔中（或试坑）采集必要数量的试料土（考虑到富余量）。如果地层复杂，处理范围内多层土时，应取最软弱的一层土进行室内配比试验。试坑采集的试料土，应采用塑料袋或其他密封方法包装，保持天然含水量；当试料土采集地点离实验室较远，运输过程中不能保持天然含水量时，试料土可采用风干土料。但两者均必须采集部分原状土,以满足常规土工试验要求。

(4)试料土制备时,应除去其中所夹有的贝壳、树枝、草根等杂物。以现场施工为目的的室内配合比试验应采集保持天然含水量的扰动土,当采用风干土料时,土料应粉碎,过5mm筛,加水在室内重新配制成相当于天然含水量的试料土,放置24h,并防止水分蒸发。

(5)试料土含水量必须在同一地层的不同部位,至少3处取样测定。

(6)加固料、添加料、拌合用水应符合下列要求:

1)室内试验所用的加固料、添加料应与工地实际使用的加固料、添加料在品种与规格上相符。

2)当用风干土料时,拌合用水的pH值应与工地软弱土的pH值相符,否则应采用蒸馏水作拌合用水。

(7)试件制作:

1)按拟定的试验配方称重后放入搅料锅内,用搅料铲人工拌合均匀。然后在50mm×50mm×50mm或70.7mm×70.7mm×70.7mm的试模内装入一半试料,击振试模50下,紧接填入其余试料再击50下;试件也可在振动台上振实,振实3min。试料分层放入试模,要填塞均匀并不得产生空洞或气泡。最后将试块上下两端面刮平。每个制成的试样应连试模称取质量,同一类型试件质量误差不得大于0.5%。

2)应将制作好的试件带模放入养护箱内养护,试块成型后1~2d拆模,脱模试块称重后放入标养室养护。

3)试件养护温度宜为20±3℃,湿度宜为75%。

4)试件养护龄期为1d、7d、28d、90d。

(8)室内抗压强度:宜采用控制应力试验方法。对试样逐级加压并保持应力水平,量测垂直向变形量,待变形稳定后再加下一级荷载,直至破坏。

1)稳定标准:试件垂直变形速率小于0.5mm/min;

2)破坏标准:应力不变,变形不断发展,试件裂纹产生,应力下降。

五、数据处理

(1)每组试件必须有三个以上平行试验;

(2)无侧限抗压强度f_{cu}(MPa) = 破坏时最大压力P(N)/试件的截面积A(mm^2);

(3)取三个试件的测试值的算术平均值作为该组试件的无侧限抗压强度值。如果单个试件与平均值的差值超过平均值的15%,则该试件的测试值予以剔除,取其余两个的平均值。如剔除后某组试件的测试值不足两个,则该组试验结果无效。

六、水泥土强度试验需要注意的几个问题

(1)原材料要事先检测,确定是否符合要求;

(2)依据不同规范,选择用不同试模;

(3)试料拌合要尽量均匀,装入试模分层捣实;

(4)试件的截面积要以实际测量值为准;

(5)为减少试件上下粗糙程度对其抗压强度的影响,抗压试验时可在试件受压面抹油(如凡士林等);

(6)试验报告必须包括以下内容:现场地层地质剖面、代表性土层的天然含水量、重度、液塑限、pH值、有机质含量、无侧限抗压强度;试料土采集方法、位置、深度、日期;试料土保存方法;加固料、添加料名称、化学成分分析、生产厂家及出厂日期;试验结果相关图表。

七、设计影响因素

影响水泥土抗压强度的因素较多,也较为复杂,大致有以下几点。

1. 土质、土性特征

对含高岭石、多水高岭石、蒙脱石等黏土矿物的软土加固效果较好;而对含有伊利石、氯化物和水铝石英等矿物的黏性土以及有机质含量高、pH 值较低的黏性土加固效果较差。

塑性指数大于 25 时,会在搅拌时在搅拌叶上形成泥团,水泥土无法拌合。

地下水中含有大量硫酸盐时(海水渗入地区),硫酸盐对水泥产生结晶侵蚀,出现开裂、崩解而丧失强度。此种情况下应选用抗硫酸盐水泥。

2. 水泥强度等级、水泥掺入量

水泥强度提高 1 个等级,水泥土标准强度增大 20%~30%。

当其他条件相同,在同一土层中水泥掺入比不同时,水泥土强度也不同,当水泥掺入比大于 10% 时,标准强度可达 0.3~2MPa 以上。但因场地土质与施工条件的差异,掺入比的提高与水泥土强度增加的百分比是不完全一致的,如掺入比由 10% 增加到 12% 时,水泥土强度可增加 10%~26%;但当掺入比小于 5% 时,水泥与土的反应过弱、固化程度偏低,试件强度离散性较大,故实际工程中选用掺入比大于 5% 为宜,一般可使用 7%~15%。如要求达到相同强度,水泥强度提高 1 个等级,水泥掺入量可降低 2%~3%。

3. 外掺剂

外掺剂对水泥强度有着不同的影响,掺入合适的外掺剂,有可能节省水泥用量或提高水泥土的强度,如在水泥土中掺入一定量的粉煤灰,既可提高加固效果,又可消除工业废料对环境的影响。当掺入与水泥等量的粉煤灰后,水泥土强度可以提高 10%。

4. 含水量

当水泥土配方相同时,其强度随土样的天然含水量的降低而增大。当土样含水量在 50%~85% 范围内变化时,含水量每降低 10%,强度可提高 30%~50%。

5. 有机质含量

有机质含量高会阻碍水泥化学反应,影响水泥土强度的增长。有机质含量高的土加固效果差。一般认为,有机质含量大于 10%,就不太适合掺水泥了。

6. 龄期

水泥土的强度随龄期的增长而增大,一般情况下水泥土的强度在 7d 时可达标准强度的 30%~50%;30d 可达到标准强度的 60%~75%;90d 为 180d 的 80%,而 180d 以后,水泥土强度增加仍未终止。另外根据电子显微镜的观察,水泥土的硬凝反应也需要 3 个月才能完成。因此,龄期 90d 的强度作为水泥土的标准强度。

7. 养护条件

不同的养护湿度、温度影响水泥土的强度。如:冰冻会减缓水泥化学反应,使水泥土强度的增长缓慢。

8. 制样水平

制样的规范程度,包括拌合均匀程度、试料装模时的捣实程度、有没有气泡等都会影响到水泥土试件的强度。

[案例 1-7] 一组水泥土试件,设计强度为 0.80MPa,尺寸分别为(单位:mm):70.7×70.5、70.6×70.5、71.0×70.7,破坏荷载对应为 4 986N、3 925N、5 198N。此组试件强度是否合格?

解 $f_{cu1} = 4\,986/(70.7 \times 70.5) = 1.00$MPa

$f_{cu2} = 3\,925/(70.6 \times 70.5) = 0.79$MPa

$$f_{cu3} = 5198/(71.0\times70.7) = 1.04\text{MPa}$$

平均值 $f'_{cu} = 0.943\text{MPa}$；而 $(0.943-0.79)/0.943 = 0.162 > 15\%$，即差值超过平均值 15%，舍去 f_{cu2}。

∴ 取平均值为 $f_{cu} = 1.02$ MPa。检查，显然 f_{cu1}、f_{cu3} 与平均值的差值在允许范围内。

$f_{cu} = 1.02$ MPa > 0.80 MPa，∴ 此组试件强度合格。

思 考 题

1. 简述水泥土室内试验的目的。
2. 水泥用来加固土的基本原理。
3. 水泥土试验取土样的要求。
4. 水泥土试验试料土制备的要求。
5. 水泥土试件如何制作？
6. 水泥土抗压强度试验操作要求。
7. 水泥土抗压强度数据处理。
8. 影响水泥土抗压强度的因素。

第四节 石灰（建筑用石灰、道路用石灰）

一、建筑石灰

1. 概念

石灰的用途非常广泛，在建筑工程和建筑材料工业中，它是应用最广泛的原材料之一，主要用于粉刷和砌筑砂浆中。

石灰是一种气硬性胶凝材料，它是将以碳酸钙为主要成分的原料，经过适当的煅烧，尽可能分解和排出二氧化碳后得到的成品。制造石灰的原料主要有：石灰石、大理石、白垩以及电石渣等。上述原料经适宜温度煅烧后的产品称为生石灰。以生石灰为原料，经研磨所制得的石灰粉称为生石灰粉。以生石灰为原料，经水化和加工所制得的石灰粉称为消石灰粉（或熟石灰）。

2. 检测依据

(1) 标准名称及代号

《建筑生石灰》JC/T 479—1992

《建筑生石灰粉》JC/T 480—1992

《建筑消石灰粉》JC/T 481—1992

《建筑石灰试验方法 物理试验方法》JC/T 478.1—1992

《建筑石灰试验方法 化学分析方法》JC/T 478.2—1992

(2) 技术指标

1) 建筑生石灰的技术指标应符合表 1-31。

建筑生石灰技术指标　　　　表 1-31

项　　目	钙质生石灰			镁质生石灰		
	优等品	一等品	合格品	优等品	一等品	合格品
($CaO + MgO$) 含量（%，不小于）	90	85	80	85	80	75

续表

项目	钙质生石灰			镁质生石灰		
	优等品	一等品	合格品	优等品	一等品	合格品
未消化残渣含量(5mm 圆孔筛余)(%,不大于)	5	10	15	5	10	15
CO_2(%,不大于)	5	7	9	6	8	10
产浆量(L/kg,不小于)	2.8	2.3	2.0	2.8	2.3	2.0

注:钙质生石灰氧化镁含量小于等于5%;镁质生石灰氧化镁含量大于5%。

2)建筑生石灰粉的技术指标应符合表1-32。

建筑生石灰粉技术指标　　　　　　　　　　　表1-32

项目		钙质生石灰粉			镁质生石灰粉		
		优等品	一等品	合格品	优等品	一等品	合格品
(CaO + MgO)含量(%,不小于)		85	80	75	80	75	70
CO_2(%,不大于)		7	9	11	8	10	12
细度	0.90mm 筛的筛余(%,不大于)	0.2	0.5	1.5	0.2	0.5	1.5
	0.125mm 筛的筛余(%,不大于)	7.0	12.0	18.0	7.0	12.0	18.0

注:钙质生石灰粉氧化镁含量小于等于5%;镁质生石灰粉氧化镁含量大于5%。

3)建筑消石灰粉的技术指标应符合表1-33。

建筑消石灰粉技术指标　　　　　　　　　　　表1-33

项目		钙质消石灰粉			镁质消石灰粉			白云石消石灰粉		
		优等品	一等品	合格品	优等品	一等品	合格品	优等品	一等品	合格品
(CaO + MgO)含量(%,不小于)		70	65	60	65	60	55	65	60	55
游离水(%)		0.4~2	0.4~2	0.4~2	0.4~2	0.4~2	0.4~2	0.4~2	0.4~2	0.4~2
体积安定性		合格	合格	—	合格	合格	—	合格	合格	—
细度	0.90mm 筛的筛余(%,不大于)	0	0	0.5	0	0	0.5	0	0	0.5
	0.125mm 筛的筛余(%,不大于)	3	10	15	3	10	15	3	10	15

注:钙质消石灰粉氧化镁含量小于4%;镁质消石灰粉氧化镁含量等于大于4%到小于24%;白云石消石灰粉氧化镁含量等于大于24%到小于30%。

3. 建筑石灰的检测方法

(1)物理性能检测

建筑石灰的物理性能检测依据《建筑石灰试验方法 物理试验方法》JC/T 478.1—1992,常规检测包括以下几个方面。

1)细度的检测

①仪器设备

试验筛:符合 GB 6003 规定,R20 主系列 0.900mm、0.125mm 一套;天平:称量为100g,分度值 0.1g;羊毛刷:4号。

②操作步骤

称取 50g 试样,倒入 0.900mm、0.125mm 方孔套筛内进行筛分。筛分时一只手握住试验筛,并用手轻轻敲打,在有规律的间隔中,水平旋转试验筛,并在固定的基座上轻敲试验筛,用羊毛刷轻轻地从筛上面刷,直至2min内通过量小于0.1g为止。分别称量筛余物质量 m_1、m_2。

③数据处理与结果判定

用式(1-103)、式(1-104)计算建筑石灰的细度,计算结果保留小数点后两位:

$$X_1 = \frac{m_1}{m} \times 100\% \tag{1-103}$$

$$X_2 = \frac{m_1 + m_2}{m} \times 100\% \tag{1-104}$$

式中 X_1——0.900mm 方孔筛筛余百分含量(%);

X_2——0.125mm 方孔筛、0.900mm 方孔筛,两筛上的总筛余百分含量(%);

m_1——0.900mm 方孔筛筛余物质量(g);

m_2——0.125mm 方孔筛筛余物质量(g);

m——样品质量(g)。

2)产浆量、未消化残渣含量检测

①仪器设备

圆孔筛:孔径5mm、20mm;生石灰浆渣测定仪;天平:称量1 000g,分度值1g;烘箱:最高温度200℃。其他:玻璃量筒500mL、搪瓷盘、钢板尺(300mm)。

②试样制备

将4kg试样破碎全部通过20mm圆孔筛,其中小于5mm以下粒度的试样量不大于30%,混匀,备用,生石灰粉样混匀即可。

③操作步骤

称取已制备好的生石灰试样1kg倒入装有2 500mL 20±5℃清水的筛筒(筛筒置于外筒内),盖上盖,静置消化20min,用圆木棒连续搅动2min,继续静置消化40min,再搅动2min。提起筛筒用清水冲洗筛筒内残渣,至水流不浑浊(冲洗用清水仍倒入筛筒内,水总体积控制在3 000mL),将残渣移入搪瓷盘内,在100~105℃烘箱中,烘干至恒重,冷却至室温后用5mm圆孔筛筛分,称量筛余物,计算未消化残渣含量。浆体静置24h后,用钢板尺量出浆体高度(外筒内总高度减去筒口至浆面的高度)。

④数据处理与结果判定

用式(1-105)、式(1-106)分别计算产浆量和未消化残渣含量,计算结果保留小数点后两位:

$$X_3 = \frac{R^2 \cdot \pi \cdot H}{1 \times 10^6} \tag{1-105}$$

式中 X_3——产浆量(L/kg);

π——取3.14;

H——浆体高度(mm);

R——浆筒半径(mm)。

$$X_4 = \frac{m_3}{m} \times 100\% \tag{1-106}$$

式中 X_4——未消化残渣含量(g);

m_3——未消化残渣质量(g);

m——样品质量(kg)。

3)消石灰粉体积安定性的检测

①仪器设备

天平:称量200g、分度值0.2g;烘箱:最高温度200℃;其他:量筒(250mL)、牛角勺、蒸发皿(300mL)、石棉网板(外径125mm,石棉含量72%)。

②试验用水

必须是20±2℃清洁自来水。

③操作步骤

称取试样100g,倒入300mL蒸发皿内,加入20±2℃清洁淡水约120mL左右,在3min内拌合成稠浆。一次性浇筑于两块石棉网板上,其饼块直径50~70mm,中心高8~10mm。成饼后在室温下放置5min后,将饼块移至另两块干燥的石棉网板上,然后放入烘箱中加热到100~105℃烘干4h取出。

④数据处理与结果判定

烘干后饼块用肉眼检查无溃散、裂纹、鼓包,称为体积安定性合格;若出现三种现象中之一者,表示体积安定性不合格。

4)消石灰粉游离水的检测

①仪器设备

天平:称量200g,分度值0.2g;烘箱:最高温度200℃。

②操作步骤

称取试样100g,移入搪瓷盘内,在100~105℃烘箱中,烘干至恒重,冷却至室温后称量。

③数据处理与结果判定

用式(1-107)计算消石灰粉的游离水百分含量:

$$X_5 = \frac{m - m_1}{m} \times 100\% \qquad (1-107)$$

式中 X_5——消石灰粉游离水(%);

m_1——烘干后样品质量(g);

m——样品质量(g)。

(2)化学性能检测

试样制备:将数量不少于100g的送检试样混匀以四分法缩取25g,在玛瑙钵内研细全部通过80Wm方孔筛,用磁铁除铁后,装入磨口瓶内供试验用。

总则:

称取试样应准确至0.0002g;试验用水应是蒸馏水或去离子水,试剂为分析纯和优级纯;分析前,试样应于100~105℃烘箱中干燥2h;各项计算结果,应保留小数点后两位;分析同一试样时,应进行两次试验;作试样分析时,必须同时作烧失量的测定,容量分析应同时进行空白试验。

1)石灰结合水、二氧化碳含量、烧失量的检测

①仪器设备

分析天平:0~200g;高温炉;其他:瓷坩埚(30mL)、干燥器(内装变色硅胶或无水氯化钙)。

②操作步骤

准确称取1.0g试样,置于已恒重的瓷坩埚中,将盖斜置于坩埚上,放在高温炉中,由低温开始升高至580±20℃灼烧2h,取出稍冷,放入干燥器内冷却至室温称量,反复灼烧至恒重。再将试样放入950~1000℃高温炉中,灼烧1h,取出稍冷,放入干燥器内冷却至室温称量,如此反复操作至恒重(每次灼烧约15min)。

③数据处理与结果判定

用式(1-108)、式(1-109)、式(1-110)计算石灰结合水、二氧化碳含量、烧失量:

$$X_6 = \frac{m - m_1}{m} \times 100\% \tag{1-108}$$

$$X_7 = \frac{m_1 - m_2}{m} \times 100\% \tag{1-109}$$

$$X_8 = \frac{m - m_2}{m} \times 100\% \tag{1-110}$$

式中　X_6、X_7、X_8——结合水百分含量、二氧化碳百分含量、烧失量(%);

　　　m_1——在 580±20℃灼烧后试样质量(g);

　　　m_2——在 950~1 000℃灼烧后试样质量(g);

　　　m——试样质量(g)。

2)酸不溶物的检测

①仪器设备、试剂

分析天平:0~200g;高温炉;干燥器:内装变色硅胶或无水氯化钙。

其他:瓷坩埚(30mL)、烧杯(250mL)、电炉;盐酸(1+5):将 1 体积浓盐酸加入 5 体积水中,搅匀;硝酸银溶液(10g/L):将 1gAgNO$_3$ 溶于 90mL 水中,加入 5~10mL 硝酸,装入棕色瓶内。

②操作步骤

准确称取试样 0.5g,放入 250mL 烧杯中,用水润湿后盖上表面皿,慢慢加入 40mL 盐酸(1+5),待反应停止后,用水冲洗表面皿及烧杯壁并稀释至 75mL,加热煮沸 3~4min,用慢速滤纸过滤,以热水洗至无氯根为止(用硝酸银溶液检验),将不溶物和滤纸一起移入已恒重的坩埚中,灰化后,在 950~1 000℃下灼烧 30min,取出稍冷,放在干燥器内冷却至室温称量,反复灼烧直至恒重。

③数据处理与结果判定

用式(1-111)计算石灰酸不溶物百分含量。

$$X_9 = \frac{m_1}{m} \times 100 \tag{1-111}$$

式中　X_9——石灰酸不溶物百分含量(%);

　　　m_1——灼烧后酸不溶物质量(g);

　　　m——试样质量(g)。

3)二氧化硅含量的检测

①仪器设备、试剂

分析天平:0~200g;高温炉;其他:容量瓶(250mL)、铂金坩埚、瓷蒸发皿(150mL)、水浴锅、电炉、干燥器(内装变色硅胶或无水氯化钙);氯化铵(固体);盐酸;硝酸;氢氟酸;焦硫酸钾(固体);盐酸(1+1):将 1 体积浓盐酸加入 1 体积水中搅匀;盐酸(3+97):将 3 体积浓盐酸加入 97 体积水中搅匀;硫酸(1+4):将 1 体积浓硫酸在搅拌下缓慢加入 4 体积水中。

②操作步骤

准确称取约 0.500 0g 试样(m_1),置于铂金坩埚中,加入 0.3g 研细的无水碳酸钠,混匀,将铂金坩埚置于 950~1 000℃高温炉内熔融 10min,取出冷却。

将熔融块倒入 150mL 瓷蒸发皿中,加入数滴水润湿,盖上表面皿,从皿口滴加 5mL 盐酸(1+1)及 2~3 滴硝酸,待反应停止后取下表面皿,用平头玻璃棒压碎块状物使试样充分分解,然后用胶头扫棒以盐酸(3+97)擦洗坩埚内壁数次。溶液合并于蒸发皿中(总体积不超过 20mL 为宜)。将蒸发皿置于沸水浴上,皿上放一玻璃三角架。再盖上表面皿。蒸发至糊状后,加入 1g 氯化铵,充分搅拌,继续在沸水浴上蒸发至近干(约 15min)。取下蒸发皿,加 20mL 热盐酸(3+97),搅拌,使可溶性盐类溶解。以中速定量滤纸过滤,用胶头扫棒以热盐酸(3+97)擦洗玻璃棒及蒸发皿,并洗涤沉淀 10~12 次,滤液及洗液保存在 250mL 容量瓶中。

在沉淀上加数滴硫酸(1+4),然后将沉淀连同滤纸一并移入已恒重的铂金坩埚中,先在电炉上低温烤干,再升高温度使滤纸充分灰化,再于 950~1 000℃ 的高温炉内灼热 40min,取出坩埚,置于干燥器内冷却 10~15min,称量,如此反复灼烧,直至恒重,向坩埚内加数滴水润湿沉淀,再加 3 滴硫酸(1+4)和 5~7mL 氢氟酸,置于水浴上缓慢加热挥发,至开始逸出三氧化硫白烟时取下坩埚,稍冷。再加 2~3 滴硫酸(1+4)和 3~5mL 氢氟酸,继续加热挥发,至三氧化硫白烟完全逸尽。取下坩埚,放入 950~1 000℃ 的高温炉内灼烧 30min,取出稍冷,放在干燥器内冷却至室温称量。如此反复灼烧直至恒重。

坩埚内残渣加入 0.5g 焦硫酸钾,在电炉上从低温逐渐加热至完全熔融,用热水和数滴盐酸(1+1)溶出,并入分离二氧化硅后得到的滤液中,用水稀释至标线摇匀,此溶液 A 供测铁、铝、钙、镁用。

③数据处理与结果判定

用式(1-112)计算石灰中二氧化硅百分含量。

$$X_{10} = \frac{m_1 - m_2}{m} \times 100\% \tag{1-112}$$

式中 X_{10}——石灰中二氧化硅的百分含量(%);

　　　m_1——未经氢氟酸处理的沉淀和坩埚的质量(g);

　　　m_2——经氢氟酸处理后的残渣和坩埚的质量(g);

　　　m——试样质量(g)。

4)三氧化二铁含量的检测

①仪器设备、试剂

电热鼓风干燥箱:最高温度 300℃;其他:滴定管(50mL)、移液管(50mL)、移液管(25mL);盐酸(1+1):将 1 体积浓盐酸加入 1 体积水中,搅匀;氨水(1+1):将 1 体积浓氨水加入 1 体积水中,搅匀;磺基水杨酸钠指示剂(100g/L):将 10g 磺基水杨酸钠溶于 100mL 水中;钙黄绿素—甲基百里香酚蓝—酚酞混合指示剂(CMP):将 1g 钙黄绿素,1g 甲基百里香酚蓝,0.2g 酚酞与 50g 已在 100~105℃烘干 2h 的硝酸钾混合研细,保存在磨口瓶中备用;碳酸钙标准溶液:准确称取约 0.6g 已在 100~105℃烘过 2h 的碳酸钙(高纯试剂),置于 400mL 烧杯中,加入约 100mL 水。盖上表面皿,沿杯口滴加盐酸(1+1)至碳酸钙全部溶解后,加热煮沸数分钟将溶液冷至室温,移入 250mL 容量瓶中,用水稀释至标线,摇匀;EDTA(乙二胺四乙酸二钠)标准溶液(0.015mol/L):将 5.6g 乙二胺四乙酸二钠置于 400mL 烧杯中,加约 200mL 水,加热溶解,过滤。用水稀释至 1L。氢氧化钾溶液(200g/L):将 20g 氢氧化钾溶于 100mL 水中。

②EDTA(乙二胺四乙酸二钠)标准溶液标定方法

吸取 25mL 碳酸钙标准溶液放入 400mL 烧杯中,用水稀释至约 200mL。加入适量 CMP 混合指示剂,在搅拌下滴加氢氧化钾溶液(200g/L)至出现绿色荧光后,再过量 1~2mL,以(0.015mol/L)EDTA 标准溶液滴定至绿色荧光消失,并呈现红色,记录体积 V_1。

EDTA 标准溶液对三氧化二铁、三氧化二铝、氧化钙和氧化镁的滴定度按式(1-113)、式(1-114)、式(1-115)、式(1-116)计算:

$$T_{Fe_2O_3} = \frac{C \times V_1}{V} \times 0.7977 \tag{1-113}$$

$$T_{Al_2O_3} = \frac{C \times V_1}{V} \times 0.5094 \tag{1-114}$$

$$T_{CaO} = \frac{C \times V_1}{V} \times 0.5603 \quad (1-115)$$

$$T_{MgO} = \frac{C \times V_1}{V} \times 0.4028 \quad (1-116)$$

式中 $T_{Fe_2O_3}$、$T_{Al_2O_3}$、T_{CaO}、T_{MgO}——每毫升EDTA标准溶液相当于三氧化二铁、三氧化二铝、氧化钙、氧化镁的毫克数;

C——每毫升碳酸钙标准溶液含碳酸钙的毫克数;

V_1——碳酸钙标准溶液的体积(mL);

V——标定时消耗EDTA标准溶液的体积(mL)。

③试验方法

吸取50mL溶液A,放入300mL烧杯中,加水稀释至约100mL,用氨水(1+1)和盐酸(1+1)调解溶液的pH值至1.8~2.0(用精密pH试纸检验)。将溶液加热至70℃左右,加10滴磺基水杨酸钠指示剂(100g/L),以(0.015mol/L)EDTA标准溶液缓慢滴定至亮黄色或无色(终点时溶液温度在60℃左右)。

④数据处理与结果判定

用式(1-117)计算石灰中三氧化二铁百分含量。

$$X_{11} = \frac{T_{Fe_2O_3} \times V \times 5}{m \times 1000} \times 100\% \quad (1-117)$$

式中 X_{11}——三氧化二铁的百分含量(%);

$T_{Fe_2O_3}$——每毫升EDTA标准溶液相当于三氧化二铁的毫克数;

V——滴定时消耗EDTA标准溶液的体积(mL);

5——全部试样溶液与所取试样溶液的体积比;

m——试样质量(g)。

5)三氧化二铝(含钛)含量的检测

①仪器设备、试剂:

滴定管:50mL。乙酸——乙酸钠缓冲溶液(pH4.3):称取42.3g无水乙酸钠溶于水中,加80mL冰乙酸,然后加入水稀释至1L,摇匀;硫酸铜标准溶液(0.015mol/L):将3.7g硫酸铜($CuSO_4 \cdot 5H_2O$)溶于水中,加4~5滴硫酸(1+1),用水稀释至1L,摇匀;PAN指示剂溶液(0.2%):将0.2g 1-(2-吡啶偶氮)-2-苯酚(PAN)溶于100mL乙醇中;EDTA标准溶液(0.015mol/L)。

②EDTA标准溶液与硫酸铜标准溶液体积比的标定:以滴定管缓慢放出10~15mL(0.015mol/L)EDTA标准溶液于400mL烧杯中,用水稀释至约200mL,加15mL乙酸—乙酸钠缓冲溶液(pH4.3),然后加热至沸,取下稍冷,加5~6滴PAN指示剂,以硫酸铜标准溶液(0.015mol/L)滴定至亮紫色。

EDTA标准溶液与硫酸铜标准溶液体积比K按式(1-118)计算。

$$K = \frac{V_1}{V_2} \quad (1-118)$$

式中 K——每毫升硫酸铜标准溶液相当于EDTA标准溶液的毫升数;

V_1——EDTA标准溶液体积(mL);

V_2——滴定时消耗硫酸铜标准溶液体积(mL)。

③操作步骤:

在滴定后的溶液中,加入10~15mL EDTA(0.015mol/L)标准溶液,用水稀释至200mL,将溶液加热至70~80℃,加15mL乙酸—乙酸钠缓冲溶液(pH4.3),煮沸1~2min,取下稍冷,加4~5滴PAN指示剂,以硫酸铜标准溶液滴定至亮紫色为终点。

④数据处理与结果判定:

用式(1-119)计算石灰中三氧化二铝的百分含量。

$$X_{12} = \frac{T_{Al_2O_3} \times (V_1 - V_2 \cdot K) \times 5}{m \times 1\,000} \times 100\% \tag{1-119}$$

式中 X_{12}——三氧化二铝的百分含量(%);

$T_{Al_2O_3}$——每毫升EDTA标准溶液相当于三氧化二铝的毫克数;

V_1——加入EDTA标准溶液的体积(mL);

V_2——滴定时消耗硫酸铜标准溶液的体积(mL);

K——每毫升硫酸铜标准溶液相当于EDTA标准溶液的毫升数;

5——全部试样溶液与所取试样溶液的体积比;

m——试样质量(g)。

6)氧化钙含量的检测

①仪器设备、试剂

滴定管:50mL;移液管:10mL;氟化钾溶液(20g/L):将2g氟化钾溶于100mL水中,贮存在塑料瓶中;三乙醇胺(1+2):将1体积三乙醇胺加入2体积水中,搅匀;氢氧化钾溶液(200g/L):将20g氢氧化钾溶于100mL水中,搅匀;EDTA标准溶液(0.015mol/L);CMP混合指示剂。

②操作步骤

吸取10mL溶液A放入400mL烧杯中,加入4mL氟化钾溶液(20g/L),搅拌并放置2min,用水稀释至约250mL,加3mL三乙醇胺(1+2)及适量的CMP混合指示剂,在搅拌下加入氢氧化钾溶液(200g/L)至出现绿色荧光后再过量5~8mL(此时溶液的pH值在13以上),用EDTA标准溶液[c(EDTA)=0.015mol/L]滴定至绿色荧光消失并呈现粉红色为止。

③数据处理与结果判定

用式(1-120)计算石灰中氧化钙的百分含量。

$$X_{13} = \frac{T_{CaO} \times V \times 25}{m \times 1\,000} \times 100\% \tag{1-120}$$

式中 X_{13}——氧化钙的百分含量(%);

T_{CaO}——每毫升EDTA标准溶液相当于氧化钙的毫克数;

V——滴定时消耗EDTA标准溶液的体积(mL);

25——全部试样溶液与所取试样溶液的体积比;

m——试样质量(g)。

7)氧化镁含量试验

①仪器设备、试剂

滴定管:50mL;移液管:10mL;氟化钾溶液(20g/L):将2g氟化钾溶于100mL水中,贮存在塑料瓶中;三乙醇胺(1+2):将1体积三乙醇胺加入2体积水中,搅匀;酒石酸钾钠溶液(100g/L):将10g酒石酸钾钠溶液溶于100mL水中,搅匀;酸性铬蓝K—萘酚绿B(1:2.5)混合指示剂:称取1g酸性铬蓝K,2.5g萘酚绿B和50g已在100~105℃烘箱干燥2h的硝酸钾混合研细,贮存在磨口瓶中备用;EDTA标准溶液(0.015mol/L);氨水—氯化铵缓冲溶液(pH10):称取67.5g氯化铵溶于200mL水中,加氨水570mL,用水稀释至1L。

②操作步骤

吸取10mL溶液A放入400mL烧杯中,加入4mL氟化钾(20g/L)溶液,搅拌并放置2min,用水稀释至约 250mL,加 3mL 三乙醇胺(1+2)及 1mL 酒石酸钾钠(100g/L),然后加入 20mL 氨水 – 氯化铵缓冲溶液(pH10)及适量的酸性铬蓝 K—萘酚绿 B(1:2.5)混合指示剂,用 EDTA 标准溶液滴定 [c(EDTA) = 0.015mol/L]至纯蓝色(近终点时应缓慢滴定)。

③数据处理与结果判定

用式(1-121)计算石灰中氧化镁的百分含量。

$$X_{14} = \frac{T_{MgO} \times (V_2 - V_1) \times 25}{m \times 1\,000} \times 100\% \tag{1-121}$$

式中 X_{14}——氧化镁的百分含量(%);

T_{MgO}——每毫升 EDTA 标准溶液相当于氧化镁的毫克数;

V_2——滴定钙、镁合量时消耗 EDTA 标准溶液的体积(mL);

V_1——滴定钙时消耗 EDTA 标准溶液的体积(mL);

25——全部试样溶液与所取试样溶液的体积比;

m——试样质量(g)。

8)分析结果的允许误差范围(表1-34)

分析结果的允许误差范围　　　　表1-34

测试项目	含量(%)	室内允许差(%)a	室内允许差(%)b
烧失量	—	0.25	—
SiO_2	<2.0	0.10	0.15
	2.0~7.0	0.15	0.20
	>7.0	0.20	0.30
Fe_2O_3	≤0.5	0.05	0.10
	>0.5	0.10	0.15
$Al_2O_3 + TiO_2$	≤0.5	0.05	0.10
	>0.5	0.10	0.15
CaO	>30	0.25	0.40
结合水	—	0.25	—
MgO	<3	0.15	0.20
	3~10	0.20	0.25
	>10	0.25	0.30
CO_2	≤10	0.15	0.20
	>10	0.25	0.30

关于允许误差的几点说明:

①本表所列的允许误差均为绝对误差。

②同一分析人员采用本方法分析同一试样时,应分别进行两次试验,所得分析结果应符合表中 a 项规定,如超出允许范围,须进行第三次测定,所得分析结果与前两次或任意一次分析结果之差符合表中 a 项时,则取其平均值,否则,应查找原因,重新按上述规定进行分析。

③同一试验室的两个分析人员,采用本方法对同一试样各自进行分析时,所得分析结果的平均值之差应符合表中 a 项规定,如超出允许范围,经第三者验证后与前二者或其中之一分析结果之差符合表中 a 项规定时,取其平均值。

④两个试验室采用本方法对同一试样各自进行分析时,所分析结果的平均值之差应符合表中 b 项规定。如有争议应商定另一单位进行仲裁分析,以仲裁单位报出的结果为准,与原分析结果比较,若两个分析结果之差符合表中 b 项规定,则认为分析结果无误,若超差则认为不准确。

[案例1-8] 生石灰检测中,配制 $CaCO_3$ 标准溶液时,称重 0.642 5g,EDTA 标准溶液标定时消耗的体积是 39.8mL。检测 CaO、MgO 含量时,样品称重 0.500 5g。滴定 CaO 时消耗的 EDTA 体积为 13mL,滴定 MgO + CaO 含量时,消耗的体积为 19.2mL,判定该生石灰中 CaO、MgO 含量、等级如何?

解 (1)先计算 T_{CaO}、T_{MgO}

$$T_{CaO} = \frac{\frac{642.5}{250} \times 25}{39.8} \times 0.5603 = 0.9045$$

$$T_{MgO} = \frac{\frac{642.5}{250} \times 25}{39.8} \times 0.4028 = 0.6502$$

(2)氧化钙的百分含量

$$X_5 = \frac{T_{CaO} \times V \times 25}{m \times 1000} \times 100\% = \frac{0.9045 \times 13 \times 25}{0.5005 \times 1000} \times 100\% = 58.73\%$$

(3)氧化镁的百分含量

$$X_6 = \frac{T_{MgO} \times (V_2 - V_1) \times 25}{m \times 1000} \times 100\% = \frac{0.6502 \times (19.2 - 13) \times 25}{0.5005 \times 1000} \times 100\% = 20.14\%$$

(4)结果判定

因为氧化镁的含量为 20.14%,大于 5%,所以属于镁质生石灰。MgO + CaO 含量为 58.73% + 20.14% = 78.87%,属于合格品。

二、道路石灰

1. 检测依据

(1)标准名称及代号

《公路工程无机结合料稳定材料试验规程》JTJ 057—94
《公路路面基层施工技术规范》JTJ 034—2000
《粉煤灰石灰类道路基层施工及验收规程》CJJ 4—97

(2)技术指标

道路用石灰的技术指标应符合表 1-35。

道路用石灰的技术指标　　　　　表1-35

类别　　项目　　指标	钙质生石灰			镁质生石灰			钙质消石灰			镁质消石灰		
	等　级											
	Ⅰ	Ⅱ	Ⅲ	Ⅰ	Ⅱ	Ⅲ	Ⅰ	Ⅱ	Ⅲ	Ⅰ	Ⅱ	Ⅲ
有效氧化钙加氧化镁含量(%)	≥85	≥80	≥70	≥80	≥75	≥65	≥65	≥60	≥55	≥60	≥55	≥50
未消化残渣含量(5mm圆孔筛的筛余,%)	≤7	≤11	≤17	≤10	≤14	≤20						
含水量(%)							≤4	≤4	≤4	≤4	≤4	≤4

项目 \ 类别 指标		钙质生石灰			镁质生石灰			钙质消石灰			镁质消石灰		
		等级											
		Ⅰ	Ⅱ	Ⅲ	Ⅰ	Ⅱ	Ⅲ	Ⅰ	Ⅱ	Ⅲ	Ⅰ	Ⅱ	Ⅲ
细度	0.71mm 方孔筛的筛余(%)							0	≤1	≤1	0	≤1	≤1
	0.125 mm 方孔筛的累计筛余(%)							≤13	≤20	—	≤13	≤20	—
钙镁石灰的分类界限,氧化镁含量(%)		≤5			>5			≤4			>4		

注:硅、铝、镁氧化物含量之和大于5%的生石灰,有效钙加氧化镁含量指标,Ⅰ等≥75%,Ⅱ等≥70%,Ⅲ等≥60%;未消化残渣含量指标与镁质生石灰指标相同。

2. 道路用石灰的检测方法

(1)有效氧化钙的检测

T 08011—94,本方法适用于测定各种石灰的有效氧化钙含量。有效氧化钙是指石灰中具有活性的游离氧化钙。

1)仪器设备

筛子:0.15mm,1个;

烘箱:50~250℃,1台;

干燥器:ϕ25cm,1个;

称量瓶:ϕ30mm×50mm,10个;

瓷研钵:ϕ12~13cm,1个;

分析天平:万分之一,1台;

架盘天平:感量0.1g,1台;

电炉:1 500W,1个;

石棉网:20cm×20cm,1块;

玻璃珠:ϕ3mm,一袋(0.25kg);

具塞三角瓶:250mL,20个;

漏斗:短颈,3个;

塑料洗瓶:1个;

塑料桶:20L,1个;

下口蒸馏水瓶:5 000mL,1个;

三角瓶:300mL,10个;

容量瓶:250mL、1 000mL,各1个;

量筒:200mL、100mL、50mL、5mL,各1个;

试剂瓶:250mL、1 000mL,各5个;

塑料试剂瓶:1L,1个;

烧杯:50mL,5个;250mL(或300mL),10个;

棕色广口瓶:60mL,4个;250mL,5个;

滴瓶:60mL,3个;

酸滴定管:50mL,2 支;

滴定台及滴定管夹:各一套;

大肚移液管:25mL、50mL,各一支;

表面皿:7cm,10 块;

玻璃棒:8mm×250mm 及 4mm×180mm,各 10 支;

试剂勺:5 个;

吸水管:8mm×150mm,5 支;

洗耳球:大、小各 1 个。

2)试剂

蔗糖(分析纯);

酚酞指示剂:称取 0.5g 酚酞溶于 50mL95% 乙醇中;

0.1% 甲基橙水溶液:称取 0.05g 甲基橙溶于 50mL 蒸馏水中;

0.5N 盐酸标准溶液:将 42mL 浓盐酸(相对密度 1.19)稀释至 1L,按下述方法标定其当量浓度后备用。

称取约 0.800~1.000g(准确至 0.000 2g)已在 180℃烘干 2h 的碳酸钠,置于 250mL 三角瓶中,加 100mL 水使其完全溶解;然后加入 2~3 滴 0.1% 甲基橙指示剂,用待标定的盐酸标准溶液滴定,至碳酸钠溶液由黄色变为橙红色;将溶液加热至沸,并保持微沸 3min,然后放在冷水中冷却至室温,如此时橙红色变为黄色,则再用盐酸标准溶液滴定,至溶液出现稳定橙红色时为止。

盐酸标准溶液的当量浓度按下式计算:

$$N = Q/V \times 0.053 \tag{1-122}$$

式中　N——盐酸标准溶液当量浓度;

　　　Q——称取碳酸钠的质量(g);

　　　V——滴定时消耗盐酸标准溶液的体积(mL)。

3)操作步骤

①试样

a. 生石灰试样:将生石灰样品打碎,使颗粒不大于 2mm。拌合均匀后用四分法缩减至 200g 左右,放入瓷研钵中研细。再经四分法缩减几次至剩下 20g 左右。研磨所得石灰样品,使通过 0.10mm 的筛。从此细样中均匀挑取 10 余克,置于称量瓶中在 100℃下烘干 1h,贮于干燥器中,供试验用。

b. 消石灰试样:将消石灰样品用四分法缩减至 10 余克左右。如有大颗粒存在须在瓷研钵中磨细至无不均匀颗粒存在为止。置于称量瓶中在 105~110℃下烘干 1h,贮于干燥器中,供试验用。

②检测

称取约 0.5g(用减量法称准至 0.000 5g)试样,放入干燥的 250mL 具塞三角瓶中,取 5g 蔗糖覆盖在试样表面,投入干玻璃珠 15 粒,迅速加入新煮沸并已冷却的蒸馏水 50mL,立即加塞振荡 15min(如有试样结块或粘于瓶壁现象,则应重新取样)。打开瓶塞,用水冲洗瓶塞及瓶壁,加入 2~3 滴酚酞指示剂,以 0.5N 盐酸标准溶液滴定(滴定速度以 2~3/s 滴为宜),至溶液的粉红色显著消失并在 30s 内不再复现即为终点。

4)数据处理

有效氧化钙的百分含量(X_1)按下式计算。

$$X_1 = \frac{V \times N \times 0.028}{G} \times 100\% \tag{1-123}$$

式中　　V——滴定时消耗盐酸标准溶液的体积(mL);

0.028——氧化钙毫克当量;

G——试样质量(g);

N——盐酸标准溶液当量浓度。

5)精密度或允许误差

对同一石灰样品至少应做两个试样和进行两次测定,并取两次结果的平均值代表最终结果。

(2)氧化镁的检测

T 08012—94,本方法适用于测定各种石灰的总氧化镁含量。

1)仪器设备

同有效氧化钙的检测。

2)试剂

1:10 盐酸:将 1 体积盐酸(相对密度 1.19)以 10 体积蒸馏水稀释。

氢氧化铵—氯化铵缓冲溶液(pH = 10):将 67.5g 氯化铵溶于 300mL 无二氧化碳蒸馏水中,加浓氢氧化铵(相对密度为 0.90)570mL,然后用水稀释至 1 000mL。

酸性铬兰 K—萘酚绿 B(1:2.5)混合指示剂:称取 0.3g 酸性铬兰 K 和 0.75g 萘酚绿 B 与 50g 已在 105℃下烘干的硝酸钾混合研细,保存于棕色广口瓶中。

EDTA 二钠标准溶液:将 10g EDTA 二钠溶于温热蒸馏水中,待全部溶解并冷至室温后,用水稀释至 1 000mL。

氧化钙标准溶液:精确称取 1.784 8g 在 105℃下烘干 2h 的碳酸钙(优级纯),置于 250mL 烧杯中,盖上表面皿,从杯嘴缓慢滴加 1:10 盐酸 100mL,加热溶解,待溶液冷却后,移入 1 000mL 的容量瓶中,用新煮沸冷却后的蒸馏水稀释至刻度,摇匀。此溶液每毫升相当于一毫克氧化钙。

20% 的氢氧化钠溶液:将 20g 氢氧化钠溶于 80mL 蒸馏水中。

钙指示剂:将 0.2g 钙试剂羟酸钠和 20g 已在 105℃下烘干的硫酸钾混合研细,保存于棕色广口瓶中。

10% 酒石酸钾钠溶液:将 10g 酒石酸钾钠溶于 90mL 蒸馏水中。

三乙醇胺(1:2)溶液:将 1 体积三乙醇胺以 2 体积蒸馏水稀释摇匀。

3)EDTA 标准溶液与氧化钙和氧化镁关系的标定

精确吸取 50mL 氧化钙标准溶液放于 300mL 三角瓶中,用水稀释至 100mL 左右,然后加入钙指示剂约 0.1g,以 20% 氢氧化钠溶液调整溶液碱度到出现酒红色,再过量加 3~4mL,然后以 EDTA 二钠标准液滴定,至溶液由酒红色变成纯蓝色时为止。

EDTA 二钠标准溶液对氧化钙滴定度按下式计算:

$$T_{CaO} = CV_1/V_2 \tag{1-124}$$

式中 T_{CaO}——EDTA 标准溶液对氧化钙的滴定度,即 1mL;

EDTA 标准溶液相当于氧化钙的毫克数;

C——1mL 氧化钙标准溶液含有氧化钙的毫克数,等于 1;

V_1——吸取氧化钙标准溶液体积(mL);

V_2——消耗 EDTA 标准溶液体积(mL)。

EDTA 二钠标准溶液对氧化镁的滴定度(T_{MgO}),即 1mL EDTA 二钠标准溶液相当于氧化镁的毫克数按下式计算。

$$T_{MgO} = T_{CaO} \times \frac{40.31}{56.08} = 0.72 T_{CaO} \tag{1-125}$$

4)试验步骤

称取约 0.5g(准确至 0.000 5g)试样,放入 250mL 烧杯中,用水湿润,加 30mL 1:10 盐酸,用表面皿盖住烧杯,加热近沸并保持微沸 8～10min。用水把表面皿洗净,冷却后把烧杯内的沉淀及溶液移入 250mL 容量瓶中,加水至刻度,摇匀。待溶液沉淀后,用移液管吸取 25mL 溶液,放入 250mL 三角瓶中,加 50mL 水稀释后,加酒石酸钾钠溶液 1mL、三乙醇胺溶液 5mL,再加入氢氧化铵—氯化铵缓冲溶液 10mL、酸性铬兰 K—萘酚绿 B 指示剂约 0.1g。用 EDTA 二钠标准溶液滴定至溶液由酒红色变为纯蓝色时即为终点,记下耗用 EDTA 标准溶液体积 V_1。

再从同一容量瓶中,用移液管吸取 25mL 溶液,置于 300mL 三角瓶中,加水 150mL 稀释后,加三乙醇胺溶液 5mL 及 20% 氢氧化钠溶液 5mL,放入约 0.1g 钙指示剂。用 EDTA 二钠标准溶液滴定,至溶液由酒红色变为纯蓝色即为终点,记下耗用 EDTA 二钠标准溶液体积 V_2。

5) 数据处理

氧化镁的百分含量(X_2)按下式计算:

$$X_2 = \frac{T_{\text{MgO}}(V_1 - V_2) \times 10}{G \times 1\,000} \times 100\% \tag{1-126}$$

式中 T_{MgO}——EDTA 二钠标准溶液对氧化镁的滴定度;

V_1——滴定钙、镁合量消耗 EDTA 二钠标准溶液体积(mL);

V_2——滴定钙消耗 EDTA 二钠标准溶液体积(mL);

10——总溶液对分取溶液的体积倍数;

G——试样质量(g)。

6) 精密度或允许误差

对同一石灰样品至少应做两个试样和进行两次测定。取两次测定结果的平均值代表最终结果。

(3) 有效氧化钙和氧化镁含量的简易测定

适用于氧化镁含量在 5% 以下的低镁石灰。

1) 仪器设备

筛子:0.15mm,1 个;

烘箱:50～250℃,1 台;

干燥器:ϕ25cm,1 个;

称量瓶:ϕ30mm×50mm,10 个;

瓷研钵:ϕ12～13cm,1 个;

分析天平:万分之一,1 台;

架盘天平:感量 0.1g,1 台;

电炉:1 500W,1 个;

石棉网:20cm×20cm,1 块;

玻璃珠:ϕ3mm,一袋(0.25kg);

具塞三角瓶:20 个;

漏斗:短颈,3 个;

塑料洗瓶:1 个;

塑料桶:20L,1 个;

下口蒸馏水瓶:5 000mL,1 个;

三角瓶:300mL,10 个;

容量瓶:250mL、1 000mL,各 1 个;

量筒:200mL、5mL,各 1 个;

试剂瓶:1 000mL,5 个;

滴瓶:60mL,3个;

酸滴定管:50mL,2支;

滴定台及滴定管夹,各一套;

大肚移液管:25mL、50mL,各一支;

玻璃棒:8mm×250mm及4mm×180mm,各10支;

试剂勺:5个;

吸水管:8mm×150mm,5支;

洗耳球:大、小各1个。

2）试剂

$1N$ 盐酸标准溶液:取83mL(相对密度1.19)浓盐酸以蒸馏水稀释至1 000mL,溶液当量浓度的标定与有效氧化钙含量检测用 $0.5N$ 盐酸溶液的标定方法同,但无水碳酸钠的称量应为1.5~2g。

1%酚酞指示剂。

3）试验步骤

迅速称取石灰试样0.8~1.0g(准确至0.000 5g)放入300mL三角瓶中。加入150mL新煮沸并已冷却的蒸馏水和10颗玻璃珠。瓶口上插一短颈漏斗,加热5min,但勿使沸腾,迅速冷却。滴入酚酞指示剂2滴,在不断摇动下以盐酸标准溶液滴定,控制速度为2~3滴/s,至粉红色完全消失,稍停,又出现红色,继续滴入盐酸,如此重复几次,直至5min内不出现红色为止。如滴定过程持续0.5h以上,则结果只能作参考。

4）数据处理

$$(CaO + MgO)\% = \frac{V \times N \times 0.028}{G} \times 100\% \qquad (1-127)$$

式中　V——滴定消耗盐酸标准液的体积(mL);

　　　N——盐酸标准液的当量浓度;

　　　G——样品质量(g);

　　　0.028——氧化钙的毫克当量。因氧化镁含量甚少,并且两者之毫克当量相差不大,故有效

　　　　　　　(CaO + MgO)%的毫克当量都以CaO的毫克当量计算。

5）精密度或允许误差

对同一石灰样品至少应做两个试样和进行两次测定,并取两次测定结果的平均值代表最终结果。

[案例1-9]　某钙质消石灰进行有效氧化钙和氧化镁含量的简易测定,盐酸标准溶液的当量浓度经标定为 $0.981N$。第一次测定称取试样0.841 1g,滴定消耗盐酸标准溶液18.5mL;第二次测定称取试样0.892 5g,滴定消耗盐酸标准溶液19.5mL,计算有效氧化钙和氧化镁的含量并判定其等级。

解　(1)第一次测定

$$(CaO + MgO)\% = \frac{V \times N \times 0.028}{G} \times 100\% = \frac{18.5 \times 0.981 \times 0.028}{0.841\ 1} \times 100\% = 60.42$$

(2)第二次测定

$$(CaO + MgO)\% = \frac{V \times N \times 0.028}{G} \times 100\% = \frac{19.5 \times 0.981 \times 0.028}{0.892\ 5} \times 100\% = 60.01$$

(3)两次测定结果的平均值

$$\frac{60.42 + 60.01}{2} = 60.22 > 60$$

(4)结果判定

Ⅱ级钙质消石灰的标准为不小于60。判定此石灰为Ⅱ级消石灰。

思 考 题

1. 氧化镁含量大于24%小于30%,属于何种消石灰粉?
2. 在生石灰粉测定中,钙镁合量消耗EDTA标准溶液体积为27.65mL,滴定钙消耗EDTA标准溶液体积为3.00mL,氧化镁滴定度为0.6087,氧化钙滴定度为0.8468,样品称重0.5002g,则该石灰样品氧化钙、氧化镁含量为多少?属于哪种生石灰粉,等级多少?
3. 在细度试验中,样品称重50.0g,0.900mm筛余物质量为0.71g,0.125mm筛余物质量为2.7g,则该生石灰粉样品细度属于哪个等级?
4. 在消石灰粉体积安定性试验中,若烘干后的饼块出现裂纹,但无溃散、鼓包现象,体积安定性是否合格?

第五节 道路用粉煤灰

一、概念

(1)粉煤灰是从烧煤的锅炉烟道气体中收集的粉末,也叫做"飞灰"。粉煤灰外观类似水泥,其颜色从乳白色到灰黑色,其颜色的变化在一定程度上反映含碳量的多少及粗细程度。粉煤灰的性能与煤种不同也有关,煤碳按生成年代远近,可分为无烟煤、烟煤、次烟煤和褐煤四大类,其中次烟煤和褐煤因生成年代短些,矿物杂质含量较多,其中碳酸含量往往较高,质量也就不同。

(2) 粉煤灰应用比较广泛,除在水泥混凝土和砂浆中作为掺加剂和在水泥生产中作为活性混合材料外,在道路路面基层作为石灰工业废渣稳定土用。

(3)检测参数:烧失量、SiO_2、Al_2O_3 和 Fe_2O_3 含量。

二、检测依据

《粉煤灰石灰类道路基层施工及验收规程》CJJ 4—1997

《城镇道路工程施工与质量验收规范》CJJ 1—2008

《公路路面基层施工技术规范》JTJ 034—2000

《水泥化学分析方法》GB/T 176—2008

三、取样及制备要求

(1)所取样品,应充分搅拌均匀,放入干净、干燥、不易受污染的容器中,供各方技术指标检验用;

(2)在组织现场施工以前以及在施工过程中,原材料(包括土)或混合料发生变化时,必须对拟采用的材料进行规定的基本性质试验,评定材料质量和性能是否符合要求;

(3)对用作底基层和基层的原材料,对于粉煤灰应进行烧失量的试验,目的是为了确定粉煤灰是否适用;频度为做材料组成设计前测2个样品。

四、试验方法

1. 烧失量

(1)仪器设备

天平:精确至0.000 1g;

高温电炉(马弗炉);

其他:瓷坩埚、干燥器。

(2)试验步骤

称取约 1g 样品,精确至 0.0001g,置于已灼烧 700℃ 恒量的瓷坩埚中,将盖斜置于坩埚上,放在马弗炉内,从低温开始逐渐升高温度,在 700℃ 下灼烧 15~20min,取出坩埚置于干燥器中冷却至室温,称量。反复灼烧,直至恒量。

(3)数据处理

烧失量
$$m = (m_1 - m_0)/m_1 \times 100\% \tag{1-128}$$

式中 m_1——试验前试样质量;

m_0——灼烧后试样质量。

注意事项:

(1)恒量:经过第一次灼烧、冷却、称量后,通过连续每次 15min 的灼烧,然后冷却、称量的方法来检查恒定质量,当连续两次称量之差小于 0.0005g 时,即达到恒量。

(2)试验次数为两次,用两次试验结果平均值来表示测定结果。

(3)重复性限 0.15%,再现性限 0.25%(绝对值)。

2. 二氧化硅测定(基准法)

试样以无水碳酸钠烧结,盐酸溶解,加入固体氯化铵于蒸汽水浴上加热蒸发,使硅酸凝聚,经过滤灼烧后称量。用氢氟酸处理后,失去的质量即为胶凝性二氧化硅含量,加上从滤液中比色回收的可溶性二氧化硅含量即为总二氧化硅含量。

原理:硅酸盐中除碱金属硅酸盐(Na_2SiO_3、K_2SiO_3)可溶于水外,只有少数硅酸盐可被酸完全分解,大部分硅酸盐既不溶于水又不溶于酸,因此在测定硅酸盐中的二氧化硅的含量时,必须借熔融的方法,使其转变为碱金属硅酸盐,然后用酸分解、脱水将二氧化硅分离出来。在含有硅酸的浓盐酸溶液中加入足量的固体氯化铵,由于氯化铵的水解,夺取了硅酸颗粒中的水分,加速了脱水过程,使硅酸的水溶胶变成水凝胶。

分析步骤:

(1)胶凝性二氧化硅测定

1)试样(m_1,约 0.5g,精确至 0.0001g,铂坩埚)→灼烧(950~1000℃,5min)→冷却→玻璃棒压碎块状物(加快反应速度)→加入无水碳酸钠(0.30±0.01g,磨细至粉末状)→混合均匀→灼烧(950~1000℃,10min)→冷却→烧结成块。

2)烧结块→移入蒸发皿,加少量水润湿→用玻璃棒压碎块状物→盖上表面皿→加酸(盐酸,质量分数 36%~38%,5mL;硝酸质量分数 65%~68%,2~3 滴)→反应→反应停止后取下表面皿,压碎块状物,使其完全分解→洗涤坩埚[盐酸(1+1),数次]→洗液合并于蒸发皿→蒸汽水浴→蒸发至糊状→加氯化铵(约 1g)→充分搅拌→蒸发至干后继续蒸发 10~15min。

3)溶解蒸发产物[热盐酸,(3+97),10~20mL]→过滤(中速,定量滤纸)→沉淀物处理[热盐酸,(3+97),洗涤 3~4 次,然后用热水洗涤直至检验不到氯离子]→滤液和洗涤液收集于 250mL 容量瓶中。

4)沉淀物和滤纸→移入铂坩埚→电炉干燥灰化→灼烧,高温炉(950~1000℃,60min)→冷却→反复灼烧→恒量(m_2)。

5)坩埚内加水润湿沉淀→加酸[3 滴硫酸(1+4),10mL 氢氟酸]→电热板升温去除三氧化硫→灼烧,高温炉(950~1000℃,30min)→冷却→反复灼烧→恒量(m_3)。

1)形成碱金属硅酸盐;2)酸溶解和利用氯化铵脱水;3)、收集可溶性二氧化硅;4)、5)对于不溶性二氧化硅进行处理。

(2) 经氢氟酸处理后的残渣的分解

残渣→加入焦硫酸钾($K_2S_2O_7$,0.5g)→熔融(喷灯)→熔块溶解[热水+数滴盐酸(1+1)]→溶液合并入容量瓶→稀释至标线获得溶液A,此溶液可用于测定滤液中残留的可溶性二氧化硅、三氧化二铁、三氧化二铝等。

(3) 可溶性二氧化硅的测定——硅钼蓝分光光度法

从溶液A中吸取25.00mL溶液放入100mL容量瓶中,加水稀释至40mL,依次加入5mL盐酸(1+10)、8mL乙醇、6mL钼酸铵,摇匀,放置30min后加入20mL盐酸(1+1)、5mL抗坏血酸溶液,用水稀释至标线,摇匀。放置60min后,用分光光度计,10mm比色皿,以水作参比,于波长660nm处测定溶液吸光度,在工作曲线上查出二氧化硅的含量(m_4)。

结果计算与表示:

(1) 胶凝性二氧化硅质量百分数:$w_{胶凝SiO_2} = \dfrac{m_2 - m_3}{m_1} \times 100\%$ （1-129）

式中 m_1——试样质量;

m_2——灼烧后未经氢氟酸处理的沉淀及坩埚质量;

m_3——经氢氟酸处理并灼烧后的沉淀及坩埚质量。

(2) 可溶性二氧化硅质量百分数:$w_{可溶SiO_2} = \dfrac{m_4 \times 250}{m_3 \times 25 \times 1\,000} \times 100\%$ （1-130）

(3) 二氧化硅总质量百分数:$w_{总} = w_{可溶} + w_{胶凝}$ （1-131）

注意事项:

(1) 试验次数为两次,用两次试验结果平均值来表示测定结果。

(2) 重复性限0.15%,再现性限0.20%(绝对值)。

(3) 精确至0.01%。

3. 二氧化硅测定(代用法)

在有过量的氟、钾离子存在的强酸性溶液中,使硅酸形成氟硅酸钾沉淀。经过滤、洗涤及中和残余酸后,加入沸水使氟硅酸钾沉淀水解生成等物质的量的氢氟酸。然后以酚酞为指示剂,用氢氧化钠标准溶液进行滴定。

原理:硅酸盐试样用KOH或NaOH熔融,使之转化为可溶性硅酸盐,如K_2SiO_3。K_2SiO_3在过量KCl、KF的存在下与HF(HF有剧毒,必须在通风橱中操作)作用,生成微溶的氟硅酸钾(K_2SiF_6),将生成的K_2SiF_6沉淀过滤。由于K_2SiF_6在水中的溶解度较大,为防止其溶解损失,将其用KCl—乙醇溶液洗涤。然后用NaOH溶液中和溶液中未洗净的游离酸,随后加入沸水使K_2SiF_6水解,生成HF,水解生成的HF可用NaOH标准溶液滴定,从而计算出试样中SiO_2的含量。

分析步骤:

(1) 制备溶液B

试样(m_1,约0.5g,精确至0.0001g)→银坩埚→加入氢氧化钠(6~7g)→灼烧(650~700℃,熔融20min,期间取出摇动一次)→取出冷却→放置在烧杯中(300mL体积,其中盛有100mL的沸水)→盖上表面皿在电炉上适当加热,使熔块完全浸出→取出坩埚,用水冲洗→在搅拌下一次加入25~30mL盐酸,再加入1mL硝酸→用热盐酸(1+5)洗净坩埚和盖→溶液加热煮沸→冷却至室温→移入250mL容量瓶→用水稀释至标线,摇匀。获得溶液B

(2) 形成KCl、KF过饱和溶液

吸取50.00mL溶液B,放入塑料杯中→加入硝酸(10~15mL)→搅拌→冷却(30℃以下)→加入氯化钾至饱和(仔细搅拌,注意压碎大颗粒的氯化钾,有氯化钾析出)→再加入2g氯化钾和10mL氟化钾溶液(150g/L)→30℃下放置15~20min,期间搅拌1~2次→过滤(中速滤纸)→洗涤塑料杯和沉淀(用50g/L的氯化钾溶液洗涤3次,洗涤过程中使固体氯化钾溶解,洗涤液总量不超过25mL)。

(3)中和沉淀物和滤纸中过量的酸

滤纸和沉淀物置于原塑料杯中→加入氯化钾—乙醇溶液(10 mL,50g/L)和1mL酚酞指示剂(10g/L)→氢氧化钠标准溶液滴定至红色。(注意:1.时间要求尽可能短,避免沉淀物水解;2.仔细搅动,挤压滤纸,擦洗杯壁)

(4)水解生成HF

杯中加入200 mL沸水(煮沸后用氢氧化钠溶液中和至酚酞呈微红色的沸水),促使沉淀物水解生成HF。

(5)滴定

用氢氧化钠标准溶液(0.15mol/L)滴定至微红色。

结果计算和表示:

$$w_{SiO_2} = \frac{T_{SiO_2} \times V \times 5}{m_1 \times 1\,000} \times 100\% = \frac{T_{SiO_2} \times V \times 0.5}{m_1} \quad (1-132)$$

式中 T_{SiO_2}——氢氧化钠标准溶液对二氧化硅的滴定度,单位(mg/mL)。

$$T_{SiO_2} = c(NaOH) \times 15.02 \quad (1-133)$$

式中 $c(NaOH)$——氢氧化钠标准溶液的浓度(mol/L),其用苯二酸氢钾基准试剂来标定;

　　　15.02——(1/4SiO_2)的摩尔质量(g/mol);

　　　V——滴定时所消耗的氢氧化钠标准溶液的体积(mL);

　　　m_1——试样质量(g)。

注意事项:

(1)试验次数为两次,用两次试验结果平均值来表示测定结果。

(2)重复性限0.20%,再现性限0.30%(绝对值)。

(3)精确至0.01%。

4. 三氧化二铁测定(基准法)

在pH1.8~2.0、温度为60~70℃的溶液中,以磺基水杨酸钠为指示剂,用EDTA标准滴定溶液滴定。

分析步骤:

(1)从溶液A或B中吸取25.00mL溶液放入300mL烧杯中,加水稀释至100mL。

(2)用氨水(1+1)和盐酸(1+1)调节溶液pH值在1.8~2.0之间(用精密pH试纸或酸度计检定)。

(3)将溶液加热至70℃,加入10滴磺基水杨酸钠指示剂溶液(100g/L)。

(4)用EDTA标准溶液(0.015mol/L)滴定至亮黄色(终点时溶液温度不低于60℃,如终点前溶液温度降至60℃时,应加热至65~70℃)。

(5)滴定后的溶液可用于三氧化二铝的测定。

结果计算和表示:

$$w = \frac{T_{Fe_2O_3} \times V \times 10}{m_1 \times 1\,000} \times 100\% = \frac{T_{Fe_2O_3} \times V}{m} \quad (1-134)$$

式中 $T_{Fe_2O_3}$——标准滴定溶液对三氧化二铁的滴定度(mg/mL);

　　　m——溶液A或B中试样质量(g);

　　　V——滴定时所消耗的EDTA标准溶液的体积(mL)。

$$T_{Fe_2O_3} = c(EDTA) \times 79.84 \quad (1-135)$$

式中 $c(\text{EDTA})$——EDTA 标准溶液的浓度(mol/L),其用碳酸钙标准溶液来标定;
$\quad\quad$ 79.84——$(1/2\text{Fe}_2\text{O}_3)$的摩尔质量(g/mol)。

注意事项：
(1)试验次数为两次,用两次试验结果平均值来表示测定结果。
(2)重复性限 0.15%,再现性限 0.20%(绝对值)。
(3)精确至 0.01%。

5. 三氧化二铝测定(基准法)

将滴定后的溶液的 pH 调节至 3.0,在煮沸下以 EDTA-铜和 PAN 为指示剂,用 EDTA 标准滴定溶液滴定。

分析步骤：
(1)将滴定后的溶液加水稀释至约 200mL;
(2)加入 1~2 滴溴酚蓝指示剂[2g/L,0.2g 溶于乙醇溶剂(1+4)],滴加氨水(1+1)至溶液出现蓝紫色,再滴加盐酸(1+1)至黄色;
(3)加入 15mL pH3.0 的缓冲溶液(3.2g 五水乙酸钠溶于水中,加入 120mL 冰乙酸,稀释至 1L),加热煮沸并保持 1min;
(4)加入 10 滴 EDTA-铜溶液(EDTA 标准溶液和硫酸铜溶液体积比准确配制成等物质的量的标准溶液)及 2~3 滴 PAN 指示剂溶液[2g/L,将 0.2g1-(2-吡啶偶氮)-2-萘酚溶于 100mL 的乙醇)];
(5)用 EDTA 标准溶液(乙二胺四乙酸二钠)滴定至红色消失;
(6)继续煮沸,滴定,直至溶液经煮沸后红色不再出现呈现稳定的亮黄色为止。

结果计算和表示：

$$w = \frac{T_{\text{Al}_2\text{O}_3} \times V \times 10}{m \times 1000} \times 100\% = \frac{T_{\text{Al}_2\text{O}_3} \times V}{m} \quad\quad (1-136)$$

式中 $T_{\text{Al}_2\text{O}_3}$——EDTA 标准滴定溶液对三氧化二铝的滴定度(mg/mL);
$\quad\quad m$——溶液 A 或 B 中试样质量(g);
$\quad\quad V$——滴定时所消耗的 EDTA 标准溶液的体积(mL)。

$$T_{\text{Al}_2\text{O}_3} = c(\text{EDTA}) \times 50.98 \quad\quad (1-137)$$

式中 $c(\text{EDTA})$——EDTA 标准溶液的浓度(mol/L),其用碳酸钙标准溶液来标定;
$\quad\quad$ 50.98——$(1/2\text{Al}_2\text{O}_3)$的摩尔质量(g/mol)。

注意事项：
(1)试验次数为两次,用两次试验结果平均值来表示测定结果。
(2)重复性限 0.20%,再现性限 0.30%(绝对值)。
(3)精确至 0.01。

五、技术指标

(1)《城镇道路工程施工与质量验收规范》CJJ 1—2008 规定：粉煤灰中的 SiO_2、Al_2O_3 和 Fe_2O_3 总量宜大于 70%,在温度为 700℃时的烧失量宜小于或等于 10%。当烧失量大于 10% 时,应经试验确认强度符合要求时,方可采用。

(2)《粉煤灰石灰类道路基层施工及验收规程》CJJ 4—1997 规定：粉煤灰中的 SiO_2 和 Al_2O_3 总量宜大于 70%,在温度为 700℃时的烧失量宜小于 10%。

(3)道路用粉煤灰技术指标：《公路路面基层施工技术规范》JTJ 034—2000 在石灰工业废渣稳定土一章中明确规定所用粉煤灰必须满足以下要求：

1) 粉煤灰中 SiO_2、Al_2O_3 和 Fe_2O_3 的总含量应大于 70%。

2) 粉煤灰的烧失量不应超过 20%。

3) 粉煤灰的比表面积宜大于 2 500cm²/g (或 90% 通过 0.3mm 筛孔，70% 通过 0.075mm 筛孔)。

4) 干粉煤灰和湿粉煤灰都可以应用。湿粉煤灰的含水量不宜超过 35%。

[**案例 1-10**] 作道路用粉煤灰烧失量试验，称量 1.0011g，试验后质量 0.8913g，判此粉煤灰试验结果？

解 烧失量 $m = (m_1 - m_0)/m_1 \times 100\% = (1.0011 - 0.8913)/1.0011 \times 100\% = 10.97\%$

根据《城镇道路工程施工与质量验收规范》CJJ 1—2008 规定，此样品烧失量 10.97% 大于 10%，所以要经试验确认强度符合要求时，方可采用。

思 考 题

1. 烧失量试验条件和试验步骤。
2. 烧失量技术指标。
3. SiO_2 试验方法。
4. Al_2O_3 试验方法。
5. Fe_2O_3 试验方法。
6. 《粉煤灰石灰类道路基层施工》CJJ 4—97 与《城镇道路工程施工与质量验收规范》CJJ 1—2008 对粉煤灰技术指标规定的异同。

第六节 道路工程用粗细集料
（粗细集料、矿粉、木质素纤维）

一、粗集料试验

1. 概念

(1) 集料 (骨料)

在混合料中起骨架和填充作用的粒料，包括碎石、砾石、机制砂、石屑、砂等。

(2) 粗集料

在沥青混合料中，粗集料是指粒径大于 2.36mm 的碎石、破碎砾石、筛选砾石和矿渣等；在水泥混凝土中，粗集料是指粒径大于 4.75mm 的碎石、砾石和破碎砾石。

(3) 表观密度 (视密度)

单位体积 (含材料的实体矿物成分及闭口孔隙体积) 物质颗粒的干质量。

(4) 表观相对密度 (视比重)

表观密度与同温度水的密度之比值。

(5) 表干密度 (饱和面干毛体积密度)

单位体积 (含材料的实体矿物成分及其闭口孔隙、开口孔隙体积) 物质颗粒的饱和面干质量。

(6) 表干相对密度 (饱和面干毛体积相对密度)

表干密度与同温度水的密度之比值。

(7) 毛体积密度

单位体积 (含材料的实体矿物成分及其闭口孔隙、开口孔隙体积) 物质颗粒的干质量。

(8) 毛体积相对密度

毛体积密度与同温度水的密度之比值。

(9)石料磨耗值

按规定方法测得的石料抵抗磨耗作用的能力,其测定方法分别有洛杉矶法、道瑞法和狄法尔法。

(10)石料压碎值

按规定方法测得的石料抵抗压碎的能力,以压碎试验后小于规定粒径的石料质量百分率表示。

(11)集料空隙率(间隙率)

集料的颗粒之间空隙体积占集料总体积的百分比。

(12)针片状颗粒

指粗集料中细长的针状颗粒与扁平的片状颗粒。当颗粒形状的诸方向中的最小厚度(或直径)与最大长度(或宽度)的尺寸之比小于规定比例时,属于针片状颗粒。

(13)标准筛

对颗粒性材料进行筛分试验用的符合标准形状和尺寸规格要求的系列样品筛。标准筛筛孔为正方形(方孔筛),筛孔尺寸依次为75mm、63mm、53mm、37.5mm、31.5mm、26.5mm、19mm、16mm、13.2mm、9.5mm、4.75mm、2.36mm、1.18mm、0.6mm、0.3mm、0.15mm、0.075mm。

(14)集料最大粒径

指集料的100%都要求通过的最小的标准筛筛孔尺寸。

(15)集料的公称最大粒径

指集料可能全部通过或允许有少量不通过(一般容许筛余不超过10%)的最小标准筛筛孔尺寸。通常比集料最大粒径小一个粒级。

2. 检测依据

《公路工程集料试验规程》JTG E42—2005

《城镇道路工程施工与质量验收规范》CJJ 1—2008

3. 取样法

(1)适用范围

适用于对粗集料的取样,也适用于含粗集料的集料混合料如级配碎石、天然砂砾等的取样方法。

(2)取样方法和试样份数

1)通过皮带运输机的材料如采石场的生产线、沥青拌合楼的冷料输送带、无机结合料稳定集料、级配碎石混合料等,应从皮带运输机上采集样品。取样时,可在皮带运输机骤停的状态下取其中一截的全部材料(图1-40),或在皮带运输机的端部连续接一定时间的料,将间隔3次以上所取的试样组成一组试样,作为代表性试样。

2)在材料场同批来料的料堆上取样时,应先铲除堆脚等处无代表性的部分,再在料堆的顶部、中部和底部,各由均匀分布的几个不同部位,取得大致相等的若干份组成一组试样,务必使所取试样能代表本批来料的情况和品质。

图1-40 在皮带运输机上取样

3)从火车、汽车、货船上取样时,应从各不同部位和深度处,抽取大致相等的试样若干份,组成一组试样。抽取的具体份数,应视能够组成本批来料代表样的需要而定。

4)从沥青拌合楼的热料仓取样时,应在放料口的全断面上取样,通常宜将一开始按正式生产的配比投料拌合的几锅(至少 5 锅以上)废弃,然后分别将每个热料仓放出至装载机上,倒在水泥地上,适当拌合,从 3 处以上的位置取样,拌合均匀,取要求数量的试样。

(3)取样数量

1)对每一单项试验,每组试样的取样数量宜不少于表 1-36 所规定的最少取样量。需作几项试验时,如确能保证试样经一项试验后不致影响另一项试验的结果时,可用同一组试样进行几项不同的试验。

试验项目所需粗集料的最小取样质量　　　　表 1-36

试验项目	相对于下列公称最大粒径(mm)的最小取样量(kg)									
	4.75	9.5	13.2	16	19	26.5	31.5	37.5	53	63	75
筛分	8	10	12.5	15	20	20	30	40	50	60	80
表观密度	6	8	8	8	8	8	12	16	20	24	24
吸水率	2	2	2	2	4	4	4	6	6	6	8
含泥量	8	8	8	8	24	24	40	40	60	80	80
泥块含量	8	8	8	8	24	24	40	40	60	80	80
针片状含量	0.6	1.2	2.5	4	8	8	20	40			

2)采用广口瓶法测定表观密度时,集料最大粒径不大于 40mm 者,其最少取样数量为 8kg。

(4)试样的缩分

1)分料器法:将试样拌匀后,如图 1-41 所示,通过分料器分为大致相等的两份,再取其中的一份分成两份,缩分至需要的数量为止。

2)四分法:如图 1-42 所示。将所取试样置于平板上,在自然状态下拌合均匀,大致摊平,然后沿互相垂直的两个方向,把试样由中向边摊开,分成大致相等的四份,取其对角的两份重新拌匀,重复上述过程,直至缩分后的材料量略多于进行试验所必需的量。

3)缩分后的试样数量应符合各项试验规定数量的要求。

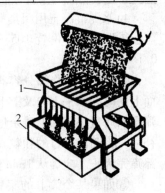

图 1-41 分料器
1—分料漏头;2—接料斗

(5)试样的包装

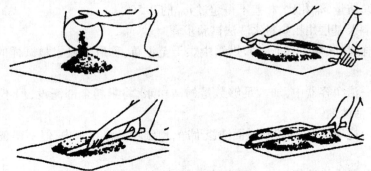

图 1-42 四分法示意图

每组试样应采用能避免细料散失及防止污染的容器包装,并附卡片标明试样编号、取样时间、产地、规格、试样代表数量、试样品质、要求检验项目及取样方法等。

4. 试验方法

(1)粗集料及集料混合料的筛分试验

1)目的与适用范围

①测定粗集料(碎石、砾石、矿渣等)的颗粒组成,对水泥混凝土用粗集料可采用干筛法筛分,

对沥青混合料及基层用粗集料必须采用水洗法试验。

②本方法也适用于同时含有粗集料、细集料、矿粉的集料混合料筛分试验,如未筛碎石、级配碎石、天然砂砾、级配砂砾、无机结合料稳定基层材料、沥青拌合料的冷料混合料、热料仓材料、沥青混合料经溶剂抽提后的矿料等。

2)仪器设备

①试验筛:根据需要选用规定的标准筛。

②摇筛机。

③天平或台秤:感量不大于试样质量的0.1%。

④其他:盘子、铲子、毛刷等。

3)试样准备

将来料用分料器或四分法缩分至表1-37要求的试样所需量,风干后备用。根据需要可按要求的集料最大粒径的筛孔尺寸过筛,除去超粒径部分颗粒后,再进行筛分。

筛分用的试样质量　　　　　　　　表1-37

公称最大粒径(mm)	75	63	37.5	31.5	26.5	19	16	9.5	4.75
试样质量不小于(kg)	10	8	5	4	2.5	2	1	1	0.5

4)水泥混凝土用粗集料干筛法试验步骤

①取试样一份置105±5℃烘箱中烘干至恒重,称取干燥集料试样的总质量(m_0),准确至0.1%。

②用搪瓷盘作筛分容器,按筛孔大小排列顺序逐个将集料过筛。人工筛分时,需使集料在筛面上同时有水平方向及上下方向的不停顿的运动,使小于筛孔的集料通过筛孔,直至1min内通过筛孔的质量小于筛上残余量的0.1%为止;当采用摇筛机筛分时,应在摇筛机筛分后再逐个由人工补筛。将筛出通过的颗粒并入下一号筛,和下一号筛中的试样一起过筛,顺序进行,直至各号筛全部筛完止。应确认1min内通过筛孔的质量确实小于筛上残余量的0.1%。

③如果某个筛上的集料过多,影响筛分作业时,可以分两次筛分,当筛余颗粒的粒径大于19mm时,筛分过程中允许用手指轻轻拨动颗粒,但不得逐颗筛过筛孔。

④称取每个筛上的筛余量,准确至总质量的0.1%。各筛分计筛余量及筛底存量的总和与筛分前试样的干燥总质量m_0相比,相差不得超过m_0的0.5%。

5)沥青混合料及基层用粗集料水洗法试验步骤

①取一份试样,将试样置105±5℃烘箱中烘干至恒重,称取干燥集料试样的总质量(m_3),准确至0.1%。

②将试样置一洁净容器中,加入足够数量的洁净水,将集料全部淹没,但不得使用任何洗涤剂、分散剂或表面活性剂。

③用搅棒充分搅动集料,使集料表面洗涤干净,使细粉悬浮在水中,但不得破碎集料或有集料从水中溅出。

④根据集料粒径大小选择组成一组套筛,其底部为0.075mm标准筛,上部为2.36mm或4.75mm筛。仔细将容器中混有细粉的悬浮液倒出,经过套筛流入另一容器中,尽量不将粗集料倒出,以免损坏标准筛筛面。无需将容器中的全部集料都倒出,只倒出悬浮液。且不可直接倒至0.075mm筛上,以免集料掉出损坏筛面。

⑤重复②~④步骤,直至倒出的水洁净为止,必要时可采用水流缓慢冲洗。

⑥将套筛每个筛子上的集料及容器中的集料全部回收在一个搪瓷盘中,容器上不得有沾附的集料颗粒。沾在0.075mm筛面上的细粉很难回收扣入搪瓷盘中,此时需将筛子倒扣在搪瓷盘上用

少量的水并助以毛刷将细粉刷落入搪瓷盘中,并注意不要散失。

⑦在确保细粉不散失的前提下,小心泌去搪瓷盘中的积水,将搪瓷盘连同集料一起置105±5℃烘箱中烘干至恒重,称取干燥集料试样的总质量(m_4),准确至0.1%。以m_3与m_4之差作为0.075mm的筛下部分。

⑧将回收的干燥集料按干筛方法筛分出0.075mm筛以上各筛的筛余量,此时0.075mm筛下部分应为0,如果尚能筛出,则应将其并入水洗得到的0.075mm的筛下部分,且表示水洗得不干净。

6)数据处理

①干筛法筛分结果的计算:

a. 计算各筛分计筛余量及筛底存量的总和与筛分前试样的干燥总质量m_0之差,作为筛分时的损耗,并计算损耗率,若损耗率大于0.3%,应重新进行试验。

$$m_5 = m_0 - (\sum m_i + m_{底}) \tag{1-138}$$

式中 m_5——由于筛分造成的损耗(g);

m_0——用于干筛的干燥集料总质量(g);

m_i——各号筛上的分计筛余(g);

i——依次为0.075mm、0.15mm……至集料最大粒径的排序;

$m_{底}$——筛底(0.075mm以下部分)集料总质量(g)。

b. 干筛分计筛余百分率:

干筛后各号筛上的分计筛余百分率按式(1-139)计算,精确至0.1%。

$$P'_i = \frac{m_i}{m_0 - m_5} \times 100\% \tag{1-139}$$

式中 P'_i——各号筛上的分计筛余百分率(%);

m_5——由于筛分造成的损耗(g);

m_0——用于干筛的干燥集料总质量(g);

m_i——各号筛上的分计筛余(g);

i——依次为0.075mm、0.15mm……至集料最大粒径的排序。

c. 干筛累计筛余百分率:各号筛的累计筛余百分率为该号筛以上各号筛的分计筛余百分率之和,精确至0.1%。

d. 干筛各号筛的质量通过百分率:各号筛的质量通过百分率P_i等于100减去该号筛累计筛余百分率,精确至0.1%。

e. 由筛底存量除以扣除损耗后的干燥集料总质量计算0.075mm筛的通过率。

f. 试验结果以两次试验的平均值表示,精确至0.1%。当两次试验结果$P_{0.075}$的差值超过1%时,试验应重新进行。

②水筛法筛分结果的计算:

a. 按式(1-140)、式(1-141)计算粗集料中0.075mm筛下部分质量$m_{0.075}$和含量$P_{0.075}$,精确至0.1%。当两次试验结果$P_{0.075}$的差值:

$$m_{0.075} = m_3 - m_4 \tag{1-140}$$

$$P_{0.075} = \frac{m_{0.075}}{m_3} = \frac{m_3 - m_4}{m_3} \times 100\% \tag{1-141}$$

式中 $P_{0.075}$——粗集料中小于0.075mm的含量(通过率)(%);

$m_{0.075}$——粗集料中水洗得到的小于0.075mm部分的质量(g);

m_3——用于水洗的干燥粗集料总质量(g);

m_4——水洗后的干燥粗集料总质量(g)。

b. 计算各筛分计筛余量及筛底存量的总和与筛分前试样的干燥总质量 m_4 之差,作为筛分时的损耗,并计算损耗率。若损耗率大于0.3%,应重新进行试验。

$$m_5 = m_3 - (\sum m_i + m_{0.075}) \tag{1-142}$$

式中 m_5——由于筛分造成的损耗(g);

m_3——用于水筛筛分的干燥集料总质量(g);

m_i——各号筛上的分计筛余(g);

i——依次为0.075mm、0.15mm……至集料最大粒径的排序;

$m_{0.075}$——水洗后得到的0.075mm以下部分质量(g),即$(m_3 - m_4)$。

c. 计算其他各筛的分计筛余百分率、累计筛余百分率、质量通过百分率,计算方法与干筛法相同。

d. 试验结果以两次试验的平均值表示。如筛底$m_底$的值不是0,应将其并入$m_{0.075}$中重新计算$P_{0.075}$。

③筛分结果:

a. 以各筛孔的质量通过百分率表示。

b. 对用于沥青混合料、基层材料配合比设计用的集料,宜绘制集料筛分曲线,其横坐标为筛孔尺寸的0.45次方(表1-38),纵坐标为普通坐标,如图1-43所示。

级配曲线的横坐标(按 $X = d_i^{0.45}$ 计算)   表1-38

筛孔 d_i(mm)	0.075	0.15	0.3	0.6	1.18	2.36	4.75
横坐标 x	0.312	0.426	0.582	0.795	1.077	1.472	2.016
筛孔 d_i(mm)	9.5	13.2	16	19	26.5	31.5	37.5
横坐标 x	2.745	3.193	3.482	3.762	4.370	4.723	5.109

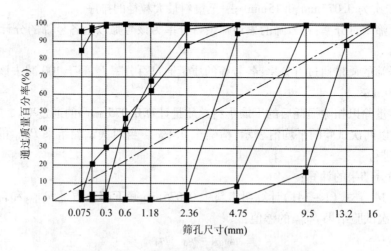

图1-43 集料筛分曲线与矿料级配设计曲线

c. 同一种集料至少取两个试样平行试验两次,取平均值作为每号筛上筛余量的试验结果,报告集料级配组成通过百分率及级配曲线。

(2)粗集料密度及吸水率试验 T 0304—2005

1)网篮法

①目的与适用范围

本方法适用于测定各种粗集料的表观相对密度、表干相对密度、毛体积相对密度、表观密度、表干密度、毛体积密度,以及粗集料的吸水率。

②仪器设备

a. 天平或浸水天平:可悬挂吊篮测定集料的水中质量,称量应满足试样数量称量要求,感量不大于最大称量的0.05%。

b. 吊篮:由耐锈蚀材料制成,直径和高度为150mm左右,四周及底部用1~2mm的筛网编制或具有密集的孔眼。

c. 溢流水槽:在称量水中质量时能保持水面高度一定。

d. 烘箱:能控温在105±5℃。

e. 其他:毛巾(纯棉制,洁净,也可用纯棉的汗衫布代替);温度计;标准筛;盛水容器(如搪瓷盘);刷子等。

③试样准备及数量

a. 将试样用标准筛过筛除去其中的细集料,对较粗的粗集料可用4.75mm筛过筛,对2.36~4.75mm集料,或者混在4.75mm以下石屑中的粗集料,则用2.36mm标准筛过筛,用四分法或分料器法缩分至要求的质量,分两份备用;对沥青路面用粗集料,应对不同规格的集料分别测定,不得混杂,所取的每一份集料试样应基本上保持原有的级配。在测定2.36~4.75mm的粗集料时,试验过程中应特别小心,不得丢失集料。

b. 经缩分后供测定密度和吸水率的粗集料质量应符合表1-39的规定。

测定密度所需要的试样最小质量　　　　　　　　　　　　　　表1-39

公称最大粒径(mm)	4.75	9.5	16	19	26.5	31.5	37.5	63	75
每一份试样的最小质量(kg)	0.8	1	1	1	1.5	1.5	2	3	3

c. 将每一份集料试样浸泡在水中,并适当搅动,仔细洗去附在集料表面的尘土和石粉,经多次漂洗干净至水完全清澈为止。清洗过程中不得散失集料颗粒。

④试验步骤

a. 取试样一份装入干净的搪瓷盘中,注入洁净的水,水面至少应高出试样20mm,轻轻搅动石料,使附着在石料上的气泡完全逸出。在室温下保持浸水24h。

b. 将吊篮挂在天平的吊钩上,浸入溢流水槽中,向溢流水槽中注水,水面高度至水槽的溢流孔,将天平调零,吊篮的筛网应保证集料不会通过筛孔流失,对2.36~4.75mm粗集料应更换小孔筛网,或在网篮中加放入一个浅盘。

c. 调节水温在15~25℃范围内。将试样移入吊篮中。溢流水槽中的水面高度由水槽的溢流孔控制,维持不变称取集料的水中质量(m_w)。

d. 提起吊篮,稍稍滴水后,较粗的粗集料可以直接倒在拧干的湿毛巾上。将较细的粗集料(2.36~4.75mm)连同浅盘一起取出,稍稍倾斜搪瓷盘,仔细倒出余水,将粗集料倒在拧干的湿毛巾上,用毛巾吸走从集料中漏出的自由水。此步骤需特别注意不得有颗粒丢失,或有小颗粒附在吊篮上。再用拧干的湿毛巾轻轻擦干集料颗粒的表面水,至表面看不到发亮的水迹,即为饱和面干状态。当粗集料尺寸较大时,宜逐颗擦干,注意对较粗的粗集料,拧湿毛巾时不要太用劲,防止拧得太干,对较细的含水较多的粗集料,毛巾可拧得稍干些,擦颗粒的表面水时,既要将表面水擦掉,又千万不能将颗粒内部的水吸出,整个过程中不得有集料丢失,且已擦干的集料不得继续在空气中放置,以防止集料干燥。

e. 立即在保持表干状态下,称取集料的表干质量(m_f)。

f. 将集料置于浅盘中,放入 105±5℃ 的烘箱中烘干至恒重。取出浅盘,放在带盖的容器中冷却至室温,称取集料的烘干质量(m_a)。

g. 对同一规格的集料应平行试验两次,取平均值作为试验结果。

⑤注意问题

对 2.36~4.75mm 集料,用毛巾擦拭时容易沾附细颗粒集料从而造成集料损失,此时宜改用洁净的纯棉汗衫布擦拭至表干状态。

⑥数据处理

a. 表观相对密度 γ_a、表干相对密度 γ_s、毛体积相对密度 γ_b 按式(1-143)、式(1-144)、式(1-145)计算至小数点后 3 位。

$$\gamma_a = \frac{m_a}{m_a - m_\omega} \tag{1-143}$$

$$\gamma_s = \frac{m_f}{m_f - m_\omega} \tag{1-144}$$

$$\gamma_b = \frac{m_a}{m_f - m_\omega} \tag{1-145}$$

式中 γ_a——集料的表观相对密度,无量纲;

γ_s——集料的表干相对密度,无量纲;

γ_b——集料的毛体积相对密度,无量纲;

m_a——集料的烘干质量(g);

m_f——集料的表干质量(g);

m_ω——集料的水中质量(g)。

b. 集料的吸水率以烘干试样为基准,按式(1-146)计算,精确至 0.01%。

$$\omega_x = \frac{m_f - m_a}{m_a} \times 100\% \tag{1-146}$$

式中 ω_x——粗集料的吸水率(%)。

c. 粗集料的表观密度(视密度)ρ_a、表干密度 ρ_s、毛体积密度 ρ_b,按下式计算,准确至小数点后 3 位。不同水温条件下测量的粗集料表观密度需进行水温修正,不同试验温度下水的密度 ρ_T 及水的温度修正系数 α_T 见表 1-47。

$$\rho_a = \gamma_a \rho_T \; 或 \; \rho_a = (\gamma_a - \alpha_T)\rho_\Omega \tag{1-147}$$

$$\rho_s = \gamma_s \rho_T \; 或 \; \rho_s = (\gamma_s - \alpha_T)\rho_\Omega \tag{1-148}$$

$$\rho_b = \gamma_b \rho_T \; 或 \; \rho_b = (\gamma_b - \alpha_T)\rho_\Omega \tag{1-149}$$

式中 ρ_a——粗集料的表观密度(g/cm^3);

ρ_s——粗集料的表干密度(g/cm^3);

ρ_b——粗集料的毛体积密度(g/cm^3);

ρ_T——试验温度 T℃时水的密度(g/cm^3);

α_T——试验温度 T℃时的水温修正系数;

ρ_Ω——水在 4℃时的密度(1.000g/cm^3)。

d. 精密度或允许差:

重复试验的精密度,对表观相对密度、表干相对密度、毛体积相对密度,两次结果相差不得超过 0.02,对吸水率不得超过 0.2%。

2)容量瓶法

①目的与适用范围

a. 适用于测定碎石、砾石等各种粗集料的表观相对密度、表干相对密度、毛体积相对密度、表观密度、表干密度、毛体积密度,以及粗集料的吸水率。

b. 本方法测定的结果不适于仲裁及沥青混合料配合比设计计算理论密度时使用。

②仪具与材料

a. 天平或浸水天平:可悬挂吊篮测定集料的水中质量,称量应满足试样数量称量要求,感量不大于最大称量的0.05%。

b. 容量瓶:1 000mL,也可用磨口的广口玻璃瓶代替,并带玻璃片。

c. 烘箱:能控温在105±5℃。

d. 标准筛:4.75mm、2.36mm。

e. 其他:刷子、毛巾等。

③试样准备和数量

a. 将来样过筛,对水泥混凝土的集料采用4.75mm筛,沥青混合料的集料用2.36mm筛,分别筛去筛孔以下的颗粒。然后用四分法或分料器法缩分至表1-40要求的质量,分两份备用。

测定密度所需要的试样最小质量　　　　　　表1-40

公称最大粒径(mm)	4.75	9.5	16	19	26.5	31.5	37.5	63	75
每一份试样的最小质量(kg)	0.8	1	1	1	1.5	1.5	2	3	3

b. 将每一份集料试样浸泡在水中,仔细洗去附在集料表面的尘土和石粉,经多次漂洗干净至水清澈为止。清洗过程中不得散失集料颗粒。

④试验步骤

a. 取试样一份装入容量瓶(广口瓶)中,注入洁净的水(可滴入数滴洗涤灵),水面高出试样,轻轻摇动容量瓶,使附着在石料上的气泡逸出。盖上玻璃片,在室温下浸水24h。

b. 向瓶中加水至水面凸出瓶口,然后盖上容量瓶塞,或用玻璃片沿广口瓶瓶口迅速滑行,使其紧贴瓶口水面,玻璃片与水面之间不得有空隙。

c. 确认瓶中没有气泡,擦干瓶外的水分后,称取集料试样、水、瓶及玻璃片的总质量(m_2)。

d. 将试样倒入浅搪瓷盘中,稍稍倾斜搪瓷盘,倒掉流动的水,再用毛巾吸干漏出的自由水,需要时可称取带表面水的试样质量(m_4)。

e. 用拧干的湿毛巾轻轻擦干颗粒的表面水,至表面看不到发亮的水迹,即为饱和面干状态。当粗集料尺寸较大时,可逐颗擦干。注意拧湿毛巾时不要太用劲,防止拧得太干。擦颗粒的表面水时,既要将表面水擦掉,又不能将颗粒内部的水吸出。整个过程中不得有集料丢失。

f. 立即称取饱和面干集料的表干质量(m_3)。

g. 将集料置于浅盘中,放入105±5℃的烘箱中烘干至恒重。取出浅盘,放在带盖的容器中冷却至室温,称取集料的烘干质量(m_0)。

h. 将瓶洗净,重新装入洁净水,盖上容量瓶塞,或用玻璃片紧贴广口瓶瓶口水面。玻璃片与水面之间不得有空隙。确认瓶中没有气泡,擦干瓶外水分后称取水、瓶及玻璃片的总质量(m_1)。

⑤注意问题

水温应在15~25℃范围内,浸水最后2h内的水温相差不得超过2℃。

⑥数据处理

a. 表观相对密度γ_a、表干相对密度γ_s、毛体积相对密度γ_b按式(1-150)、式(1-151)、式(1-152)计算至小数点后3位。

$$\gamma_a = \frac{m_0}{m_0 + m_1 - m_2} \tag{1-150}$$

$$\gamma_s = \frac{m_3}{m_3 + m_1 - m_2} \tag{1-151}$$

$$\gamma_b = \frac{m_0}{m_0 + m_1 - m_2} \tag{1-152}$$

式中 γ_a ——集料的表观相对密度,无量纲;
γ_s ——集料的表干相对密度,无量纲;
γ_b ——集料的毛体积相对密度,无量纲;
m_0 ——集料的烘干质量(g);
m_1 ——水、瓶及玻璃片的总质量(g);
m_2 ——集料试样、水、瓶及玻璃片的总质量(g);
m_3 ——集料的表干质量(g)。

b. 集料的吸水率 w_x、含水率 w 以烘干试样为基准,按式(1-153)、式(1-154)计算,精确至0.1%。

$$w_x = \frac{m_3 - m_0}{m_0} \times 100\% \tag{1-153}$$

$$w_x = \frac{m_4 - m_0}{m_0} \times 100\% \tag{1-154}$$

式中 m_4 ——集料饱和状态下含表面水的湿质量(g);
w_x ——集料的吸水率(%);
w ——集料的含水率(%)。

c. 当水泥混凝土集料需要以饱和面干试样作为基准求取集料的吸水率 w_x 时,按式(1-155)计算,精确至0.1%,但需在报告中予以说明。

$$w_x = \frac{m_3 - m_0}{m_3} \times 100\% \tag{1-155}$$

式中 w_x ——集料的吸水率(%)。

d. 粗集料的表观密度 ρ_a、表干密度 ρ_s、毛体积密度 ρ_b 按式(1-156)、式(1-157)、式(1-158)计算,精确至小数点后3位。

$$\rho_a = \gamma_a \rho_T \text{ 或 } \rho_a = (\gamma_a - \alpha_T)\rho_\Omega \tag{1-156}$$

$$\rho_s = \gamma_s \rho_T \text{ 或 } \rho_s = (\gamma_s - \alpha_T)\rho_\Omega \tag{1-157}$$

$$\rho_b = \gamma_b \rho_T \text{ 或 } \rho_b = (\gamma_b - \alpha_T)\rho_\Omega \tag{1-158}$$

式中 ρ_a ——集料的表观密度(g/cm³);
ρ_s ——集料的表干密度(g/cm³);
ρ_b ——集料的毛体积密度(g/cm³);
ρ_T ——试验温度 T℃时水的密度(g/cm³);
α_T ——试验温度 T℃时的水温修正系数;
ρ_Ω ——水在4℃时的密度(1.000g/cm³)。

e. 精密度或允许差:
重复试验的精密度,两次结果之差对相对密度不得超过0.02,对吸水率不得超过0.2%。

(3)粗集料含泥量及泥块含量试验
1)目的与适用范围

测定碎石或砾石中小于 0.075mm 的尘屑、淤泥和黏土的总含量及 4.75mm 以上泥块颗粒含量。

2）仪具与材料

①台秤：感量不大于称量的 0.1%。

②烘箱：能控温在 105±5℃。

③标准筛：测泥含量时用孔径为 1.18mm、0.075mm 的方孔筛各 1 只；测泥块含量时，则用 2.36mm 及 4.75mm 的方孔筛各 1 只。

④容器：容积约 10L 的桶或搪瓷盘。

⑤浅盘、毛刷等。

3）试验准备

将来样用四分法或分料器法缩分所规定的量（注意防止细粉丢失并防止所含黏土块被压碎），置于温度为 105±5℃ 的烘箱内烘干至恒重，冷却至室温后分成两份备用（表 1-41）。

含泥量及泥块含量试验所需试样最小质量　　　　表 1-41

公称最大粒径(mm)	4.75	9.5	16	19	26.5	31.5	37.5	63	75
试样的最小质量(kg)	1.5	2	2	6	6	10	10	20	20

4）试验步骤

①含泥量试验步骤

a. 称取试样 1 份（m_0）装入容器内，加水，浸泡 24h，用手在水中淘洗颗粒（或用毛刷洗刷），使尘屑、黏土与较粗颗粒分开，并使之悬浮于水中；缓缓地将浑浊液倒入 1.18mm 及 0.075mm 的套筛上，滤去小于 0.075mm 的颗粒。试验前筛子的两面应先用水湿润，在整个试验过程中，应注意避免大于 0.075mm 的颗粒丢失。

b. 再次加水于容器中，重复上述步骤，直到洗出的水清澈为止。

c. 用水冲洗余留在筛上的细粒，并将 0.075mm 筛放在水中（使水面略高于筛内颗粒）来回摇动，以充分洗除小于 0.075mm 的颗粒。而后将两只筛上余留的颗粒和容器中已经洗净的试样一并装入浅盘，置于温度为 105±5℃ 的烘箱中烘干至恒重，取出冷却至室温后，称取试样的质量（m_1）。

②泥块含量试验步骤

a. 取试样 1 份。

b. 用 4.75mm 筛将试样过筛，称出筛去 4.75mm 以下颗粒后的试样质量（m_2）。

c. 将试样在容器中摊平，加水使水面高出试样表面，24h 后将水放掉，用手捻压泥块，然后将试样放在 2.36mm 筛上用水冲洗，直至洗出的水清澈为止。

d. 小心地取出 2.36mm 筛上试样，置于温度为 105±5℃ 的烘箱中烘干至恒重，取出冷却至室温后称量（m_3）。

5）数据处理

①碎石或砾石的含泥量按下式计算，精确至 0.1%。

$$Q_n = \frac{m_0 - m_1}{m_0} \times 100\% \quad (1-159)$$

式中　Q_n——碎石或砾石的含泥量（%）；
　　　m_0——试验前烘干试样质量（g）；
　　　m_1——试验后烘干试样质量（g）。

以两次试验的算术平均值作为测定值，两次结果的差值超过 0.2% 时，应重新取样进行试验，对沥青路面用集料，此含泥量记为小于 0.075mm 颗粒含量。

②碎石或砾石中黏土泥块含量按式(1-160)计算,精确至0.1%。

$$Q_k = \frac{m_2 - m_3}{m_2} \times 100\% \qquad (1-160)$$

式中　Q_k——碎石或砾石中黏土泥块含量(%);

　　　m_2——4.75mm筛筛余量(g);

　　　m_3——试验后烘干试样质量(g)。

以两个试样两次试验结果的算术平均值为测定值,两次结果的差值超过0.1%时,应重新取样进行试验。

(4)针片状颗粒含量试验

1)水泥混凝土用粗集料（规准仪法）

①目的与适用范围

a. 本方法适用于测定水泥混凝土使用的4.75mm以上的粗集料的针状及片状颗粒含量,以百分率计。

b. 本方法测定的针片状颗粒,是指使用专用规准仪测定的粗集料颗粒的最小厚度(或直径)方向与最大长度(或宽度)方向的尺寸之比小于一定比例的颗粒。

c. 本方法测定的粗集料中针片状颗粒的含量,可用于评价集料的形状及其在工程中的适用性。

②仪具与材料

a. 水泥混凝土集料针状规准仪和片状规准仪见图1-44和图1-45,片状规准仪的钢板基板厚度3mm,尺寸应符合表1-42的要求。

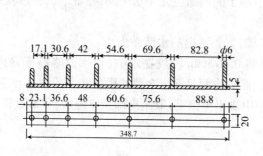
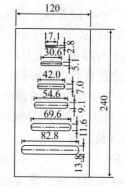

图1-44　针状规准仪　　图1-45　片状规准仪

水泥混凝土集料针片状颗粒试验的粒级划分及其相应的规准仪孔宽或间距　　表1-42

粒级(方孔筛)(mm)	4.75~9.5	9.5~16	16~19	19~26.5	26.5~31.5	31.5~37.5
针状规准仪上相对应的立柱之间的间距宽(mm)	17.1 (B1)	30.6 (B2)	42.0 (B3)	54.6 (B4)	69.6 (B5)	82.8 (B6)
片状规准仪上相对应的孔宽(mm)	2.8 (A1)	5.1 (A2)	7.0 (A3)	9.1 (A4)	11.6 (A5)	13.8 (A6)

b. 天平或台秤:感量不大于称量值的0.1%。

c. 标准筛:孔径分别为4.75mm、9.5mm、16mm、19mm、26.5mm、31.5mm、37.5mm,试验时根据需要选用。

③试样准备

将来样在室内风干至表面干燥,并用四分法或分料器法缩分至满足表1-43规定的质量,称量

(m),然后筛分成表1-43所规定的粒级备用。

针片状颗粒试验所需的试样最小质量 表1-43

公称最大粒径(mm)	9.5	16	19	26.5	31.5	37.5	63	75
试样的最小质量(kg)	0.3	1	2	3	5	10	10	10

④试验步骤

a. 目测挑出接近立方体形状的规则颗粒,将目测有可能属于针片状颗粒的集料按表1-42所规定的粒级用规准仪逐粒对试样进行针状颗粒鉴定,挑出颗粒长度大于针状规准仪上相应间距而不能通过者,为针状颗粒。

b. 将通过针状规准仪上相应间距的非针状颗粒逐粒对试样进行片状颗粒鉴定,挑出厚度小于片状规准仪上相应孔宽通过者,为片状颗粒。

c. 称量由各粒级挑出的针状颗粒和片状颗粒的质量,其总质量为m_1。

⑤数据处理

碎石或砾石中针片状颗粒含量按式(1-161)计算,精确至0.1%。

$$Q_e = \frac{m_1}{m_0} \times 100\% \qquad (1-161)$$

式中 Q_e——试样的针片状颗粒含量(%);

m_1——试样中所含针状颗粒与片状颗粒的总质量(g);

m_0——试样总质量(g)。

如果需要可以分别计算针状颗粒和片状颗粒的含量百分数。

2)沥青混凝土用粗集料(游标卡尺法)(T 0312—2005)

①目的与适用范围

a. 本方法适用于测定粗集料的针状及片状颗粒含量,以百分率计。

b. 本方法测定的针片状颗粒,是指用游标卡尺测定的粗集料颗粒的最大长度(或宽度)方向与最小厚度(或直径)方向的尺寸之比大于3倍的颗粒。有特殊要求采用其他比例时,应在试验报告中注明。

c. 本方法测定的粗集料中针片状颗粒的含量,可用于评价集料的形状和抗压碎能力,以评定石料生产厂的生产水平及该材料在工程中的适用性。

②仪具与材料

a. 标准筛:方孔筛4.75mm。

b. 游标卡尺:精密度为0.1mm。

c. 天平:感量不大于1g。

③试验步骤

a. 按分料器法或四分法选取1kg左右的试样。对每一种规格的粗集料,应按照不同的公称粒径,分别取样检验。

b. 用4.75mm标准筛将试样过筛,取筛上部分供试验用,称取试样的总质量m_0,准确至1g,试样数量应不少于800g,并不少于100颗。

注:对2.36~4.75mm级粗集料,由于卡尺量取有困难,故一般不作测定。

c. 将试样平摊于桌面上,首先用目测法挑出接近立方体的颗粒,剩下可能属于针状(细长)和片状(扁平)的颗粒。

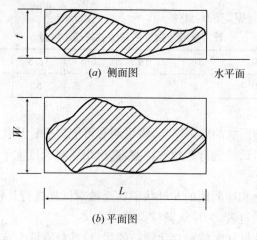

图1-46 针片状颗粒稳定状态

d. 按图1-46所示的方法将欲测量的颗粒放在桌面上成一稳定的状态,图中颗粒平面方向的最大长度为L,侧面厚度的最大尺寸为t,颗粒最大宽度为$W(t<W<L)$,用卡尺逐颗测量石料的L及t,将$L/t\geqslant3$的颗粒(即最大长度方向与最大厚度方向的尺寸之比大于3的颗粒)分别挑出作为针片状颗粒。称取针片状颗粒的质量m_1,准确至1g。

稳定状态是指平放的状态,不是直立状态,侧面厚度的最大尺寸t为图中状态的颗粒顶部至平台的厚度。是在最薄的一个面上测量的,但并非颗粒中最薄部位的厚度。

④数据处理

a. 按式(1-162)计算针片状颗粒含量。

$$Q_e=\frac{m_1}{m_0}\times100\% \tag{1-162}$$

式中 Q_e——针片状颗粒含量(%);
m_1——试验用的集料总质量(g);
m_0——针片状颗粒的质量(g)。

b. 试验要平行测定两次,计算两次结果的平均值,如两次结果之差小于平均值的20%,取平均值为试验值;如大于或等于20%,应追加测定一次,取三次结果的平均值为测定值。

(5)坚固性试验

1)目的与适用范围

本方法是确定碎石或砾石经饱和硫酸钠溶液多次浸泡与烘干循环,承受硫酸钠结晶压而不发生显著破坏或强度降低的性能,是测定石料坚固性能(也称安定性)的方法。

2)仪具与材料

①烘箱:能使温度控制在105 ± 5℃。

②天平:称量5 kg,感量不大于1g。

③标准筛:根据试样的粒级,按表1-44选用。

坚固性试验所需的各粒级试样质量　　表1-44

公称粒级(mm)	2.36~4.75	4.75~9.5	9.5~19	19~37.5	37.5~63	63~75
试样质量(g)	500	500	1 000	1 500	3 000	5 000

④容器:搪瓷盆或瓷缸,容积不小于50L。

⑤三脚网篮:网篮的外径为100mm,高为150mm,采用孔径不大于2.36mm的铜网或不锈钢丝制成;检验37.5~75mm的颗粒时,应采用外径和高均为250mm的网篮。

⑥试剂:无水硫酸钠和10水结晶硫酸钠(工业用)。

3)试验准备

①硫酸钠溶液的配制

取一定数量的蒸馏水(多少取决于试样及容器大小),加温至30~50℃,每1 000mL蒸馏水加入无水硫酸钠(Na_2SO_4)300~350g或10水硫酸钠($Na_2SO_4 \cdot 10H_2O$)700~1 000g,用玻璃棒搅拌,使其溶解并饱和,然后冷却至20~25℃;在此温度下静置48h,其相对密度应保持在1.151~1.174(波美度为18.9~21.4)范围内。试验时容器底部应无结晶存在。

②试样的制备

将试样按表1-44的规定分级,洗净,放入105±5℃的烘箱内烘干4h,取出并冷却至室温,然后按表1-44规定的质量称取各粒级试样质量m_i。

4)试验步骤

①将所称取的不同粒级的试样分别装入三脚网篮并浸入盛有硫酸钠溶液的容器中,溶液体积应不小于试样总体积的5倍,温度应保持在20~25℃的范围内,三脚网篮浸入溶液时应先上下升降25次以排除试样中的气泡,然后静置于该容器中;此时,网篮底面应距容器底面约30mm(由网篮脚高控制),网篮之间的间距应不小于30mm,试样表面至少应在液面以下30mm。

②浸泡20h后,从溶液中提出网篮,放在105±5℃的烘箱中烘烤4h,至此,完成了第一个试验循环。待试样冷却至20~25℃后,即开始第二次循环。从第二次循环起,浸泡及烘烤时间均可为4h。

③完成五次循环后,将试样置于25~30℃的清水中洗净硫酸钠,再放入105±5℃的烘箱中烘干至恒重,待冷却至室温后,用试样粒级下限筛孔过筛,并称量各粒级试样试验后的筛余量m'_i。

④对粒径大于19mm的试样部分,应在试验前后分别记录其颗粒数量,并作外观检查,描述颗粒的裂缝、剥落、掉边和掉角等情况及其所占的颗粒数量,以作为分析其坚固性时的补充依据。

5)注意问题

①粒级为9.5~19mm的试样中,应含有9.5~16mm粒级颗粒40%,16~19mm粒级颗粒60%。

②粒级为19~37.5mm的试样中,应含有19~31.5mm粒级颗粒40%,31.5~37.5mm粒级颗粒60%。

6)数据处理

①试样中各粒级颗粒的分计质量损失百分率按式(1-163)计算。

$$Q_i = \frac{m_i - m'_i}{m_i} \times 100\% \quad (1-163)$$

式中 Q_i——各粒级颗粒的分计质量损失百分率(%);

m_i——各粒级试样试验前的烘干质量(g);

m'_i——经硫酸钠溶液法试验后各粒级筛余颗粒的烘干质量(g)。

②试样总质量损失百分率按式(1-164)计算,精确至1%。

$$Q = \frac{\sum m_i Q_i}{\sum m_i} \quad (1-164)$$

式中 Q——试样总质量损失百分率(%);

m_i——试样中各粒级的分计质量(g);

Q_i——各粒级的分计质量损失百分率(%)。

(6)压碎值试验

1)目的与适用范围

集料压碎值用于衡量石料在逐渐增加的荷载下抵抗压碎的能力,是衡量石料力学性质的指标,以评定其在公路工程中的适用性。

2)仪具与材料

①石料压碎值试验仪:由内径150mm、两端开口的钢制圆形试筒、压柱和底板组成,其形状和尺寸见图1-47和表1-45。试筒内壁、压柱的底面及底板的上表面等与石料接触的表面都应进行热处理,使表面硬化,达到维氏硬度65。并保持光滑状态。

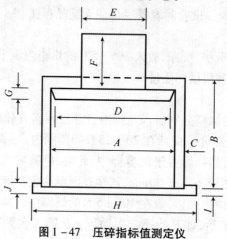

图1-47 压碎指标值测定仪

试筒、压柱和底板尺寸 表1-45

部位	符号	名称	尺寸(mm)
试筒	A	内径	150±0.3
	B	高度	125~128
	C	壁厚	≥12
压柱	D	压头直径	149±0.2
	E	压杆直径	100~149
	F	压柱总长	100~110
	G	压头厚度	≥25
底板	H	直径	200~220
	I	厚度(中间部分)	6.4±0.2
	J	边缘厚度	10±0.2

②金属棒:直径10mm,长450~600mm,一端加工成半球形。

③天平:称量2~3kg,感量不大于1g。

④标准筛:筛孔尺寸13.2mm、9.5mm、2.36mm方孔筛各一个。

⑤压力机:500kN,应能在10min内达到400kN。

⑥金属筒:圆柱形,内径112.0mm,高179.4mm,容积1 767cm³。

3)试验准备

①采用风干石料用13.2mm和9.5mm标准筛过筛,取9.5~13.2mm的试样3组各3 000g,供试验用。如过于潮湿需加热烘干时,烘箱温度不得超过100℃,烘干时间不超过4h。试验前,石料应冷却至室温。

②每次试验的石料数量应满足按下述方法夯击后石料在试筒内的深度为100mm。

在金属筒中确定石料数量的方法如下:

将试样分 3 次（每次数量大体相同）均匀装入试模中，每次均将试样表面整平，用金属棒的半球面端从石料表面上均匀捣实 25 次。最后用金属棒作为直刮刀将表面仔细整平。称取量筒中试样质量（m_0）。以相同质量的试样进行压碎值的平行试验。

4）试验步骤

①将试筒安放在底板上。

②将要求质量的试样分 3 次（每次数量大体相同）均匀装入试模中，每次均将试样表面整平，用金属棒的半球面端从石料表面上均匀捣实 25 次。最后用金属棒作为直刮刀将表面仔细整平。

③将装有试样的试模放到压力机上，同时加压头放入试筒内石料面上，注意使压头摆平，勿楔挤试模侧壁。

④开动压力机，均匀地施加荷载，在 10min 左右的时间内达到总荷载 400kN，稳压 5s，然后卸荷。

⑤将试模从压力机上取下，取出试样。

⑥用 2.36mm 标准筛筛分经压碎的全部试样，可分几次筛分，均需筛到在 1min 内无明显的筛出物为止。

⑦称取通过 2.36mm 筛孔的全部细料质量（m_1），准确至 1g。

5）数据处理

①石料压碎值按式（1-165）计算，精确至 0.1%。

$$Q'_a = \frac{m_0}{m_1} \times 100\% \tag{1-165}$$

式中 Q'_a——石料压碎值（%）；

m_1——试验前试样质量（g）；

m_0——试验后通过 2.36mm 筛孔的细料质量（g）。

②以 3 个试样平行试验结果的算术平均值作为压碎值的测定值。

(7) 磨耗试验（洛杉矶法）

1）目的与适用范围

①测定标准条件下粗集料抵抗摩擦、撞击的能力，以磨耗损失（%）表示。

②本方法适用于各种等级规格集料的磨耗试验。

2）仪具与材料

①洛杉矶磨耗试验机：圆筒内径 710 ± 5mm，内侧长 510 ± 5mm，两端封闭，投料口的钢盖通过紧固螺栓和橡胶垫与钢筒紧闭密封。钢筒的回转速率为 30 ~ 33r/min。

②钢球：直径约 46.8mm，质量为 390 ~ 445g，大小稍有不同，以便按要求组合成符合要求的总质量。

③台秤：感量 5g。

④标准筛：符合要求的标准筛系列，以及筛孔为 1.7mm 的方孔筛一个。

⑤烘箱：能使温度控制在 105 ± 5℃ 范围内。

⑥容器：搪瓷盘等。

3）试验步骤

①将不同规格的集料用水冲洗干净，置烘箱中烘干至恒重。

②对所使用的集料，根据实际情况按表 1-46 选择最接近的粒级类别，确定相应的试验条件，按规定的粒级组成备料，筛分。其中水泥混凝土用集料宜采用 A 级粒度；沥青路面及各种基层、底基层的粗集料，表中的 16mm 筛孔也可用 13.2mm 筛孔代替。对非规格材料，应根据材料的实际粒度，从表 1-46 中选择最接近的粒级类别及试验条件。

集料洛杉矶试验条件　　　　　　　　表1-46

粒度类别	粒级组成(mm)	试样质量(g)	试样总质量(g)	钢球数量(个)	钢球总质量(g)	转动次数(r)	适用的粗集料 规格	适用的粗集料 公称粒径(mm)
A	26.5~37.5 19.0~26.5 16.0~19.0 9.5~16.0	1 250±25 1 250±25 1 250±10 1 250±10	5 000±10	12	5 000±25	500		
B	19.0~26.5 16.0~19.0	2 500±10 2 500±10	5 000±10	11	4 850±25	500	S6 S7 S8	15~30 10~30 10~25
C	9.5~16.0 4.75~9.5	2 500±10 2 500±10	5 000±10	8	3 320±20	500	S9 S10 S11 S12	10~20 10~15 5~15 5~10
D	2.36~4.75	5 000±10	5 000±10	6	2 500±15	500	S13 S14	3~10 3~5
E	63~75 53~63 37.5~53	2 500±50 2 500±50 5 000±50	10 000±100	12	5 000±25	1 000	S1 S2	40~75 40~60
F	37.5~53 26.5~37.5	5 000±50 5 000±25	10 000±75	12	5 000±25	1 000	S3 S4	30~60 25~50
G	26.5~37.5 19~26.5	5 000±25 5 000±25	10 000±50	12	5 000±25	1 000	S5	20~40

注:1. 表中16mm也可用13.2mm代替。
2. A级适用于未筛碎石混合料及水泥混凝土用集料。
3. C级中S12可全部采用4.75~9.5mm颗粒5 000g;S9及S10可全部采用9.5~16mm颗粒5 000g。
4. E级中S2中缺63~75mm颗粒可用53~63mm颗粒代替。

③分级称量(准确至5g),称取总质量(m_1),装入磨耗机圆筒中。

④选择钢球,使钢球的数量及总质量符合表1-46中规定,将钢球加入钢筒中,盖好筒盖,紧固密封。

⑤将计数器调整到零位,设定要求的回转次数,对水泥混凝土集料,回转次数为500r,对沥青混合料集料,回转次数应符合表1-46的要求。开动磨耗机,以30~33r/min转速转动至要求的回转次数为止。

⑥取出钢球,将经过磨耗后的试样从投料口倒入接受容器(搪瓷盘)中。

⑦将试样用1.7mm的方孔筛过筛,筛去试样中被撞击磨碎的细屑。

⑧用水冲干净留在筛上的碎石,置105±5℃烘箱中烘干至恒重(通常不少于4h),准确称量(m_2)。

4)数据处理

①按下式计算粗集料洛杉矶磨耗损失,精确至0.1%。

$$Q = \frac{m_1 - m_2}{m_1} \times 100\% \tag{1-166}$$

式中　Q——洛杉矶磨耗损失(%);
　　　m_1——装入圆筒中试样质量(g);
　　　m_2——试验后在1.7mm筛上洗净烘干的试样质量(g)。

②试验报告应记录所使用的粒级类别和试验条件。

粗集料的磨耗损失取两次平行试验结果的算术平均值为测定值,两次试验的差值应不大于2%,否则须重作试验。

(8)软弱颗粒试验(T 0320—2000)

1)目的与适用范围

测定碎石、砾石及破碎砾石中软弱颗粒含量。

2)仪具与材料

①天平或台秤:称量5g,感量不大于5g。
②标准筛:孔径为4.75mm、9.5mm、16mm方孔筛。
③压力机。
④其他:浅盘、毛刷等。

3)试验步骤

称风干试样2kg(m_1),如颗粒粒径大于31.5mm,则称4kg,过筛分成4.75~9.5mm、9.5~16mm、16mm以上各1份;将每份中每一个颗粒大面朝下稳定平放在压力机平台中心,按颗粒大小分别加以0.15kN、0.25kN、0.34kN荷载,破裂之颗粒即属于软弱颗粒,将其弃去,称出未破裂颗粒的质量(m_2)。

4)数据处理

按式(1-167)计算软弱颗粒含量,精确至0.1%。

$$P = \frac{m_1 - m_2}{m_1} \times 100\% \tag{1-167}$$

式中　P——粗集料的软弱颗粒含量(%);
　　　m_1——各粒级颗粒总质量(g);
　　　m_2——试验后各粒级完好颗粒总质量(g)。

5. 其他问题

(1)取样问题:

1)从火车、汽车、货船上取样时,如经观察,认为各节车皮汽车或货船的碎石或砾石的品质差异不大时,允许只抽取一节车皮、一部汽车、一艘货船的试样(即一组试样),作为该批集料的代表样品。

2)如经观察,认为该批碎石或砾石的品质相差甚远时,则应对品质再怀疑的该批集料分别取样和验收。

(2)粗集料及集料混合料筛分试验中,由于0.075mm筛干筛几乎不能把沾在粗集料表面的小于0.075mm部分的石粉筛过去,而且对水泥混凝土用粗集料而言,0.075mm通过率的意义不大,所以也可以不筛,且把通过0.15mm筛的筛下部分全部作为0.075mm的分计筛余,将粗集料的0.075mm通过率假设为0。

(3)恒重系指相邻两次称量间隔时间大于3h(通常不少于6h)的情况下,前后两次称量之差小于该项试验所要求的称量精密度,即0.1%,一般在烘箱中烘烤的时间不得少于4~6h。

(4)不同温度下水的密度的修正方法:

1)试验温度的适用范围为15~25℃。

2)修正方法:不同水温时水的密度ρ_T及水温修正系数α_T按表1-47取用。

不同水温时水的密度 ρ_T 及水温修正系数 α_T　　　　表1-47

水温(℃)	15	16	17	18	19	20
水的密度 ρ_T(g/cm³)	0.999 13	0.998 97	0.998 80	0.998 62	0.998 43	0.998 22
水温修正系数 α_T	0.002	0.003	0.003	0.004	0.004	0.005
水温(℃)	21	22	23	24	25	
水的密度 ρ_T(g/cm³)	0.998 02	0.997 79	0.997 56	0.997 33	0.997 02	
水温修正系数 α_T	0.005	0.006	0.006	0.007	0.007	

(5)坚固性试验中试样中硫酸钠是否洗净,可按下法检验:取洗试样的水数毫升,滴入少量氯化钡($BaCl_2$)溶液,如无白色沉淀,即说明硫酸钠已被洗净。

二、细集料试验

1. 概念

(1)细集料

在沥青混合料中,细集料是指粒径小于2.36mm的天然砂、人工砂(包括机制砂)及石屑;在水泥混凝土中,细集料是指粒径小于4.75mm的天然砂、人工砂。

(2)天然砂

由自然风化、水流冲刷、堆积形成的、粒径小于4.75mm岩石颗粒,按生存环境分河砂、海砂、山砂等。

(3)人工砂

经人为加工处理得到的符合规格要求的细集料,通常指石料加工过程中采取真空抽吸等方法除去大部分土和细粉,或将石屑水洗得到的洁净的细集料。从广义上分类,机制砂、矿渣砂和煅烧砂都属于人工砂。

(4)机制砂

由碎石及砾石经制砂机反复破碎加工至粒径小于2.36mm的人工砂,亦称破碎砂。

(5)石屑

采石场加工碎石时通过最小筛孔(通常为2.36mm或4.75mm)的筛下部分,也称筛屑。

(6)混合砂

由天然砂、人工砂、机制砂或石屑等按一定比例混合形成的细集料的统称。

(7)填料

在沥青混合料中起填充作用的粒径小于0.075mm的矿物质粉末。通常是石灰岩等碱性料加工磨细得到的矿粉,水泥、消石灰、粉煤灰等矿物质有时也可作为填料使用。

(8)砂率

水泥混凝土混合料中砂的质量与砂、石总质量之比,以百分率表示。

(9)细度模数

表征天然砂粒径的粗细程度及类别的指标。

2. 检测依据

《公路工程集料试验规程》JTG E 42—2005

《城镇道路工程施工与质量验收规范》CJJ 1—2008

3. 取样方法

同粗集料。

4. 试验方法

(1) 筛分试验

1) 目的与适用范围

测定细集料(天然砂、人工砂、石屑)的颗粒级配及粗细程度。对水泥混凝土用细集料可采用干筛法,如果需要也可采用水洗法筛分;对沥青混合料及基层用细集料必须用水洗法筛分。

2) 仪具与材料

① 标准筛。

② 天平:称量1 000g,感量不大于0.5g。

③ 摇筛机

④ 烘箱:能控温在105±5℃。

⑤ 其他:浅盘和硬、软毛刷等。

3) 试验准备

根据样品中最大粒径的大小,选用适宜的标准筛,通常为9.5mm筛(水泥混凝土用天然砂)或4.75mm筛(沥青路面及基层用天然砂、石屑、机制砂等)筛除其中的超粒径材料,然后将样品在潮湿状态下充分拌匀,用分料器法或四分法缩分至每份不少于550g的试样两份,在105±5℃的烘箱中烘干至恒重,冷却至室温后备用。

4) 试验步骤

① 干筛法试验步骤

a. 准确称取烘干试样约500g(m_1),准确至0.5g,置于套筛的最上面一只,即4.75mm筛上,将套筛装入摇筛机,摇筛约10min,然后取出套筛,再按筛孔大小顺序,从最大的筛号开始,在清洁的浅盘上逐个进行手筛,直到每分钟的筛出量不超过筛上剩余量的0.1%时为止,将筛出通过的颗粒并入下一号筛,和下一号筛中的试样一起过筛,以此顺序进行至各号筛全部筛完为止。

b. 称量各筛筛余试样的质量,精确至0.5g。所有各筛的分计筛余量和底盘中剩余量的总量与筛分前的试样总量,相差不得超过后者的1%。

② 水洗法试验步骤

a. 准确称取烘干试样约500g(m_1),准确至0.5g。

b. 将试样置一洁净容器中,加入足够数量的洁净水,将集料全部淹没。

c. 用搅棒充分搅动集料,将集料表面洗涤干净,使细粉悬浮在水中,但不得有集料从水中溅出。

d. 用1.18mm筛及0.075mm筛组成套筛,仔细将容器中混有细粉的悬浮液徐徐倒出,经过套筛流入另一容器中,但不得将集料倒出。不可直接倒至0.075mm筛上,以免集料掉出损坏筛面。

e. 重复b~d步骤,直至倒出的水洁净且小于0.075mm的颗粒全部倒出。

f. 将容器中的集料倒入搪瓷盘中,用少量水冲洗,使容器上沾附的集料颗粒全部进入搪瓷盘中,将筛子反扣过来,用少量的水将筛上集料冲入搪瓷盘中。操作过程中不得有集料散失。

g. 将搪瓷盘连同集料一起置105±5℃烘箱中烘干至恒重,称取干燥集料试样的总质量(m_2)。准确至0.1%。m_1与m_2之差即为通过0.075mm筛部分。

h. 将全部要求的筛孔组成套筛(但不需0.075mm筛),将已经洗去小于0.075mm部分的干燥集料置于套筛上(通常为4.75mm筛),将套筛装入摇筛机,摇筛约10min,然后取出套筛,再按筛孔大小顺序,从最大的筛号开始,在清洁的浅盘上逐个进行手筛,直至每分钟的筛出量不超过筛上剩余量的0.1%时为止,将筛出通过的颗粒并入下一号筛,和下一号筛中的试样一起过筛,这样顺序进行,直至各号筛全部筛完为止。如为含有粗集料的集料混合料,套筛筛孔根据需要选择。

i. 称量各筛筛余试样的质量,精确至0.5g。所有各筛的分计筛余量和底盘中剩余量的总质量与筛分前后试样总量m_2的差值不得超过后者的1%。

5)数据处理

①计算分计筛余百分率:

各号筛的分计筛余百分率为各号筛上的筛余量除以试样总量(m_1)的百分率,精确至0.1%。对沥青路面细集料而言,0.15mm筛下部分即为0.075mm的分计筛余,m_1与m_2之差即为小于0.075mm的筛底部分。

②计算累计筛余百分率:

各号筛的累计筛余百分率为该号筛及大于该号筛的各号筛的分计筛余百分率之和,准确至0.1%。

③计算质量通过百分率:

各号筛的质量通过百分率等于100减去该号筛的累计筛余百分率,准确至0.1%。

④根据各筛的累计筛余百分率或通过百分率,绘制级配曲线。

⑤天然砂的细度模数按式(1-168)计算,精确至0.01。

$$M_X = \frac{(A_{0.15} + A_{0.3} + A_{0.6} + A_{1.18} + A_{2.36}) - 5A_{4.75}}{100 - A_{0.75}} \quad (1-168)$$

式中　　M_X——砂的细度模数;

　　$A_{0.15}$、$A_{0.3}$、…、$A_{4.75}$——分别为0.15mm、0.3mm、…、4.75mm各筛上的累计筛余百分率(%)。

⑥进行两次平行试验,以试验结果的算术平均值作为测定值。如两次试验所得的细度模数之差大于0.2,应重新进行试验。

(2)表观密度试验(容量瓶法)

1)目的与适用范围

用容量瓶法测定细集料(天然砂、石屑、机制砂)在23℃时对水的表观相对密度和表观密度。本方法适用于含有少量大于2.36mm部分的细集料。

2)仪具与材料

①天平:称量1kg,感量不大于1g。

②容量瓶:500mL。

③烘箱:能控温在105±5℃。

④烧杯:500mL。

⑤洁净水。

⑥其他:干燥器、浅盘、铝制料勺、温度计等。

3)试验准备

将缩分至650g左右的试样在温度为105±5℃的烘箱中烘干至恒重,并在干燥器内冷却至室温,分成两份备用。

4)试验步骤

①称取烘干的试样约300g(m_0),装入盛有半瓶洁净水的容量瓶中。

②摇转容量瓶,使试样在已保温至23±1.7℃的水中充分搅动以排除气泡,塞紧瓶塞,在恒温条件下静置24h左右,然后用滴管添水,使水面与瓶颈刻度线平齐,再塞紧瓶塞,擦干瓶外水分,称其总质量(m_2)。

③倒出瓶中的水和试样,将瓶的内外表面洗净,再向瓶内注入同样温度的洁净水(温差不超过2℃)至瓶颈刻度线,塞紧瓶塞,擦干瓶外水分,称其总质量(m_1)。

5)数据处理

①细集料的表观相对密度按式(1-169)计算至小数点后3位。

$$\gamma_a = \frac{m_0}{m_0 + m_1 - m_2} \qquad (1-169)$$

式中 γ_a——集料的表观相对密度,无量纲;
m_0——集料的烘干质量(g);
m_1——水及容量瓶的总质量(g);
m_2——试样、水、瓶及容量瓶的总质量(g)。

②表观密度按式(1-170)计算,精确至小数点后3位。

$$\rho_a = \gamma_a \rho_T \text{ 或 } \rho_a = (\gamma_a - \alpha_T) \times \rho_\Omega \qquad (1-170)$$

式中 ρ_a——细集料的表观密度(g/cm^3);
ρ_Ω——水在4℃时的密度(g/cm^3);
α_T——试验时的水温对水密度影响的修正系数;
ρ_T——试验温度 T℃时水的密度(g/cm^3)。

③以两次平行试验结果的算术平均值作为测定值,如两次结果之差值大于 $0.01g/cm^3$ 时,应重新取样进行试验。

(3)含泥量试验(筛洗法)

1)目的与适用范围

①本方法仅用于测定天然砂中粒径小于0.075mm的尘屑、淤泥和黏土的含量。

②本方法不适用于人工砂、石屑等矿粉成分较多的细集料。

2)仪具与材料

①天平:称量1kg,感量不大于1g。

②烘箱:能控温在105±5℃。

③标准筛:孔径0.075mm及1.18mm的方孔筛。

④其他:筒、浅盘等。

3)试验准备

将来样用四分法缩分至每份约1000g,置于温度为105±5℃的烘箱中烘干至恒重,冷却至室温后,称取约400g(m_0)的试样两份备用。

4)试验步骤

①取烘干的试样一份置于筒中,并注入洁净的水,使水面高出砂面约200mm,充分拌合均匀后,浸泡24h,然后用手在水中淘洗试样,使尘屑、淤泥和黏土与砂粒分离,并使之悬浮水中,缓缓地将浑浊液倒入1.18mm至0.075mm的套筛上,滤去小于0.075mm的颗粒,试验前筛子的两面应先用水湿润,在整个试验过程中应注意避免砂粒丢失。

②再次加水于筒中,重复上述过程,直至筒内砂样洗出的水清澈为止。

③用水冲洗剩留在筛上的细粒,并将0.075mm筛放在水中(使水面略高出筛中砂粒的上表面)来回摇动,以充分洗除小于0.075mm的颗粒;然后将两筛上筛余的颗粒和筒中已经洗净的试样一并装入浅盘,置于温度为105±5℃的烘箱中烘干至恒重,冷却至室温,称取试样的质量(m_1)。

5)数据处理

①砂的含泥量按式(1-171)计算至0.1%。

$$Q_n = \frac{m_0 - m_1}{m_0} \times 100\% \qquad (1-171)$$

式中 Q_n——砂的含泥量(%);
m_0——试验前的烘干试样质量(g);
m_1——试验后的烘干试样质量(g)。

②以两个试样试验结果的算术平均值作为测定值。两次结果的差值超过 0.5% 时,应重新取样进行试验。

(4)砂当量试验

1)目的与适用范围

①本方法适用于测定天然砂、人工砂、石屑等各种细集料中所含的黏性土或杂质的含量,以评定集料的洁净程度。砂当量用 SE 表示。

②本方法适用于公称最大粒径不超过 4.75mm 的集料。

2)仪具与材料

①透明圆柱形试筒:如图 1-48 所示,透明塑料制,外径 40±0.5mm,内径 32±0.25mm,高度 420±0.25mm。在距试筒底部 100mm、380mm 处刻划刻度线,试筒口配有橡胶瓶口塞。

②冲洗管:如图 1-49 所示,由一根弯曲的硬管组成,不锈钢或冷锻钢制,其外径为 6±0.5mm,内径为 4±0.2mm。管的上部有一个开关,下部有一个不锈钢两侧带孔尖头,孔径为 1±0.1mm。

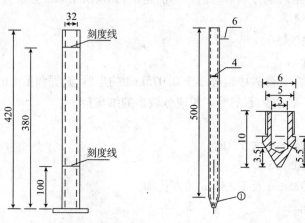

图 1-48 透明圆柱试筒　　图 1-49 冲洗管

③透明玻璃或塑料桶:容积 5L,有一根虹吸管放置桶中,桶底面高出工作台约 1m。

④橡胶管(或塑料管):长约 1.5m,内径约 5mm,同冲洗管连在一起吸液用,配有金属夹,以控制冲洗液流量。

⑤配重活塞:如图 1-50 所示,由长 440±0.25mm 的杆、直径 25±0.1mm 的底座(下面平坦、光滑、垂直杆轴)、套筒和配重组成。且在活塞上有三个横向螺栓可保持活塞在试筒中间,并使活塞与试筒之间有一条小缝隙。　套筒为黄铜或不锈钢制,厚 10±0.1mm,大小适合,试筒并且引导活塞杆,能标记筒中活塞下沉的位置。套筒上有一个螺钉用以固定活塞杆。配重为 1 000±5g。

⑥机械振荡器:可以使试筒产生横向的直线运动振荡,振幅 203±1.0mm,频率 180±2 次/min。

⑦天平:称量 1kg,感量不大于 0.1g。

⑧烘箱:能使温度控制在 105±5℃。

⑨秒表。

⑩标准筛:筛孔为 4.75mm。

a. 温度计。

b. 广口漏斗:玻璃或塑料制,口的直径 100mm 左右。

c. 钢板尺:长 50 cm,刻度 1mm。

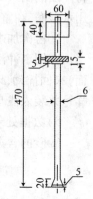

图 1-50 配重活塞

d. 其他：量筒(500mL)、烧杯(1L)、塑料桶(5L)、烧杯、刷子、盘子、刮刀、勺子等。

3) 试剂

①无水氯化钙($CaCl_2$)：分析纯，含量96%以上，分子量110.99，纯品为无色立方结晶，在水中溶解度大，溶解时放出大量热，它的水溶液呈微酸性，具有一定的腐蚀性。

②丙三醇($C_3H_8O_3$)：又称甘油，分析纯，含量98%以上，分子量92.09。

③甲醛(HCHO)：分析纯，含量36%以上，分子量30.03。

④洁净水或纯净水。

4) 试验准备

①将样品通过孔径4.75mm筛，去掉筛上的粗颗粒部分，试样数量不少于1 000g。如样品过分干燥，可在筛分之前加少量水分润湿(含水率约为3%左右)，用包橡胶的小锤打碎土块，然后再过筛，以防止将土块作为粗颗粒筛除。当粗颗粒部分被在筛分时不能分离的杂质裹覆时，应将筛上部分的粗集料进行清洗，并回收其中的细粒放入试样中。

②测定试样含水率：试验用的样品，在测定含水率和取样试验期间不要丢失水分。

由于试样是加水湿润过的，对试样含水率应按现行含水率测定方法进行，含水率以两次测定的平均值计，准确至0.1%。经过含水率测定的试样不得用于试验。

③称取试样的湿重：

根据测定的含水率按式(1-172)计算相当于120g干燥试样的样品湿重，准确至0.1g。

$$m_1 = \frac{120 \times (100+\omega)}{100} \qquad (1-172)$$

式中　ω——集料试样的含水率(%)；

m_1——相当于干燥试样120g时的潮湿试样的质量(g)。

5) 配制冲洗液

①根据需要确定冲洗液的数量，通常一次配制5L，约可进行10次试验。如试验次数较少，可以按比例减少，但不宜少于2L，以减小试验误差。冲洗液的浓度以每升冲洗液中的氯化钙、甘油、甲醛含量分别为2.79g、12.12g、0.34g控制。称取配制5L冲洗液的各种试剂的用量：氯化钙14.0g；甘油60.6g；甲醛1.7g。

②称取无水氯化钙14.0g放入烧杯中，加洁净水30mL，充分溶解，此时溶液温度会升高，待溶液冷却至室温，观察是否有不溶的杂质，若有杂质必须用滤纸将溶液过滤，以除去不溶的杂质。

③然后倒入适量洁净水稀释，加入甘油60.6g，用玻璃棒搅拌均匀后再加甲醛1.7g，用玻璃棒搅拌均匀后全部倒入1L量筒中，并用少量洁净水分别对盛过3种试剂的器皿洗涤3次，每次洗涤的水均放入量筒中，最后加入洁净水至1L刻度线。

④将配制的1L溶液倒入塑料桶或其他容器中，再加入4L洁净水或纯净水稀释至5±0.005L。该冲洗液的使用期限不得超过2周，超过2周后必须废弃，其工作温度为22±3℃。

6) 试验步骤

①用冲洗管将冲洗液加入试筒，直到最下面的100mm刻度处(约需80mL试验用冲洗液)。

②把相当于120±1g干料重的湿样用漏斗仔细地倒入竖立的试筒中。

③用手掌反复敲打试筒下部，以除去气泡，并使试样尽快润湿，然后放置10min。

④在试样静止10±1min后，在试筒上塞上橡胶塞堵住试筒，用手将试筒横向水平放置，或将试筒水平固定在振荡机上。

⑤开动机械振荡器，在30±1s的时间内振荡90次。用手振荡时，仅需手腕振荡，不必晃动手臂，以维持振幅230±25mm，振荡时间和次数与机械振荡器同。然后将试筒取下竖直放回试验台上，拧下橡胶塞。

⑥将冲洗管插入试筒中,用冲洗液冲洗附在试筒壁上的集料,然后迅速将冲洗管插到试筒底部,不断转动冲洗管,使附着在集料表面的土粒杂质浮游上来。

⑦缓慢匀速向上拔出冲洗管,当冲洗管抽出液面,且保持液面位于380mm刻度线时,切断冲洗管的液流,使液面保持在380mm刻度线处,然后开动秒表,在没有扰动的情况下静置20min±15s。

⑧如图1-51所示,在静置20min后,用尺量测从试筒底部到絮状凝结物上液面的高度(h_1)。

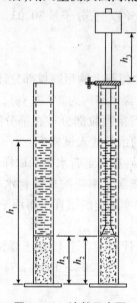

图1-51 读数示意图

⑨将配重活塞徐徐插入试筒里,直至碰到沉淀物时,立即拧紧套筒上的固定螺栓。将活塞取出,用直尺插入套筒开口中,量取套筒顶面至活塞底面的高度h_2,准确至1mm,同时记录试筒内的温度,准确至1℃。

⑩按上述步骤进行2个试样的平行试验。

7) 数据处理

①试样的砂当量值按式(1-173)计算。

$$SE = \frac{h_2}{h_1} \tag{1-173}$$

式中 SE——试样的砂当量(%);

h_2——试筒中用活塞测定的集料沉淀物的高度(mm);

h_1——试筒中絮凝物和沉淀物的总高度(mm)。

②一种集料应平行测定两次,取两个试样的平均值,并以活塞测得砂当量为准,并以整数表示。

(5) 坚固性试验

1) 目的与适用范围

本方法用以确定砂试样经饱和硫酸钠溶液多次浸泡与烘干循环,承受硫酸钠结晶压而不发生显著破坏或强度降低的性能,以评定砂的坚固性能(也称安定性)。

2) 仪具与材料

①烘箱:能控温在105±2.5℃。

②天平:称量200g,感量不大于0.2g。

③标准筛:孔径为0.3mm、0.6mm、1.18mm、2.36mm、4.75mm。

④容器:搪瓷盆或瓷缸,容量不小于10L。

⑤三脚网篮:内径及高均为70mm,由铜丝或镀锌钢丝制成,网孔的孔径不应大于所盛试样粒级下限尺寸的一半。

⑥试剂:无水硫酸钠或10水结晶硫酸钠(工业用)。

⑦波美比重计。

3)试验准备

取一定数量的洁净水(多少取决于试样及容器大小),加温至30~50℃,每1 000mL洁净水加入无水硫酸钠(Na_2SO_4)300~350g或10水硫酸钠($Na_2SO_4 \cdot 10H_2O$)700~1000g,用玻璃棒搅拌,使其溶解并饱和,然后冷却至20~25℃,在此温度下静置48h,其相对密度应保持在1.151~1.174(波美度为18.9~21.4)范围内,试验时容器底部应无结晶存在。

4)试验步骤

①将试样烘干,称取粒级分别为0.3~0.6mm、0.6~1.18mm、1.18~2.36mm和2.36~4.75mm的试样各约100g,分别装入网篮并浸入盛有硫酸钠溶液的容器中。溶液体积应不小于试样总体积的5倍,其温度应保持在20~50℃范围内。三脚网篮浸入溶液时应先上下升降25次以排除试样中的气泡,然后静置于该容器中。此时网篮底面应距容器底面约30mm(由网篮脚高控制),网篮之间的间距应不小于30mm。试样表面至少应在液面以下30mm。

②浸泡20h后,从溶液中提出网篮,放在105±5℃的烘箱中烘烤4h,至此完成了第一个试验循环,待试样冷却至20~25℃后,即开始第二次循环。

从第二次循环开始,浸泡及烘烤时间均为4h。共循环5次。

③最后一次循环完毕后,将试样置于25~30℃的清水中洗净硫酸钠,再在105±5℃的烘箱中烘干至恒重,取出冷却至室温后,用筛孔孔径为试样粒级下限的筛,过筛并称量各粒级试样试验后的筛余量m'_i。

5)数据处理

①试样中各粒级颗粒的分计损失百分率按式(1-174)计算。

$$Q_i = \frac{m_i - m'_i}{m_i} \times 100\% \tag{1-174}$$

式中 Q_i——试样中各粒级颗粒的分计损失百分率(%);

m_i——每一粒级试样试验前烘干质量(g);

m'_i——经硫酸钠溶液试验后,每一粒级筛余颗粒的烘干质量(g)。

②试样的坚固性损失总百分率按式(1-175)计算,精确至1%。

$$Q = \frac{\sum m_i Q_i}{\sum m_i} \tag{1-175}$$

式中 Q——试样的坚固性损失(%);

m_i——不同粒级的颗粒在原试样总量中的分计质量(g);

Q_i——不同粒级的分计质量损失百分率(%)。

(6)棱角性试验(流动时间法)

1)目的与适用范围

①本方法测定一定体积的细集料(机制砂、石屑、天然砂)全部通过标准漏斗所需要的流动时间,称为细集料的棱角性,以s表示。

②本方法测定的细集料棱角性,适用于评定细集料颗粒的表面构造和粗糙度,预测细集料对沥青混合料的内摩擦角和抗流动变形性能的影响。

③当工程上同时使用不同品种的细集料,如将天然砂和机制砂、石屑混用时,应以实际配合比例组成的细集料混合料进行试验,并满足相应规范的要求。

2)仪具与材料

①细集料流动时间测定仪:如图1-52所示,上部为直径90mm、高125mm的金属圆筒,下部为可更换的开口60°的金属或硬质塑料漏斗,漏斗内部应光滑,其流出孔直径有两种可更换的规格,12mm或16mm,上部由螺纹与圆筒连接成一整体,漏斗下方有一个可以左右转动的开启挡板。测定仪下方放置一个足以存下3kg细集料的容器,如铝盆、搪瓷盆等。

②标准筛:孔径为4.75mm、2.36mm、0.075mm的方孔筛。

③天平:感量不大于0.1g。

④烘箱:能控温在105±5℃。

⑤秒表:准确至0.1s。

⑥其他:搪瓷盘、毛刷等。

3)试验步骤

①将从现场取来的细集料试样,按照最大粒径的不同选择2.36mm或4.75mm的标准筛过筛,除去大于最大粒径的部分。但当工程上同时使用不同品种的细集料,如将天然砂和机制砂、石屑混用时,应分别进行单一细集料品种的棱角性质量评定,同时以实际配合比例组成的细集料混合料进行试验,以评定其使用性能。

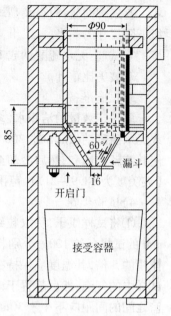

图1-52 细集料流动时间测定仪
(流出孔径可更换)

②按本节的以水洗法除去小于0.075mm的粉尘部分,取0.075~2.36mm或0.075~4.75mm的试样约6kg放入105±5℃烘箱中烘干至恒重,在室温下冷却。

③按本节方法测定试样的表观相对密度γ_a,用分料器法或四分法将试样分成不少于5份,按式(1-176)计算每份试样所需的质量,称量准确至0.1g。

$$m = 1.0 \times \gamma_a / 2.70 \qquad (1-176)$$

式中 m——每份试样的质量(kg);

γ_a——该试样的表观相对密度,无量纲。

④根据试验的细集料规格选择漏斗,对规格0.075~2.36mm的细集料选用漏出孔径为12mm的漏斗,对规格0.075~4.75mm的细集料选用孔径为16mm的漏斗,将漏斗与圆筒连接安装成一整体。关闭漏斗下方的开启门,在漏斗下方置接受容器。

⑤将试样从圆筒中央开口处(高度与筒顶齐平)徐徐倒入漏斗,表面尽量倒平,但倒完后不得以任何工具扰动或刮平试样。

⑥在打开漏斗开启门的同时开动秒表。漏斗中的细集料随即从漏斗开口处流出,进入接受容器中。在细集料全部流完的同时停止秒表,读取细集料流出的时间,准确至0.1s,即为该细集料试样的流动时间。

⑦一种试样需平行试验5次,以流动时间的平均值作为细集料棱角性的试验结果。

(7)亚甲蓝试验

1)目的与适用范围

①本方法适用于确定细集料中是否存在膨胀性黏土矿物,并测定其含量,以评定集料的洁净程度,以亚甲蓝值MBV表示。

②本方法适用于小于2.36mm或小于0.15mm的细集料,也可用于矿粉的质量检验。

③当细集料中的0.075mm通过率小于3%时,可不进行此项试验即作为合格看待。

2)试剂、材料与仪器设备

①亚甲蓝($C_{16}H_{18}ClN_3S \cdot 3H_2O$):纯度不小于98.5%。

②移液管:5mL、2mL 移液管各一个。

③叶轮搅拌机:转速可调,并能满足 600±60r/min 的转速要求,叶轮个数 3 个或 4 个,叶轮直径 75±10mm;其他类型的搅拌器也可使用,但试验结果必须与使用上述搅拌器时基本一致。

④鼓风烘箱:能使温度控制在 105±5℃。

⑤天平:称量 1 000g,感量 0.1g 及称量 100g,感量 0.01g 各一台。

⑥标准筛:孔径为 0.075mm、0.15mm、2.36mm 的方孔筛各一只。

⑦容器:深度大于 250mm,要求淘洗试样时,保持试样不溅出。

⑧其他玻璃容量瓶:1L;定时装置:精度 1s;玻璃棒:直径 8mm,长 300mm,2 支;温度计:精度 1℃;烧杯:1 000mL;定量滤纸、搪瓷盘、毛刷、洁净水等。

3)试验步骤

①标准亚甲蓝溶液(10.0±0.1g/L 标准浓度)配制:

a. 测定亚甲蓝中的水分含量 w。称取 5g 左右的亚甲蓝粉末,记录质量 m_h,精确到 0.01g。在 100±5℃的温度下烘干至恒重(若烘干温度超过 105℃,亚甲蓝粉末会变质),在干燥器中冷却,然后称重,记录质量 m_g,精确到 0.01g。按式(1-177)计算亚甲蓝的含水率 w。

$$\omega = (m_h - m_b)/m_b \times 100 \qquad (1-177)$$

式中 m_h——亚甲蓝粉末的质量(g);

m_b——干燥后亚甲蓝的质量(g)。

b. 取亚甲蓝粉末$(100+w)(10±0.01g)/100$(即亚甲蓝干粉末质量 10g),精确至 0.01g。

c. 加热盛有约 600mL 洁净水的烧杯,水温不超过 40℃。

d. 边搅动边加入亚甲蓝粉末,持续搅动 45min,直至亚甲蓝粉末全部溶解为止,然后冷却至 20℃。

e. 将溶液倒入 1L 容量瓶中,用洁净水淋洗烧杯等,使所有亚甲蓝溶液全部移入容量瓶,容量瓶和溶液的温度应保持在 20±1℃,加洁净水至容量瓶 1L 刻度。

f. 摇晃容量瓶以保证亚甲蓝粉末完全溶解。将标准液移入深色储藏瓶中,亚甲蓝标准溶液保质期应不超过 28d;配制好的溶液应标明制备日期、失效日期,并避光保存。

②制备细集料悬浊液:

a. 取代表性试样,缩分至约 400g,置烘箱中,在 105±5℃条件下烘干至恒重,待冷却至室温后,筛除大于 2.36mm 颗粒,分两份备用。

b. 称取试样 200g,精确至 0.1g。将试样倒入盛有 500±5mL 洁净水的烧杯中,将搅拌器速度调整到 600r/min,搅拌器叶轮离烧杯底部约 10mm。搅拌 5min,形成悬浊液,用移液管准确加入 5mL 亚甲蓝溶液,然后保持 400±40r/min 转速不断搅拌,直到试验结束。

③亚甲蓝吸附量的测定:

a. 将滤纸架空放置在敞口烧杯的顶部,使其不与任何其他物品接触。

b. 细集料悬浊液在加入亚甲蓝溶液并经 400±40r/min 转速搅拌 1min 起,在滤纸上进行第一次色晕检验。即用玻璃棒沾取一滴悬浊液滴于滤纸上,液滴在滤纸上形成环状,中间是集料沉淀物,液滴的数量应使沉淀物直径在 8~12mm 之间。外围环绕一圈无色的水环,当在沉淀物周围边缘放射出一个宽度约 1mm 左右的浅蓝色色晕时(图 1-53),试验结果称为阳性。

c. 如果第一次的 5mL 亚甲蓝没有使沉淀物周围出现色晕,再向悬浊液中加入 5mL 亚甲蓝溶液,继续搅拌 1min,再用玻璃棒沾取一滴悬浊液,滴于滤纸上,进行第二次色晕试验,若沉淀物周围仍然出现色晕,重复上述步骤,直到沉淀物周围放射出约 1mm 的稳定浅蓝色色晕。

d. 停止滴加亚甲蓝溶液,但继续搅拌悬浊液,每 1min 进行一次色晕试验。若色晕在最初的 4min 内消失,再加入 5mL 亚甲蓝溶液;若色晕在第 5min 消失,再加入 2mL 亚甲蓝溶液。两种情况下,均应继续搅拌并进行色晕试验,直至色晕可持续 5min 为止。

e. 记录色晕持续 5min 时所加入的亚甲蓝溶液总体积,精确至 1mL。

④亚甲蓝的快速评价试验:

a. 按①及②要求制样及搅拌。

b. 一次性向烧杯中加入 30mL 亚甲蓝溶液,以 400 ± 40r/min 转速持续搅拌 8min,然后用玻璃棒粘取一滴悬浊液,滴于滤纸上,观察沉淀物周围是否出现明显色晕。

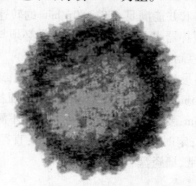

图 1-53 亚甲蓝试验得到的色晕图像
(左图符合要求,右图不符合要求)

⑤小于 0.15mm 粒径部分的亚甲蓝值 $MBVF$ 的测定:

按规定准备试样,进行亚甲蓝试验测试,但试样为 0~0.15mm 部分,取 30 ± 0.1g。

⑥按本节筛洗法测定细集料中含泥量或石粉含量。

4) 数据处理

①细集料亚甲蓝值 MBV 按式(1-178)计算,精确至 0.1。

$$MBV = \frac{V}{m} \times 10 \tag{1-178}$$

式中 MBV——亚甲蓝值(g/kg),表示每千克 0~2.36mm 粒级试样所消耗的亚甲蓝克数;

m——试样质量(g);

V——所加入的亚甲蓝溶液的总量(mL)。

公式中的系数 10 用于将每千克试样消耗的亚甲蓝溶液体积换算成亚甲蓝质量。

②亚甲蓝快速试验结果评定:

若沉淀物周围出现明显色晕,则判定亚甲蓝快速试验为合格,若沉淀物周围未出现明显色晕,则判定亚甲蓝快速试验为不合格。

③小于 0.15mm 部分或矿粉的亚甲蓝值 MBV_f 按式(1-179)计算,精确至 0.1。

$$MBV_f = \frac{V_1}{m_1} \times 10 \tag{1-179}$$

式中 MBV_f——亚甲蓝值(g/kg),表示每千克 0~0.15mm 粒级或矿粉试样所消耗的亚甲蓝克数;

m_1——试样质量(g);

V_1——加入的亚甲蓝溶液的总量(mL)。

④细集料中含泥量或石粉含量计算和评定按本文含泥量的方法进行。

5. 注意问题

(1)筛分试验:当细集料中含有粗集料时,可参照本文方法用水洗法筛分,但需特别注意保护标准筛筛面不遭损坏。

(2)干筛法时:①试样如为特细砂时,试样质量可减少到 100g。②如试样含泥量超过 5%,不宜采用干筛法。③无摇筛机时,可直接用手筛。

(3)在表观密度试验过程中应测量并控制水的温度,试验期间的温差不得超超过 1℃。

(4)含泥量试验中,不得直接将试样放在 0.075mm 筛上用水冲洗,或者将试样放在 0.075mm 筛上后在水中淘洗,以难免误将小于 0.075mm 的砂颗粒当做泥冲走。

(5)砂当量试验,在配制稀浆封层及微表处混合料时,4.75mm 部分经常是由两种以上的集料混合而成,如由 3~5mm 和 3mm 以下石屑混合,或由石屑与天然砂混合组成时,可分别对每种集料按本节方法测定其砂当量,然后按组成比例计算合成的砂当量。为减少工作量,通常做法是将样品按配比混合组成后用 4.75mm 过筛,测定集料混合料的砂当量,以鉴定材料是否合格。

(6)砂当量试验:①为了不影响沉淀的过程,试验必须在无振动的水平台上进行。随时检查试验的冲洗管口,防止堵塞。②由于塑料在太阳光下容易变成不透明,应尽量避免将塑料试筒等直接暴露太阳光下,盛试验溶液的塑料桶用毕要清洗干净。

(7)坚固性试验:查试样中硫酸钠是否干净,取洗试样的水数毫升,滴入少量氯化钡($BaCl_2$)溶液,如无白色沉淀,即说明硫酸钠已被洗净。

(8)亚甲蓝试验:每次配制亚甲蓝溶液前,都必须首先确定亚甲蓝的含水率。

(9)亚甲蓝试验:由于集料吸附亚甲蓝需要一定的时间才能完成,在色晕试验过程中,色晕可能在出现后又消失了。为此,需每隔 1min 进行一次色晕检验,连续 5 次出现色晕方为有效。试验结束后应立即用水彻底清洗试验用容器。清洗后的容器不得含有清洁剂成分,建议将这些容器作为亚甲蓝试验的专门容器。

(10)不同温度水的密度修正方法:不同水温时水的密度 ρ_T 及水温修正系数 α_T 按表 1-47 取用。

三、矿粉试验

1. 概念

矿粉:由石灰岩等碱性石料经磨细加工得到的,在沥青混合料中起填料作用的,以碳酸钙为主要成分的矿物质粉末。

2. 检测依据

(1)《公路工程集料试验规程》JTG E 42—2005

(2)《城镇道路工程施工与质量验收规范》CJJ 1—2008

3. 试验方法

(1)矿粉筛分试验(水洗法)

1)目的与适用范围

测定矿粉的颗粒级配。同时适用于测定供拌制沥青混合料用的其他填料,如水泥、石灰、粉煤灰的颗粒级配。

2)仪具与材料

①标准筛:孔径为 0.6mm、0.3mm、0.15mm、0.075mm。

②天平:感量不大于 0.1g。

③烘箱:能控温在 105±5℃。

④搪瓷盘。

⑤橡皮头研杵。

3)试验步骤

①将矿粉试样放入 105±5℃烘箱中烘干至恒重,冷却,称取 100g,准确至 0.1g。如有矿粉团粒存在,可用橡皮头研杵轻轻研磨粉碎。

②将 0.075mm 筛装在筛底上,仔细倒入矿粉,盖上筛盖。手工轻轻筛分,至大体上筛不下去为止。存留在筛底上的小于 0.075mm 部分可弃去。

③除去筛盖和筛底,按筛孔大小顺序套成套筛。将存留在 0.075mm 筛上的矿粉倒回 0.6mm 筛上,在自来水龙头下方接一胶管,打开自来水,用胶管的水轻轻冲洗矿粉过筛,0.075mm 筛下部分任其流失,直至流出的水色清澈为止。水洗过程中,可以适当用手扰动试样,加速矿粉过筛,待

上层筛冲干净后,取去0.6mm筛,接着从0.3mm筛或0.15mm筛上冲洗,但不得直接冲洗0.075mm筛。

④分别将各筛上的筛余反过来用小水流仔细冲洗入各个搪瓷盘中,待筛余沉淀后,稍稍倾斜搪瓷盘。仔细除去清水,放入105℃烘箱中烘干至恒重。称取各号筛上的筛余量,准确至0.1g。

4) 数据处理

①各号筛上的筛余量除以试样总量的百分率,即为各号筛的分计筛余百分率,精确至0.1%。用100减去0.6mm、0.3mm、0.15mm、0.075mm各筛的分计筛余百分率,即为通过0.075mm筛的通过百分率,加上0.075mm筛的分计筛余百分率即为0.15mm筛的通过百分率,依次类推,计算出各号筛的通过百分率,精确至0.1%。

②以两次平行试验结果的平均值作为试验结果。各号筛的通过率相差不得大于2%。

(2) 矿粉密度试验

1) 目的与适用范围

用于检验矿粉的质量,供沥青混合料配合比设计计算使用,同时适用于测定供拌制沥青混合料用的其他填料如水泥、石灰、粉煤灰的相对密度。

2) 仪具与材料

①李氏比重瓶:容量为250mL或300mL,如图1-54所示。

②天平:感量不大于0.01g。

③烘箱:能控温在105±5℃。

④恒温水槽:能控温在20±0.5℃。

⑤其他:瓷皿、牛角匙、干燥器、漏斗等。

3) 试验步骤

①将代表性矿粉试样置瓷皿中,在105℃烘箱中烘干至恒重(一般不少于6h),放入干燥器中冷却后,连同小牛角匙、漏斗一起准确称量(m_1),准确至0.01g,矿粉质量应不少于200g。

②向比重瓶中注入蒸馏水,至刻度0~1mL之间,将比重瓶放入20℃的恒温水槽中,静放至比重瓶中的水温不再变化为止(一般不少于2h),读取比重瓶中水面的刻度(V_1),准确至0.02mL。

③用小牛角匙将矿粉试样通过漏斗徐徐加入比重瓶中,待比重瓶中水的液面上升至接近比重瓶的最大读数时为止,轻轻摇晃比重瓶,使瓶中的空气充分逸出。再次将比重瓶放入恒温水槽中,待温度不再变化时,读取比重瓶的读数(V_2),准确至0.02mL。整个试验过程中,比重瓶中的水温变化不得超过1℃。

④准确称取牛角匙、瓷皿、漏斗及剩余矿粉的质量(m_2),准确至0.01g。

4) 数据处理

①按式(1-180)及式(1-181)计算矿粉的密度和相对密度,精确至小数点后3位。

$$\rho_f = \frac{m_1 - m_2}{V_2 - V_1} \quad (1-180)$$

$$\gamma_f = \frac{\rho_f}{\rho_{wT}} \quad (1-181)$$

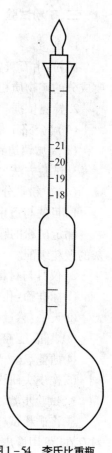

图1-54 李氏比重瓶

式中 ρ_f——矿粉的密度(g/cm³);

γ_f——矿粉对水的相对密度,无量纲;

m_1——牛角匙、瓷皿、漏斗及试验前瓷器中矿粉的干燥质量(g);

m_2——牛角匙、瓷皿、漏斗及试验后瓷器中矿粉的干燥质量(g);
V_1——加矿粉以前比重瓶的初读数(mL);
V_2——加矿粉以后比重瓶的终读数(mL);
ρ_{wT}——试验温度时水的密度。

②同一试样应平行试验两次,取平均值作为试验结果。两次试验结果的差值不得大于0.01g/cm³。

(3) 亲水系数试验

1) 目的与适用范围

矿粉的亲水系数即矿粉试样在水(极性介质)中膨胀的体积与同一试样在煤油(非极性介质)中膨胀的体积之比,用于评价矿粉与沥青结合料的粘附性能。本方法也适用于测定供拌制沥青混合料用的其他填料如水泥、石灰、粉煤灰的亲水系数。

2) 仪具与材料

①量筒:50mL 两个,刻度至 0.5mL。

②研钵及有橡皮头的研杵。

③天平:感量不大于 0.01g。

④煤油:在温度270℃分馏得到的煤油,并经杂黏土过滤而得到者(过滤用杂黏土应先经加热至250℃3h,俟其冷却后使用)。

⑤烘箱。

3) 试验步骤

①称取烘干至恒重的矿粉5g(准确至0.01g),将其放在研钵中,加入 15~30mL 蒸馏水,用橡皮研杵仔细磨 5min,然后用洗瓶把研钵中的悬浮液洗入量筒中,使量筒中的液面恰为 50mL。然后用玻璃棒搅和悬浮液。

②同上法,将另一份同样质量的矿粉,用煤油仔细研磨后将悬浮液冲洗移入另一量筒中,液面亦为 50mL。

③将上两量筒静置,使量筒内液体中的颗粒沉淀。

④每天两次记录沉淀物的体积,直至体积不变为止。

4) 数据处理

①亲水系数按式(1-182)计算。

$$\eta = \frac{V_B}{V_H} \tag{1-182}$$

式中 η——亲水系数,无量纲;
V_B——水中沉淀物体积(mL);
V_H——煤油中沉淀物体积(mL)。

②平行测定两次,以两次测定值的平均值作为试验结果。

5) 矿粉的亲水系数

亲水系数大于1的矿粉,表示矿粉对水的亲和力大于对沥青的亲和力,亲水系数小于1的矿粉,则表示对沥青有大于水的亲和力。

(4) 塑性指数试验

1) 目的与适用范围

①矿粉的塑性指数是矿粉液限含水量与塑限含水量之差,以百分率表示。

②矿粉的塑性指数用于评价矿粉中黏性土成分的含量。

③本方法也适用于检验作为沥青混合料填料使用的粉煤灰、拌合机回收粉尘的塑性指数。

2) 试验步骤

①将矿粉等填料用0.6mm筛过筛,去除筛上部分。

②按《公路土工试验规程》JTG E 40—2007规定的方法测定塑性指数。有两个试验用于测定塑性指数,一个是T 0118"液限塑限联合测定法",另一个是按T 0119用搓条法测定塑限,用T 0120干燥收缩法测定液限,计算塑性指数。工程上可根据习惯和条件采用任何一个方法进行测定。

(5)加热安定性试验

1)目的与适用范围

①矿粉的加热安定性是矿粉在热拌过程中受热而不产生变质的性能。

②矿粉的加热安定性用于评价矿粉(除石灰石粉、磨细生石灰粉、水泥外)易受热变质的成分的含量。

2)仪具与材料

①蒸发皿或坩埚:可存放100g矿粉。

②加热装置:煤气炉或电炉。

③温度计:最小刻度为1℃。

3)试验步骤

①称取矿粉100g,装入蒸发皿或坩埚中,摊开。

②将盛有矿粉的蒸发皿或坩埚置于煤气炉或电炉火源上加热,将温度计插入矿粉中,一边搅拌石粉,一边测量温度,加热到200℃,关闭火源。

③将矿粉在室温中放置冷却,观察石粉颜色的变化。

4)结果处理

根据石粉在受热后的颜色变化,判断石粉的变质情况。

4.注意问题

(1)筛分试验

1)自来水的水量不可太大太急,防止损坏筛面或将矿粉冲出,水不得从两层筛之间流出,自来水龙头宜装有防溅水龙头。当现场缺乏自来水时,也可由人工浇水冲洗。

2)如直接在0.075mm筛上冲洗,将可能使筛面变形、筛孔堵塞,或者造成矿粉与筛面发生共振,不能通过筛孔。

(2)密度试验

对亲水性矿粉应采用煤油作介质测定,方法与本节相同。

四、木质素纤维

1.概念

(1)木质素纤维:一种植物纤维,属于有机纤维,常用的是针叶木材纤维。木质素纤维作为常用纤维稳定剂,添加在热拌沥青玛琋脂碎石混合料中,以改善沥青混合料性能,吸附沥青,减少析漏。木质素纤维的颜色与其原材料有关,一般为灰色絮状。在絮状木质素纤维中掺加一定量的沥青后形成颗粒状。

(2)纤维稳定剂:在沥青玛琋脂碎石中起吸附沥青、增强结合料粘结力和稳定作用的木质素纤维、矿物纤维、聚合物化学纤维等各类纤维的总称。

2.检测依据

《沥青路面用木质素纤维》JT/T 533—2004

《公路沥青玛琋脂碎石路面技术指南》SHCF 40-01—2002

《城镇道路工程施工与质量验收规范》CJJ 1—2008

《化学纤维 短纤维长度试验方法》GB/T 14336—2008

3. 试验方法

(1) 纤维长度测定

1) 定义

①超长纤维:棉型:超过名义长度 5mm 并小于名义长度 2 倍者;中长型:超过名义长度 10mm 并小于名义长度 2 倍者。

②倍长纤维:名义长度的 2 倍以及以上者(包括漏切纤维)。

③过短纤维:界限棉型:小于 20mm 者。

中长型:小于 30mm 者。

2) 原理

用手扯法将纤维梳理整齐,切取一定长度的中段纤维,在过短纤维极少的情况下,总质量与中段重量之比愈大,则纤维的平均长度愈长。因此纤维的平均长度用中段长度乘总质量与中段质量之比表示。

3) 仪器

①切断器:10mm、20mm 和 30mm(允许误差 ±0.01mm);

②天平:最小分度值 0.01mg、0.1mg、1mg 各 1 台;

③钢梳:10 针/cm,20 针/cm;

④限制器绒板、黑绒板、压板、一号夹子、钢尺及镊子等。

4) 纤维调湿和试验用标准大气

预调湿用标准大气:温度不超过 50℃,相对湿度 10% ~25%;

调湿和试验用标准大气:温度 20 ±2℃,相对湿度 62% ~68%。

5) 试样制备

①从试验室试验样品中随机均匀地取出大于 50g 作为长度、超长、倍长测试样品。按规定进行预调湿和调湿,使样品达到吸湿平衡(每隔 30min 连续称量的质量递变量不超过 0.1%)。

②试样的回潮率在公定回潮率以下,可不必进行预调湿。

6) 试验步骤

①从样品中随机均匀地抽取试样 50g(精确至 0.1g),再从该样品中均匀地抽取出并称取一定质量的纤维作平均长度和超长分析用(棉型称取 30 ~40mg、中长 50 ~70mg、毛型 100 ~150mg)。

②将剩余的试样用手扯松,在黑绒板上,用手拣法将倍长纤维挑出(包括漏切纤维)。

③将平均长度和超长分析用的纤维进行手扯整理,用梳子将游离纤维梳下。

④将梳下的游离纤维加以整理,长于过短纤维界限的纤维扔归入纤维束中,再手扯一次,使纤维束一端较为整齐。

⑤将手扯后的纤维束在限制器绒板上整理,使成为一端整齐的纤维束,并梳去游离纤维。

⑥将疏下的游离纤维放在切断器上切取中断纤维(棉型和中长型切 20mm;毛型切 30mm;有过短纤维时棉型和中长型 10mm),切时纤维束整齐的一端靠近切断刀口,两手所加张力要适当,使纤维伸直但不伸长,纤维束必须与刀口垂直。

⑦切下的中段和两端纤维,过短纤维经平衡后分别称量(精确至 0.1mg)。

⑧测试长度时发现倍长纤维,拣出后并入倍长纤维一起称量(精确至 0.01mg)。

7) 结果计算

①平均长度

$$L = \frac{m_0}{\frac{m_c}{l_c} + \frac{2m_s}{l_s + l_{ss}}} \qquad (1-183)$$

式中　　L——平均长度(mm);
　　　　m_0——长度试样质量(mg);
　　　　m_c——中段纤维质量(mg);
　　　　l_c——中段纤维长度(mm);
　　　　m_s——过短纤维界限以下的纤维质量(mg);
　　　　l_s——过短纤维界限(mm);
　　　　l_{ss}——最短纤维长度(mm)。

当无过短纤维或过短纤维含量极少可以忽略不计时,平均长度用下式计算:

$$L = \frac{l_c m_0}{m_c} = \frac{l_c(m_c + m_t)}{m_c} \quad (1-184)$$

式中　　m_t——两端纤维质量(mg)。

②超长纤维率

$$Z = \frac{m_{0p}}{m_o} \times 100\% \quad (1-185)$$

式中　　Z——超长纤维率(%);
　　　　m_{0p}——超长纤维质量(mg);
　　　　m_0——长度试样质量(mg)。

③倍长纤维含量

$$B = \frac{m_{sz}}{m_z} \times 100\% \quad (1-186)$$

④数值修约

计算到小数点后两位,修约到小数点后一位。

(2)灰分含量

1)仪器设备:

①高温炉:可恒温 595~650℃;

②电子天平:精度为 0.01g;

③瓷坩埚:50mL;

④干燥剂:干燥剂为硫酸钙。

2)方法步骤:

①将加热高温炉至试验温度 595~650℃;

②将瓷坩埚放入高温炉中烘干至恒重,然后置于干燥器中冷却后称取质量 m_2,精确至 0.01g;

③称取烘干过的纤维 $m_1 = 2.00 \pm 0.10$g,放入瓷坩埚中,然后将瓷坩埚置于预热的高温炉中,615℃恒温 2h;

④取出坩埚,放入干燥器中冷却(不少于 30min),称取坩埚质量 m_3,精确至 0.01g。

3)数据处理:纤维灰分含量 X_1,$X_1 = (m_3 - m_2)/m_1 \times 100\%$。

(3)pH 值

1)仪器设备

①250mL 烧杯;

②玻璃棒;

③pH 计或精密 pH 试纸(测量精度为 0.1);

④电子天平:精度为 0.01g。

2)试验步骤

①称取烘干过的纤维 5.00±0.10g；
②将纤维放入盛 100mL 蒸馏水的烧杯中，用玻璃棒充分搅拌，静置 30min；
③用 pH 计或精密 pH 试纸测出蒸馏水的 pH 值。

(4) 吸油率

1) 仪器和材料

①JJYMX-1 纤维吸油率测定仪；
②电子天平：精度为 0.01g；
③玻璃棒；
④120mL 塑料杯若干；
⑤矿物油：如硅油（可用煤油代替）；
⑥收集容器。

2) 试验步骤

①称取烘干的纤维 m_4 为 5.00±0.10g，放入塑料杯中；
②向杯中倒入 100mL 矿物油，并用玻璃棒充分搅拌 15min，然后静置 5min；
③称取试样筛质量 m_5，精确至 0.01g，放到纤维吸油率测定仪上安装好；
④将塑料杯中的混合物倒入试验筛中，启动纤维吸油率测定仪，经 10min 后仪器自动停机；
⑤取下试样筛，称取试样筛和吸有矿物油的纤维质量 m_6，精确至 0.01g。

3) 计算纤维吸油率 X_2

$$X_2 = (m_6 - m_5 - m_4)/m_4 \times 100\% \qquad (1-187)$$

(5) 含水率

1) 仪器

①烘箱：可保持恒温 121±15℃；
②电子天平：精确度为 0.01g；
③瓷盘；
④干燥器。

2) 试验步骤

①将烘箱预热至 121℃；
②称取未经烘干的纤维 m_7 为 10.00±0.10g，放入瓷盘中，纤维若成团应预先散开；
③将盛有纤维的瓷盘放入烘箱中，保持 121℃ 恒温 2h；
④取出纤维，放入干燥器中冷却后，称取纤维质量 m_8；精确至 0.01g。

3) 计算纤维含水率 X_3

$$X_3 = (m_7 - m_8)/m_7 \times 100\% \qquad (1-188)$$

(6) 筛分析（专用筛）

1) 仪器

①JJYNS-I 木质素纤维分析筛；
②电子天平：精确度为 0.01g。

2) 试验步骤

①将纤维烘干并分散开；
②精确称取纤维 m_0，为 5±0.10g；
③盖好筛盖，用特制的刷子逐级筛分 10min；
④称取纤维各级筛余量 m_x，精确至 0.01g。

3) 计算方法

①各级筛上的分计筛余量百分率按公式(1-189)计算：
$$P_x = m_x/m_0 \times 100\% \quad (1-189)$$
②各级筛的累计筛余量百分率为该级筛及大于该级筛的各级筛上的分计筛余量百分率之和；
③各级筛的质量通过百分率为100减去该级筛累计筛余量的百分率；
④根据需要，绘制。木质素纤维筛分曲线。
(7)耐热性
1)仪器
①烘箱：可控温在210℃。
②电子天平：精度为0.01g。
③瓷盘。
④干燥器。
2)试验步骤
①将烘箱预热至210℃。
②称取未经烘干的纤维质量为 m_9。
③将盛有纤维的瓷盘放入烘箱中，保持210℃恒温2h。
④取出纤维放入干燥器中，冷却后称取纤维的质量 m_{10}，精确至0.01g。取出纤维同时观察纤维颜色、形状变化。
3)计算热失量 X_4
$$X_4 = (m_9 - m_{10})/m_9 \times 100\% \quad (1-190)$$
4.技术要求
(1)木质纤维的技术指标
应符合表1-48的规定。

木质纤维技术指标 表1-48

序号	项目		技术指标
1	长度(mm)		<6.0
2	筛分析(%)	冲气筛分析 0.15mm筛通过率	70±10
		普通网筛分析 0.850mm筛通过率	85±10
		普通网筛分析 0.425mm筛通过率	65±10
		普通网筛分析 0.106mm筛通过率	30±10
3	灰分含量(%)		18±5，无挥发物
4	pH值		7.5±1.0
5	吸油率(%)		不小于纤维自身质量的5倍
6	含水率(%)(以质量计)		<5.0
7	耐热性，210℃，2h		颜色、体积基本无变化，热失重不大于6%

(2)检验规则
1)检验分类
①出厂检验项目包括外观质量和技术要求表1-49中1~6项；
②形式检验包括表1-49各项，形式检验每年至少进行一次。
2)抽样方案
①组批：以同一批原料、同一规格、稳定连续生产的一定数量的产品为一批。

②抽样:取批样本为试验室样本。批量样品数量根据总包装包数而定,一批的包数 1~5 包,全部取样;一批的包数 6~25 包,取样包数 5 包,一批包数 25 包以上,取样包数 10 包。

③出厂检验取样,应分别在每个取样包距底表层 10% 及 15% 处,各随机抽取样品,每一样品应不少于 50g。

④形式检验取样,应在抽取检验样品中的各包取样,且所取包数及取样方法同出厂检验。抽取每一样品质量,应根据取样包数而定:取样包数小于 5 包,总量不少于 1 000g;取样包数为 5 包时,每个样为约 100g;取样包数为 10 包时,每个样品约为 50g。

3)判定规则

①出厂检验:应全部符合外观质量要求和技术表 1-49 中 1~6 项规定,判定为合格。

②形式检验:应符合外观质量要求和技术表 1-49 中 1~7 项规定,全部合格则判为合格产品。如有一项不符合规定时,应从同一批产品中抽取同样数量进行复检,以第二次的统计值进行判定。若复验的结果仍不符合规定时,则该批产品不合格。

[**案例 1-11**] 作粗集料筛分试验,用干筛法,已知各筛筛上质量,完成下表。

粗集料干筛分记录

干燥试样总量 m_0(g)	第1组				第2组				平均
	3000				3000				
筛孔尺寸(mm)	筛上质量 m_i(g)	分计筛余(%)	累计筛余(%)	通过百分率(%)	筛上质量 m_i(g)	分计筛余(%)	累计筛余(%)	通过百分率(%)	通过百分率(%)
	(1)	(2)	(3)	(4)	(1)	(2)	(3)	(4)	(5)
19	0	0	0	100	0	0	0	100	100
16	696.3	23.2	23.2	76.8	699.4	23.3	23.3	76.7	76.7
13.2	431.9	14.4	37.6	62.4	434.6	14.5	37.8	62.2	62.3
9.5	801.0	26.7	64.4	35.6	802.3	26.8	64.6	35.4	35.5
4.75	989.8	33.0	97.4	2.6	985.3	32.9	97.4	2.6	2.6
2.36	70.1	2.3	99.7	0.3	68.5	2.3	99.7	0.3	0.3
1.18	8.2	0.3	100.0	0.0	7.9	0.3	100.0	0.0	0.0
0.6	0.5	0.0	100.0	0.0	0.2	0.0	100.0	0.0	0.0
0.3	0.0	0.0	100.0	0.0	0.0	0.0	100.0	0.0	0.0
0.15	0.0	0.0	100.0	0.0	0.0	0.0	100.0	0.0	0.0
0.075	0.0	0.0	100.0	0.0	0.0	0.0	100.0	0.0	0.0
筛底 $m_底$	0.0	0.0	100.0	0.0	0.0	0.0	100.0	0.0	
筛分后总量 $\sum m_i$(g)	2 997.8	100.0			2 998.2	100.0			
损耗 m_5(g)	2.2				1.8				
损耗率(%)	0.1				0.1				

作粗集料筛分试验,水筛法筛分,完成下表。

干燥试样总量 m_3(g)	第1组				第2组				平均
	3 000				3 000				
水洗后筛上总量 m_4(g)	2 879				2 868				
水洗后0.075mm筛下量 $m_{0.075}$(g)	121				132				
0.075mm通过率 $P_{0.075}$(%)	4				4.4				
筛孔尺寸(mm)	筛上质量 m_i(g) (1)	分计筛余(%) (2)	累计筛余(%) (3)	通过百分率(%) (4)	筛上质量 m_i(g) (1)	分计筛余(%) (2)	累计筛余(%) (3)	通过百分率(%) (4)	通过百分率(%) (5)
19	5	0.2	0.2	99.8	0	0	0	100	99.9
16	696.3	23.2	23.4	76.6	680.3	22.7	22.7	77.3	76.9
13.2	882.3	29.4	52.8	47.2	839.2	28	50.7	49.3	48.2
9.5	713.2	23.8	76.6	23.4	778.5	26	76.7	23.3	23.4
4.75	343.4	11.5	88.1	11.9	348.7	11.6	88.3	11.7	11.8
2.36	70.1	2.3	90.4	9.6	68.3	2.3	90.6	9.4	9.5
1.18	87.5	2.9	93.3	6.7	79.1	2.6	93.2	6.8	6.7
0.6	67.8	2.3	95.6	4.4	59.3	2	95.2	4.8	4.6
0.3	4.6	0.2	95.7	4.3	4.3	0.1	95.3	4.7	4.5
0.15	5.6	0.2	95.9	4.1	3.8	0.1	95.5	4.5	4.3
0.075	2.3	0.1	96	4	4	0.1	95.6	4.4	4.2
筛 $m_底$	0				0				
干筛后总量 $\sum m_i$(g)	2 878.1	96			2 865.5	95.6			
损耗 m_5(g)	0.9				2.5				
损耗率(%)	0.03				0.09				
扣除损耗后总量(g)	2 999.1				2 997.5				

[案例1-12] 某人工砂按行标进行亚甲蓝值、石粉含量检测,其检测结果如下:

亚甲蓝试验		洗前干质量(g)	洗后干质量(g)
试样质量(g)	亚甲蓝溶液(mL)	400	374
200.0	25	400	372

试计算该砂样的亚甲蓝值、石粉含量。

解 (1) MBV值

$$MBV = \frac{V}{m} \times 10 = \frac{25}{200.0} \times 10 = 1.2 \text{g/kg}$$

(2) 石粉含量

$$w_{c1} = \frac{m_0 - m_1}{m_1} \times 100\% = \frac{400 - 374}{400} \times 100\% = 6.5\%; w_{c2} = 7.0\%$$

$$w_c = \frac{\omega_{c1} + \omega_{c2}}{2} = \frac{6.5\% + 7.0\%}{2} = 6.8\%$$

[**案例 1-13**] 某矿粉密度试验结果为,牛角匙、瓷皿、漏斗及试验前瓷器中矿粉的干燥质量为 293.41g;牛角匙、瓷皿、漏斗及试验后瓷器中矿粉的干燥质量为 235.11g;加矿粉以前比重瓶的初读数为 0.44mL;加矿粉以后比重瓶的终读数为 22.24mL,计算其密度。

解 $\rho_f = \frac{m_1 - m_2}{V_2 - V_1} = (293.41 - 235.11)/(22.24 - 0.44) = 2.674 \text{g/cm}^3$

其密度为 2.674g/cm³。

思 考 题

1. 粗集料的定义。
2. 四分法指什么?
3. 沥青混合料及基层用粗集料筛分试验用哪些筛分法,以及有哪些试验步骤?
4. 粗集料密度网篮法试验步骤。
5. 针片状用游标卡尺法的试验步骤。
6. 坚固性试验用什么溶液?如何配置?
7. 压碎值试验样品制备的要求有哪些?
8. 磨耗试验洛杉矶法的试验过程的怎样的?
9. 细集料定义。
10. 人工砂的定义。
11. 筛分试验步骤及计算。
12. 表观密度试验方法。
13. 砂当量试验目的以及仪器设备要求。
14. 砂当量试验步骤。
15. 坚固性试验目的。
16. 棱角性试验步骤。
17. 标准亚甲蓝溶液配制。
18. 矿粉的定义。
19. 筛分试验步骤。
20. 密度试验步骤。
21. 亲水系数定义。
22. 亲水系数试验步骤以及结果意义。
23. 加热安定性试验步骤。
24. 木质素纤维定义以及在沥青混合料中的作用。
25. 纤维长度测定的原理。
26. 灰分含量测试步骤。
27. 吸油率测试步骤。
28. 含水率测试步骤。

第七节　埋地排水管

一、混凝土和钢筋混凝土排水管

1. 概念

混凝土和钢筋混凝土排水管是以混凝土和钢筋为主要材料,分别采用挤压成型、离心成型、悬辊成型、芯模振动成型及其他成型工艺生产的用于排放雨水、污水的管子。混凝土排水管又称为素混凝土排水管,该型排水管由于承受外压荷载能力较低,不能适应城市市政建设的需要,在许多城市已很少或已被禁止使用,在农村等一些要求较低的情况下仍有部分使用。钢筋混凝土排水管根据承受外压荷载能力的大小分为Ⅰ、Ⅱ、Ⅲ级管。根据管型又分为刚性接口平口管、柔性接口承插口管、刚性接口承插口管、柔性接口企口管、柔性接口钢承口管、柔性接口双插口管、刚性接口企口管以及刚性接口双插口管等。目前,使用较多的是刚性接口平口管、柔性接口承插口管、柔性接口钢承口管以及柔性接口双插口管等。柔性接口承插口管根据接口形式的不同又分为甲型、乙型、丙型管。

混凝土和钢筋混凝土排水管的规格是以管子公称内径划分的。混凝土排水管的公称内径为100~600mm,以50mm级差为一规格。钢筋混凝土排水管的公称内径为200~3000mm。目前我国已能生产公称内径为4000mm的钢筋混凝土排水管。

柔性接口钢承口管即业内人士所称的F型顶管,它是专用于非开挖式顶进工艺排管施工中的钢筋混凝土排水管。该施工工艺可以最大限度减小开挖土方量和由于排管施工对地面交通和设施的影响,在城市排水管网建设中被大量使用。

2. 检测依据

《混凝土和钢筋混凝土排水管试验方法》GB/T 16752—2006
《混凝土和钢筋混凝土排水管》GB/T 11836—2009
《顶进施工法用钢筋混凝土排水管》JC/T 640—2009

3. 仪器设备及环境

(1)外压试验加荷装置——最大加荷值不小于500kN;
(2)内水压力试验装置;
(3)测力仪——最大测力值500kN,精确度1级;
(4)精密压力表——显示盘直径不小于100mm,分度值0.005MPa,精度不低于1.5级;
(5)读数显微镜——JC—10型,精确度±0.01mm,分度值0.01mm;
(6)专用检验量具——测量范围100~2000mm,精确度±0.5mm,分度值0.2mm;
(7)钢卷尺——测量范围5m,准确度Ⅱ级,分度值1mm;
(8)深度游标卡尺——测量范围0~200mm,精确度±0.10mm,分度值0.10mm;
(9)钢直尺——测量范围0~150mm,精确度±0.08mm,分度值0.5mm;
(10)宽座角尺精确度2级;
(11)环境条件为常温室内或室外。

4. 取样及制备要求

(1)外观及几何尺寸检验样品的取样:
从受检批中采用随机抽样方法抽取10根管子作为该项检验样品。
(2)内水压力和外压荷载试验样品的抽取:
从外观及几何尺寸检验合格的管子中抽取两根管子,一根进行内水压力试验,另一根进行外压荷载试验。

a. 出厂检验面样方法。

b. 型式检验抽样方法：

从混凝土抗压强度、外观质量和尺寸偏差检验合格的管子中，抽取4根管子，其中2根检验内水压力，另外2根检验外压荷载。

(3) 样品应能反映该批产品的质量状况，样品无须加工制备。

5. 操作步骤

(1) 几何尺寸检验步骤

1) 确定直径测点位置

各项直径的环向测点的位置为与合缝连线形成约45°圆心角的两个方向，如图1-55所示。

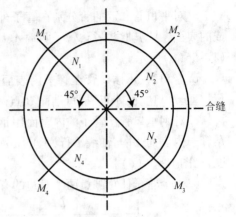

图1-55 直径环向测点位置示意

直径纵向测点的位置为：

① 双插口管、承插口管、企口管、钢承口管的承口及插口工作面直径的纵向测点位置在工作面长度的中点。

② 平口管、双插口管、企口管的内径可在任一端测量；承插口管，钢承口管的内径在插口端测量。测量的纵向位置为当公称内径小于或等于300mm时，测点位置距管子端部约100mm；当公称内径大于300mm且小于或等于800mm时，测点位置距管子端部约200mm；当公称内径大于800mm时，测点位置距管子端部约500mm。

2) 测量方法

① 管公称内径、承口工作面内径

a. 按照上述方法确定平口管、双插口管公称内径的测点，确定企口管、承插口管、钢承口管公称内径和承口工作面直径测点，用内径千分尺(或专用量具)测量。

b. 将内径千分尺的固定测头紧贴在管内径的一个测点，可调测头沿通过相对测点的弧线移动，测得的最大值即为该测点的管公称内径值或承口工作面内径值，在另一个测点处采用相同的方法测得另一个值。

c. 数值处理及修约：管内径：取两个测量值的平均值，修约到1mm；承口工作面内径：两个测量值分别修约到1mm。

② 插口工作面直径

a. 按照上述方法确定柔性接口乙型和丙型承插口管、企口管、刚性接口双插管等插口工作面直径的测点，用游标卡尺(或专用量具)测量。将游标卡尺的一个测量爪紧贴在一个测点，另一个测量爪沿通过相对测点的弧线移动，测得最大值为插口工作面直径。

b. 按照上述方法确定柔性接口甲型承插口管、钢承口管、柔性接口双插口管等插口工作面直径的测点，用游标卡尺(或专用量具)测量密封槽靠插口端的槽顶外径，再用钢直尺和深度游标卡尺测量与槽顶外径相对应的两处密封槽的深度，槽顶外径减去两处密封槽深度即为该类管插口工作面直径。

c. 数值修约：插口工作面直径的两个测量值分别修约到1mm。

③ 承口深度、插口长度

a. 在与内径环向测点相对应的位置，确定承口深度、插口长度的测点。

b. 用两把钢直尺测量，将一把钢直尺放在承口内壁或插口外壁与管子轴线平行，另一把钢直尺紧贴管子的承口端面或插口端面，测量承口深度、插口长度各两个值，修约到1mm。

④ 管子有效长度

a. 对平口管和双插管分别在管子外表面、内表面用钢卷尺测量,要使钢卷尺紧贴管子外表面或内表面,并与轴线平行,管子两端 A、B 两点的最小值即为管子的有效长度 L,如图 1-56(a)、图(1-56(b))所示。

b. 企口管、承插口管在管子内表面用钢卷尺测量,要使钢卷尺紧贴管子内表面,并与轴线平行,管子承口立面 A 点、插口端面 B 点两点的最小距离为管子的有效长度,见图 1-56(c)。

c. 对钢承口管在管子的内表面用钢卷尺和钢直尺测量,钢直尺紧贴管子承口立面,钢卷尺紧贴管子内表面,并与轴线平行,承口立面 A 点、插口端面 B 点两点的最小距离即为管子的有效长度,见图 1-56(d)。

d. 每个管子任意测量两个对边的有效长度分别修约到 1mm。

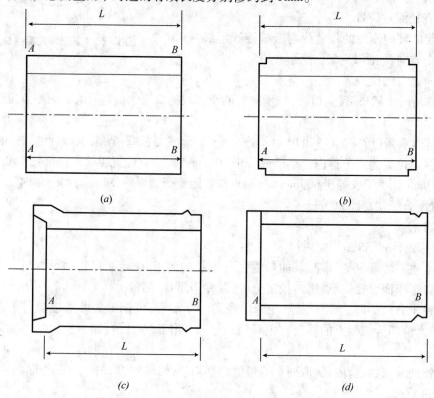

图 1-56 管子有效长度测量方法示意图

⑤ 管壁厚度

目测管壁厚度是否均匀,在管壁厚度最大和最小处测量两个厚度值(浮浆层不计入内)。

a. 平口管任选一端,用钢直尺测量。

b. 企口管、双插口管任选一端,用钢直尺和角尺测量,如图 1-57(a)所示。

c. 柔性接口甲型、乙型承插口管、钢承口管、刚性接口承插口管,在插口端用钢直尺和角尺测量,如图 1-57(b)所示。

d. 柔性接口丙型承插口管,在插口端用深度游标卡尺、钢直尺和角尺测量,如图 1-57(c)所示。管壁厚度按式(1-191)计算。

$$t = t_1 - t_2 \tag{1-191}$$

式中　t ——管壁厚度(mm);

t_1 ——止胶台处壁厚(mm);

t_2 ——止胶台高度(mm)。

e. 每个管子测量最大和最小壁厚值,分别修约到1mm。

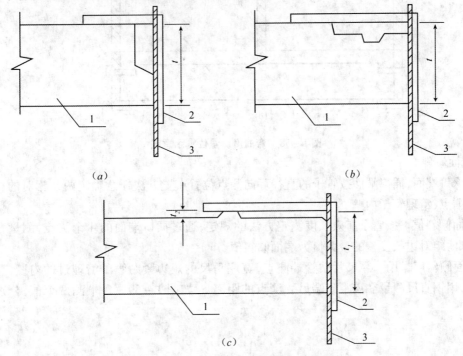

图1-57 管壁厚度测量位置示意图
1—管壁;2—角尺;3—钢直尺;t—管子壁厚;t_1—止胶台处壁厚;t_2—止胶台高度

⑥ 弯曲度

a. 目测管体弯曲情况,有明显弯曲的管子,测量最大弯曲处的弯曲度;无明显弯曲的管子,在管子两端按管子的直径环向测点位置布置方法确定两对测点的环向位置。

b. 测量夹具固定在管体的两端或一端,在夹具上做好标记,使测点之间的距离等于管子的有效长度,紧贴标记拉弦线(或细钢丝),并使弦线(或细钢丝)与管子轴线平行,用钢直尺测量弦线与管外表面之间的最大距离和最小距离,如图1-58所示。

管子的弯曲度按式(1-192)计算:

$$\delta = \frac{H-h}{L} \times 100\% \tag{1-192}$$

式中 δ——管子的弯曲度数值(%),修约到0.1%;
H——弦线与管子表面平直段的最大距离(mm);
h——弦线与管子表面平直段的最小距离(mm);
L——管子的有效长度(mm)。

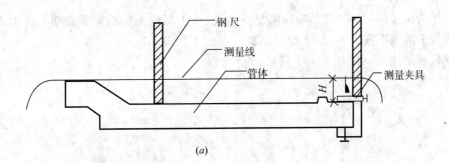

(a)

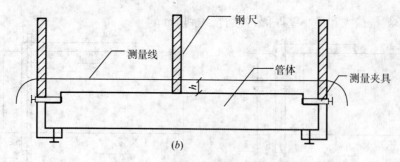

图1-58 弯曲度测量位置示意图

⑦ 端面倾斜

a. 在承口端面、插口端面按管子的直径环向测点位置布置方法任意确定两条相对的相互垂直的直径的测点,清理管子内壁。

b. 端面倾斜值。按管子有效长度测定方法的规定,通过插口端面的4个测点,测量管子的有效长度,以两组对边长度差的最大值为端面倾斜值。

c. 端面倾斜度。用一靠尺紧贴管端测点,宽座角尺的短边紧贴管子清理过的内壁,靠尺紧贴角尺长边,用钢直尺测量靠尺距管端另一测点的距离S,如图1-59。每端测两个值,分别修约到1mm。

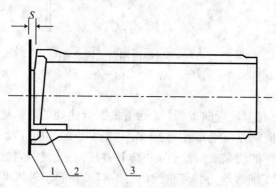

图1-59 端面倾斜测量方法示意图
1—靠尺;2—宽座角尺;3—管子

端面倾斜度按式(1-193)计算:

$$\lambda = \frac{S}{D_{w/N}} \times 100\% \qquad (1-193)$$

式中 λ——端面倾斜度(%),修约到1%;

S——端面倾斜偏差(mm);

$D_{w/N}$——管子外径或内径(mm)。

(2)内水压力试验

1)内水压力试验用管子试样龄期应满足下列规定:①蒸汽养护的管子龄期不宜少于14d。②自然养护的管子龄期不宜少于28d。允许试验前将管子湿润24h。

2)试验装置如图1-60、图1-61所示。

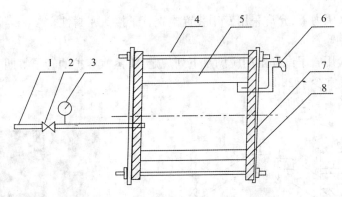

图 1-60 卧式内水压力试验装置
1—进水管;2—阀门;3—压力表;4—拉杆;5—管子;6—排气管;7—堵头;8—橡胶垫

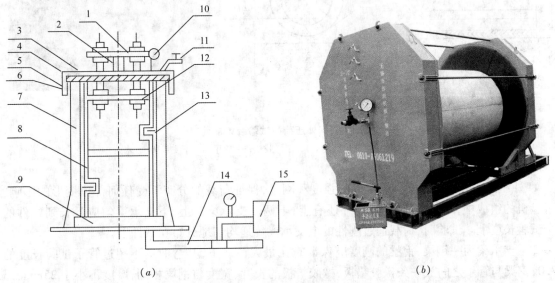

(a) 示意图;(b) 实物图

图 1-61 立式内水压力试验装置

1—顶梁;2—千斤顶;3—活动梁;4—胶垫;5—插口堵板;6—胶圈;7—管子;8—内套筒;
9—承口底盘;10—压力表;11—排气管;12—下顶梁;13—定位器;14—进水排水导管;15—电动水压泵

3) 试验步骤

①根据管子类型,从《混凝土和钢筋混凝土排水管》GB/T 11836—2009 中查得试验内水压力值(表 1-50)。

②检查水压试检机两端的堵头是否平行以及其中心线是否重合。

③水压试验机宜选用直径不小于 100mm,分度值不大于 0.005MPa,准确度不低于 1.5 级的压力表,量程应满足管子检验压力的要求,加压泵能满足水压试验时的升压要求。

④对于柔性接口钢筋混凝土排水管,橡胶垫的厚度及硬度应能满足封堵要求,可通过反复试验确定。当采用立式内水压力试验装置进行试验时,所用胶圈应符合排水管用胶圈标准的规定要求。

⑤擦掉管子表面的附着水,清理管子两端,使管子轴线与堵头中心对正,将堵头锁紧。

⑥管内充水直到排尽管内的空气,关闭排气阀。开始用加压泵加压,宜在 1min 内均匀升至规定检验压力值并恒压 10min。

⑦在升压过程中及在规定的内水压力下,检查管子表面有无潮片及水珠流淌,检查管子接头是否滴水并作记录。若接头滴水允许重装。

⑧在规定的内水压力下,允许采用专用装置检查管子接头密封性。

(3) 外压荷载试验

1) 外压荷载试验用管子试样龄期应满足下列规定:①蒸汽养护的管子龄期不宜少于14d;②自然养护的管子龄期不宜少于28d。

2) 试验装置如图1-62所示。

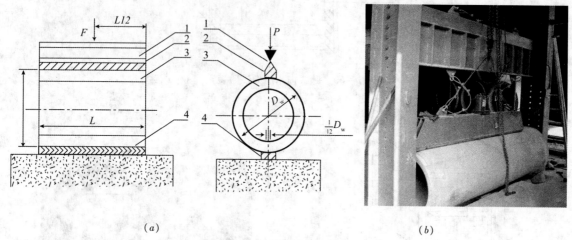

图1-62 外压荷载试验装置加荷
1—上支承梁(工字钢梁或组合钢梁);2—橡胶垫;3—管子;4—下支承梁(方木条)

加荷装置的要求:

① 外压试验装置机架必须有足够的强度和刚度,保证荷载的分布不受任何部位变形的影响。在试验机的组成中,除固定部件外,另外还有上、下两个支承梁。上、下支承梁匀应延长到试件的整个试验长度上。试验时,荷载通过刚性的上支承梁传递均匀地分布在试件上。

② 上支承梁为一钢梁,钢梁的刚度应保证它在最大荷载下,其弯曲度不超过管子试验长度的1/720,钢梁与管子之间放一条橡胶垫板,橡胶垫板的长度、宽度与钢梁相同,厚度不小于25mm,邵氏硬度为45~60。

③ 下支承梁由两条硬木组合而成,其截面尺寸为宽度不小于50mm,厚度不小于25mm,长度不小于管子的试验长度。硬木制成的下支承梁与管子接触处应做成半径为12.5mm的圆弧,两条下支承梁之间的净距离为管子外径的1/12,但不得小于25mm,如图1-62所示。

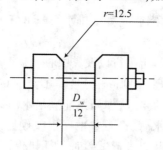

图1-63 外压试验下支承硬木组合示意图

3) 试验步骤:

① 试验荷载的确定:首先测量管子平直段长度,根据管子的类型,从《混凝土和钢筋混凝土排水管》GB/T 11836—2009中查得管子单位长度的裂缝荷载以及破坏荷载(表1-49、表1-50)。

混凝土管规格、外压荷载级别和检验内水压力　　　　表1-49

公称内径 D_0 (mm)	有效长度 $L\geq$ (mm)	Ⅰ级管 壁厚 $t\geq$ (mm)	Ⅰ级管 破坏荷载 (kN/m)	Ⅰ级管 内水压力 (MPa)	Ⅱ级管 壁厚 $t\geq$ (mm)	Ⅱ级管 破坏荷载 (kN/m)	Ⅱ级管 内水压力 (MPa)
100		19	12		25	19	
150		19	8		25	14	
200		22	8		27	12	
250		25	9		33	15	
300	1 000	30	10	0.02	40	18	0.04
350		35	12		45	19	
400		40	14		47	19	
450		45	16		50	19	
500		50	17		55	21	
600		60	21		65	24	

钢筋混凝土管规格、外压荷载级别和检验内水压力　　　　表1-50

公称内径 D_0 (mm)	有效长度 $L\geq$ (mm)	Ⅰ级管 壁厚 $t\geq$ (mm)	Ⅰ级管 裂缝荷载 (kN/m)	Ⅰ级管 破坏荷载 (kN/m)	Ⅰ级管 内水压力 (MPa)	Ⅱ级管 壁厚 $t\geq$ (mm)	Ⅱ级管 裂缝荷载 (kN/m)	Ⅱ级管 破坏荷载 (kN/m)	Ⅱ级管 内水压力 (MPa)	Ⅲ级管 壁厚 $t\geq$ (mm)	Ⅲ级管 裂缝荷载 (kN/m)	Ⅲ级管 破坏荷载 (kN/m)	Ⅲ级管 内水压力 (MPa)
200		30	12	18		30	15	23		30	19	29	
300		30	15	23		30	19	29		30	27	41	
400		40	17	26		40	27	41		40	35	53	
500		50	21	32		50	32	48		50	44	68	
600		55	25	38		60	40	60		60	53	80	
700		60	28	42		70	47	71		70	62	93	
800		70	33	50		80	54	81		80	71	107	
900		75	37	56		90	61	92		90	80	120	
1000		85	40	60		100	69	100		100	89	134	
1100		95	44	66		110	74	110		110	98	147	
1200		100	48	72		120	81	120		120	107	161	
1350		115	55	83		135	90	135		135	122	183	
1400		117	57	86		140	90	140		140	126	189	
1500	2000	125	60	90	0.06	150	99	150	0.10	150	135	203	0.01
1600		135	64	96		160	106	159		160	144	216	
1650		140	66	99		165	110	170		165	148	222	
1800		150	72	110		180	120	180		180	162	243	
2000		170	80	120		200	134	200		200	181	272	
2200		185	84	130		220	145	220		220	199	299	
2400		200	90	140		230	152	230		230	217	326	
2600		220	104	156		235	172	260		235	235	353	
2800		235	112	168		255	185	280		255	254	381	
3000		250	120	180		275	198	300		275	273	410	
3200		265	128	192		290	211	317		290	292	438	
3500		290	140	210		320	231	347		320	321	482	

②将管子放在外压试验装置的两条平行的下承载梁上,然后在管子上部放置橡胶垫,将上承载梁放在橡胶垫上面,使试件与上、下承载梁的轴线平行,并确保上承载梁能在通过上、下承载梁中心线的垂直平面内自由移动。上、下支承梁应覆盖试件的有效长度,加载点在管子全长的中点。

③通过上承载梁加载,可以在上承载梁上集中一点加荷,或者是采用两点同步加荷,集中荷载作用点的位置应在加载区域的 1/2 处。

④开动油泵,使加压板与上承载梁接触,施加荷载于上承载梁。对混凝土排水管加荷速率约每分钟 1.5kN/m;对钢筋混凝土排水管加荷速率约为每分钟 30kN/m。

⑤连续匀速加荷至标准规定的裂缝荷载的 80%,恒压 1min,观察有无裂缝。若出现裂缝时,用读数显微镜测量其宽度;若未出现裂缝或裂缝较小,继续按裂缝荷载的 10% 加荷,恒压 1 min。分级加荷至裂缝荷载,恒压 3min。

⑥裂缝宽度达到 0.20mm 时的荷载为管子的裂缝荷载。恒压结束时裂缝宽度达到 0.20mm,裂缝荷载为该级荷载值;恒压结束时裂缝宽度超过 0.20mm,裂缝荷载为前一级的荷载值。

⑦按上述规定的加荷速度继续加荷至破坏荷载的 80%,恒压 1 min,观察有无破坏;若未破坏,按破坏荷载的 10% 继续分级加荷,恒压 1min。分级加荷至破坏荷载值时,恒压 3min,检查破坏情况,如未破坏,继续按破坏荷载的 5% 分级加荷,每级恒压 3mim 直到破坏。

⑧管子失去承载能力时的荷载值为破坏荷载。在加荷过程中管子出现破坏状态时,破坏荷载为前一级荷载值;在规定的荷载持续时间内出现破坏状态时,破坏荷载为该级荷载值与前一级荷载值的平均值;当在规定的荷载持续时间结束后出现破坏状态时,破坏荷载为该级荷载值。

⑨结果按式(1-194)计算:

$$P = \frac{F}{L} \tag{1-194}$$

式中 P——外压荷载值(kN/m);
  F——总荷载值(kN);
  L——加压区域长度(m)。

(4)保护层厚度测试方法

1)保护层厚度测试可在下列管子中进行:

①外压荷载试验后的管子;

②同批管子中因搬运损坏的管子;

③在同批管子中随机抽样的管子。

2)测点位置布置:

①测点的纵向位置布置:平口管、双插口管、企口管测点 A 和 C 各距端面 300mm,测点 B 在管的中部,如图[1-64(a)]、图[1-64(b)]所示。承插口管测点 A 在承口外斜面的中部,测点 B 在距拐点 100mm 处的管体平直段上,测点 C 距插口端面 300mm,如图[1-64(c)]、图[1-64(d)]、图[1-64(e)]所示。钢承口管测点 A 距钢承口端部 600mm,B 在管的中部,C 距插口

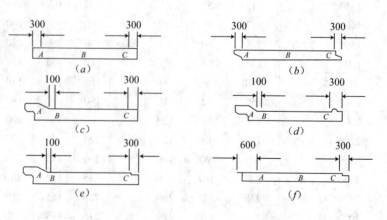

图 1-64 保护层厚度纵向测点位置布置示意图

端 300mm,如图[1-64(f)]所示。

②测点的环向位置布置:测点在环向截面的分布,应使三个测点与管子圆心的夹角为120°,如图 1-65 所示。

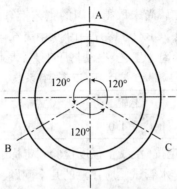

图 1-65 保护层厚度环向测点位置布置示意图

3)测试方法

①在管子表面测点处凿去表层混凝土,不得损伤钢筋,使钢筋暴露,清除钢筋表面浮灰。

②用深度游标卡尺测量环筋表面至管体表面的距离,即为保护层厚度。测量时,深度游标卡尺测量面应与管子的轴线平行。

③对于公称内径小于或等于 600mm 的管子,因凿去管子内表面混凝土比较困难,可在外表面测点处凿通管壁,用钢卷尺(或钢直尺)测量测点处的管壁厚度,用游标卡尺测量环向钢筋直径,按式(1-195)计算管体混凝土内保护层厚度。

$$C_n = t - (C_w + d_0) \tag{1-195}$$

式中 C_n——内保护层厚度(mm);
t——管壁厚度(mm);
C_w——外保护层厚度(mm);
d_0——环向钢筋直径(mm)。

④保护层厚度亦可在测点处钻取一个芯样进行测量。

4)关于混凝土和钢筋混凝土排水管混凝土强度试验的一些规定:

①混凝土拌合物取样的规定:

a. 在混凝土浇筑地点随机抽取;

b. 取样频率宜按 GBJ 107 的规定执行;

c. 每次取样量应满足产品标准有关混凝土试件组数的规定。

②试件的制作的规定:

a. 塑性混凝土拌合物按 GB/T 50080 的规定制作试件;

b. 干硬性混凝土拌合物,将拌合物适量加水搅拌,然后采用加压振动的方法制作试件。

③试件养护的规定:

a. 评定混凝土强度等级的试件按 GB/T 50081 的规定进行养护;

b. 测定脱模强度、出厂强度、蒸汽养护后 28d 强度的混凝土试件,先采用与管子同条件的蒸汽养护,除测定脱模强度的试件外,其余试件在标准养护条件或与管子同条件继续养护至规定龄期。

④混凝土强度试验方法:按 GB/T 50081 的规定试验混凝土立方试件抗压强度 f_{cc}。

⑤混凝土强度结果换算:混凝土排水管因制管工艺不同,混凝土试件的抗压强度按式(1-196)计算:

$$f_{cu} = K_g \cdot f_{cc} \qquad (1-196)$$

式中 f_{cu}——换算后的混凝土立方试件抗压强度(MPa);

f_{cc}——混凝土立方试件抗压强度(MPa);

K_g——工艺换算系数。当工厂尚未取得实用的工艺换算系数时,可参照《混凝土管用混凝土抗压强度试验方法》GB/T 11837—1989 中第6.4条的规定选取(表1-51)。对于掺用减水剂的混凝土离心工艺、振动挤压工艺,表1-51的系数不适用。

混凝土抗压强度工艺换算系数　　　　表1-51

制管工艺	离心工艺	悬辊工艺	立式振动工艺	振动挤压工艺
工艺换算系数	1.25	1.0	1.0	1.5

⑥ 混凝土28d抗压强度的评定按《混凝土强度检验评定标准》GBJ 107—87 进行。

6. 进行混凝土和钢筋混凝土排水管试验应注意的几个问题:

(1)在进行几何尺寸测试时应首先抽取测试试样,在试样上标注测点。

(2)进行内水压力试验时,要求内水压力试验装置的封头密封性能良好。密封性能符合试验要求的关键是选择厚度及硬度合适的橡胶垫,可通过反复试验确定。

(3)外压试验装置机架必须有足够的强度和刚度,保证荷载的分布不受任何部位变形的影响。在试验装置的组成中,除固定部件外,另外还有上、下两个支承梁。上、下支承梁匀应延长到试件的整个试验长度上。试验时,荷载通过刚性的上支承梁传递到试件上。上支承梁可选择工字钢或组合钢梁,钢梁的刚度应保证它在最大荷载下,其弯曲度不超过管子试验长度的1/720。下支承梁由两条硬木组合而成,其截面尺寸为宽度不小于50mm,厚度不小于25mm,长度不小于管子的试验长度。硬木制成的下支承梁与管子接触处应做成半径为12.5mm的圆弧,两条下支承梁之间的净距离为管子外径的1/12,但不得小于25mm。

(4)在计算外压荷载时,应将千斤顶、传感器、上支承梁、垫块等重量计入试验荷载中。

(5)在进行外压试验时,千斤顶、压力传感器及垫块均应采用铁丝制作防跌落保险带并且不得对检测数值有任何影响。

二、塑料埋地排水管

1. 基本概念

埋地管道一般分为刚性和柔性管道两大类。刚性管道是指变形会引起结构性破坏的管道,柔性管道至少能承受2%变形而结构无损。

塑料埋地排水管属柔性管道,用于市政埋地排水排污的塑料管材主要品种有:硬聚氯乙烯(PVC-U)双壁波纹管、硬聚氯乙烯(PVC-U)加筋管、聚乙烯(PE)双壁波纹管、聚乙烯(PE)缠绕结构壁管、硬聚氯乙烯(PVC-U)平壁管、玻璃纤维增强塑料夹砂管(RPM管)和塑料螺旋管等。作为埋地塑料管材,它们都具有承受埋地环境下负载能力的合适的强度和刚度、重量轻、水力特性好、使用寿命长、便于铺设安装和综合经济性等特点。

(1)埋地排水管受力状态

埋地排水管有一定的坡度,一般情况下,管中不会充满液体,依靠重力流动,无内压。外压负载分静负载和动负载两部分。

静负载主要由管道上方的土壤重量造成的。工程设计时一般简化为静负载就等于管道正上方土壤的重量,即宽等于其直径,长等于其长度,高等于其埋深的那一部分土壤的重量。因为这部分土壤形成一个柱体,称其为"土柱重"。

动负载主要是地面车辆经过时造成的。一般根据车辆重量和压力在土壤中分布情况来计算管道承受的负载。如果埋深很浅,还要考虑车辆经过时的冲击负载。

此外,埋地排水管还可能承受其他的负载,如地下水水头压力和浮力等。

埋地排水管承受的静负载、动负载和埋深有着密切的关系,埋地愈深,静负载愈大,动负载愈小。埋深 2.4m 以上,典型的车辆负载可以忽略不计。

(2)塑料埋地排水管破坏机理

塑料埋地排水管属于柔性管,破坏之前可以有较大的变形。相对于混凝土刚性排水管而言,埋于地下承受外压负载时,"柔性管"和"刚性管"受力状态和破坏机理并不相同,如图 1-66 所示。

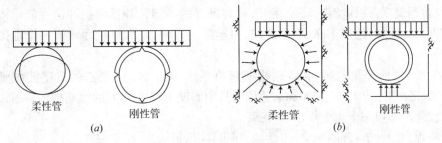

图 1-66 埋地排水管的受力状态
(a)柔性管和刚性管外负载作用示意;(b)管材和回填土间的相互作用

外压负载作用于"刚性管"时,负载经过管材壁传递到管材底部,在管材壁内产生弯矩。其受力状态可简化为一个弯梁在中央承受集中负载,用材料力学分析:管材上下两点管壁内的应力是外侧受压、内侧受拉,左右两点管壁内的应力是外侧受拉、内侧受压。随着管材直径加大,管壁内的弯矩和应力急剧加大(与直径平方成正比),所以大直径的混凝土排水管往往需要配筋。

外压负载作用于"柔性管"时,"柔性管"在破坏前发生变形,横向外扩,如果在"柔性管"周围有适当的回填土壤,回填土壤阻止"柔性管"变形,对"柔性管"产生横向压力,外压负载将传递和分担到周围的回填土壤中。用材料力学分析:"柔性管"在横向压力下管壁中产生的弯矩和应力正好和垂直方向外压负载产生的弯矩和应力相反。理想情况下,"柔性管"受到的负载接近于四周均匀受压,管材内只有均匀压应力,没有拉应力。所以,同样外压负载下,"柔性管"管壁内的应力较小,它和周围的回填土壤共同承受负载,工程上被称为"管—土共同作用"。

(3)塑料埋地排水管主要品种

1)硬聚氯乙烯(PVC-U)双壁波纹管

①以聚氯乙烯(PVC)树脂为主要原料,加入有利于管材性能的添加剂挤出成型。管壁截面为双层结构,内壁光滑平整,外壁为等距排列的具有梯形或弧形中空结构的管材。

②特点:造型美观,结构特殊,环刚度可大于 $16kN/m^2$,接口利用弹性密封橡胶圈柔性连接,具有连接牢靠、不易泄漏、搬运轻便、施工方便等特点,综合造价比铸铁管、混凝土管低,寿命长达 50 年,是世界各国塑料埋地排水排污管应用最多的管道。

③产品标准《埋地排水用硬聚氯乙烯(PVC-U)结构壁管道系统 第 1 部分:双壁波纹管材》GB/T 18477.1—2007,公称直径:100~1000mm。本标准适用于市政排水、埋地无压农田排水和建筑物外排水用管材,也可用于通讯电缆穿线用套管。

④管材物理力学性能:环刚度、冲击强度、环柔性、二氯甲烷浸泡、烘箱试验、蠕变率。

2)硬聚氯乙烯(PVC-U)加筋管

①以聚氯乙烯(PVC)树脂为主要原料,加入适当助剂,由挤出机挤出成型,管内壁光滑、外壁带有等距排列环形肋(垂直加强筋)的管材。

②特点:结构独特,由于外壁采用工字钢原理及可靠的接口方式,使得 PVC-U 加筋管具有独特的性能优势。强度高,环刚度大于 $8kN/m^2$,施工方便,抗泄漏与地面不均匀沉降能力强,使用寿

命大于50年。

③上海公元建材发展有限公司企业标准Q/ILAJ1—2003给出该管材公称外径150～600mm，物理力学性能有维卡软化温度、落锤冲击试验、环刚度、连接密封试验、环柔性、二氯甲烷浸渍、密度。

3）聚乙烯（PE）双壁波纹管

①以聚乙烯（PE）树脂为主要原料，加入适当的可提高性能的助剂，经塑化挤出成型。管壁截面为双层结构，其内壁光滑平整，外壁为等距排列的具有梯形或弧形中空结构的管材。

②特点：造型美观、结构特殊、环刚度好，具有良好的柔韧性和低温抗冲击性能。接口采用弹性密封橡胶圈柔性连接，连接牢靠，不易泄漏，搬运施工方便，是大口径埋地塑料排水排污管的主要品种。

③产品标准《埋地用聚乙烯（PE）结构壁管道系统 第1部分：聚乙烯双壁波纹管材》GB/T 19472.1—2004，公称外径110～1200mm，适用于长期温度不超过45℃的埋地排水和通讯套管用聚乙烯双壁波纹管。亦可用于工业排水、排污管。

④管材物理力学性能：环刚度、冲击性能、环柔性、烘箱试验、蠕变率。

4）聚乙烯（PE）缠绕结构壁管

①以聚乙烯（PE）树脂为主要原料，以相同或不同材料作为辅助支撑结构，采用缠绕成型工艺，经加工制成的结构壁管材。管材的结构形式分为A型和B型两类。

A型结构壁管具有平整的内外表面，在内外壁之间由内部的螺旋形肋连接的管材；或内表面光滑，外表面平整，管壁中埋螺旋中空管的管材。

B型结构壁管内表面光滑，外表面为中空螺旋形肋的管材。

②特点：采用"工字型"管壁结构，具有刚度好、强度高、耐冲击，还具有耐低温、耐老化、重量轻、连接方便等特点，直径1m以上的大口径管材具有较好的性能价格比。

③产品标准：《埋地用聚乙烯（PE）结构壁管道系统 第2部分：聚乙烯缠绕结构壁管材》GB/T 19472.2—2004，适用于长期温度在45℃以下的埋地排水、埋地农田排水等工程，公称外径150～3000mm。

④管材物理性能：纵向回缩率、烘箱试验；管材力学性能：环刚度、冲击性能、环柔性、蠕变比率、缝的拉伸强度；管件物理力学性能：烘箱试验、环刚度。

5）硬聚氯乙烯（PVC-U）平壁管

①以聚氯乙烯（PVC）树脂为主要原料，加入适当助剂，由塑化挤出成型，管内外壁光滑的均质管壁管材。

②特点：硬聚氯乙烯（PVC-U）平壁管具有重量轻、耐腐蚀，有一定的抗内外压能力、管壁光滑过流能力大、密封性能好、使用寿命长、运输安装方便、施工速度快等特点，公称直径DN＜300mm的硬聚氯乙烯（PVC-U）平壁管具有可与其他塑料排水管竞争的更好的耐压性能和环刚度。

③产品标准《无压埋地排污、排水用硬聚氯乙烯（PVC-U）管材》GB/T 20221—2006（代替GB/T 10002.3—1996《埋地排污、废水用硬聚氯乙烯（PVC-U）管材》），适用于外径从110～1000mm的弹性密封圈连接和外径从110～200mm的粘结式连接的无压埋地排污、排水管材。在考虑材料的耐化学性和耐热性条件下，也可用于工业用无压埋地排污管材。不适用于建筑内埋地的排污、排水PVC-U管道系统。

④管材物理力学性能：密度、环刚度、落锤冲击、维卡软化温度、纵向回缩率、二氯甲烷浸渍。

6）塑料螺旋管

塑料螺旋管产品和整套相关技术是澳大利亚研制的，1978年首推PVC-U系列产品，20世纪90年代初再次推出以HDPE为材料的2000系列的塑料螺旋管道产品，并已经在32个国家和地区广泛应用。

塑料螺旋管是一种结构壁管材,类似于环形肋管(加筋管),塑料螺旋管产品和其他塑料管道不一样的地方是生产方法。一般的塑料管道在工厂内挤出成型,产品需要经过运输才能到达工地,属于一次成型工艺。塑料螺旋管属于二次成型生产工艺。在工厂挤出方式生产带状的塑料板材,成品和电缆一样,绕卷到铁制的轮子上运到工地,使用专利技术设备,按照订单规格要求,将板材卷制成管。产品有 PVC-U 塑料螺旋管、HDPE 塑料螺旋管的 2000 系列以钢带为承受荷载的复合管。

该管的最大优点是现场卷管,可以节约大量的运输费用,且施工接头少,施工速度快,能节省施工和管理费用,与同等级的产品相比有价格优势。

由于管材的材质不同、管壁结构不同、成型工艺不同、各种管材都有一个最合适的应用直径范围,以达到好的性能价格比。如在选择直径小于 300mm 的管材时以硬聚氯乙烯(PVC-U)平壁管较好;在选择直径为 500mm 左右的管材时,以硬聚氯乙烯(PVC-U)双壁波纹管、硬聚氯乙烯(PVC-U)加筋管较为合适;在选择直径为 500~1200mm 的管材时(该范围是埋地排水排污管道的主要市场),以 HDPE 双壁波纹管为好;当管材直径大于 1m 时,以 HDPE 缠绕结构壁管为优先考虑,当管材的使用条件既有内压又有外压要求时,以玻璃纤维增强塑料夹砂管为最好。

(4)塑料埋地排水管主要技术指标

1)环刚度(S)

环刚度是管材的一个主要机械特性,表示管材在外力作用下抵抗环向变形的能力。仲裁试验需提供负荷-环向变形曲线。

《热塑性管材管件——公称环刚度》ISO13966 对热塑性管材环刚度的分级做出了规定,公称环刚度 SN 分级为:$SN2$、($SN2.5$)、$SN4$、($SN6.3$)、$SN8$、($SN12.5$)、$SN16$、$SN32$(注:括号内是非优选值)。标志时用 SN 加数字。

$$S = \frac{EI}{D^3} \quad (1-197)$$

式中　S——管材的环刚度(kN/m^2);

　　　E——材料的弹性模量;

　　　I——惯性矩;

　　　D——管材的平均直径。

2)环柔性

管材的一个机械特性,是测定管材机械度或柔性的复原能力。

3)冲击试验

在低温条件下,管材耐重物冲击试验性能,管内壁不破裂、两壁不脱开。

4)烘箱试验、纵向回缩率

管材耐高温的能力。

5)缝的拉伸强度

管材能承受的最小拉伸力。

6)熔接或焊接连接的拉伸强度

管材熔接或焊接连接处纵向所能承受的最小拉伸力。

7)维卡软化温度

管材的软化温度,管材热稳定性试验检查与确认。

2. 塑料埋地排水管主要技术标准

(1)产品标准

①《埋地用聚乙烯(PE)结构壁管道系统 第 1 部分:聚乙烯双壁波纹管材》GB/T 19472.1—

2004；

②《埋地用聚乙烯（PE）结构壁管道系统 第2部分：聚乙烯缠绕结构壁管材》GB/T 19472.2—2004；

③《埋地排水用硬聚氯乙烯（PVC-U）结构壁管道系统：第1部分：双壁波纹管材》GB/T 18477.1—2007；

④《无压埋地排污、排水用硬聚氯乙烯（PVC-U）管材》GB/T 20221—2006。

(2) 方法标准

①《塑料试样状态调节和试验的标准环境》GB/T 2918—1998；

②《热塑性塑料管材 环刚度的测定》GB/T 9647—2003；

③《塑料管道及导管系统 热塑性塑料管材环揉性的测定》ISO 13968:2008；

④《热塑性塑料管材耐外冲击性能试验方法 时针旋转法》GB/T 14152—2001；

⑤《热塑性塑料管材、管件 维卡软化温度的测定》GB/T 8802—2001；

⑥《塑料拉伸性能的测定》GB/T 1040.1~5—2006；

⑦《热塑性塑料管材 拉伸性能测定 第3部分：聚烯烃管材》GB/T 8804.3—2003；

⑧《塑料管道系统塑料部件尺寸的测定》GB/T 8806—2008；

⑨《塑料非泡沫塑料密度的测定第一部分：浸渍法、液体比重瓶法和滴定法》GB/T 1033.1—2008。

3. 参数检测

下面就以聚乙烯缠绕结构壁管材（GB/T 19472.2—2004）为例，叙述塑料埋地排水管材环刚度、环柔性、冲击性能、烘箱试验、接缝的拉伸等五个主要参数的检测要点。

(1) 环刚度

GB/T 19472.2—2004 规定：按《热塑性塑料管材 环刚度的测定》GB/T 9647—2003 规定进行试验。管材 $DN/ID>500$ mm 时，从管材上截取一个试样，旋转 $120°$ 试验一次，取三次试验的平均值。

以下是《热塑性塑料管材 环刚度的测定》GB/T 9647—2003 的有关规定：

1) 检测原理

用管材在恒速变形时所测得的力值和变形值确定环刚度。将管材试样水平放置，按管材的直径确定平板的压缩速度，用两个互相平行的平板垂直方向对试样施加压力。在变形时产生反作用力，用管试样截面直径方向变形量为 $0.03d_i$（管材试样内径）时的力值计算环刚度。

2) 检测设备

①压缩试验机

试验机应能根据管材公称直径（DN）的不同施加规定的压缩速率。仪器能够通过两个相互平行的压板对试样施加足够的力和产生规定的变形；试验机的测量系统能够测量试样在直径方向上产生 1%~4% 变形时所需的力，精确到力值的 2% 以内（表 1-52）。

压缩速度　　　　　　　　　　　　　　　　　表 1-52

管材公称直径 DN(mm)	压缩速度(mm/min)
$DN\leqslant 100$	2 ± 0.4
$100<DN\leqslant 200$	5 ± 1
$200<DN\leqslant 400$	10 ± 2
$400<DN\leqslant 1000$	20 ± 2
$DN>1000$	50 ± 5

②压板:两块平整、光滑、洁净的钢板,在试验中不应产生影响试验结果的变形。每块压板的长度至少应等于试样的长度。在承受负荷时,压板的宽度应至少比所接触试样最大表面宽25mm。

③量具:能够测量试样的长度—精确到1mm、试样的内径—精确到内径的0.5%、在负载方向上试样的内径变化,精度为0.1mm或变形的1%,取较大值(图1-67)。

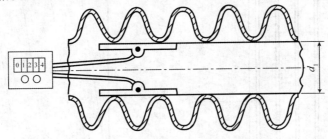

图1-67 测量波纹管内径的典型装置

3)检测环境

①23±2℃状态调节24h;《埋地用聚乙烯(PE)结构壁管道系统 第2部分:聚乙烯缠绕结构壁管材》GB/T 19472.2—2004规定当管材$DN/ID>600$mm时状态调节时间不少于48 h。

②除非其他标准中有特殊规定,测试在23±2℃条件下进行。

4)检测样品

①标记和样品数量

切取足够长的管材,在管材的外表面,以任一点为基准,每隔120°沿管材长度方向划线并分别做好标记。将管材按规定长度切割为a、b、c三个试样,试样截面垂直于管材的轴线。

注:如管材存在最小壁厚线,则以此线为基准线。

②试样的平均长度

a.每个试样根据管材公称直径(DN)的不同,沿圆周方向等分测量3~6个长度值,计算其算术平均值作为试样长度,精确到1mm。对于每个试样,在所有的测量值中,最小值不应小于最大值的0.9倍。

· DN≤200mm时,长度测量数为3;
· 200<DN<500时,长度测量数为4;
· DN≥500时,长度测量数为6。

b.公称直径(DN)小于或等于1500mm的管材,每个试样的平均长度应在300±10mm。

c.公称直径(DN)大于1500mm的管材,每个试样的平均长度不小于$0.2DN$(mm)。

d.有垂直肋、波纹或其他规则结构的结构壁管,切割试样时,在满足a、b和c长度要求的同时,应使其所含的肋、波纹或其他结构最少(图1-67)。切割点应在肋与肋,波纹与波纹或其他结构的中点。

e.对于螺旋管材,切割试样,应在满足长度要求的同时,使其所含螺旋数量最少(图1-68)。带有加强肋的螺旋管,每个试样的长度,在满足要求的同时,应包括所有数量的加强肋,肋数不少于3个。

③试样的内径

a.分别测量a、b、c三个试样的内径d_{ia}、d_{ib}、d_{ic}。应通过横断面中点处,每隔45°依次测量4处,取算术平均值,每次的测量应精确到内径的0.5%。

b.分别记录a、b、c三个试样的内径d_{ia}、d_{ib}、d_{ic}。

c.计算三个值的平均值:$d_i = (d_{ia} + d_{ib} + d_{ic})/3$。

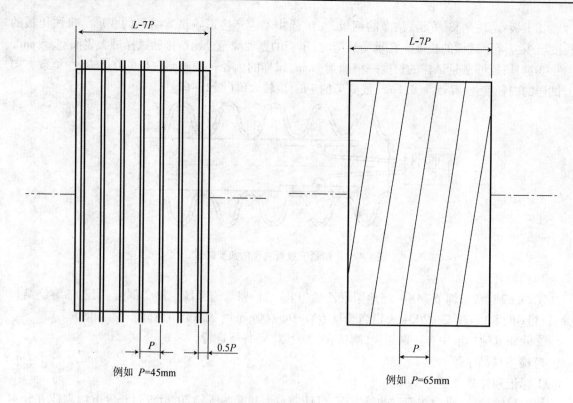

图 1-68 从垂直管肋切取的试样　　图 1-69 从螺旋管切得的试样

④取样

a. 试验应在产品生产出至少 24h 后才可以进行取样。

b. 对于型式检验或在有争议的情况下,试验应在产品生产出 21±2d 进行。

5)检测步骤

①如果能够确定试样在某位置的环刚度最小,把试样 a 的该位置和压力机上板相接触,或把第一个试样放置时,把另两个试样 b、c 的放置位置依次相对于第一个试样旋转 120°和 240°放置。

②对于每一个试样,放置好变形仪测量仪并检查试样的角度位置。

放置试样时,使其长轴平行于压板,然后放置于试验机的中央位置。

使上压板和试样恰好接触且能夹持住试样,根据规定以恒定的速度压缩试样直到至少达到 $0.03d_i$ 的变形,按规定正确记录力和变形值。

③通常变形量是通过测量一个压板的位置得到,但如果在试验的过程中,管壁厚度 e_c 的变化量超过 10%,则应通过直接测量试样内径的变化来得到。

典型的力/变形曲线是一条光滑的曲线,否则意味着零点可能不正确,这时可用曲线开始的直线部分倒推到和水平轴相交于(0,0)点(原点)并得到 $0.03d_i$ 变形的力值(图 1-70)。

④计算环刚度

按照以下公式计算出 a、b、c 三个试样的环刚度,精确到小数点后第二位。

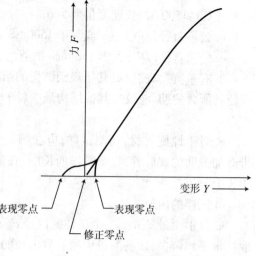

图 1-70 校正原点方法

$$S_i = (0.0186 + 0.25 Y_i / d_i) \frac{F_i}{L_i Y_i} \quad (1-198)$$

式中 S_i——试样的环刚度(kN/m^2);
  d_i——管材的内径(m);
  F_i——相对于管材3.0%变形时的力值(kN);
  L_i——试样长度(m);
  Y_i——变形量(m)。

相对于管材3.0%变形时的变形量,如$Y_i/d_i = 0.03$。

计算管材的环刚度,a、b、c 三个试样的算术平均值(kN/m^2),公式如下:

$$S = (S_a + S_b + S_c) / 3 \quad (1-199)$$

式中 S_a、S_b、S_c——每个试样实测环刚度的计算值,精确到小数点后第二位;
  S——环刚度的计算值,保留3位有效数字。

计算管材的环刚度,保留三位有效数字(kN/m^2)。

6)数据处理与结果判定

环刚度 S 为三个试样实测环刚度的算术平均值,应不低于相应环刚度级别所对应的要求。

(2)环柔性

《埋地用聚乙烯(PE)结构壁管道系统 第2部分:聚乙烯缠绕结构壁管材》GB/T 19472.2—2004 规定:试样按《热塑性塑料管材环刚度的测定》GB/T 9647—2003。按 ISO13968:2008 规定进行试验。试验力应连续增加,当试样在垂直方向外径 d_e 变形量为原外径的30%时立即卸载。试验时管材壁的任何部分无开裂,试样沿肋切割处开始的撕裂允许小于 $0.075d_e$ 或 75mm,如图 1-71 所示。

图 1-71 环柔性检测

(3)冲击性能

GB/T 19472.2—2004 规定如下:

1)试样

试样内径 $DN/ID < 500mm$ 时,按《热塑性塑料管材耐外冲击性能试验方法 时针旋转法》GB/T 14152—2001 规定进行试验。当管材内径 $DN/ID > 500mm$ 时,可切块进行试验。试块尺寸为:长度 200±10mm,内弦长 300±10mm。试验时试块应外表面圆弧向上,两端水平放置在底板上,B 型管材应保证冲击点为肋的顶端。

2)试验步骤

按《热塑性塑料管材耐外冲击性能试验方法 时针旋转法》GB/T 14152—2001 规定进行试验。试验温度 0±1℃，冲锤型号 d90，冲锤的质量和冲击高度见表 1-53。当管材使用地区在 -10℃以下进行安装铺设时，落锤质量和冲击高度见表 1-54，这种管材应标记一个冰晶 [*] 符号。

埋地用聚乙烯(PE)结构壁管材冲锤质量、型号和冲击高度　　　　表 1-53

公称尺寸 DN/ID	冲锤质量(kg)	冲击高度(mm)	冲头型号
DN/ID≤150	1.6	2000	d90
150<DN/ID≤200	2.0	2000	d90
200<DN/ID≤250	2.5	2000	d90
DN/ID>250	3.2	2000	d90

埋地用聚乙烯(PE)结构壁管材寒冷条件下冲锤质量、型号和冲击高度　　　　表 1-54

公称尺寸 DN/ID	冲锤质量(kg)	冲击高度(mm)	冲头型号
DN/ID≤150	8.0	500	d90
150<DN/ID≤200	10.0	500	d90
DN/ID>200	12.5	500	d90

以下是《热塑性塑料管材耐外冲击性能试验方法 时针旋转法》GB/T 14152—2001 的有关规定：

①检测原理

以规定质量和尺寸的落锤从规定高度冲击试验样品规定的部位，即可测出该批(或连续挤出生产)产品的真实冲击率。

此试验方法可以通过改变落锤的质量和/或改变高度来满足不同产品的技术要求。

TIR 最大允许值为 10%。

②检测设备

冲击试验装置。

③检测环境

试样应在 0±1℃的水浴或空气浴中进行状态调节见表 1-55，状态调节后应在空气中取出 10s 内或水浴中取出 20s 内完成试验。如果超过此时间间隔，应将试样立即放回预处理装置，最少进行 5min 调节处理。仲裁试验时应使用水浴。

不同壁厚管材状态调节时间表　　　　表 1-55

壁厚 δ(mm)	调节时间(min)	
	水浴	空气浴
δ≤8.6	15	60
8.6≤δ<14.0	30	120
δ>14.0	60	240

④检测样品

a. 长度为 200±10mm，试样切割面应与管材的轴线垂直，切割端应清洁、无损伤。

b. 外径大于 40mm 的试样应沿其长度方向画出等距离标线，并顺序编号见表 1-56。

c. 试样数量可根据表 1-56 及操作步骤中有关规定确定。

不同管径管材试样应画线数　　　表1-56

公称外径(mm)	应画线数	公称外径(mm)	应画线数
≤40	—	160	8
50	3	180	8
63	3	200	8
75	4	225	12
90	4	250	12
110	6	280	12
125	6	≥315	16
140	8		

⑤检测步骤

a. 外径小于或等于40mm的试样,每个试样只承受一次冲击。外径大于40mm的试样进行冲击试验时,首先使落锤冲击在1号标线上,若试样未破坏,则按样品制备中状态调节的规定对样品进行调节处理后再对2号标线进行冲击,直至试样破坏或全部标线都冲击一次。

注:当波纹管或加筋管的波纹间距或筋间距超过管材外径的0.25倍时,要保证被冲击点为波纹或筋顶部。

b. 逐个对试样进行冲击,直至取得判定结果。

c. 观察试样,经冲击后产生裂纹、裂缝或试样破碎判为试样破坏,根据试样破坏数按表1-57判定 TIR 值。

落锤冲击破坏区域　　　表1-57

冲击总数	冲击破坏数 A区	冲击破坏数 B区	冲击破坏数 C区	冲击总数	冲击破坏数 A区	冲击破坏数 B区	冲击破坏数 C区
25	0	1~3	4	81~88	4	5~11	12
26~32	0	1~4	5	89~91	4	5~12	13
33~39	0	1~5	6	92~97	5	6~12	13
40~48	1	2~6	7	98~104	5	6~13	14
49~56	1	2~7	8	105	6	7~13	14
57~64	2	3~8	9	106~113	6	7~14	15
65~72	2	3~9	10	114~116	6	7~15	16
73~79	3	4~10	11	117~122	7	8~15	16
80	4	5~10	11	123~124	7	8~16	17

⑥数据处理与结果判定

若试样冲击破坏数在表1-57的A区,则判定该批的 TIR 值小于或等于10%。若试样冲击破坏数在表1-57的C区,则判定该批的 TIR 值大于或等于10%。若试样冲击破坏数在表1-57的B区,则应进一步取样试验,直至根据全部冲击试样的累计结果能够作出判定。

(4)烘箱试验

①检测设备

烘箱:室温至200℃、精度0.5℃。

②检测样品

a. 从一根管材上不同部位切取三段试样,试样长度为 300 ± 20mm;

b. 管材 DN/ID < 400mm 时,可沿轴向切成两块大小相同的试块;

c. 管材 DN/ID ≥ 400mm 时,可沿轴向切成四块(或多块)大小相同的试块。

③检测步骤

a. 将烘箱温度升到 110℃时放入试样,试样放置时不得相互接触且不与烘箱壁接触,待烘箱温度回升到 110℃时开始计时,维持烘箱温度 110 ± 2 ℃,试样在烘箱内加热时间随管材壁厚的不同而不同。

(a) $e ≤ 8mm$ 时,30min;

(b) $e > 8mm$ 时,60min。

b. 加热到规定时间后,从烘箱内将试样取出,冷却至室温,检查试样有无开裂和分层及其他缺陷。

④结果判定

试样无开裂和分层及其他缺陷,判定为合格。

(5)接缝拉伸

《埋地用聚乙烯(PE)结构壁管道系统 第 2 部分:聚乙烯缠绕结构壁管材》GB/T 19472.2—2004 规定:按附录 D 中图 D.1 制备试样,按《热塑性塑料管材 拉伸性能测定 第 3 部分:聚烯烃管材》GB/T 8804.3—2003 规定进行试验,拉伸速度 15mm/min。

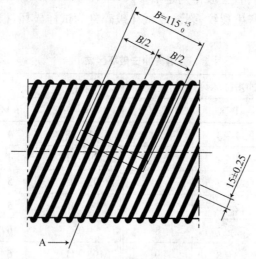

图 1 - 72 缝的拉伸强度制备试样位置和尺寸

注:图中 A 为熔缝。

1)试样的形状和尺寸:缝的拉伸强度试样的形状和尺寸如图 1 - 72 所示,试样应包括整个管材壁厚(结构壁高度)。

2)试样制备:

①取样

管材生产至少 15h 后方可取样,将管材圆周五等分,在每分上未受热、没有冲击损伤的部分,垂直于熔缝方向切下一个长方形样条,从每一个样条中制取一个试样。

②试样尺寸的修整

如果切下的试样尺寸和图 1 - 72 不符,试样的尺寸可以被修整,修整时应注意:

a. 试样修整时避免发热;

b. 试样表面不可损伤,诸如刮伤,裂痕或其他使表面品质降低的可见缺陷;

c. 任何偏差都会影响拉伸结果;

d. 如果试样上有多个熔缝,那么必须有一个熔缝位于试样的中间;

e. 在拉伸范围内至少有一个熔缝,否则可以加长,如果必要,夹具夹持面上的熔缝可以去掉,或用专用夹具夹持。

3)以下是结合标准《热塑性塑料管材 拉伸性能测定 第3部分:聚烯烃管材》GB/T 8804.3—2003 给出的有关内容。

①检测原理

沿热塑性塑料管材的纵向裁切或机械加工制取规定形状和尺寸的试样,通过拉力试验机在规定条件下测得管材的拉伸性能。

②检测设备

a. 拉伸试验机、夹具;

b. 量具:测量试样厚度和宽度,精度 0.01mm;

c. 裁刀;

d. 制样机和铣刀。

③检测环境

a. 除生产检验或相关标准另有规定外,试样应在管材生产 15h 之后测试,试验前根据试样厚度,应将试样置于所在的环境中进行调节,时间不少于表 1-58 的规定。

b. 试验应在 23±2℃ 环境下进行。

状态调节时间　　　　　　　　　　　　　　表 1-58

管材壁厚 e_{min} (mm)	状态调节时间
$e_{min} < 3$	1h ± 5min
$3 \leq e_{min} < 8$	3h ± 15min
$8 \leq e_{min} < 16$	6h ± 30min
$16 \leq e_{min} < 32$	10 ± 1h
$32 \leq e_{min}$	16 ± 1h

④检测样品

管材壁厚小于或等于 12mm 规格的管材,可采用哑铃形裁切冲裁或机械加工的方法制样。管材壁厚大于 12mm 的管材应采用机械加工的方法制样。

⑤检测步骤

a. 试验应在温度 23±2℃ 环境下按下列步骤进行。

b. 测量试样宽度,尺寸应满足 15±0.25mm。

c. 将试样安装在拉力试验机上并使其轴线与拉伸应力的方向一致,使夹具松紧适宜以防止试样滑脱。

d. 按拉伸速率 15mm/min 进行试验,直至试样断裂,记录破坏力值(N)。

e. 平行检测五个样品。

⑥数据处理和结果判定

取五个破坏力值的最小值和表 1-59 技术要求相比较,大于规定力值合格。

埋地用聚乙烯(PE)结构壁管材(GB/T 19472.2—2004)缝的拉伸强度　　表1-59

管材的规格(mm)	管材能承受的最小拉伸力(N)
$DN/ID \leqslant 300$	380
$400 \leqslant DN/ID \leqslant 500$	510
$600 \leqslant DN/ID \leqslant 700$	760
$DN/ID \geqslant 800$	1020

三、玻璃纤维增强塑料夹砂管(RPM 管)

1. 基本概念

(1)以玻璃纤维及其制品为增强材料,以不饱和聚酯树脂、环氧树脂为基体材料,以石英砂及碳酸钙等无机非金属颗粒材料为填料作为主要原料,采用定长缠绕工艺、离心绕铸工艺和连接缠绕工艺制成的管材。

(2)作为埋地给水排水玻璃纤维增强塑料夹砂管,由于可加工成压力等级为 0.1~2.5MPa,公称直径为 100~4000mm。管刚度等级为 1250~10000N/m² 的管材,使其具有一定的强度(抗内压)又具有一定的刚度(抗外压),是一种刚度和强度均好的管材产品,被广泛用于市政给水、排水、污水排放、工业水处理系统等领域。

(3)检测参数:环刚度。

2. 检测标准

《玻璃纤维增强塑料夹砂管》GB/T 21238—2007

3. 仪器设备

压缩试验机:加载板面应平整、光滑、厚度不小于 6mm,以保证有足够的刚度,板长度不小于试样长度。宽度不小于试样达到最大径向变形时与加载板的接触宽度加 150mm。

4. 样品

(1)试样的最小长度应是管材的公称直径的 3 倍或 300mm,取其中较小值。对于公称直径大于 1500mm 的试样,其最小长度为公称直径的 20%,应修约为整数;

(2)每组试样至少 3 根;

(3)应垂直切割试样端部,其切割面应无无刺和锯齿边缘。

5. 环境

(1)具备条件时至少在温度 23±2℃环境中放置 4h,并在相同环境下试验。不具备条件时,在实验室环境温度下进行试验。

(2)仲裁实验时,试样至少在温度 23±2℃和相对湿度 50%±10% 的环境中存放 40h,并在同样环境下进行试验。

6. 环刚度试验步骤

(1)加载速度按下式确定:

$$v = 3.50 \times 10^{-4} D^2 / t \qquad (1-200)$$

式中　v——加载速度,取整数,管径大于 500 mm 时可修约到 0 或 5(mm/min);
　　　D——管的计算直径(mm);
　　　t——管壁实际测试厚度(mm)。

(2)初始环刚度:

$$S_0 = 0.01935 F / \triangle Y \qquad (1-201)$$

式中　S_0——初始环刚度;

$\triangle Y$——管直径变化量,取试样计算直径的3%(m);

F——与$\triangle Y$相对应的线荷载(N/m)。

(3)取3个试样环刚度算式平均值。

7. 其他

玻璃纤维增强塑料夹砂管初始力学性能除了初始环刚度,还有初始环向拉伸强力、水压渗漏、短时失效水压、初始挠曲性、初始环向弯曲刚度,以及长期性能。这里不作介绍,详细见 GB/T 21238—2007。

[案例1-14] 某工程抽检 HDPE 排水管,结构形式为双壁波纹管,公称环刚度为 $SN8$。三件管材样品实测内径均为 800mm,三件管材样品实测长度分别为 320mm、315 mm、327 mm。

采用平板法对其进行压缩试验,当三件管材内径方向变形达到3%时的作用力实测结果分别为 3.721kN、3.653kN、3.759kN,试计算该批管材的环刚度的实测值。

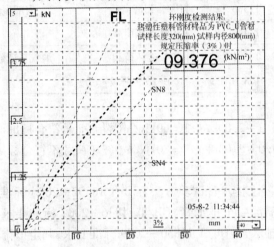

管材压缩负荷-变形实测曲线

解 根据标准规定计算三件管材样品实测环刚度 S_1、S_2、S_3:

$$S_1 = \left(0.0186 + 0.025 \times \frac{24}{800}\right) \cdot \frac{3.721}{320.24} = 9.38 \text{kN/m}^2$$

$$S_2 = \left(0.0186 + 0.025 \times \frac{24}{800}\right) \cdot \frac{3.653}{315.24} = 9.35 \text{kN/m}^2$$

$$S_3 = \left(0.0186 + 0.025 \times \frac{24}{800}\right) \cdot \frac{3.759}{325.24} = 9.33 \text{kN/m}^2$$

该批管材的环刚度的实测值为:

$$S = (S_1 + S_2 + S_3)/3 = 9.35 \text{kN/m}^2$$

$$S = 9.35 > 8 \text{kN/m}^2$$

该批管材的环刚度符合 SN8 级的性能要求。

答:根据《热塑性塑料管材环刚度的测定》GB/T 9647—2003 规定的检测方法,实测得该批管材的环刚度为9.353 kN/m²,符合公称环刚度 SN8 级的性能要求。

[案例1-15] 试验管子型号为 RCP II 1000×2000,管子为公称内径 1000mm、有效长度为 2000mm 的 II 级柔性接口乙型承插口钢筋混凝土排水管,千斤顶、传感器等重量为2kN,试验加载区域长度为1700mm,进行内水压力及外压荷载试验。

解 (1)内水压力试验情况:根据管子型号在《混凝土和钢筋混凝土排水管》GB/T11836—2009(下表)中查得内水压力试验值为0.10MPa。

内水压力试验结果:在上述内水压力值下未出现渗漏和潮片等情况,符合标准要求。

(2)外压荷载试验情况:根据管子型号在《混凝土和钢筋混凝土排水管》GB/T11836—2009(下表)中查得该管子裂缝荷载为69kN/m,破坏荷载为100kN/m。

外压试验裂缝荷载值为:69 × 1700 ÷ 1000 = 117.3(kN)

外压试验破坏荷载值为:100 × 1700 ÷ 1000 = 170.0(kN)

外压试验加压结果

序号	荷载(kN)	测力仪读数值(kN)	加压级别	裂缝及破坏情况记录
0	2.0	0	初读数	上支承梁、千斤顶及传感器等重量
1	93.8	91.8	80%裂缝荷载	
2	105.6	103.6	90%裂缝荷载	
3	117.3	115.3	100%裂缝荷载	内部裂缝宽度 = 0.2mm
4	136.0	134.0	80%破坏荷载	
5	153.0	151.0	90%破坏荷载	加载至读数值 = 138.0 时破坏
6	170.0	168.0	100%破坏荷载	

(3)验算结果计算

管子裂缝荷载 = (115.3 + 2.0) ÷ 1.7 = 69kN/m(裂缝荷载符合标准要求)

管子破坏荷载 = (134.0 + 2.0) ÷ 1.7 = 80kN/m(破坏荷载不符合标准要求)

(4)结论

按《混凝土和钢筋混凝土排水管试验方法》GB/T 16752—2006 标准试验,该管子内水压力试验结果符合《混凝土和钢筋混凝土排水管》GB/T 11836—2009 标准要求,外压荷载试验结果不符合《混凝土和钢筋混凝土排水管》GB/T 11836—2009 标准要求,判定该排水管为不合格产品。

思 考 题

1. 混凝土和钢筋混凝土排水管根据承受外压荷载能力共分为几级?
2. 进行外观及几何尺寸检验需抽取多少根样品?进行内水压力和外压荷载试验需抽取多少根样品?
3. 进行外压荷载试验时,如何计算试验样品的裂缝荷载值和破坏荷载值?
4. 进行外压荷载试验时,如何判定试验样品的裂缝荷载及破坏荷载?
5. 进行内水压力试验和外压荷载试验时对试验样品的龄期有何规定?
6. 进行外压荷载试验时,如何分级加载试验荷载?加载速率是多少?
7. 塑料排水管受力破坏机理?
8. 塑料排水管种类及各自特点?
9. 环刚度试验定义与检测方法?
10. 环刚度试验应注意事项?
11. 玻璃纤维增强塑料夹砂管基本概念?
12. 样品要求?
13. 环刚度试验加载速度?

第八节　路面砖与路缘石

一、路面砖

1. 概念

(1) 路面砖：以水泥和集料为主要原材料，经加压、振动加压或其他成型工艺制成的，用于铺设人行道、车行道、广场、仓库等的混凝土路面及地面工程的块、板等。其表面可以有面层的或无面层的，本色或彩色的。

(2) 分类：按路面砖形状分为普通型路面砖和联锁型路面砖。

(3) 代号：普通型路面砖代号为 N，联锁型路面砖代号为 S。

(4) 规格见表1-60。

道路砖外观尺寸(mm)　　　　　　　　　　　表1-60

边长	100、150、200、250、300、400、500
厚度	50、60、80、100、120

(5) 等级：

1) 抗压强度等级分为：C_c30、C_c35、C_c40、C_c50、C_c60。

2) 抗折强度等级分为：$C_f3.5$、$C_f4.0$、$C_f5.0$、$C_f6.0$。

3) 质量等级：符合规定强度等级的，根据外观质量、尺寸偏差和物理性能分为优等品(A)、一等品(B)和合格品(C)。

4) 标记：按产品代号、规格尺寸、强度、质量等级进行标记。如普通型路面砖规格为 250mm × 250mm × 60mm，抗压强度等级为 C_c40，合格品的标记示例：N250 × 250 × 60 C_c40C

(6) 实物如图1-73所示。

规格：400 × 400 × 60

单位：mm

用途：道路砖。

图1-73　道路砖

2. 检测依据

《混凝土路面砖》JC/T 446—2000

3. 主要仪器设备

(1) 砖用卡尺或精度不低于0.5mm 其他量具；

(2) 冷冻箱：装有试件后能使箱内温度保持 -15 ~ -20℃ 范围以内；

(3) 压力试验机：要带有抗折试验架；

(4) 天平：称量为10kg，感量为5g；

(5) 烘箱：能使温度控制在 105 ± 5℃；

(6) 耐磨试验机；

(7) 钢垫板：厚度不小于30mm、硬度应大于HB200、平整光滑的钢质垫压板，垫压板的长度和宽度根据路面砖公称厚度按表1-61选取。

垫压板尺寸(mm) 表1-61

试件公称厚度	垫压板	
	长度	宽度
≤60	120	60
80	160	80
100	200	100
≥120	240	120

4. 取样及制备要求

(1)外观质量检验:从每批产品中随机抽取50块;

(2)尺寸偏差检验:在外观检测合格的试件中抽取10块;

(3)物理力学性能检验:在外观检测、尺寸偏差检验合格的试件中抽取30块,龄期不少于28d。

抗压强度:试件数量为5块,试件的两个受压面应平行、平整。否则应对受压面磨平或用水泥浆抹面找平处理,找平层厚度小于等于5mm;

抗折强度:试件数量为5块;耐磨性试验:试件数量为5块,尺寸不小于100mm×150mm,试件表面应平整,且应在105~110℃下烘干至恒重;

吸水率试验:取5整块试件,当质量大于5kg时,可切取4.5±0.5kg的部分路面砖;

抗冻试验:试件数量为10块,其中5块进行冻融试验;5块用作对比试件。

5. 试验步骤

(1)外观质量

1)正面粘皮及缺损测量方法:测量正面粘皮及缺损处对应路面砖边的长、宽两个投影尺寸,精确至0.5mm。

2)缺棱掉角测量方法:测量缺棱、掉角处对应路面砖棱边的长、宽、厚三个投影尺寸,精确至0.5mm。

3)裂纹长度测量方法:测量所在面上最大投影长度,若裂纹由一个面延伸至其他面时,测量其延伸的投影长度,精确至0.5mm。

4)分层:对路面砖的侧面进行目测检验。

5)色差、杂色:在平地上将路面砖铺成不小于$1m^2$的正方形,在自然光照或功率不小于40W的日光灯下,1.5m处用肉眼观察检验。

(2)尺寸偏差

1)长度、宽度、厚度、厚度差测量方法:测量路面砖长度和宽度时分别测量路面砖正面离角部10mm处对应平行侧面,长度、宽度各测量两次,测量厚度时测量路面砖宽度中间距边缘10mm处,两厚度测量值之差为厚度差,测值精确至0.5mm。

2)平整度测量方法:将砖用卡尺支角任意放置在砖正面四周边缘,滑动测量尺,测量最大凹凸处,精确至0.5mm。

3)垂直度测量方法:将砖用卡尺尺身紧贴路面砖的正面,一个支角顶住砖底棱边,读出路面砖正面对应棱边偏离数值作为垂直度偏差,每一棱边测量两次,记录最大值,精确至0.5mm。

(3)力学性能

根据路面砖边长与厚度比值,选择做抗压强度或抗折强度试验。

1)抗压强度(边长/厚度<5)

①清除试件表面的粘渣、毛刺,放入室温水中浸泡24h;

②将试件从水中取出,用拧干的湿毛巾擦去表面附着水,放置在试验机下压板的中心位置,根

据试件厚度选择垫压板,将垫压板放在试件的上表面中心对称位置;

③启动试验机,匀速加荷,速度控制在 0.4~0.6MPa/s,直至试件破坏。

2)抗折强度(边长/厚度≥5)

①清除表面的粘渣、毛刺、放入室温水中浸泡 24h;

②将试件取出,用拧干的湿毛巾擦去表面附着水,顺着长度方向外露表面朝上置于支座上,抗折支距为试件厚度的 4 倍,在支座及加压棒与试件接触面之间应垫有 3~5mm 厚的胶合板垫层;

③启动试验机,连续匀速加荷,速度控制在 0.04~0.06MPa/s,直至试件破坏。

(4)物理性能

1)耐磨性:磨坑长度试验与耐磨度两项试验只做一项即可,本文仅介绍磨坑长度试验方法。混凝土及其制品耐磨性试验方法(滚珠轴承法)见 GB/T 16925—1997。

①将标准砂装入磨料斗,并将试件固定在托架上,使试件表面平行于钢轮轴垂直于托架底座;

②启动电机,调节磨料的速度至 1L/min 以上,均匀下落,立即将试件与磨擦轮接触并开始记时间;

③磨至 1min 后关闭电机,移开托架,关闭节流阀,调整试件在不同部位相互垂直方向上准备试验;

④依上述方法完成垂直方向上试验及其余 4 个试件的试验;

⑤用卡尺测量磨坑两边缘和中间的长度,精确至 0.1mm 并取平均值;

⑥计算 5 个试件 10 次的平均磨坑长度。

2)吸水率

①将试件置于 105±5℃的烘箱内烘干,每隔 4h 称量一次,直到前后两次相差 0.1% 时,视为干燥质量 m_0;

②等试件冷却至室温后侧向直立在水槽中,注入温度为 20±10℃的洁净水,使水面高出试件约 20mm;

③浸水 240±0.25h,将试件取出,用拧干的湿毛巾擦去表面附着水,分别称量一次,直至前后两次称量差小于 0.1% 时,为试件吸水 24h 质量 m_1。

3)抗冻性

①检查试件外观质量,记录缺陷情况,将试件放入 20±10℃的水中浸泡 24h,水面高出试件约 20mm;

②将试件取出,用拧干的湿毛巾擦去表面附着水,放入预先降温至 -15℃ 的冷冻箱,试件间隔不小于 20mm,待温度达到 -15℃ 时,开始计算时间,从装试件到温度重新达到 -15℃ 所用时间不应大于 2h;

③在 -15℃ 温度下冻结规定时间(厚度小于 60mm 砖时间不少于 3h,厚度大于或等于 60mm 时间不少于 4h),然后取出试件,立即放入 20±10℃ 的水中融解 2h,此为一次循环,依次进行 25 次冻融循环;

④完成 25 次后,将试件取出,用拧干的湿毛巾擦去表面附着的水,检查并记录外观质量,然后进行强度试验。

6. 数据处理与结果判定

(1)技术指标

1)外观质量见表 1-62:

外观质量(mm) 表 1-62

项目		优等品	一等品	合格品
正面粘皮及缺损最大投影尺寸 ≤		0	5	10
缺棱掉角的最大投影尺寸 ≤		0	10	20
裂纹	非贯穿裂纹长度最大投影尺寸≤	0	10	20
	贯穿裂纹	不允许		
分层		不允许		
色差、杂色		不明显		

2)尺寸允许偏差见表 1-63。

尺寸允许偏差(mm) 表 1-63

项目	优等品	一等品	合格品
长度、宽度	±2.0	±2.0	±2.0
厚度	±2.0	±3.0	±4.0
厚度差	≤2.0	≤3.0	≤3.0
平整度	≤1.0	≤2.0	≤2.0
垂直度	≤1.0	≤2.0	≤2.0

3)力学性能指标见表 1-64。

力学性能指标(MPa) 表 1-64

边长/厚度	<5		≥5		
抗压强度等级	平均值≥	单块最小值≥	抗折强度等级	平均值≥	单块最小值≥
C_C30	30.0	25.0	$C_f3.5$	3.50	3.00
C_C35	35.0	30.0	$C_f4.0$	4.00	3.20
C_C40	40.0	35.0	$C_f5.0$	5.00	4.20
C_C50	50.0	42.0	$C_f6.0$	6.00	5.00
C_C60	60.0	50.0			

4)物理性能指标见表 1-65。

物理性能指标(MPa) 表 1-65

质量等级	耐磨性		吸水率%≤	抗冻性
	磨坑长度 mm≤	耐磨度≥		
优等品	28.0	1.9	5.0	冻融循环试验后,外观质量必须符合规定;强度损失不得大于 20.0%
一等品	32.0	1.5	6.5	
合格品	35.0	1.2	8.0	

磨坑长度试验与耐磨度两项试验只做一项即可。

(2)数据处理

1)抗压强度

$$R_C = P/A \tag{1-202}$$

式中 P——破坏荷载(N);

A——试件上垫板面积,或试件受压面积(mm²)。

结果以5块试件抗压强度的平均值和单块最小值表示,计算精确至0.1MPa。

2)抗折强度

$$R_F = 3Pl/2bh^2 \tag{1-203}$$

式中 P——破坏荷载(N);

l——两支座间的中心距离(mm);

b——试件宽度(mm);

h——试件厚度(mm)。

结果以5块试件抗折强度的平均值和单块最小值表示,计算精确至0.01MPa。

3)耐磨性

计算5个试件10次试验的平均磨坑长度,精确至0.1mm。

4)吸水率

$$W = (m_1 - m_0)/m_0 \times 100 \tag{1-204}$$

式中 m_1——试件吸水24h的质量(g);

m_0——试件干燥的质量(g)。

结果以5块试件的平均值表示,计算精确至0.1%。

5)抗冻性

冻融试验后强度损失率:

$$\triangle R = (R - R_0)/R \times 100 \tag{1-205}$$

式中 R——表示冻融试验前,试件强度试验结果的平均值(MPa);

R_0——表示冻融试验后,试件强度试验结果的平均值(MPa)。

试验结果计算精确至0.1%。

(3)判定规则(表1-66)

判定规则 表1-66

检测项目	一次取样			二次取样(含第一次)	
	合格	不合格	需二次取样	合格	不合格
外观(不合格试件数)	≤3	≥7	4~6	≤8	≥9
尺寸(不合格试件数)	≤1	≥3	2	2	≥3
物理力学	符合某等级相应技术参数要求即判为相应等级				
总判定	所有项目的检验结果都符合某一等级规定时,判为相应等级;有一项不符合合格品等级规定时,判为不合格品				

二、路缘石

1. 概念

(1)定义

1)混凝土路缘石:以水泥和密实集料为主要原料,经振动法、压缩法或以其他能达到同等效能之方法预制,铺设在路面边缘或标定路面界限及导水用的预制,混凝土的界石。其可视面可以是有面层(料)或无面层(料)的、本色或彩色及凿毛加工的。

2)混凝土平缘石:顶面与路面平齐的混凝土路缘石。有标定路面范围、整齐路容、保护路面边缘的作用。

3) 混凝土立缘石：顶面高出路面的混凝土路缘石。有标定车行道范围以及引导排除路面水的作用。

4) 混凝土平面石：铺砌在路面与立缘石之间的混凝土平缘石。

(2) 分类

缘石按其结构形状分为直线形缘石和曲线形缘石。直线形缘石按其截面分为 H 型、T 型、R 型、F 型、P 型、RA 型。

(3) 等级

1) 直线形缘石抗折强度等级分为 $C_f6.0$、$C_f5.0$、$C_f4.0$、$C_f3.0$。

2) 曲线形及直线形截面 L 状缘石抗压强度等级分为 C_C40、C_C35、C_C30、C_C25。

3) 质量等级：符合某个强度等级的缘石，根据其外观质量、尺寸偏差和物理性能分为优等品(A)、一等品(B)、合格品(C)。

(4) 缩略语

CC——混凝土路缘石；BCC——直线形混凝土路缘石；CCC——曲线形混凝土路缘石；CFC——混凝土平缘石；CGA——混凝土平面石；CVC——混凝土立缘石；RACC——直线形截面 L 状混凝土路缘石。

(5) 标记

缘石按产品代号，规格尺寸，强度、质量等级和本标准编号顺序进行标记。

示例：H 型的立缘石，规格尺寸 240mm×300mm×1000mm，抗折强度等级为 $C_f4.0$，一等品的标记为：$C_VC_H240×300×1000(C_f4.0)$ (B)。

(6) 实物

如图 1-74 所示。

图 1-74 路缘石

2. 检测依据

《混凝土路缘石》JC 899—2002

3. 主要仪器设备及环境

(1) 钢直尺：精度为 1mm，量程为 300mm 和 1000mm；卡尺；塞尺；直角尺或丁字尺。

(2) 试验机。

(3) 加载压块：采用厚度大于 20mm，直径为 50mm 硬度大于 HB200，表面平整光滑的圆形钢块。

(4) 找平垫板：垫板厚度为 3mm，直径大于 50mm 的胶合板或硬纸板。

(5) 抗折试验支承装置要求：抗折试验支承装置应可自由调节试件处于水平，同时可调节支座间距，精确至 1mm。支承装置两端支座上的支杆直径为 30mm，一为滚动支杆，一为绞支杆；支杆长度应大于试件的宽度 b_0，且应互相平行。

(6) 冷冻箱：装有试件后能使水温保持在 -15~20℃ 的范围以内。

(7) 融解水槽：装有试件后能使水温保持在 15~20℃ 的范围以内。

(8) 混凝土切割机：满足标准要求的，能制备抗压强度、吸水率、抗冻性试块的切割机。

(9) 天平：称量 5kg，感量 5g。

(10) 干燥箱：鼓风干燥箱自动控制温度 105±2℃；具有鼓风排湿功能。

(11) 水槽：能浸试样的，深度约为 300mm 的水箱或水槽。

(12) 试验环境为室温。

4. 取样及制备要求

(1)每批缘石应为同一类别、同一型号、同一规格、同一等级,每 20000 件为一批;不足 20000 件,亦按一批计;超过 20000 件,批量由供需双方商定。塑性工艺生产的缘石每 5000 件为一批,不足 5000 件,亦按一批计。

(2)抽取龄期不小于 28d 的试件。

(3)外观质量和尺寸偏差试验的试件,按随机抽样法从成品堆场中每批产品抽取 13 块。

(4)物理性能和力学性能试验的试件(块),按随机抽样法从外观质量和尺寸偏差检验合格的试件中抽取。每项物理性能和力学性能中的抗压强度试块分别从 3 个不同的缘石上各切取 1 块符合试验要求的试块;抗折强度直接抽取 3 个试件。

抗折强度试件的制备:在试件的正侧面标定出试验跨距,以跨中试件宽度(b_0)1/2 处为施加荷载的部位,如试件正侧面为斜面、切削角面、圆弧面,则试验时加载压块不能与试件完全水平吻合接触,应用 1∶2 的水泥砂浆将加载压块所处部位抹平使之试验时可均匀受力,抹平处理后试件养护 3d。制备好的试块,清除其表面的粘渣、毛刺,放入 20 ± 3℃的清水中浸泡 24h。

抗压强度试件制备:曲线形缘石,直线形截面 L 状缘石及不适合作抗折强度的缘石应做抗压强度试验。从缘石的正侧面距端面和顶面各 20mm 以内的部位切割出 100mm × 100mm × 100mm 试块。以垂直于缘石成型加料方向的面作为承压面。试块的两个承压面应平行、平整。否则应对承压面磨平或用水泥砂浆抹面找平处理,找平层厚度不大于 5mm,养护 3d。与承压面相邻的面应垂直于承压面。制备好的试块,清除其表面的粘渣、毛刺,放入 20 ± 3℃的清水中浸泡 24h。

吸水率试验试件制备:从缘石截取约为 100mm × 100mm × 100mm 带有可视面的立方体的块体为试块,每组 3 块。

抗冻性试验试件制备:从缘石中切割出带有面层(料)和基层(料)的 100mm × 100mm × 100mm 的试块,每组 3 块,做两组,一组比对,一组试验。

5. 试验步骤

(1)外观质量

1)面层(料)厚度

将缘石断开,在其截面测量面层(料)厚度尺寸(可用抗折试件的断口处测量),精确至 1mm。

2)缺棱掉角

测量顶面和正侧面缺棱掉角处损坏、掉角的长度和宽度(或高度)投影尺寸,精确至 1mm。

3)表面裂纹

测量裂纹所在面上的投影长度;若裂纹由一个面延伸至相邻面时,测量其延伸长度之和,精确至 1mm。

4)粘皮(脱皮)

测量顶面和正侧面上粘皮(脱皮)及表面缺损或伤痕处互相垂直的两个最大尺寸,精确至 1mm;计算其面积,精确至 1mm^2。

5)分层、色差和杂色

在自然光照或不低于 40W 日光灯下,距缘石 1.5m 处,对缘石的端面、背面(或底面)肉眼检验分层;对表面风干的缘石肉眼检验色差及杂色。

(2)尺寸偏差

1)长度:分别在缘石顶面中部,正侧面及背面距底面 10mm 处测量长度,取三个测量值的算术平均值为该试件的长度值,精确至 1mm。

2)宽度:分别在缘石底面的两端,距端面 10mm 处及底面中部测量宽度,取三个测量值的算术平均值为该试件的宽度值,精确至 1mm。

3)高度:分别在缘石背面的两端,距端面10mm处及背面中部测量高度,取三个测量值的算术平均值为该试件的高度值,精确至1mm。

4)平整度:用1000mm长的钢板尺分别侧立在缘石顶面和正侧面的中部,另用塞尺测量缘石表面与侧立钢板尺之间的最大间隙,取其最大值,精确至1mm。

5)垂直度:用直角尺或丁字尺的一边紧靠缘石的顶面,另用小量程钢板尺或卡尺测量直角尺(或丁字尺)另一边与其端面所垂直面之间的最大间隙,记录其最大值,精确至1mm。

(3)抗折强度试验

1)使抗折试验支承装置处于可进行试验状态。调整试验跨距 $ls = l - 2 \times 50mm$,精确至1mm,l为试件长度。

2)将试件从水中取出擦去表面附着水,正侧面朝上置于试验支座上,试件的长度方向与支杆垂直,使试件加载中心与试验机压头同心。将加载压块置于试件加载位置,并在其与试件之间垫上找平垫板。

3)检查支距、加荷点无误后,起动试验机,调节加荷速度0.04~0.06MPa/s匀速连续地加荷,直至试件断裂,记录最大荷载 $P_{\max}$。

(4)抗压强度试验

1)用卡尺或钢板尺测量承压面互相垂直的两个边长,分别取其平均值,精确至1mm,计算承压面积 A,精确至1mm^2。将试块从水中取出用拧干的湿毛巾擦去表面附着水,承压面应面向上、下压板,并置于试验机下压板的中心位置上。

2)启动试验机,加荷速度调整在0.3~0.5MPa/s,匀速连续地加荷,直至试块破坏,记录最大荷载 $P_{\max}$。

(5)吸水率试验

1)将试块截取后,用硬毛刷将试块表面及周边松动的渣粒清除干净,放入温度为105±2℃的干燥箱内烘干。试块之间、试块与干燥箱内壁之间距离不得小于20mm。每间隔4h将试块取出分别称量一次,直至两次称量差小于0.1%时,视为试块干燥质量 m_0,精确至5g。

2)将试块放入水槽中,注入温度为20±3℃的洁净水,使试块浸没水中24±0.5h,水面应高出试块20~30mm。

3)取出试块,用拧干的湿毛巾擦去表面附着水,立即分别称量试块浸水后的质量 m_1,精确至5g。

(6)抗冻性试验

1)取28d龄期试件,试验前4d把冻融试件从养护地点取出,检查试件外观质量,记录缺陷情况。随后将试件放入15~20℃的水中浸泡4d,水面高出试件约20mm。

2)将试件取出,用拧干的湿毛巾擦去表面附着水,称试件质量,放入预先降温至-15℃的冷冻箱,试件间隔不小于20mm,待温度达到-15℃时,开始计算时间,从装试件到温度重新达到-15℃所用时间不应大于2h。

3)在-15℃温度下冻结规定时间不少于4h,然后取出试件,立即放入能使水温保持在15~20℃的水槽中进行融化。试件在水中融化时间不应小于4h。此为一次循环,依次进行50次冻融循环。

4)完成50次后,将试件取出,用拧干的湿毛巾擦去表面附着水,检查并记录外观质量,称试件质量,精确至1g。

6. 数据处理与结果判定

(1)技术指标

1)外观质量见表1-67。

外观质量要求 表1-67

项目	单位	优等品(A)	一等品(B)	合格品(C)
缺棱掉角影响顶面或正侧面的破坏最大投影尺寸≤	mm	10	15	30
面层非贯穿裂纹最大投影尺寸≤	mm	0	10	20
可视面粘皮(脱皮)及表面缺损最大面积≤	mm²	20	30	40
贯穿裂纹		不允许		
分层		不允许		
色差、杂色		不明显		

2)尺寸偏差,见表1-68。

尺寸允许偏差要求(mm) 表1-68

项目	优等品(A)	一等品(B)	合格品(C)
长度,l	±3	+4 / -3	+5 / -3
宽度,b	±3	+4 / -3	+5 / -3
高度,h	±3	+4 / -3	+5 / -3
平整度≤	2	3	4
垂直度≤	2	3	4

3)力学性能:

①直线形缘石抗折强度见表1-69。

直线形缘石抗折强度(MPa) 表1-69

等级	$C_f 6.0$	$C_f 5.0$	$C_f 4.0$	$C_f 3.0$
平均值,C_f ≥	6.00	5.00	4.00	3.00
单块最小值,C_{fmin} ≥	4.80	4.00	3.20	2.40

②曲线形缘石、直线形截面L状缘石抗压强度见表1-70。

抗压强度要求(MPa) 表1-70

等级	$C_c 40$	$C_c 35$	$C_c 30$	$C_c 25$
平均值,C_c ≥	40.0	35.0	30.0	25.0
单块最小值,C_{cmin} ≥	32.0	28.0	24.0	20.0

4)物理性能:

①吸水率见表1-71。

吸水率要求(%) 表1-71

项目	优等品(A)	一等品(B)	合格品(C)
吸水率(%)≤	6.0	7.0	8.0

②抗冻性:F50缘石经冻融后,质量损失率不超过3%。

(2)数据处理

1)抗折强度

$$C_f = M_B/(1000 \times W_\eta) \quad (1-206)$$
$$M_B = P_{max} \cdot l_s/4$$

式中 C_f——抗折强度(MPa);
M_B——弯矩(N·mm);
P_{max}——最大荷载(N);
W_η——截面模量(cm³);
l_s——试件跨距(mm)。

以3件(块)试验结果的算术平均值及单件(块)最小值表示。

2)抗压强度

$$C_C = P_{max}/A \quad (1-207)$$

式中 C_C——抗压强度(MPa);
P_{max}——最大荷载(N);
A——试块承压面积(mm²)。

以3件(块)试验结果的算术平均值及单件(块)最小值表示。

3)吸水率

$$W = (m_1 - m_0)/m_0 \times 100 \quad (1-208)$$

式中 W——吸水率(%);
m_1——试块吸水24h后的质量(g);
m_0——试块烘干后质量(g)。

以3块试验结果的算术平均值表示。

4)抗冻性试验

冻融试验后质量损失率:

$$\triangle M = (M_0 - M_1)/M_0 \times 100 \quad (1-209)$$

式中 M_0——表示冻融试验前,试件质量平均值(kg);
M_1——表示冻融试验后,试件质量平均值(kg)。

(3)判定规则(表1-72)

判定规则 表1-72

检测项目	一次取样			二次取样(含第一次)	
	合格	不合格	需二次取样	合格	不合格
外观、尺寸(不合格试件数)R_1	≤1	≥3	2	≤4	≥5
物理性能	经检验,各项物理性能3块试验结果的算术平均值符合某一等级规定时,判定该项为相应质量等级				
力学性能	各项力学性能3块试验结果的算术平均值及单件(块)最小值都符合某一等级规定时,判定该项为相应质量等级				
总判定	所有项目的检验结果都符合某一等级规定时,判为相应等级;有一项不符合格品等级规定时,判为不合格品				

说明:经检验外观质量及尺寸允许偏差的所有项目都符合某一等级规定时,判定该项为相应质量等级。根据某一项目不合格试件的总数R_1及二次抽样检验中不合格(包括第一次检验不合格试件)的总数R_2进行判定。

若$R_1 \leq 1$时,合格;若$R_1 \geq 3$时,不合格;$R_1 = 2$时,则允许按抽样频率进行第二次抽样检验。若$R_2 \leq 4$时,合格;

若$R_2 \geq 5$时,不合格。若该批产品两次抽样检验达不到标准规定的要求而不合格时,可进行逐件检验处理,重新组成外观质量和尺寸偏差合格的批。

7. 注意几个问题

(1)路缘石截面为矩形,截面模量:

$$W_\eta = bh^2/6 \qquad (1-210)$$

则抗折强度公式简化为:

$$C_f = 3Pl/2bh^2 \qquad (1-211)$$

(2)寒冷地区、严寒地区冬季道路使用冰盐除雪及盐碱地区应进行抗盐冻性试验,需做抗盐冻性试验时,可不做抗冻性试验。考虑本地区情况,这里不介绍抗盐冻性试验。

(3)路缘石俗称为路牙沿。平缘石和立缘石俗称分别为睡牙和站牙。

[案例1-16] 某混凝土路面砖,规格尺寸为200mm×100mm×60mm,破坏荷载的试验数据如下:250kN、216kN、220kN、221kN、186kN,对此砖进行有关强度检验,并判定强度符合什么等级。

解

∵ 长度与厚度比值为 200÷60 = 3.3 < 5

∴ 做抗压强度试验。

选垫板尺寸 120×60 = 7200mm²

250÷7200 = 34.7MPa

216÷7200 = 30.0MPa

220÷7200 = 30.6MPa

221÷7200 = 30.7MPa

186÷7200 = 25.8MPa

平均值 R_C = (34.7+30.0+30.6+30.7+25.8) ÷ 5 = 30.4MPa

R_{min} = 25.8MPa

对照技术指标表:符合 $C_C 30$ 抗压强度等级。

思 考 题

1. 路缘石样品取样要求?
2. 路缘石力学性能试验样品制备要求?
3. 外观尺寸检验项目?
4. 抗压强度试验步骤?
5. 抗折强度试验步骤?
6. 吸水率试验步骤?
7. 试验项目结果的判定?
8. 路面砖可按什么分类? 分为几类?
9. 路面砖物理试验的样品规定?
10. 路面砖力学试验的样品规定?
11. 抗压强度试验和抗折强度试验如何选择?
12. 抗压强度试验垫板要求?
13. 抗折强度试验过程?
14. 吸水率试验步骤?
15. 抗冻性试验步骤?
16. 抗压、抗折强度数据处理?

第九节 沥青与沥青混合料

沥青混合料是一种最常用的路面结构材料,它是利用沥青加热后的可塑性使混合料搅拌均匀并易于压实,再利用沥青冷却后的胶结性使混合料成为具有一定稳定性的整体。

沥青混合料按其粗细集料的多少可分为三种组成结构类型:①密实-悬浮结构,粗集料少,不能形成骨架;②骨架-空隙结构,细集料少,不足以填满空隙;③密实-骨架结构,粗集料足以形成骨架,同时,细集料也可以填满骨架间的空隙。其中第三种结构是比较理想的结构。一般在沥青路面结构设计中,至少有一层为密级配沥青混凝土,以防止雨水下渗。

沥青混凝土的基本技术性能:①高温稳定性;②低温抗裂性;③耐久性;④抗滑性。常以各种参数试验来间接反映沥青混凝土的基本技术性能。本教材着重介绍马歇尔稳定度试验、密度试验、饱水率试验、沥青含量试验和矿料级配检验方法。

一、沥青混合料马歇尔稳定度及流值试验

1. 概念

马歇尔稳定度试验是沥青混合料所有试验中最重要的一个试验方法,该试验所确定的稳定度和流值两个指标也是反映沥青混合料性能的最主要的参数。按试验时浸水条件的不同,分为标准马歇尔试验、浸水马歇尔试验和真空饱水马歇尔试验。稳定度是规定条件下试件所能承受的最大荷载,流值是试件在最大荷载时所产生的变形。

(1)本方法适用于标准马歇尔稳定度试验和浸水马歇尔稳定度试验,以进行沥青混合料配合比设计或沥青路面施工质量检测。浸水马歇尔稳定度试验(根据需要,也可进行真空饱水马歇尔试验)供检验沥青混合料受水损害时抵抗剥落的能力时使用,通过测试其水稳定性检验配合比设计的可行性。

(2)本方法适用于标准《公路工程沥青及沥青混合料试验规程》JTJ 052—2000 中《沥青混合料试件制作方法(击实法)》T 0702—2000 制作的标准马歇尔试件和大型马歇尔试件。

2. 检测依据

《公路工程沥青及沥青混合料试验规程》JTJ 052—2000 中《沥青混合料马歇尔稳定度试验》T 0709—2000

3. 仪器设备及环境

(1)标准马歇尔击实仪:由击实锤、ϕ98.5mm 平圆形压实头及导向槽组成。通过机械将击实锤提起,从 453.2±1.5mm 的高度沿导向槽自由落下击实,击实锤重 4536±9g。配套用试模内径 101.6±0.2mm、高 87mm 的圆柱形金属筒;底座;套筒;脱模器。

(2)恒温水浴:精度 1℃,深度不小于 150mm。

(3)马歇尔试验仪:最大荷载不小于 25kN,精度 0.1 kN,加荷速度能保持 50±5mm/min。钢球直径 16mm,上下压头曲率半径为 50.8mm。

(4)烘箱。

(5)天平:感量不大于 0.1g。

(6)真空饱水容器:包括真空泵和真空干燥器。

(7)其他配套器具。

4. 取样及制备要求

取样可在拌合厂及道路施工现场采集热拌沥青混合料或常温沥青混合料,所取试样应有充分的代表性。

(1)取样数量

按检测要求来决定,一般不宜少于试验用量的2倍。具体见表1-73。

沥青混合料取样数量 表1-73

试验项目	目的	最少试样量(kg)	取样量(kg)
马歇尔试验、抽提筛分	施工质量检验	12	20
车辙试验	高温稳定性检验	40	60
浸水马歇尔试验	水稳定性检验	12	20
冻融劈裂试验	水稳定性检验	12	20
弯曲试验	低温性能检验	15	25

根据沥青混合料集料的最大粒径,取样数量应不少于:
①细粒式沥青混合料:4kg;
②中粒式沥青混合料:8kg;
③粗粒式沥青混合料:12kg;
④特粗式沥青混合料:16kg。

另外,当用于仲裁时,取样数量在满足上述要求外,另留一份代表性试样直至仲裁结束。

(2)取样方法

沥青混合料应随机取样,具有充分的代表性。在检查拌合质量时,应一次取样;在评定混合料质量时,必须分几次取样,拌合均匀后作为代表性试样。

在拌合厂取样:宜用专用容器在拌合机卸料斗下方,每放一次料取一次样,连续三次,混合均匀后四分法取适当数量。

在运料车上取样:装料一半时从料堆不同方向的三个不同高度取适量试样,在三辆车上各取一份,混合均匀后四分法取适当数量。

在施工现场取样:摊铺后碾压前在摊铺宽度1/3~1/2位置处全层取样,每铺一车取一次,连取三次,混合均匀后四分法取适当数量。

取样时,应测量温度,准确至1℃。

(3)样品保存与处理

热拌热铺的沥青混合料试样宜在取样后装在保温桶内立即送检,当混合料温度符合要求时,宜立即成型试件。如料温稍低时,应适当加热,尽快成型试件。

当不具备立即送检条件时,在试样冷却到60℃以下后,装在塑料编织袋或盛样桶中,注意防潮防雨淋,且时间不宜太长。

在进行沥青混合料质量检测时,可用微波炉或烘箱适当加热重塑,但只允许加热一次,且时间越短越好,烘箱加热不宜超过4h,工业微波炉加热约5~10min。

(4)样品的标识

取样后,应对所取样品加以适当标识,注明工程名称、路段桩号、沥青混合料种类、取样时样品温度、取样日期、取样人等必要的信息。

(5)标准试件的制作(击实法)

1)方法与数量要求

当混合料中集料的公称最大粒径≤26.5mm时,可直接用来制作试件,一组试件的数量通常为4个;当混合料中集料的公称最大粒径≤31.5mm时,宜将大于26.5mm部分筛除后使用,一组仍为4个,也可直接制作试件,但一组试件的数量增加为6个;当混合料中集料的公称最大粒径>31.5mm时,必须将大于26.5mm部分筛除后使用,一组仍为4个。

2)试件制作

沥青混合料的拌合与击实控制温度见表1-74:针入度小、稠度大的沥青取高限,针入度大、稠度小的沥青取低限,一般取中值。

沥青混合料拌合与击实控制温度(℃) 表1-74

沥青种类	拌合温度	击实温度
石油沥青	130~160	120~150
煤沥青	90~120	80~110
改性沥青	160~175	140~170

将沥青混合料加热至表1-74要求的温度范围,试模、底座、套筒涂油加热至100℃备用。

均匀称取1200g试样,垫上滤纸从四个方向装入试模,用插刀周边插捣15次,中间10次。插捣后将沥青混合料表面整平成凸圆弧面,检查沥青混合料中心温度。

当沥青混合料中心温度符合要求后,将试模连同底座一起移至击实台上固定,表面垫上滤纸,插入击实锤,开启击实仪单面击实75次,击完后,换另一面也击75次。

击实结束后,立即用镊子取掉上下面的滤纸,用卡尺量取试件表面离试模上口的高度并由此算出试件高度,当高度不符合63.5±1.3mm时,该试件作废,并按下式调整沥青混合料的用量。两侧高度差大于2mm时作废重做。

$$G = (H/H_i)G_i \quad (1-212)$$

式中 G——调整后沥青混合料质量(g);
G_i——原用沥青混合料质量(g);
H——试件要求高度63.5mm;
H_i——原试件高度(mm)。

卸去套筒和底座,将带模试件横向放置冷却至室温(不少于12h)后,用脱模器脱出试件,置于干燥洁净处备用。

5. 操作步骤

(1)测量试件的高度,剔除不符合要求的试件。

(2)将恒温水浴调到规定的温度。对于石油沥青混合料或烘箱养生过的乳化沥青混合料为60±1℃;对于煤沥青混合料为33.8±1℃;对于空气养生的乳化沥青或液体沥青混合料为25±1℃。

(3)将试件置于已达规定温度的恒温水浴中保温30~40min,试件之间应有间隔,试件离底板不小于5cm,并应低于水面。

(4)将马歇尔试样仪的上下压头放入水浴或烘箱达到同样温度。取出擦拭干净内壁。导棒上加少量黄油。

(5)将试件取出置于下压头上,盖上上压头,立即移至加载设备上。如上压头与钢球为分离式时,还应在上压头球座上放妥钢球,并对准测力装置的压头。

(6)将位移传感器插入上压头边缘插孔中与下压头上表面接触,开启已调整好零点的自动马歇尔试验仪,试验仪将自动按50±5mm/min的速度加荷,并自动记录荷载-变形曲线和读取马歇尔稳定度和流值,最大荷载值即为该试件的马歇尔稳定度值$MS(kN)$,最大荷载值时所对应的变形即为流值$FL(mm)$。

(7)从恒温水浴中取出试件到测出最大荷载值的时间不得超过30s。

(8)浸水马歇尔试验方法与标准马歇尔试验方法唯一不同之处,是试件在已达规定温度的恒温水浴中保温时间为48h。

(9)真空饱水马歇尔试验方法:

试件先放入真空干燥器中,关闭进水胶管,开动真空泵,使干燥器的真空度达到 98.3kPa (730mmHg)以上,维持 15min,打开进水胶管,靠负压进入冷水流使试件全部浸入水中,浸水 15min 后恢复常压,取出试件再放入已达规定温度的恒温水浴中保温 48h,其余同标准法。

6. 数据处理与结果判定

(1)当采用自动马歇尔试样仪时,直接读记马歇尔稳定度和流值数据,并打印出荷载－变形曲线和马歇尔稳定度和流值数据作为原始记录。(当采用压力环和流值计测定时,根据压力环的标定曲线,将压力环百分表最大读数换算为荷载值即为马歇尔稳定度值,由流值计测得的最大荷载值时所对应的垂直变形即为流值)稳定度 MS 以 kN 计,准确至 0.01kN;流值 FL 以 mm 计,准确至 0.1mm。

(2)试件的马歇尔模数按下式计算:

$$T = MS/FL \tag{1-213}$$

式是 T——马歇尔模数(kN/mm)。

(3)试件的浸水残留稳定度按下式计算:

$$MS_0 = (MS_1/MS) \times 100 \tag{1-214}$$

式中 MS_0——试件的浸水残留稳定度(%);

MS_1——试件的浸水 48h 稳定度(kN)。

(4)试件的真空饱水残留稳定度按下式计算:

$$MS'_0 = (MS_2/MS) \times 100 \tag{1-215}$$

式中 MS'_0——试件的真空饱水残留稳定度(%);

MS_2——试件真空饱水后浸水 48h 稳定度(kN)。

(5)当一组测定值中某个测定值与平均值之差大于标准差的 K 倍时,该测定值应予舍去,并以其余测定值的平均值作为试验结果。当试件数目为 3、4、5、6 时,K 值分别为 1.15、1.46、1.67、1.82。

(6)以试验结果与规程或设计要求相比较,马歇尔稳定度试验结果值≥要求值时为符合要求;流值在规定范围之内时为符合要求。

二、沥青混合料密度试验

密度是单位体积内物质的质量。沥青混合料密度测定分为两种情况:一是马歇尔试件的密度测定;另外是沥青混合料路面钻芯芯样密度测定。规程对于各种沥青混合料规定了四种密度测定方法:①表干法;②水中重法;③蜡封法;④体积法。下面介绍最常用,也是适用性最广的蜡封法。

1. 概念

蜡封法是将被测试件用蜡封起来再测定其密度的一种方法。蜡封法特别适合测定吸水率大于 2% 的沥青混合料试件的毛体积相对密度和毛体积密度,其他大部分沥青混合料也可用本法测定。利用毛体积相对密度可以计算出沥青混合料试件空隙率等其他多项体积指标。

2. 检测依据

《公路工程沥青及沥青混合料试验规程》JTJ 052—2000

《压实沥青混合料密度试验(蜡封法)》T 0707—2000

3. 仪器设备及环境

(1)仪器设备

1)浸水力学天平:量程 5000g,感量不大于 0.5g;或量程 1000～2000g,感量不大于 0.1g。有测量水中重的挂钩、网篮、悬吊装置、溢流水箱。

2)熔点已知的石蜡。

3）冰箱：可保持 4~5℃温度。
4）电炉。
5）秒表。
6）其他：电风扇、铁块、滑石粉、温度计等。

(2) 环境条件

在室内常温下进行。

4. 取样及制备要求

沥青混合料试件的表面不应有杂物和浮粒。

5. 操作步骤

(1) 选取适宜的浸水力学天平，使称量值在量程的 20%~80% 之内。

(2) 称取沥青混合料干燥试件的空中质量 m_a，当试件为钻芯法取得的非干燥试件时，应用电风扇吹干 12h 以上至恒重作为其空中质量，不得用烘干法。

(3) 将试件置于冰箱中，在 4~5℃ 下冷却不少于 30min。

(4) 将石蜡在电炉上熔化并稳定在其熔点以上 5~6℃。

(5) 从冰箱中迅速取出试件立即浸入石蜡液中，至全部表面被石蜡封住后迅速取出试件，在常温下放置 30min，称取蜡封试件的空中质量（m_p）。

(6) 挂上网篮，浸入溢流水箱中，调节水位，将天平调零。将蜡封试件放入网篮浸水约 1min，（无溢流功能的水箱要注意使试件浸水前后水位基本一致）读取水中质量（m_c）。

(7) 如果试件在测定密度后还需要做其他试验时，为便于除去石蜡，可事先在干燥试件表面涂一薄层滑石粉，称取涂滑石粉后的试件质量（m_s），然后再蜡封测定。

(8) 用蜡封法测定时，石蜡对水的相对密度按下列步骤进行：

取一小铁块，称取空中质量（m_g）；再称取铁块的水中质量（m'_g）；待重物干燥后，按上述试件蜡封的步骤将铁块蜡封后测定其空中质量（m_d）和水中质量（m'_d）；

6. 数据处理与结果判定

(1) 按式（1-216）计算石蜡对水的相对密度：

$$\gamma_p = (m_d - m_g)/[(m_d - m'_d) - (m_g - m'_g)] \quad (1-216)$$

(2) 按式（1-217）计算试件的毛体积相对密度（取三位小数）：

$$\gamma_f = m_a/[m_p - m_c - (m_p - m_a)/\gamma_p] \quad (1-217)$$

(3) 试件表面涂滑石粉时按式（1-218）计算试件的毛体积相对密度：

$$\gamma_f = m_a/[m_p - m_c - (m_p - m_s)/\gamma_p - (m_s - m_a)/\gamma_s] \quad (1-218)$$

式中　γ_s——滑石粉对水的相对密度；
m_p——蜡封试件的空气中质量（g）；
m_c——蜡封试件的水中质量（g）；
m_s——涂滑石粉试件空气中质量（g）；
m_g——小铁块的空气中质量（g）；
m'_g——小铁块的水中质量（g）；
m_d——小铁块蜡封后的空气中质量（g）；
m'_d——小铁块蜡封后的水中质量（g）。

(4) 按式（1-219）计算试件的毛体积密度：

$$\rho_f = \gamma_f \times \rho_w \quad (1-219)$$

式中　ρ_f——蜡封法测定的试件毛体积密度（g/cm³）；

ρ_w——常温水的密度,取 1g/cm^3。

(5)按式(1-220)计算试件的空隙率(取一位小数):

$$VV = (1 - \gamma_f/\gamma_t) \times 100 \qquad (1-220)$$

式中 VV——试件的空隙率(%);

γ_f——试件的毛体积相对密度;

γ_t——试件的理论最大相对密度;当实测困难时,可通过下面方法计算而得。

(6)计算试件的理论最大相对密度或理论最大密度,取 3 位小数。

当已知试件的油石比时,试件的理论最大相对密度按式(1-221)计算:

$$\gamma_t = (100 + P_a)/(P_1/\gamma_1 + P_2/\gamma_2 + \cdots + P_n/\gamma_n + P_a/\gamma_a) \qquad (1-221)$$

式中 P_a——油石比(%);

γ_a——沥青的相对密度(25℃/25℃);

$P_1 \cdots P_n$——各种矿料占矿料总质量的百分率(%);

$\gamma_1 \cdots \gamma_n$——各种矿料对水的相对密度。

当已知试件的沥青含量时,试件的理论最大相对密度按式(1-222)计算:

$$\gamma_t = 100/(P'_1/\gamma_1 + P'_2/\gamma_2 + \cdots + P'_n/\gamma_n + P_b/\gamma_a) \qquad (1-222)$$

式中 P_b——沥青含量(%);

$P'_1 \cdots P'_n$——各种矿料占混合料总质量的百分率(%)。

试件的理论最大密度按式(1-223)计算:

$$\rho_t = \gamma_t \times \rho_w \qquad (1-223)$$

(7)试件中沥青的体积百分率按式(1-224)计算(取一位小数):

$$VA = P_b \times \gamma_f/\gamma_a \qquad (1-224)$$

(8)试件中矿料间隙率按式(1-225)、式(1-226)计算(取一位小数):

采用计算理论最大相对密度时:

$$VMA = VA + VV \qquad (1-225)$$

采用实测理论最大相对密度时:

$$VMA = (1 - P_s \times \gamma_f/\gamma_{sb}) \times 100 \qquad (1-226)$$

式中 P_s——沥青混合料中总矿料所占百分率(%);

γ_{sb}——全部矿料对水的平均相对密度,按式(1-227)计算:

$$\gamma_{sb} = 100/(P_1/\gamma_1 + P_2/\gamma_2 + \cdots + P_n/\gamma_n) \qquad (1-227)$$

(9)试件的沥青饱和度按式(1-228)计算(取一位小数):

$$VFA = VA/(VA + VV) \times 100 \qquad (1-228)$$

(10)试件中粗集料骨架间隙率按式(1-229)计算(取一位小数)。

$$VCA_{mix} = (1 - P_{ca} \times \gamma_f/\gamma_{ca}) \times 100 \qquad (1-229)$$

式中 VCA_{mix}——沥青混合料中粗集料骨架之外的体积(通常指小于 4.75mm 集料、矿粉、沥青及空隙)占总体积的比例(%);

P_{ca}——沥青混合料中粗集料的比例($P_{ca} = P_s \times PA_{4.75}$),为矿料中 4.75mm 筛余量(%);

γ_{ca}——矿料中所有粗集料部分对水的合成毛体积密度,可按式(1-230)计算:

$$\gamma_{ca} = (P_{1c} + \cdots + P_{nc})/(P_{1c}/\gamma_1 + \cdots + P_{nc}/\gamma_n) \qquad (1-230)$$

三、沥青混合料中沥青含量试验

沥青混合料中沥青含量表示沥青混合料中沥青质量占沥青混合料总质量的百分率。而另一常用表示法——油石比则表示沥青混合料中沥青质量占沥青混合料中矿料总质量的百分率。规程对于沥青混合料规定了四种沥青含量测定方法：①射线法；②离心分离法；③回流式抽提仪法；④脂肪抽提器法。下面介绍最常用离心分离法。

1. 概念

离心分离法测定沥青混合料中沥青含量是先用溶剂将沥青混合料中的沥青溶解，再通过离心分离的方法把已溶解的沥青与矿料分离开来，从而测定沥青含量的一种方法。本方法适用于热拌热铺沥青混合料路面施工时的沥青含量检测，以评定沥青混合料质量。

2. 检测依据

《公路工程沥青及沥青混合料试验规程》JTJ 052—2000 中的《沥青混合料中沥青含量试验（离心分离法）》T 0722—1993

3. 仪器设备及环境

（1）仪器设备：

1）离心抽提仪：由试样容器及转速不小于 3000r/min 的离心分离器组成，分离器备有滤液出口，容器盖与容器之间用耐油的圆环形滤纸密封。

2）圆环形滤纸。

3）天平。

4）烘箱。

5）三氯乙烯：工业用。

6）回收瓶。

7）量筒。

（2）环境条件：

在室内常温下进行，必须安装排风设备，以减少三氯乙烯对操作人员身体的损害。

4. 取样及制备要求

（1）如果试样是热料，应放在金属盘中适当拌合，待沥青混合料温度冷却到 100℃ 以下备用。

（2）如果试样是冷料，应放在金属盘中，置于烘箱中适当加热成松散状后取样，但不得用锤击以防集料破碎。

（3）如果试样是湿料，应先用电风扇将样品完全吹干，再烘热取样。

（4）用装料盆称取 1000~1500g 沥青混合料试样 m（粗、中、细粒式分别取上中下限），准确至 0.1g。

5. 操作步骤

（1）将称取好的试样放入离心抽提仪中的容器内，黏在装料盆上的沥青应用三氯乙烯溶剂洗入容器，注入三氯乙烯溶剂将试样浸没，浸泡 30min，期间用玻璃棒适当搅拌混合料，使沥青充分溶解，玻璃棒上如有黏附物应在容器中洗净。

（2）称量洁净干燥的圆环形滤纸质量 m_{00}，准确至 0.01g（滤纸不宜多次反复使用，破损者不得使用，有石粉黏附时应用毛刷清除干净）。

（3）将滤纸填在容器边缘，加盖紧固，在分离器滤液出口处放上回收瓶，上口应注意密封，防止流出液成烟雾状散失。

（4）开启离心抽提仪，使转速逐渐增加到 3000r/min，待沥青溶液流出停止后停机。

（5）从上盖的中孔中加入三氯乙烯溶剂，每次量大体相当，稍停 3~5min，重复上述操作，如此数次直至流出的抽提液成清澈的淡黄色为止。

（6）卸下上盖，取下圆环形滤纸，在通风橱或室内空气中蒸发干燥，然后放入 105±5℃ 的烘箱中烘干，称取其质量 m_{01}，其增重部分 $m_2 = (m_{01} - m_{00})$ 为矿粉的一部分。

(7) 将容器中的集料仔细取出,在通风橱或室内空气中适当蒸发后放入 105±5℃ 的烘箱中烘干(一般需 4h),然后放入大干燥器中冷却至室温,称取集料质量 m_1。

(8) 用过滤法或燃烧法测定漏入滤液中的矿粉。

1) 过滤法:称滤纸原重 m_{02},用压力过滤器过滤回收瓶中的沥青溶液,称滤纸烘干重 m_{03},则滤液中的矿粉 $m_3 = (m_{03} - m_{02})$。

2) 燃烧法:将回收瓶中的沥青抽提溶液全部倒入量筒,准确定量 V_a 至 mL。充分搅匀抽提液,吸取 10mL(V_b)放入坩埚中,在热浴上适当加热使抽提液试样变成暗黑色后,置于 500~600℃ 的高温炉中烧成残渣,取出坩埚冷却。再向坩埚中按每 1g 残渣 5mL 的比例注入碳酸胺饱和溶液,静置 1h,放入 105±5℃ 的烘箱中烘干。取出在干燥器中冷却,称取残渣质量 m_4,准确至 1mg。

6. 数据处理与结果判定

(1) 沥青混合料中矿料的总质量按式(1-231)计算:

$$m_a = m_1 + m_2 + m_3 \tag{1-231}$$

式中 m_a——沥青混合料中矿料的总质量(g);

m_1——容器中留下的集料质量(g);

m_2——圆环形滤纸试验前后的增重(g);

m_3——漏入抽滤液中的矿粉质量(g);当用燃烧法时,$m_3 = m_4 \times V_a / V_b$。 (1-232)

(2) 沥青混合料的沥青含量按式(1-233)计算:

$$P_b = (m - m_a)/m \tag{1-233}$$

式中 P_b——沥青混合料的沥青含量(%);

m——沥青混合料的总质量(g);

m_a——沥青混合料中矿料的总质量(g)。

(3) 沥青混合料的油石比按式(1-234)计算:

$$P_a = (m - m_a)/m_a \tag{1-234}$$

式中 P_a——沥青混合料的油石比(%)。

注:验收规程中所说的沥青用量即为油石比。

(4) 同一沥青混合料试样至少做两次平行试验,取其平均值作为试验结果。两次试验值之差应不大于 0.3%,当大于 0.3% 但不大于 0.5% 时,应补充平行试验一次,并以三次试验值的平均值作为试验结果,三次试验的最大值与最小值之差不得大于 0.5%。

(5) 以沥青含量试验结果与验收规程中该级别的沥青混合料的沥青含量要求范围相比较,在要求范围之内为符合要求。

四、沥青混合料的矿料级配

1. 概念

沥青混合料的性能与沥青混合料中的矿料级配有很大的关系,只有颗粒级配适当的矿料,才能获得既经济又性能良好的沥青混合料。沥青混凝土路面施工与验收规程中对各种类型的沥青混合料中的矿料级配范围作出了规定,特别对 0.075mm、2.36mm、4.75mm 三个筛上的矿料通过量要求更严。沥青混合料的矿料级配检验是评定沥青混合料质量的重要指标之一。沥青混合料的矿料级配检验一般随同沥青混合料沥青含量试验同时进行。

2. 检测依据

《公路工程沥青及沥青混合料试验规程》JTJ 052—2000

《沥青混合料的矿料级配检验方法》T 0725—2000

3. 仪器设备及环境

(1) 仪器设备

1) 标准筛:孔径尺寸为53.0mm、37.5mm、31.5mm、26.5mm、19.0mm、16.0mm、13.2mm、9.5mm、4.75mm、2.36mm、1.18mm、0.6mm、0.3mm、0.15mm、0.075mm的标准筛系列中,根据沥青混合料级配选用相应的筛号,必须有密封圈、盖和底。

2) 天平:感量不大于0.1g。

3) 摇筛机。

4) 烘箱:有温度自动控制器。

5) 其他工具:样品盘、毛刷等。

(2) 环境条件

在室内常温下进行。

4. 取样及制备要求

同沥青混合料沥青含量试样中要求。

5. 操作步骤

(1) 将沥青混合料经沥青含量抽提试验后的全部矿质混合料放入样品盘中,置于105±5℃的烘箱中烘干,冷却至室温,称重,准确至0.1g。

(2) 按所检沥青混合料类型,选取全部或部分需要筛孔的标准筛,至少应包括0.075mm、2.36mm、4.75mm和集料公称最大粒径四个筛孔孔径的标准筛,加上筛底筛盖,按上大下小的顺序排成套筛,安装在摇筛机上。

(3) 将抽提试验后的全部矿料试样倒入最上层筛内,盖上筛盖,拧紧摇筛机,开动摇筛机摇动10min。

(4) 取下套筛后,按大小顺序,在一清洁的浅盘上,再逐个进行手筛。手筛时可用手轻轻拍击筛框并经常转动筛,直至每分钟筛出量不超过试样总量的0.1%为止,筛下的颗粒并入下一号筛上的样品中。对于0.075mm筛,也可以根据需要参照《公路工程集料试验规程》JTJ 058—2000的筛分方法,采用水筛法或对同一种混合料适当进行几次干筛和水筛的对比试验后,对0.075mm筛的通过率进行适当的换算和修正。

(5) 称量各筛上筛余颗粒的质量,准确到0.1g。并将沾在滤纸、棉花上的矿粉及抽提液中的矿粉计入通过0.075mm筛的矿粉中。所有各筛的分计筛余量和底盘中剩余质量的总和与筛分前试样总质量之差不得超过总质量的1%。

6. 数据处理与结果判定

(1) 试样的分计筛余百分率按式(1-235)计算:

$$P_i = (m_i/m) \times 100 \tag{1-235}$$

式中 P_i——第i级试样筛上的分计筛余百分率(%),准确至0.1%;

m_i——第i级试样筛上的颗粒质量(g);

m——试样的质量(g)。

(2) 累计筛余百分率等于该号筛上的分计筛余百分率与孔径大于该筛的各筛上的分计筛余百分率之和,准确至0.1%。即:

$$L_i = P_i + P_{i+1} + \cdots\cdots + P_{i+n} \tag{1-236}$$

式中 L_i——第i级试样筛上的累计筛余百分率(%),准确至0.1%;

P_{i+1}——比i级大一号的试样筛上的分计筛余百分率(%);

P_{i+n}——最大号试样筛上的分计筛余百分率(%)。

(3) 通过筛分百分率:等于100减去该筛号上的累计筛余百分率,准确至0.1%。即:

$$T_i = 100 - L_i \tag{1-237}$$

式中　T_i——第i级通过试样筛上的筛分百分率(%)准确至0.1%。

(4)同一混合料取两个试样做两次平行试验,取平均值作为试验结果。

(5)以通过各筛的筛分百分率与规范要求范围相比较,来评定该沥青混合料中矿料的颗粒组成。

(6)有条件时,以筛孔尺寸为横坐标,以通过各筛的筛分百分率为纵坐标,绘制矿料组成级配曲线,可以更直观地评价试样的颗粒组成。

五、沥青混合料弯曲试验简介 JTJ 052—2000

1. 目的与适用范围

(1)本方法适用于测定热拌沥青混合料在规定温度和加载速度时弯曲破坏的力学性能。试验温度和加载速度按有关规定和需要选用,如无特殊规定,一般采用试验温度为:15±0.5℃。当用于评价沥青混合料低温拉伸性能时,试验温度应为-10±0.5℃,加载速度宜为50mm/min。采用的试验温度和加载速度应注明。

(2)本方法适用于有轮碾成型后切制的长250±2.0mm,宽30±2.0mm,高35±2.0mm的棱柱体小梁,其跨径为200±0.5mm,若采用其他尺寸应予以注明。

2. 试验方法

(1)试件制作:先用轮碾法制作300mm×300mm×50mm的沥青混合料板块,冷却后再用切割机将板块切割成所要求尺寸的棱柱体小梁。

(2)量取棱柱体小梁跨中及两支点处的断面尺寸,当两支点断面高度或宽度之差超过2mm时,试件应作废。跨中断面的宽度为b,高度为h,取相对两侧的平均值,准确至0.1mm。

(3)将试件置于规定温度的恒温水槽中保温45min或恒温空气浴中3h以上,直至试件内部温度达到要求的试验温度±0.5℃为止。

(4)将试件取出,立即对称安放在支座上,试件上下方向与试件成型时方向一致。

(5)选择适当的试验机量程,安装位移计,连接数据采集系统。

(6)开动万能机以规定的速度在跨中施加集中荷载,直至破坏。记录仪同时记录下荷载——跨中挠度的曲线。

(7)当试验机无环境保温箱时,自试件从恒温处取出至试验结束的时间应不超过45s(当加荷速度不小于50mm/min时,可不用环境保温箱)。

3. 计算

(1)抗弯拉强度R_B按式(1-238)计算:

$$R_B = 3LP_B/2bh^2 \tag{1-238}$$

式中　P_B——试件破坏时的最大荷载(N);
　　　L——试件的跨径(mm);
　　　b——试件的跨中断面宽度(mm);
　　　h——试件的跨中断面高度(mm)。

(2)试件破坏时的最大弯拉应变ε_B按式(1-239)计算:

$$\varepsilon_B = 6hd/L^2 \tag{1-239}$$

式中　d——试件破坏时的跨中挠度(mm)。

(3)试件破坏时的弯曲劲度模量S_B(MPa):

$$S_B = R_B/\varepsilon_B \tag{1-240}$$

(4)一组试件可以为3~6个试件,当其中某个数据与平均值之差大于其标准差的k倍时,该测定值应予以舍弃,并以其余测定值的平均值作为试验结果。试件数为3~6个时的k值分别为

1.15、1.46、1.67、1.82。

六、沥青混合料劈裂试验简介 JTJ 052—2000

1. 目的与适用范围

（1）本方法适用于测定热拌沥青混合料在规定温度和加载速度时劈裂破坏或处于弹性阶段时的力学性能，也可供沥青路面结构设计选择沥青混合料力学设计参数及评价沥青混合料低温抗裂性能时使用。试验温度和加载速度可由当地气候条件根据试验目的或有关规定选用，但试验温度不得高于30℃，如无特殊规定，宜采用试验温度 15±0.5℃，加载速度 50mm/min；当用于评价沥青混合料低温抗裂性能时，宜采用试验温度 -10±0.5℃，加载速度 1mm/min。

（2）本方法测定时采用沥青混合料的泊松比 μ 值如表1-75，其他试验温度时由内插法确定。本方法也可由试验实测的垂直变形及水平变形计算实际的 μ 值，但其必须在 0.2~0.5 之间。

劈裂试验使用的泊松比 μ 值　　　　　　　表1-75

试验温度℃	≤10	15	20	25	30
泊松比 μ 值	0.25	0.3	0.35	0.4	0.45

（3）本方法采用的圆柱体试件应符合下列条件：

1）最大粒径不超过 26.5mm 时，采用马歇尔标准击实试件即直径 101.6±0.25mm，高度 63.5±1.3mm。

2）从轮碾成型的板块上或从现场沥青路面上钻取的直径为 100±2mm 或 150±2.5mm，高度 40±5mm 的圆柱体试件。

2. 试验方法

（1）准备工作

1）按规定制作圆柱体试件。

2）测定试件的直径和高度，准确至 0.1mm，在试件两侧通过圆心画上对称的十字标记。

3）将试件置于规定温度 ±0.5℃ 的恒温水槽中保温不少于 1.5h。当为恒温空气浴时不少于 6h，直至试件内部温度达到要求的试验温度 ±0.5℃ 为止。

4）将试验机环境保温箱调至要求的试验温度，当加荷速度不小于 50mm/min 时可不用环境保温箱。

（2）试验步骤

1）从恒温环境中取出试件，迅速置于试验台的夹具中安放稳定，其上下均安放有圆弧形压条，与侧面的十字画线对准，上下压条应居中平行。

2）迅速安装试件变形测量装置，水平变形测量装置应对准水平轴线并位于中央位置，垂直变形测量装置的支座与试验机下支座固定，上端支于上支座上。

3）连接好记录仪，选择好量程和记录走纸速度。

4）开动试验机，使压头与上下压条（劈裂夹具中下压条固定，上压条可上下自由移动，压条形状如图 1-75）刚接触，荷载不超过 30N，迅速将记录仪调零。

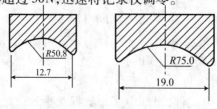

图 1-75　压条形状

5)启动试验机,以规定的加荷速度向试件加荷劈裂直至破坏。记录仪同时记录下荷载及水平位移(或还有垂直位移)。

6)当试验机无环境保温箱时,自试件从恒温处取出至试验结束的时间应不超过45s。

(3)数据读取

在应力-应变曲线图中,以直线段的延长线与应变轴的交点为原点,取应力峰值为最大荷载值 P_T,峰值与原点的应变差为最大变形(X_T 或 Y_T)。

3. 计算

(1)小试件劈裂抗拉强度 R_T 按式(1-241)计算:

$$R_T = 0.006287 P_T / h \quad (1-241)$$

式中 P_T——最大试验荷载值(N);

h——试件的高度(mm)。

(2)大试件劈裂抗拉强度 R_T 按式(1-242)计算:

$$R_T = 0.00425 P_T / h \quad (1-242)$$

(3)泊松比 μ 按式(1-243)计算:

$$\mu = (0.1350A - 1.7940)/(-0.5A - 0.0314) \quad (1-243)$$

式中 A——试件垂直变形与水平变形的比值($A = Y_T/X_T$)。

(4)破坏拉伸应变 ε_B 按式(1-244)计算:

$$\varepsilon_B = X_T(0.0307 + 0.0936\mu)/(1.35 + 5\mu) \quad (1-244)$$

(5)破坏劲度模量 S_T 按式(1-245)计算:

$$S_T = R_T(0.27 + 1.0\mu)/(h \times X_T) \quad (1-245)$$

(6)一组试件可以为3~6个试件,当其中某个数据与平均值之差大于其标准差的 k 倍时,该测定值应予舍弃,并以其余测定值的平均值作为试验结果。试件数为3~6个时的 k 值分别为1.15、1.46、1.67、1.82。

七、沥青混合料车辙试验

1. 概念

(1)本方法适用于测定沥青混合料的高温抗车辙能力。所谓车辙就是车轮滚压沥青混合料面层所产生的变形,车辙试验结果以动稳定度表示。

(2)车辙试验的试验温度与轮压可根据有关规定和需要选用,为无注明,试验温度为60℃,轮压为0.7MPa。根据需要,如在寒冷地区也可采用45℃,在高温条件下采用70℃等,但应在报告中注明。计算动稳定度的时间原则上在试验开始后45~60min之间。

(3)本方法适用于按T0703用轮碾成型机碾压成型的尺寸为300mm×300mm×50mm的板块状试件,也适用于现场切割制作的尺寸为300mm×150mm×50mm的板块状试件。根据需要,试件厚度也可采用40mm。

2. 检测依据

《公路工程沥青及沥青混合料试验规程》JTJ 052—2000 中《沥青混合料车辙试验》T 0719—2000

《沥青混合料试件制作方法(轮碾法)》T 0703—1993

3. 仪器设备及环境

(1)车辙试验机:主要由下列部件组成:

1)试件台:可牢固固定两种宽度(300mm及150mm)的规定尺寸试件的工作台。

2)试验轮:橡胶制的实心轮胎,外径 ϕ200mm,轮宽50mm,橡胶层厚15mm。橡胶硬度(国际标准硬度)20℃时为84±4,60℃时为78±2。试验轮行走距离为230±10mm,往返碾压速度为42±1次/min(即21次往返/min)。可采用轮动台不动或台动轮不动中任一方式。

3)加载装置:使试验轮与试件的接触压强在60℃时为0.7±0.05MPa,施加的总荷载为78kg左右,根据需要可以调整。

4)试模:试验室制作试件时使用。钢板制成,由底板及侧板组成,试模内侧尺寸为300mm×300mm×50mm。

5)变形测量装置:自动检测车辙变形并记录曲线的装置,通常用LVDT、电测百分表或非接触位移计。

6)温度测量装置:自动检测并记录试件表面及恒温室内温度的温度传感器、温度计,精度0.5℃。

(2)恒温室:车辙试验机必须整机安装在恒温室内,装有自动温度控制设备,能保持恒温室温度在60±1℃(试件内部温度60±0.5℃),根据需要也可设置为其他需要的温度。用于试件保温并进行试验。温度应能自动连续记录。

(3)台秤:量程15kg,感量不大于5g。

4. 取样及制样要求

(1)取代表性沥青混合料试样,来样应有保温措施,尽量在料温下降至成型温度前送到试验室制作试件,温度稍有不足可在烘箱或热砂浴上加热至规定温度保温备用(时间不宜超过30min)。常温沥青混合料不需要加热保温。

(2)将预热的试模从烘箱中取出,装上试模框架,在试模中铺一张裁好的报纸,使底面及侧面均被纸隔离。称取沥青混合料试样(一块试件的用料量由其体积乘以密度再乘以1.03求得),用小铲稍加拌合后均匀地沿试模由边到中旋转装入试模,中部略高于四周。

(3)取下试模框架,用预热的小型击实锤由边到中旋转夯实一遍,整平成凸圆弧形。

(4)插入温度计,待混合料稍冷至规定压实温度时,在表面铺一张裁好的报纸。

(5)当用轮碾机碾压时,宜先将碾压轮预热至100℃左右(如不预热应铺牛皮纸)。然后将装好料的试模置于轮碾机的碾压平台上,轻轻放下碾压轮,调整总荷载为9kN(线荷载300N/cm)。

(6)启动轮碾机,先在一个方向碾压两个往返,卸荷,再抬起碾压轮,将试模调转方向,放下碾压轮,碾压至马歇尔标准密实度100%±1%为止。正式碾压前应经试压,以决定碾压次数。一般12个往返可达到要求。

(7)碾压完成后,揭去表面纸,用粉笔在试件表面标明碾压方向。

(8)将带压实试件试模置于常温下冷却至少12h后方可脱模。对于聚合物改性沥青混合料,放置时间以48h为宜,使聚合物改性沥青充分固化后方可进行车辙试验,但放置时间也不得超过一周。

5. 操作步骤

(1)将试件连同试模一起,置于已达试验温度60±1℃的恒温室中保温不少于5h,也不得多于25h。在试件表面试验轮不行走的部位上,粘贴一个热电偶温度计,控制试件温度在60±0.5℃。

(2)将试件连同试模一起置于车辙试验机的试验台上,试验轮在试件的中央部位,其行走方向须与试件碾压或行走方向一致。开启车辙变形自动记录仪,然后启动车辙试验机,使试验轮往返行走,时间约1h,或最大变形达到25mm为止。试验时,记录仪自动记录变形曲线(图1-76)及试件温度。

注:对300mm宽且试验时变形较小的试件,也可在一块试件两侧1/3位置上进行两次试验取平均值。

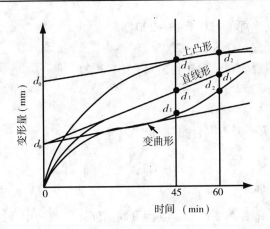

图1-76 车辙试验自动记录的变形曲线

6.数据处理与结果判定

(1)确定 t_1、t_2、d_1、d_2。

从图1-76上读取 $45\min(t_1)$ 及 $60\min(t_2)$ 时的车辙变形 d_1 及 d_2,准确至0.01mm。

当变形过大,在未到60min变形已达25mm时,以变形达到25mm(d_2)时的时间为 t_2,将其前15min的时间定为 t_1,此时的变形量为 d_1。

(2)沥青混合料试件的动稳定度按式(1-246)计算:

$$DS = [(t_2 - t_1) \times N]/(d_2 - d_1) \times C_1 \times C_2 \qquad (1-246)$$

式中 DS——沥青混合料试件的动稳定度,(次/mm);

$\quad d_1$——对应于时间 t_1 的变形量(mm);

$\quad d_2$——对应于时间 t_2 的变形量(mm);

$\quad C_1$——试验机类型修正系数,采用曲柄连杆驱动试件的变速行走方式为1.0,链驱动试验轮的等速方式为1.5;

$\quad C_2$——试件系数,宽300mm的试件为1.0,宽150mm的试件为0.8;

$\quad N$——试验轮往返碾压速度,通常为42次/min。

(3)同一沥青混合料或同一路段的路面,至少平行试验3个试件,当3个试件的动稳定度变异系数小于20%时,取其平均值作为试验结果。变异系数大于20%时应分析原因,并追加试验。Ⅳ计算动稳定度值大于6000次/mm时,记作">6000次/mm"。

(4)试验报告应注明试验温度、试验轮接地压强、试件密度、空隙率及制作方法等。

(5)精密度或允许差。

重复性试验动稳定度变异系数的允许差为20%。

八、沥青混合料配合比设计

1.概念

(1)本节介绍热拌沥青混合料、SMA(即沥青玛琋脂碎石混合料)及OGFC(即大空隙开级配排水式沥青磨耗层)的设计方法。

(2)沥青混合料配合比设计的目的是在类型和性能满足规范要求的基础上尽量做到经济合理。

(3)沥青混合料配合比设计分三个阶段:目标配合比设计、生产配合比设计和生产配合比验证。

2.设计依据

《公路沥青路面施工技术规范》JTGF 40—2004
《公路工程集料试验规程》JTGE 42—2005
《公路工程沥青及沥青混合料试验规程》JTJ 052—2000

3. 仪器设备及环境

(1) 仪器设备

1) 试验室用浸水力学天平沥青混合料拌合机；

2) 马歇尔击实仪；

3) 马歇尔稳定度仪；

4) 浸水力学天平；

5) 沥青运动黏度计：毛细管黏度计或赛波特重油黏度计；

6) 烘箱；

7) 电子秤；

8) 其他配套工具。

(2) 环境条件：

在室内常温下进行。

4. 取样及准备工作要求

(1) 取足量的代表性原材料，所有矿料烘干备用。

(2) 确定制作沥青混合料试件的拌合与压实温度。

1) 用毛细管黏度计测定沥青的运动黏度，绘制黏度温度曲线。当使用石油沥青时以运动黏度为 $170 \pm 20 mm^2/s$ 时的温度为拌合温度；以运动黏度为 $280 \pm 30 mm^2/s$ 时的温度为压实温度。也可用赛波特重油黏度计测定赛波特黏度，以 $85 \pm 10s$ 时的温度为拌合温度，以 $140 \pm 15s$ 时的温度为压实温度。

2) 当缺乏运动黏度测定条件时，试件的拌合与压实温度可按表 1-76 选用，并根据沥青品种和标号作适当调整。针入度小、稠度大的沥青取高限，针入度大、稠度小的沥青取低限，一般取中值。

沥青混合料拌合与压实温度参考表　　　　　　　　　　　　表 1-76

沥青种类	拌合温度(℃)	压实温度(℃)	沥青种类	拌合温度(℃)	压实温度(℃)
石油沥青	130~160	120~150	煤沥青	90~120	80~110

(3) 测定各矿料的表观密度，并测定沥青的密度。

5. 热拌沥青混合料配合比设计方法

(1) 一般规定

1) 本方法适用于密级配沥青混凝土及沥青稳定碎石混合料。

2) 热拌沥青混合料的配合比设计应通过目标配合比设计、生产配合比设计及生产配合比验证三个阶段，确定沥青混合料的材料品种及配比、矿料级配、最佳沥青用量。规范采用马歇尔试验配合比设计方法。如采用其他方法设计沥青混合料时，应按规范规定进行马歇尔试验及各项配合比设计检验，并报告不同设计方法的试验结果。

3) 热拌沥青混合料的目标配合比设计宜如图 1-77 所示框图的步骤进行。

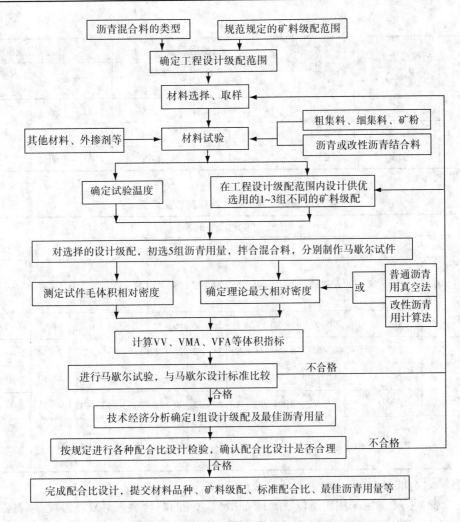

图 1-77 密级配沥青混合料目标配合比设计流程图

4) 配合比设计的试验方法必须遵照现行试验规程的方法执行。混合料拌合必须采用小型沥青混合料拌合机进行。混合料的拌合温度和试件制作温度应符合规范的要求。

5) 生产配合比设计可参照本方法规定的步骤进行。

(2) 确定工程设计级配范围

1) 沥青路面工程的混合料设计级配范围由工程设计文件或招标文件规定,密级配沥青混合料的设计级配宜在表 1-77、表 1-78 规定的级配范围内,根据公路等级、工程性质、气候条件、交通条件、材料品种,通过对条件大体相当的工程的使用情况进行调查研究后调整确定,必要时允许超出规范级配范围。密级配沥青稳定碎石混合料可直接以规范规定的级配范围作工程设计级配范围使用。经确定的工程设计级配范围是配合比设计的依据,不得随意变更。

粗型和细型密级配沥青混凝土的关键性筛孔通过率　　　　　表 1-77

混合料类型	公称最大粒径(mm)	用以分类的关键性筛孔(mm)	粗型密级配 名称	粗型密级配 关键性筛孔通过率(%)	细型密级配 名称	细型密级配 关键性筛孔通过率(%)
AC-25	26.5	4.75	AC-25C	<40	AC-25F	>40
AC-20	19	4.75	AC-20C	<45	AC-20F	>45

续表

混合料类型	公称最大粒径（mm）	用以分类的关键性筛孔（mm）	粗型密级配 名称	粗型密级配 关键性筛孔通过率(%)	细型密级配 名称	细型密级配 关键性筛孔通过率(%)
AC-16	16	2.36	AC-16C	<38	AC-16F	>38
AC-13	13.2	2.36	AC-13C	<40	AC-13F	>40
AC-10	9.5	2.36	AC-10C	<45	AC-10F	>45

密级配沥青混凝土混合料矿料级配范围　　　　表 1-78

级配类型		通过下列筛孔(mm)的质量百分率(%)											
		31.5	26.5	19	16	13.2	9.5	4.75	2.36	1.18	0.6	0.3	0.15	0.075
粗粒式	AC-25	100	90~100	75~90	65~83	57~76	45~65	24~52	16~42	12~33	8~24	5~17	4~13	3~7
中粒式	AC-20		100	90~100	78~92	62~80	50~72	26~56	16~44	12~33	8~24	5~17	4~13	3~7
中粒式	AC-16			100	90~100	76~92	60~80	34~62	20~48	13~36	9~26	7~18	5~14	4~8
细粒式	AC-13				100	90~100	68~85	38~68	24~50	15~38	10~28	7~20	5~15	4~8
细粒式	AC-10					100	90~100	45~75	30~58	20~44	13~32	9~23	6~16	4~8
砂粒式	AC-5						100	90~100	55~75	35~55	20~40	12~28	7~18	5~10

2）调整工程设计级配范围宜遵循下列原则：

①首先按表 1-77 确定采用粗型（C 型）或细型（F 型）的混合料。对夏季温度高、高温持续时间长，重载交通多的路段，宜选用粗型密级配沥青混合料（AC-C 型），并取较高的设计空隙率。对冬季温度低、且低温持续时间长的地区，或者重载交通较少的路段，则宜选用细型密级配沥青混合料（AC-F 型），并取较低的设计空隙率。

②为确保高温抗车辙能力，同时兼顾低温抗裂性能的需要。配合比设计时宜适当减少公称最大粒径附近的粗集料用量，减少 0.6mm 以下部分细粉的用量，使中等粒径集料较多，形成 S 型级配曲线，并取中等或偏高水平的设计空隙率。

③确定各层的工程设计级配范围时应考虑不同层位的功能需要，经组合设计的沥青路面应能满足耐久、稳定、密水、抗滑等要求。

④根据公路等级和施工设备的控制水平，确定的工程设计级配范围应比规范级配范围窄，其中 4.75mm 和 2.36mm 通过率的上下限差值宜小于 12%。

⑤沥青混合料的配合比设计应充分考虑施工性能，使沥青混合料容易摊铺和压实，避免造成严重的离析。

(3) 材料选择与准备

1）配合比设计的各种矿料必须按现行《公路工程集料试验规程》JTGE 42—2005 规定的方法，从工程实际使用的材料中取代表性样品。进行生产配合比设计时，取样至少应在干拌 5 次以后进行。

2）配合比设计所用的各种材料必须符合气候和交通条件的需要。其质量应符合《公路土工试验规程》JTGE 40—2007 第 4 章规定的技术要求。当单一规格的集料某项指标不合格，但不同粒径规格的材料按级配组成的集料混合料指标能符合规范要求时,允许使用。

(4)矿料配比设计

1)高速公路和一级公路沥青路面矿料配合比设计宜借助电子计算机的电子表格用试配法进行。其他等级公路沥青路面也可参照进行。

2)矿料级配曲线按《公路工程沥青及沥青混合料试验规程》JFJ 052—2000 中《乳化沥青浆封层混合料湿轮磨耗试验》T0 725 的方法绘制(图 1-78)。以原点与通过集料最大粒径100%的点的连线作为沥青混合料的最大密度线见表 1-79、表 1-80。

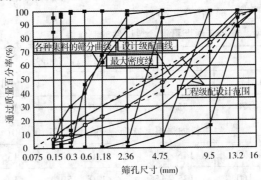

图 1-78 矿料级配曲线示例

泰勒曲线的横坐标　　　　　　　　　　　　　　　　　　　　　　　表 1-79

d_i	0.075	0.15	0.3	0.6	1.18	2.36	4.75	9.5
$x = d_i^{0.45}$	0.312	0.426	0.582	0.795	1.077	1.472	2.016	2.754
d_i	13.2	16	19	26.5	31.5	37.5	53	63
$x = d_i^{0.45}$	3.193	3.482	3.762	4.370	4.723	5.109	5.969	6.452

矿料级配设计计算表示例　　　　　　　　　　　　　　　　　　　　表 1-80

筛孔 (mm)	10~20 (%)	5~10 (%)	3~5 (%)	石屑 (%)	黄砂 (%)	矿粉 (%)	消石灰 (%)	合成级配	工程设计级配范围		
									中值	下限	上限
16	100	100	100	100	100	100	100	100.0	100	100	100
13.2	88.6	100	100	100	100	100	100	96.7	95	90	100
9.5	16.6	99.7	100	100	100	100	100	76.6	70	60	80
4.75	0.4	8.7	94.9	100	100	100	100	47.7	41.5	30	53
2.36	0.3	0.7	3.7	97.2	87.9	100	100	30.6	30	20	40
1.18	0.3	0.7	0.7	67.8	62.2	100	100	22.8	22.5	15	30
0.6	0.3	0.7	0.5	40.5	46.4	100	100	17.2	16.5	10	23
0.3	0.3	0.7	0.5	30.2	3.7	99.8	99.2	9.5	12.5	7	18
0.15	0.3	0.7	0.5	20.6	3.1	96.2	97.6	8.1	8.5	7	12
0.075	0.2	0.6	0.5	4.2	1.9	84.7	95.6	5.5	6	4	8
配合比	28	26	14	12	15	3.3	1.7	100.0	—	—	—

3)对高速公路和一级公路,宜在工程设计级配范围内计算 1~3 组粗细不同的配比,绘制设计级配曲线,分别位于工程设计级配范围的上方、中值及下方。设计合成级配不得有太多的锯齿形交错,且在 0.3~0.6mm 范围内不出现"驼峰"。当反复调整不能满意时,宜更换材料设计。

4)根据当地的实践经验选择适宜的沥青用量,分别制作几组级配的马歇尔试件,测定 VMA,初选一组满足或接近设计要求的级配作为设计级配。

(5)马歇尔试验

1)配合比设计马歇尔试验技术标准按《公路沥青路面施工技术规范》JTGF 40—2004 中热拌沥青混合料路面规定执行。

2)沥青混合料试件的制作温度按《公路沥青路面施工技术规范》JTGF 40—2004 规定的方法确定,并与施工实际温度相一致,普通沥青混合料如缺乏黏温曲线时可参照表 1-81 执行,改性沥青混合料的成型温度在此基础上再提高 10~20℃。

热拌普通沥青混合料试件的制作温度(℃)　　　　表 1-81

施工工序	石油沥青的标号				
	50 号	70 号	90 号	110 号	130 号
沥青加热温度	160~170	155~165	150~160	145~155	140~150
矿料加热温度	集料加热温度比沥青加热温度高 10~30(填料不加热)				
沥青混合料拌合温度	150~170	145~165	140~160	135~155	130~150
试件击实成型温度	140~160	135~155	130~150	125~145	120~140

注:表中混合料温度,并非拌合机的油浴温度,应根据沥青的针入度、黏度选择,不宜都取中值。

3)按式(1-247)计算矿料混合料的合成毛体积相对密度 γ_{sb}:

$$\gamma_{sb} = 100/(P_1/\gamma_1 + P_2/\gamma_2 + \cdots + P_n/\gamma_n) \quad (1-247)$$

式中　P_1、$P_2 \cdots P_n$——各种矿料成分的配比,其和为 100;

γ_1、γ_2、$\cdots \gamma_n$——各种矿料相应的毛体积相对密度。

注:1. 沥青混合料配合比设计时,均采用毛体积相对密度(无量纲),不采用毛体积密度,故无需进行密度的水温修正。

2. 生产配合比设计时,当细料仓中的材料混杂各种材料而无法采用筛分替代法时,可将 0.075mm 部分筛除后以统计实测值计算。

4)按式(1-244)计算矿料混合料的合成表观相对密度 γ_{sa}:

$$\gamma_{sa} = 100/(P_1/\gamma'_1 + P_2/\gamma'_2 + \cdots + P_n/\gamma'_n) \quad (1-248)$$

式中　P_1、$P_2 \cdots P_n$——各种矿料成分的配比,其和为 100;

γ'_1、$\gamma'_2 \cdots \gamma'_n$——各种矿料按试验规程方法测定的表观相对密度。

5)按式(1-249)、式(1-250)预估沥青混合料的适宜的油石比 P_a 或沥青用量为 P_b。

$$P_a = P_{a1} \times \gamma_{sb1}/\gamma_{sb} \quad (1-249)$$

$$P_b = P_a/(100 + P_a) \times 100 \quad (1-250)$$

式中　P_a——预估的最佳油石比(与矿料总量的百分比)(%);

P_b——预估的最佳沥青用量(占混合料总量的百分数)(%);

P_{a1}——已建类似工程沥青混合料的标准油石比(%);

γ_{sb}——集料的合成毛体积相对密度;

γ_{sb1}——已建类似工程集料的合成毛体积相对密度。

注:作为预估最佳油石比的集料密度,原工程和新工程也可均采用有效相对密度。

6)确定矿料的有效相对密度:

①对非改性沥青混合料,宜以预估的最佳油石比拌合两组混合料,采用真空法实测最大相对密度,取平均值,然后由式(1-251)反算合成矿料的有效相对密度 γ_{se}:

$$\gamma_{se} = (100 - P_b)/(100/\gamma_t - P_b/\gamma_b) \quad (1-251)$$

式中　γ_{se}——合成矿料的有效相对密度;

P_b——试验采用的沥青用量(占混合料总量的百分数)(%);

γ_t——试验沥青用量条件下实测得到的最大相对密度,无量纲;

γ_b——沥青的相对密度(25℃/25℃),无量纲。

②对改性沥青及 SMA 等难以分散的混合料,有效相对密度宜直接由矿料的合成毛体积相对密度与合成表观相对密度按式(1-252)计算确定,其中沥青吸收系数 C 值根据材料的吸水率由式(1-253)求得,材料的合成吸水率按式(1-254)计算:

$$\gamma_{se} = C \times \gamma_{sa} + (1 - C) \times \gamma_{sb} \tag{1-252}$$

$$C = 0.033 w_x^2 - 0.2936 w_x + 0.9339 \tag{1-253}$$

$$w_x = (1/\gamma_{sa} - 1/\gamma_{sb}) \times 100 \tag{1-254}$$

式中 γ_{se}——合成矿料的有效相对密度;

C——合成矿料的沥青吸收系数,可按矿料的合成吸水率从式(1-253)求取;

w_x——合成矿料的吸水率,按式(1-254)求取(%);

γ_{sb}——材料的合成毛体积相对密度,按式(1-247)求取,无量纲;

γ_{sa}——材料的合成表观相对密度,按式(1-248)求取,无量纲。

7)以预估的油石比为中值,按一定间隔(对密级配沥青混合料通常为 0.5%,对沥青碎石混合料可适当缩小间隔为 0.3%~0.4%),取 5 个或 5 个以上不同的油石比分别成型马歇尔试件。每一组试件的试样数按现行试验规程的要求确定,对粒径较大的沥青混合料,宜增加试件数量。

注:5 个不同油石比不一定选整数,例如预估油石比 4.8%,可选 3.8%、4.3%、4.8%、5.3%、5.8% 等。根据式(1-251)得出的实测最大相对密度通常与此同时进行。

8)测定压实沥青混合料试件的毛体积相对密度 γ_f 和吸水率,取平均值。测试方法应遵照以下规定执行:

①通常采用表干法测定毛体积相对密度;

②对吸水率大于 2% 的试件,宜改用蜡封法测定的毛体积相对密度。

注:对吸水率小于 0.5% 的特别致密的沥青混合料,在施工质量检验时,允许采用水中重法测定的表观相对密度作为标准密度,钻孔试件也采用相同方法。但配合比设计时不得采用水中重法。

9)确定沥青混合料的最大理论相对密度:

①对非改性的普通沥青混合料,在成型马歇尔试件的同时,根据式(1-251)得出真空法实测各组沥青混合料的最大理论相对密度 γ_{ti}。当只对其中一组油石比测定最大理论相对密度时,也可按式(1-255)或(1-256)计算其他不同油石比时的最大理论相对密度 γ_{ti}。

②对改性沥青或 SMA 混合料宜按式(1-255)或式(1-256)计算各个不同沥青用量混合料的最大理论相对密度。

$$\gamma_{ti} = (100 + P_{ai})/(100/\gamma_{se} + P_{ai}/\gamma_b) \tag{1-255}$$

$$\gamma_{ti} = 100/(P_{si}/\gamma_{se} + P_{bi}/\gamma_b) \tag{1-256}$$

式中 γ_{ti}——相对于计算沥青用量 P_{bi} 时沥青混合料的最大理论相对密度,无量纲;

P_{ai}——所计算的沥青混合料中的油石比(%);

P_{bi}——所计算的沥青混合料的沥青用量,$P_{bi} = P_{ai}/(1 + P_{ai})$(%);

P_{si}——所计算的沥青混合料的矿料含量,$P_{si} = 100 - P_{bi}$(%);

γ_{se}——矿料的有效相对密度,按式(1-251)或式(1-252)计算,无量纲;

γ_b——沥青的相对密度(25℃/25℃),无量纲。

10)按式(1-257)、式(1-258)、式(1-259)计算沥青混合料试件的空隙率、矿料间隙率 VMA、有效沥青的饱和度 VFA 等体积指标,取 1 位小数,进行体积组成分析。

$$VV = (1 + \gamma_f/\gamma_t) \times 100 \tag{1-257}$$

$$VMA = [1 + (\gamma_f/\gamma_{sb}) \times (P_s/100)] \times 100 \quad (1-258)$$
$$VFA = (VMA - VV)/VMA \times 100 \quad (1-259)$$

式中　VV——试件的空隙率(%)；

　　　VMA——试件的矿料间隙率(%)；

　　　VFA——试件的有效沥青饱和度(有效沥青含量占 VMA 的体积比例)(%)；

　　　γ_f——按前文8)测定的试件的毛体积相对密度,无量纲；

　　　γ_t——沥青混合料的最大理论相对密度,按前文中9)的方法计算或实测得到,无量纲；

　　　P_s——各种矿料占沥青混合料总质量的百分率之和,即 $P_s = 100 - P_b$(%)；

　　　γ_{sb}——矿料混合料的合成毛体积相对密度,按式(1-247)计算。

11) 进行马歇尔试验,测定马歇尔稳定度及流值。

(6) 确定最佳沥青用量(或油石比)

1) 如图1-79所示的方法,以油石比或沥青用量为横坐标,以马歇尔试验的各项指标为纵坐标,将试验结果点入图中,连成圆滑的曲线。确定均符合本规范规定的沥青混合料技术标准的沥青用量范围 $OAC_{min} \sim OAC_{max}$。选择的沥青用量范围必须涵盖设计空隙率的全部范围,并尽可能涵盖沥青饱和度的要求范围,并使密度及稳定度曲线出现峰值。如果没有涵盖设计空隙率的全部范围,试验必须扩大沥青用量范围重新进行。

注:绘制曲线时含 VMA 指标,且应为下凹型曲线,但确定 $OAC_{min} \sim OAC_{max}$ 时不包括 VMA。

2) 根据试验曲线的走势,按下列方法确定沥青混合料的最佳沥青用量 OAC_1。

①在曲线图1-79上求取相应于密度最大值、稳定度最大值、目标空隙率(或中值)、沥青饱和度范围的中值的沥青用量 a_1、a_2、a_3、a_4。按式(1-260)取平均值作为 OAC_1。

$$OAC_1 = (a_1 + a_2 + a_3 + a_4)/4 \quad (1-260)$$

②如果在所选择的沥青用量范围未能涵盖沥青饱和度的要求范围,按式(1-261)求取三者的平均值作为 OAC_1。

$$OAC_1 = (a_1 + a_2 + a_3)/3 \quad (1-261)$$

③对所选择试验的沥青用量范围,密度或稳定度没有出现峰值(最大值经常在曲线的两端)时,可直接以目标空隙率所对应的沥青用量 a_3 作为 OAC_1,但 OAC_1 必须介于 $OAC_{min} \sim OAC_{max}$ 的范围内。否则应重新进行配合比设计。

3) 以各项指标均符合技术标准(不含 VMA)的沥青用量范围 $OAC_{min} \sim OAC_{max}$ 的中值作为 OAC_2。

$$OAC_2 = (OAC_{min} + OAC_{max})/2 \quad (1-262)$$

4) 通常情况下取 OAC_1 及 OAC_2 的中值作为计算的最佳沥青用量 OAC。

$$OAC = (OAC_1 + OAC_2)/2 \quad (1-263)$$

5) 按式(1-263)计算的最佳油石比 OAC,从图1-79中得出所对应的空隙率和 VMA 值,检验是否能满足表1-82,表1-83,关于最小 VMA 值的要求。OAC 宜位于 VMA 凹形曲线最小值的贫油一侧。当空隙率不是整数时,最小 VMA 按内插法确定,并将其画入图1-79中。

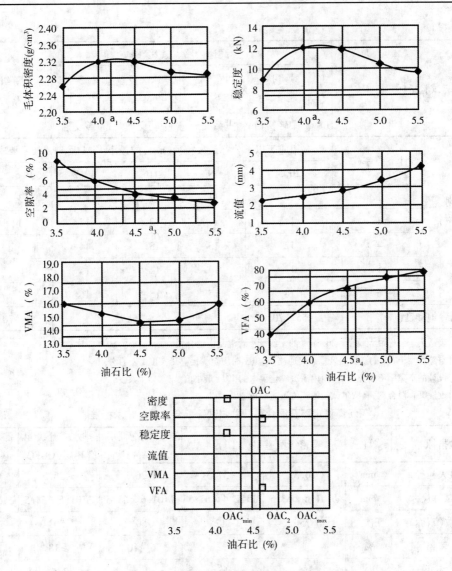

图 1-79 马歇尔试验结果示例

注：图中 $a_1 = 4.2\%$，$a_2 = 4.25\%$，$a_3 = 4.8\%$，$a_4 = 4.7\%$，$OAC_1 = 4.49\%$（由 4 个平均值确定），$OAC_{min} = 4.3\%$，$OAC_{max} = 5.3\%$，$OAC_2 = 4.8\%$，$OAC = 4.64\%$。此例中相对于空隙率 4% 的油石比为 4.6%

密级配沥青混凝土混合料马歇尔试验技术标准　　　　　　　　　　表 1-82

试验指标		单位	高速公路、一级公路				其他等级公路	行人道路
			夏炎热区（1-1、1-2、1-3、1-4 区）		夏热区及夏凉区（2-1、2-2、2-3、2-4、3-2 区）			
			中轻交通	重载交通	中轻交通	重载交通		
击实次数（双面）		次	75				50	50
试件尺寸		mm	φ101.6×63.5					
空隙率 VV	深约 90mm 以内	%	3~5	4~6	2~4	3~5	3~6	2~4
	深约 90mm 以下	%	3~6		2~4	3~6	—	
稳定度 MS 不小于		kN	8				5	3
流值 FL		mm	2~4	1.5~4	2~4.5	2~4	2~4.5	2~5

续表

试验指标		单位	高速公路、一级公路				其他等级公路	行人道路
			夏炎热区(1-1、1-2、1-3、1-4区)		夏热区及夏凉区(2-1、2-2、2-3、2-4、3-2区)			
			中轻交通	重载交通	中轻交通	重载交通		
矿料间隙率VMA(%)，不小于	设计空隙率(%)		相应于以下公称最大粒径(mm)的最小VMA及VFA技术要求(%)					
			26.5	19	16	13.2	9.5	4.75
	2		10	11	11.5	12	13	15
	3		11	12	12.5	13	14	16
	4		12	13	13.5	14	15	17
	5		13	14	14.5	15	16	18
	6		14	15	15.5	16	17	19
沥青饱和度(%)			55~70		65~75			70~85

注：1. 本表适用于公称最大粒径≤26.5mm的密级配沥青混凝土混合料。
2. 对空隙率大于5%的夏炎热区重载交通路段，施工时应至少提高压实度1个百分点。
3. 当设计的空隙率不是整数时，由内插法确定要求的VMA最小值。
4. 对改性沥青混合料，马歇尔试验的流值可适当放宽。

沥青稳定碎石混合料马歇尔试验配合比设计技术标准　　　　表1-83

试验指标		单位	密级配基层(ATB)		半开级配面层(AM)	排水式开级配磨耗层(OGFC)	排水式开级配基层(ATPB)
公称最大粒径		mm	26.5	≥31.5	≤26.5	≤26.5	所有尺寸
马歇尔试件尺寸		mm	φ101.6×63.5	φ152.4×63.5	φ101.6×63.5	φ101.6×63.5	φ152.4×95.3
击实次数(双面)		次	75	112	50	50	75
空隙率VV		%	3~6		6~10	≥18	≥18
稳定度，不小于		kN	7.5	15	3.5	3.5	—
流值FL		mm	1.5~4	实测	—	—	—
沥青饱和度VFA		%	55~70		40~70		
密级配基层ATB的矿料间隙率VMA(%)不小于	设计空隙率(%)		ATB-40		ATB-30		ATB-25
	4		11		11.5		12
	5		12		12.5		13
	6		13		13.5		14

注：在干旱地区，可将密级配沥青稳定碎石基层的空隙率适当放宽到8%。

6)检查图1-79中相应于此OAC的各项指标是否均符合马歇尔试验技术标准。

7)根据实践经验和公路等级、气候条件、交通情况，调整确定最佳沥青用量OAC。

①调查当地各项条件相接近的工程的沥青用量及使用效果，论证适宜的最佳沥青用量。检查计算得到的最佳沥青用量是否相近，如相差甚远，应查明原因，必要时重新调整级配，进行配合比设计。

②对炎热地区公路以及高速公路、一级公路的重载交通路段，山区公路的长大坡度路段，预计有可能产生较大车辙时，宜在空隙率符合要求的范围内将计算的最佳沥青用量减小0.1%~0.5%

作为设计沥青用量。此时,除空隙率外的其他指标可能会超出马歇尔试验配合比设计技术标准,配合比设计报告或设计文件必须予以说明。但配合比设计报告必须要求采用重型轮胎压路机和振动压路机组合等方式加强碾压,以使施工后路面的空隙率达到未调整前的原最佳沥青用量时的水平,且渗水系数符合要求。如果试验路段试拌试铺达不到此要求时,宜调整所减小的沥青用量的幅度。

③对寒区公路、旅游公路、交通量很少的公路,最佳沥青用量可以在 OAC 的基础上增加 0.1% ~ 0.3%,以适当减小设计空隙率,但不得降低压实度要求。

8)按式(1-264)、式(1-265)计算沥青结合料被集料吸收的比例及有效沥青含量。

$$P_{ba} = \{(\gamma_{se} - \gamma_b)/(\gamma_{se} \times \gamma_{sb})\} \times \gamma_b \times 100 \quad (1-264)$$

$$P_{be} = P_b - P_{ba}/100 \times P_s \quad (1-265)$$

式中 P_{ba}——沥青混合料中被集料吸收的沥青结合料比例(%);

P_{be}——沥青混合料中的有效沥青用量(%);

γ_{se}——集料的有效相对密度,按式(1-251)计算,无量纲;

γ_{sb}——材料的合成毛体积相对密度,按式(1-247)求取,无量纲;

γ_b——沥青的相对密度(25℃/25℃),无量纲;

P_b——沥青含量(%);

P_s——各种矿料占沥青混合料总质量的百分率之和,即 $P_s = 100 - P_b$,(%)。

如果需要,可按式(1-266)、式(1-267)计算有效沥青的体积百分率 V_{be} 及矿料的体积百分率 V_g。

$$V_{be} = \gamma_f \times P_{be}/\gamma_b \quad (1-266)$$

$$V_g = 100 - (V_{be} + VV) \quad (1-267)$$

9)检验最佳沥青用量时的粉胶比和有效沥青膜厚度。

①按式(1-268)计算沥青混合料的粉胶比,宜符合 $0.6 \sim 1.6$ 的要求。对常用的公称最大粒径为 $13.2 \sim 19\text{mm}$ 的密级配沥青混合料,粉胶比宜控制在 $0.8 \sim 1.2$ 范围内。

$$FB = P_{0.075}/P_{be} \quad (1-268)$$

式中 FB——粉胶比,沥青混合料的矿料中 0.075mm 通过率与有效沥青含量的比值,无量纲;

$P_{0.075}$——矿料级配中 0.075mm 的通过率(水洗法)(%);

P_{be}——有效沥青含量(%)。

②按式(1-269)的方法计算集料的比表面,按式(1-270)估算沥青混合料的沥青膜有效厚度。各种集料粒径的表面积系数按表1-84采用。

$$SA = \Sigma(P_i \times FA_i) \quad (1-269)$$

$$DA = P_{be}/(\gamma_b \times SA) \times 10 \quad (1-270)$$

式中 SA——集料的比表面积(m^2/kg);

P_i——各种粒径的通过百分率(%);

FA_i——相应于各种粒径的集料的表面积系数,如表1-84所列;

DA——沥青膜有效厚度(μm);

P_{be}——有效沥青含量(%);

γ_b——沥青的相对密度(25℃/25℃),无量纲。

注:各种公称最大粒径混合料中大于 4.75mm 尺寸集料的表面积系数 FA,均取 0.0041,且只计算一次,4.75mm 以下部分的 FA_i 如表1-84所例。该例的 $SA = 6.60\text{m}^2/\text{kg}$。若混合料的有效沥青含量为 4.65%,沥青的相对密度 1.03,则沥青膜厚度为 $DA = 4.65/1.03 \times 6.60 \times 10 = 6.83\mu\text{m}$。

集料的表面积系数计算示例 表1-84

筛孔尺寸(mm)	19	16	13.2	9.5	4.75	2.36	1.18	0.6	0.3	0.15	0.075	集料比表面积总和 SA (m^2/kg)
表面积系数 FA_i	0.0041	—	—	—	0.0041	0.0082	0.0164	0.0287	0.0614	0.1229	0.3277	
通过百分率 P_i(%)	100	92	85	76	60	42	32	23	16	12	6	
比表面积 $FA_i \times P_i$ (m^2/kg)	0.41	—	—	—	0.25	0.34	0.52	0.66	0.98	1.47	1.97	6.60

(7) 配合比设计检验

1) 对用于高速公路和一级公路的密级配沥青混合料,需在配合比设计的基础上按本规范要求进行各种使用性能的检验,不符合要求的沥青混合料,必须更换材料或重新进行配合比设计。其他等级公路的沥青混合料可参照执行。

2) 配合比设计检验按计算确定的设计最佳沥青用量在标准条件下进行。根据实践经验和公路等级、气候条件、交通情况调整后作为最佳沥青用量,或者改变试验条件时,各项技术要求均应适当调整,不宜照搬。

3) 高温稳定性检验。对公称最大粒径等于或小于19mm的混合料,按规定方法进行车辙试验,动稳定度应符合表1-85的要求。

沥青混合料车辙试验动稳定度技术要求 表1-85

气候条件与技术指标	相应于下列气候分区所要求的动稳定度(次/mm)					试验方法
七月平均最高气温(℃)及气候分布	>30		20~30		<20	
	夏炎热区		夏热区		夏凉区	
	1-1	1-2 1-3 1-4	2-1	2-2 2-3 2-4	3-2	
普通沥青混合料,不小于	800	1000	600	800	600	
改性沥青混合料,不小于	2400	2800	2000	2400	1800	T0719
SMA混合料 普通沥青	1500					
SMA混合料 改性沥青	3000					
OGFC混合料	1500(一般交通路段)、3000(重交通路段)					

注:对公称最大粒径大于19mm的密级配沥青混凝土或沥青稳定碎石混合料,由于车辙试件尺寸不能适用,不宜按本规范方法进行车辙试验和弯曲试验。如需要检验可加厚试件厚度或采用大型马歇尔试件。

4) 水稳定性检验。按规定的试验方法进行浸水马歇尔试验和冻融劈裂试验,残留稳定度及残留强度比均必须符合表1-86的规定。

沥青混合料水稳定性检验技术要求 表1-86

气候条件与技术指标	相应于下列气候分区的技术要求(%)				试验方法
年降雨量(mm)及气候分区	>1000	500~1000	250~500	<250	
	潮湿区	湿润区	半干区	干旱区	
浸水马歇尔试验残留稳定度(%),不小于					
普通沥青混合料	80		75		
改性沥青混合料	85		80		T0709
SMA混合料 普通沥青	75				
SMA混合料 改性沥青	80				
冻融劈裂试验的残留强度比(%),不小于					

续表

气候条件与技术指标	相应于下列气候分区的技术要求(%)				试验方法
年降雨量(mm)及气候分区	>1000	500~1000	250~500	<250	
	潮湿区	湿润区	半干区	干旱区	
普通沥青混合料	75		70		
改性沥青混合料	80		75		T0729
SMA混合料 普通沥青	75				
SMA混合料 改性沥青	80				

注:调整沥青用量后,马歇尔试件成型可能达不到要求的空隙率条件。当需要添加消石灰、水泥、抗剥落剂时,需重新确定最佳沥青用量后试验。

5)低温抗裂性能检验。对公称最大粒径等于或小于19mm的混合料,按规定方法进行低温弯曲试验,其破坏应变宜符合表1-87要求。

沥青混合料低温弯曲试验破坏应变($\mu\varepsilon$)技术要求 表1-87

气候条件与技术指标	相应于下列气候分区所要求的破坏应变($\mu\varepsilon$)								试验方法
年极端最低气温(℃)及气候分布	<-37.0		-21.5~-37.0			-9.0~-21.5		>-9.0	
	冬严寒区		冬寒区			冬冷区		冬温区	
	1-1	2-1	1-2	2-2	3-2	1-3	2-3	1-4 2-4	
普通沥青混合料,不小于	2600		2300			2000			T0715
改性沥青混合料,不小于	3000		2800			2500			

6)渗水系数检验。利用轮碾机成型的车辙试件进行渗水试验检验的渗水系数宜符合JTGF 40-2004表1-88要求。

沥青混合料试件渗水系数(mL/min)技术要求 表1-88

级配类型	渗水系数要求	试验方法
密级配沥青混凝土,不大于	120	
SMA混合料,不大于	80	T0730
OGFC混合料,不小于	实测	

7)钢渣活性检验。对使用钢渣的沥青混合料,应按规定的试验方法检验钢渣的活性及膨胀性试验,并符合JTGF 40-2004的要求,即应按试验规程(T0363)进行活性和膨胀性试验,钢渣沥青混凝土的膨胀量不得超过1.5%。

8)根据需要,可以改变试验条件进行配合比设计检验,如按调整后的最佳沥青用量、变化最佳沥青用量$OAC\pm0.3\%$、提高试验温度、加大试验荷载、采用现场压实密度进行车辙试验,在施工后的残余空隙率(如7%~8%)的条件下进行水稳定性试验和渗水试验等,但不宜用规范规定的技术要求进行合格评定。

(8)配合比设计报告

1)配合比设计报告应包括工程设计级配范围选择说明、材料品种选择与原材料质量试验结果、矿料级配、最佳沥青用量及各项体积指标、配合比设计检验结果等。试验报告的矿料级配曲线应按规定的方法绘制。

2)当按实践经验和公路等级、气候条件、交通情况调整沥青用量作为最佳沥青用量,宜报告不同沥青用量条件下的各项试验结果,并提出对施工压实工艺的技术要求。

6. SMA 混合料配合比设计方法

(1) 一般规定

1) 除本方法另有规定外,应遵照热拌沥青混合料配合比设计方法的规定执行。

2) SMA 混合料的配合比设计采用马歇尔试件的体积设计方法进行,马歇尔试验的稳定度和流值并不作为配合比设计接受或者否决的唯一指标。

(2) 材料选择

1) 对用于配合比设计的各种材料按规定选择,其质量必须符合技术要求。

2) 除已有成功经验证明使用非改性的普通沥青能符合使用要求者外,SMA 宜采用改性石油沥青,且采用比当地常用沥青更硬标号的沥青。

(3) 设计矿料级配的确定

1) 设计初试级配

①SMA 路面的工程设计级配范围宜直接采用表 1-89 规定的矿料级配范围。公称最大粒径等于或小于 9.5mm 的 SMA 混合料,以 2.36mm 作为粗集料骨架的分界筛孔,公称最大粒径等于或大于 13.2mm 的 SMA 混合料以 4.75mm 作为粗集料骨架的分界筛孔。

沥青玛琋脂碎石混合料(SMA)矿料级配范围　　　　　表 1-89

级配类型		通过下列筛孔(mm)的质量百分率(%)										
		26.5	19	16	13.2	9.5	4.75	2.36	1.18	0.6	0.3	0.15	0.075
中粒式	SMA-20	100	90~100	72~92	62~82	40~55	18~30	13~22	12~20	10~16	9~14	8~13	8~12
	SMA-16		100	90~100	65~85	45~65	20~32	15~24	14~22	12~18	10~15	9~14	8~12
细粒式	SMA-13			100	90~100	50~75	20~34	15~26	14~24	12~20	10~16	9~15	8~12
	SMA-10				100	90~100	28~60	20~32	14~26	12~22	10~18	9~16	8~13

②在工程设计级配范围内,调整各种矿料比例设计 3 组不同粗细的初试级配,三组级配的粗集料骨架分界筛孔的通过率处于级配范围的中值、中值 ±3% 附近,矿粉数量均为 10% 左右。

2) 按式(1-247)、式(1-248)、式(1-251)计算初试级配的矿料的合成毛体积相对密度 γ_{sb}、合成表观相对密度 γ_{sa}、有效相对密度 γ_{se}。其中各种集料的毛体积相对密度、表观相对密度试验方法按规定进行。

3) 把每个合成级配中小于粗集料骨架分界筛孔的集料筛除,按《公路工程集料试验规程》JTG E 42-2005 中 T 0309 的规定,用捣实法测定粗集料骨架的松方毛体积相对密度 γ_s,按式(1-271) 计算粗集料骨架混合料的平均毛体积相对密度 γ_{ca}:

$$\gamma_{ca} = (P_1 + P_2 + \cdots + P_n)/(P_1/\gamma_1 + P_2/\gamma_2 + \cdots + P_n/\gamma_n) \quad (1-271)$$

式中　P_1、P_2、$\cdots P_n$——粗集料骨架部分各种集料在全部矿料级配混合料中的配比;

　　　γ_1、γ_2、$\cdots \gamma_n$——各种粗集料相应的毛体积相对密度。

4) 按式(1-272)计算各组初试级配的捣实状态下的粗集料松装间隙率 VCA_{DRC}:

$$VCA_{DRC} = (1 - \gamma_s/\gamma_{ca}) \times 100 \quad (1-272)$$

式中　VCA_{DRC}——粗集料骨架的松装间隙率(%);

　　　γ_{ca}——粗集料骨架的毛体积相对密度;

　　　γ_s——粗集料骨架的松方毛体积相对密度。

5)按式(1-249)、式(1-250)的方法预估新建工程 SMA 混合料的适宜的油石比 P_a 或沥青用量为 P_b，作为马歇尔试件的初试油石比。

6)按照选择的初试油石比和矿料级配制作 SMA 试件，马歇尔标准击实的次数为双面 50 次，根据需要也可采用双面 75 次，一组马歇尔试件的数目不得少于 4~6 个。SMA 马歇尔试件的毛体积相对密度由表干法测定。

7)按式(1-273)的方法计算不同沥青用量条件下 SMA 混合料的最大理论相对密度，其中纤维部分的比例不得忽略：

$$\gamma_t = (100 + P_a + P_x)/(100/\gamma_{se} + P_a/\gamma_a + P_x/\gamma_x) \quad (1-273)$$

式中　γ_{se}——矿料的有效相对密度，由式(1-251)确定；

　　　P_a——沥青混合料的油石比(%)；

　　　γ_a——沥青结合料的表观相对密度；

　　　P_x——纤维用量，以沥青混合料总量的百分数代替(%)；

　　　γ_x——纤维稳定剂的密度，由供货商提供或由比重瓶实测得到。

8)按式(1-274)计算 SMA 马歇尔混合料试件中的粗集料骨架间隙率 VCA_{mix}，试件的集料各项体积指标空隙率 VV、集料间隙率 VMA、沥青饱和度 VFA 按 5 的方法计算。

$$VCA_{mix} = [1 - (\gamma_f/\gamma_{ca}) \times (P_{CA}/100)] \times 100 \quad (1-274)$$

式中　P_{CA}——沥青混合料中粗集料的比例，即大于 4.75mm 的颗粒含量(%)；

　　　γ_{ca}——粗集料骨架部分的平均毛体积相对密度，由式(1-271)确定；

　　　γ_f——沥青混合料试件的毛体积相对密度，由表干法测定。

9)从三组初试级配的试验结果中选择设计级配时，必须符合 $VCA_{mix} < VCA_{DRC}$ 及 $VMA > 16.5\%$ 的要求，当有一组以上的级配同时符合要求时，以粗集料骨架分界集料通过率大且 VMA 较大的级配为设计级配。

(4)确定设计沥青用量

1)根据所选择的设计级配和初试油石比试验的空隙率结果，以 0.2%~0.4% 为间隔，调整 3 个不同的油石比，制作马歇尔试件，计算空隙率等各项体积指标。一组试件数不宜少于 4~6 个。

2)进行马歇尔稳定度试验，检验稳定度和流值是否符合 JTG F 40—2004 规定的技术要求。

3)根据希望的设计空隙率，确定油石比，作为最佳油石比 OAC。所设计的 SMA 混合料应符合 JTG F 40—2004 规定的各项技术标准。

4)如初试油石比的混合料体积指标恰好符合设计要求时，可以免去这一步，但宜进行一次复核。

(5)配合比设计检验

除规定项目外，SMA 混合料的配合比设计还必须进行谢伦堡析漏试验及肯特堡飞散试验。配合比设计检验应符合 JTG F 40—2004 中配合比的技术要求。不符合要求的必须重新进行配合比设计。

(6)配合比设计报告

配合比设计结束后，必须按要求及时出具配合比设计报告。

7. OGFC 混合料配合比设计方法

(1)一般规定

1)除本方法另有规定外，应按热拌沥青混合料配合比设计方法的规定执行。

2)OGFC 混合料的配合比设计采用马歇尔试件的体积设计方法进行，并以空隙率作为配合比设计主要指标。配合比设计指标应符合 JTG F 40—2004 规定的技术标准。

3)OGFC 混合料配合比设计后必须对设计沥青用量进行析漏试验及肯特堡试验，并对混合料的高温稳定性、水稳定性等进行检验。配合比设计检验应符合 JTG F 40—2004 的技术要求。

(2) 材料选择

1) 用于 OGFC 混合料的粗集料、细集料的质量应符合 JTG F 40—2004 中对表面层材料的技术要求。OGFC 宜在使用石粉的同时掺用消石灰、纤维等添加剂,石粉质量应符合 JTG F 40—2004 关于材料的技术要求。

2) OGFC 宜采用高黏度改性沥青,其质量宜符合表 1-90 的技术要求。当实践证明采用普通改性沥青或纤维稳定剂后能符合当地条件时也允许使用。

高黏度改性沥青的技术要求　　表 1-90

试验项目	单位	技术要求
针入度(25℃,100g,5s)不小于	0.1mm	40
软化点($T_{R\&B}$)不小于	℃	80
延度(15℃)不小于	cm	50
闪点不小于	℃	260
薄膜加热试验(TFOT)后的质量变化不大于	%	0.6
黏韧性(25℃)不小于	N·m	20
韧性(25℃)不小于	N·m	15
60℃黏度不小于	Pa·s	20000

(3) 确定设计矿料级配和沥青用量

1) 按试验规程规定的方法精确测定各种原材料的相对密度,其中 4.75mm 以上的粗集料为毛体积相对密度,4.75mm 以下的细集料及矿粉为表观相对密度。

2) 以 JTG F 40—2004 中级配范围作为工程设计级配范围,在充分参考同类工程的成功经验的基础上,在级配范围内适配三组不同 2.36mm 通过率的矿料级配作为初选级配。

3) 对每一组初选的矿料级配,按式(1-275)计算集料的表面积。根据希望的沥青膜厚度,按式(1-276)计算每一组混合料的初试沥青用量 P_b。通常情况下,OGFC 的沥青膜厚度 h 宜为 14μm。

$$A = (2 + 0.02a + 0.04b + 0.08c + 0.14d + 0.3e + 0.6f + 1.6g)/48.74 \tag{1-275}$$

$$P_b = h \times A \tag{1-276}$$

式中　A——集料的总的表面积。

其中 a、b、c、d、e、f、g 分别代表 4.75mm、2.36mm、1.18mm、0.6mm、0.3mm、0.15mm、0.075mm 筛孔的通过百分率(%)。

4) 制作马歇尔试件,马歇尔试件的击实次数为双面 50 次。用体积法测定试件的空隙率,绘制 2.36mm 通过率与空隙率的关系曲线。根据期望的空隙率确定混合料的矿料级配,并计算初始沥青用量。

5) 以确定的矿料级配和初始沥青用量拌合沥青混合料,分别进行马歇尔试验、谢伦堡析漏试验、肯特堡飞散试验、车辙试验,各项指标应符合 JTG F 40—2004 的技术要求,其空隙率与期望空隙率的差值不宜超过 ±1%。如不符合要求,应重新调整沥青用量拌合沥青混合料进行试验,直至符合要求为止。

6) 如各项指标均符合要求,即配合比设计已完成,出具配合比设计报告。

[案例 1-17]　某一组沥青混合料马歇尔稳定度试验结果如下:9.75kN、11.22kN、9.52kN、9.38kN;假定设计要求稳定度为 7.5kN,试计算并判定。

解 稳定度平均值为 9.97kN；

标准差为 0.849kN；

最大值 11.22 与平均值的差值为 1.25kN；

K 值为 1.46，标准差的 K 倍为 1.24kN；

由于 1.25 > 1.24，该值舍去；

取其他三个测定值的平均值 9.55 ≈ 9.6kN 作为试验结果；

由于其大于 7.5kN，判定为合格。

[**案例 1-18**] 某一组沥青混合料离心分离法测定沥青含量试验数据如下：

沥青混合料总质量 （g）	容器中留下的集料质量 （g）	圆环形滤纸试验前后的增重 （g）	漏入抽滤液中的矿粉质量 （g）
1125.0	1069.3	3.8	202

要求沥青用量范围为 4.0%~6.0%，试计算并判定。

解 沥青混合料中矿料的总质量 m_a = 1069.5 + 3.8 + 2.2 = 1075.5g；

沥青用量 = 油石比 = (1125.0 - 1075.5)/1075.5 = 4.6%；

该组沥青混合料沥青含量符合要求。

思 考 题

1. 车辙试验结果以什么来表示？
2. 车辙试验对试验轮有什么要求？
3. 车辙试验试件如何制作？
4. 车辙试验对温度有什么要求？
5. 沥青混合料稳定度和流值的含义是什么？
6. 标准马歇尔稳定度试件的尺寸要求是什么？
7. 一般石油沥青混合料马歇尔试件的保温温度和时间是如何要求的？
8. 测定试件的马歇尔稳定度从恒温水浴中取出试件到测出最大荷载值的时间不得超过多少秒？
9. 试验结果如何计算？
10. 沥青混合料密度测定有哪几种方法？
11. 沥青混合料中沥青含量的含义是什么？
12. 沥青混合料中油石比的含义是什么？
13. 离心分离法测定沥青混合料中沥青含量的基本原理是什么？
14. 离心分离法所用的溶剂是什么？
15. 沥青混合料中沥青含量试样对来样如何处理？
16. 测定漏入抽提液中的矿粉可用哪两种方法？
17. 标准筛孔径尺寸是哪些？
18. 0.075mm 筛的通过筛分百分率如何确定？
19. 什么是分计筛余百分率？
20. 什么是累计筛余百分率？
21. 什么是通过筛分百分率？

第十节 路面石材与岩石

一、概念

岩石作为建筑材料中的主要材料之一被广泛地应用于建设工程中,不同种类及形状的岩石被大量地应用于水利、电力、铁路、交通、国防、石油、工业与民用建筑、市政及道桥建设中。本节所涉及的岩石试验是指应用于市政及道桥建设中的岩石试验,诸如道路桥梁护坡、河道驳岸、市政景观装饰用石材以及岩石类侧石、平石等岩石的有关参数的检测及试验。

地质学将组成地壳的岩石分成三大岩类即火成岩、沉积岩及变质岩。而市政工程建设中大量使用的花岗石和大理岩分属于火成岩和变质岩。

本节主要讲述岩石的含水率、块体密度、吸水率、单轴抗压强度以及路面石材的吸水率、饱和抗压强度、饱和抗折强度的试验方法、试验应注意的问题和试验实例。

对于大多数岩石除软岩以外,岩石的含水率一般都不是很大,且含水率对其力学特性的影响也不显著。而对于软岩,由于其内部组成中大部分都是黏土矿物,因此,含水率对其力学特性有很大的影响。岩石含水率的测试方法比较简单但要获得准确的试验结果并不容易,其原因在于难以保持其天然含水量。为了能准确测得岩石的含水率,要求在采样方法以及样品运送过程中及时将样品密封并尽快送交试验室测试。

由于岩石成岩过程中其所处的地质环境不同而所受动力地质作用的程度也不同,致使岩石中含有不同的矿物成分和不同风化程度的矿物,这些不同的矿物组成影响岩石密度值的大小。岩石的密度不仅反映岩石的内部组成结构状态,而且间接反映岩石的力学特性,一般而言,密度大的岩石比较致密,且岩石中所含的孔隙较少。本节介绍了三种密度试验方法即量积法、水中称量法和蜡封法,三种方法各有明显的特点。水中称量法可以测定多个参数,但某些岩石(如遇水崩裂岩石)不可采用此法。蜡封法适用于各种岩石和不规则试样,但测试较繁琐。量积法测试较简单,但需制备具有一定精度的规则试样。在进行岩石密度试验时可根据试验室条件以及岩石品种情况合理选择试验方法。

岩石的吸水率反映了岩石内部的孔隙状况,并且较大吸水率的岩石抗冻性较差。

岩石的单轴抗压强度是反映岩石力学性质的主要指标之一,而由于岩石的矿物组成、结构构造、含水状态以及试样形状、大小、高径比和加荷速率等不同,其单轴抗压强度值会有较大的差异。

路面石材即用作路面的岩石,开工前,应选用符合设计要求的料石。当设计无要求时,应优先选择花岗岩等坚硬、耐磨、耐酸石材,石材应表面平整、粗糙。吸水率、饱和抗压强度、饱和抗折强度等应符合规范 CJJ 1—2008 规定。

二、检测依据

《工程岩体试验方法标准》GB/T 50266—1999
《公路工程岩石试验规程》JTG E 41—2005
《城镇道路工程施工与质量验收规范》CJJ 1—2008

三、仪器设备及环境

钻石机、切石机、磨石机、砂轮机等;
材料试验机——准确度 1 级;

烘箱——能使温度控制在110±5℃；
干燥器；
天平——称量应大于试件饱水质量,感量0.01g；
真空抽气设备或煮沸设备；
水槽；
抗折装置(跨径为200mm)；
试验环境温度为室温。

四、取样及制备要求

1. 含水率
(1)含水率试验应在现场采取天然含水率试样,不得采用爆破或湿钻法取样并应保持在采取、运输、储存和制备过程中含水率的变化不大于1%。
(2)每个试件的尺寸应大于组成岩石最大颗粒的10倍。
(3)每个试件质量不得小于40g。
(4)每组试件数不宜少于5个。

2. 块体密度
(1)当采用量积法测试块体密度时：
1)试件的尺寸应大于组成岩石最大颗粒的10倍。
2)可采用直径或边长的误差小于等于0.3mm的圆柱体、方柱体或立方体试件。
3)试件两端面不平整度误差不得大于0.05mm。
4)试件端面应垂直于轴线,最大偏差不得大于0.25°。
5)方柱体或立方体试件相邻两面应互相垂直,最大偏差不得大于0.25°。
(2)蜡封法:试件宜为边长40~60mm浑圆状岩块。

3. 吸水性
(1)规则试件同块体密度量积法对试件有5条要求。
(2)不规则试件宜采用边长为40~60mm的浑圆状岩块。
(3)每组试件数量不得少于3个。

4. 单轴抗压强度
(1)圆柱体直径宜为48~54mm。
(2)含大颗粒岩石,试件的直径应大于岩石最大颗粒尺寸的10倍。
(3)试件高度与直径之比宜为2.0~2.5。
(4)同一含水状态下,每组试件数量不少于3个。
(5)试件两端面不平整度误差不得大于0.05mm。
(6)沿试件高度,直径的误差不得大于0.3mm。
(7)端面应垂直于试件轴线,最大偏差不得大于0.25°。

5. 路面石材吸水率
(1)规则试件,采用圆柱体或立方体,其直径或边长和高均为50±2mm。
(2)不规则试件宜采用边长或直径为40~50mm的浑圆状岩块。
(3)每组试件至少3个；岩石组织不均匀者,每组试件不少于5个。

6. 路面石材饱和抗压强度
(1)采用圆柱体或立方体,其直径或边长和高均为50±2mm。
(2)每组试件3个,进行自由饱水处理。

(3)有显著层理的岩石,分别沿平行和垂直层理方向各取试件6个。

(4)试件上、下端面应平行和磨平。试件端面的平面度公差应小于0.05 mm,端面对于试件轴线垂直度偏差不应超过0.25°。

7.路面石材饱和抗折强度

(1)试件尺寸为50mm×50mm×250 mm。

(2)试件表面平整、各边互相垂直。

(3)石质均匀者,制备3个试件,进行自由饱水处理。若有显著层理,则须制备与纹理垂直和平行试件各3个,进行自由饱水处理。

五、操作步骤

1.含水率试验操作步骤

(1)称量已制备完毕的试件质量。

(2)将试件置于烘箱内,在105~110℃的恒温下烘干试件。

(3)将试件从烘箱中取出,放入干燥器内冷却至室温,称量烘干后试件质量。

(4)重复(2)、(3)程序,直到将试件烘干至恒重为止,即相邻24h两次称量之差不超过后一次称量的0.1%。称量精确至0.01g。

(5)试验结果按式(1-277)计算岩石含水率:

$$w = \frac{m_0 - m_s}{m_s} \times 100\% \tag{1-277}$$

式中　w——岩石含水率(%);

　　　m_0——试件烘干前的质量(g);

　　　m_s——试件烘干后的质量(g)。

(6)以5个试样的算术平均值作为试验结果,计算值精确至0.1。

(7)含水率试验应注意的几个问题:

1)含水率试验的样品抽取必须是天然含水率试样,应在不同部位抽取试样并放入密闭容器或较厚实的塑料袋中以保证含水率变化不大于1%。

2)选取的试样质量不得小于40g,但不宜过大,应根据所选用天平的称量大小抽取试样,为保证称量的准确性,所抽取试样质量为天平称量值的20%~80%为宜。

3)试样必须严格按照本试验步骤(2)、(3)、(4)条的要求烘干至恒重。

4)含水率试验记录及试验报告应包含试验委托单位、工程名称、岩石名称、试件编号、主要仪器设备名称、试件描述、试件烘干前后的质量、试验结果、试验结论。

2.岩石块体密度试验操作步骤

(1)量积法试验按下列步骤进行:

1)量测试件两端和中间三个断面上相互垂直的两个直径或边长,按平均值计算截面积。

2)量测端面周边对称四点和中心点的五个高度,计算高度平均值。

3)将试件置于烘箱中,在105~110℃的烘箱下烘干24h,然后放入干燥器内冷却至室温,称量烘干后试件质量。

4)长度量测精确至0.01mm,称量精确至0.01g。

5)量积法按式(1-278)计算岩石块体干密度:

$$\rho_d = \frac{m_s}{AH} \tag{1-278}$$

式中　ρ_d——岩石块体干密度(g/cm³);

　　　m_s——干试件质量(g);

A——试件截面积(cm^2);

H——试件高度(cm)。

(2)水中称量法试验按下列步骤进行:

1)将试件置于烘箱内,在105~110℃温度下烘24h,取出放入干燥器内冷却至室温后称量。

2)采用下列两种饱和试件方法中的一种,使试件吸水饱和:

①煮沸法饱和试件:加水至沸煮容器内并保证容器内的水面始终高于试件,煮沸时间不得少于6h。经煮沸的试件,应放置在原容器中冷却至室温。

②真空抽气法饱和试件:加水至真空抽气设备的容器内并使水面高于试件,关闭真空抽气设备的容器,开启真空泵抽气,真空压力表读数宜保持为100kPa,直至无气泡逸出为止,但总抽气时间不得少于4h。经真空抽气的试件应放置在原容器中,在大气压力下静置4h。

③将饱和的试件置于水中称量装置上称量试件在水中的质量。称量精确至0.01g。

④水中称量法按式(1-279)计算岩石干密度:

$$\rho_d = \frac{m_s}{m_p - m_w} \times \rho_w \quad (1-279)$$

式中 ρ_d——岩石块体干密度(g/cm^3)

m_s——干试件质量(g);

m_p——试件经煮沸或真空抽气饱和后的质量(g);

m_w——饱和试件在水中的称量值(g);

ρ_w——水的密度(g/cm^3)。

(3)蜡封法试验按下列步骤进行:

1)测湿密度时,应取有代表性的岩石制备试件并称量。测干密度时,试件应在105~110℃恒温下烘24h,然后放入干燥器内冷却至室温,称量干试件质量。

2)将试件系上细线,置于温度60℃左右的熔蜡中约1~2s,使试件表面均匀涂上一层蜡膜,其厚度约1mm左右。当试件上蜡膜有气泡时,应用热针刺破并用蜡液涂平,待冷却后称蜡封试件质量。

3)将蜡封试件置于水中称量。

4)取出试件,擦干表面水分后再次称量。当浸水后的蜡封试件质量增加时,应重做试验。

5)湿密度试件在剥除蜡膜后,按上述岩石含水率测定方法测定岩石含水率。

6)称量精确至0.01g。

7)蜡封法按式(1-280)~式(1-282)计算岩石块体干密度和块体湿密度:

$$\rho_d = \frac{m_s}{\frac{m_1 - m_2}{\rho_w} - \frac{m_1 - m_s}{\rho_p}} \quad (1-280)$$

$$\rho_d = \frac{m}{\frac{m_1 - m_2}{\rho_w} - \frac{m_1 - m_s}{\rho_p}} \quad (1-281)$$

$$\rho_d = \frac{\rho}{1 + 0.01w} \quad (1-282)$$

式中 ρ——岩石块体湿密度(g/cm^3);

m——湿试件质量(g);

m_1——蜡封试件质量(g);

m_2——蜡封试件在水中的称量值(g);

ρ_w ——水的密度(g/cm^3);

ρ_p ——石蜡的密度(g/cm^3);

w ——岩石含水率(%)。

(4) 取试样干密度平均值为样品的干密度,计算值精确至0.01。

(5) 块体密度试验应注意的问题:

1) 应首先测试试验温度下的水的密度以及所选用的石蜡的密度。尽量采用蒸馏水做试验,并查表得出试验温度下蒸馏水的密度。

2) 应按上述含水率试验操作步骤准确测试试件的含水率。

3) 块体密度试验记录及报告应包括工程名称、试件编号、试件描述、主要仪器设备名称、试验方法、试件质量、试件水中称量、试件尺寸、水的密度和石蜡密度。

3. 吸水性试验操作步骤

(1) 将试件置于烘箱内,在105~110℃温度下烘24h,取出放入干燥器内冷却至室温后称量。

(2) 当采用自由浸水法饱和试件时,将试件放入水槽,先注入清水至试件高度的1/4处,以后每隔2h分别注水至高度的1/2和3/4处,6h后全部浸没试件。试件在水中自由吸水48h后,取出试件并沾去表面水分称量。

(3) 当采用煮沸法饱和试件时,煮沸容器内的水面应始终高于试件,煮沸时间不得少于6h。经煮沸的试件,应放置在原容器中冷却至室温,取出试件并沾去表面水分称量。

(4) 当采用真空抽气法饱和试件时,饱和容器内的水面应高于试件,真空压力表读数宜为100kPa,直至无气泡逸出为止,但总抽气时间不得少于4h。经真空抽气的试件应放置在原容器中,在大气压力下静置4h,取出试件并沾去表面水分称量。

(5) 将经煮沸法或真空抽气法饱和的试件置于水中称量装置上称量试件在水中的质量。

(6) 所有称量精确至0.01g。

(7) 试验结果按式(1-283)~式(1-285)计算岩石吸水率、饱和吸水率、干密度:

$$w_a = \frac{m_0 - m_s}{m_s} \times 100\% \quad (1-283)$$

$$w_{sa} = \frac{m_p - m_s}{m_s} \times 100\% \quad (1-284)$$

$$\rho_d = \frac{m_s}{m_p - m_w} \times \rho_w \quad (1-285)$$

式中 w_a ——岩石吸水率(%);

w_{sa} ——岩石饱和吸水率(%);

ρ_d ——岩石块体干密度(g/cm^3);

m_0 ——试件浸水48h的质量(g);

m_s ——干试件质量(g);

m_p ——试件经煮沸或真空抽气饱和后的质量(g);

m_w ——饱和试件在水中的称量值(g);

ρ_w ——水的密度(g/cm^3)。

(8) 取试样吸水率平均值为样品的吸水率,计算值精确至0.01。

(9) 吸水率试验应注意的几个问题:

1) 岩石吸水性试验包括岩石吸水率试验和岩石饱和吸水率试验,当测试岩石吸水率时采用自由浸水法测定,当测试岩石饱和吸水率时采用煮沸法或真空抽气法测定。

2) 在测定岩石吸水率和饱和吸水率的同时,可采用水中称量法测定岩石块体干密度。

3) 本试验适用于遇水不崩解的岩石吸水性试验。

4) 吸水性试验记录及报告应包括工程名称、试件编号、试件描述、主要仪器设备名称、试验方法、干试件质量、浸水后质量、强制饱和后的质量、试件水中称量值、试验水温及水的密度。

4. 单轴抗压强度试验操作步骤

(1) 用游标卡尺量测各试样的直径，在顶面和底面分别测量两个相互正交的直径，并以其各自的算术平均值分别计算顶面和底面的面积，取其顶面和底面面积的算术平均值作为计算单轴抗压强度所用的截面积。测量直径精确至 0.1mm。

(2) 试件含水状态可根据需要选择天然含水状态、烘干状态、饱和状态或其他含水状态。试件烘干和饱和方法按吸水性试验方法中试件的烘干和饱和方法进行。

(3) 将试件置于试验机承压板中心部位，调整球形座，使试件两端面接触均匀。

(4) 以每秒 0.5~1.0MPa 的速率加荷直至试件破坏。记录破坏荷载及加荷过程中出现的问题。

(5) 试验结果按式(1-286)计算岩石单轴抗压强度：

$$R = \frac{P}{A} \tag{1-286}$$

式中 R——岩石单轴抗压强度(MPa)；

P——试件破坏荷载(N)；

A——试件截面积(mm^2)。

(6) 取试样单轴抗压强度平均值为样品的单轴抗压强度，计算值取 3 位有效数字。

(7) 单轴抗压强度试验应注意的几个问题：

1) 试验记录中应详细描述试件的岩石名称、颜色、含水状态和饱和试件所采用饱和方法，试验加荷方向与岩石内层理、节理、裂隙的关系以及试件加工中出现的问题。

2) 试验报告应包括工程名称、取样部位、试件编号、试件描述、主要仪器设备名称、试件尺寸、试件含水率状态和使用的试样饱和方法及破坏荷载。

(8) 有关名词解释：

1) 层理：指沉积岩中的成层构造，其成层性是通过沉积物的成分、粒度、色调的变化而显现的。

2) 节理：岩石中的裂隙，是没有明显位移的断裂。

5. 路面石材吸水率

(1) 试验步骤同上岩石吸水率。

(2)《城镇道路工程施工与质量验收规范》CJJ 1—2008 规定，吸水率 <1%。

6. 路面石材饱和抗压强度

(1) 自由饱水：将试件放入水槽，先注入清水至试件高度的 1/4 处，以后每隔 2h 分别注水至高度的 1/2 和 3/4 处，6h 后全部浸没试件。试件在水中自由吸水 48h。

(2) 其余步骤同上单轴抗压强度试验。

(3)《城镇道路工程施工与质量验收规范》CJJ 1—2008 规定，饱和抗压强度 ≥120MPa。

7. 路面石材饱和抗折强度

(1) 描述试件并编号。

(2) 测量试件中央断面尺寸，精确至 0.1mm。

(3) 将试件放在试验机的抗折支架上，跨径为 200mm，采用跨中单点加荷，开动试验机，以 15~20MPa/min 的应力速度连续均匀增加荷载，直至试件折断为止，记录破坏荷载并测量其断面尺寸。

(4)抗折强度计算:
$$R_b = \frac{3PL}{2bh^2} \tag{1-287}$$

式中 R_b ——抗折强度(MPa);
　　P ——试件破坏荷载(N);
　　L ——支点跨距,采用200mm;
　　b ——试件断面宽(mm);
　　h ——试件断面高(mm)。

(5)以3个试件的算术平均值作为试验结果,如单个值与平均值之差大于25%时,应予以剔除,再计算平均值。

(6)《城镇道路工程施工与质量验收规范》CJJ 1—2008 规定,饱和抗折强度不小于9MPa。

(7)应注意的几个问题:

抗折试验记录应包括材料名称、试样编号、试件描述、破坏荷载、抗折强度。

[**案例1-19**] 经现场取样某种岩石样品需进行岩石含水率试验,试样编号及烘干前后试样质量见下表,计算各试样及整个样品的含水率。

试样编号	烘干前试样质量 $m_0(g)$	烘干后试样质量 $m_s(g)$
1	57.01	56.86
2	85.80	85.63
3	50.68	50.56
4	62.59	62.45
5	69.01	68.86

解 将上表中数据按计算式(1-277)计算,得出各试样含水率如下:

试样1: $w_1 = \dfrac{m_0 - m_s}{m_s} \times 100 = \dfrac{57.01 - 56.86}{56.86} \times 100 = 0.26\%$

试样2: $w_2 = \dfrac{m_0 - m_s}{m_s} \times 100 = \dfrac{85.80 - 85.63}{85.63} \times 100 = 0.20\%$

试样3: $w_3 = \dfrac{m_0 - m_s}{m_s} \times 100 = \dfrac{50.68 - 50.56}{50.56} \times 100 = 0.24\%$

试样4: $w_4 = \dfrac{m_0 - m_s}{m_s} \times 100 = \dfrac{62.59 - 62.45}{62.45} \times 100 = 0.22\%$

试样5: $w_5 = \dfrac{m_0 - m_s}{m_s} \times 100 = \dfrac{69.01 - 68.86}{68.86} \times 100 = 0.22\%$

样品含水率: $w = \dfrac{w_1 + w_2 + w_3 + w_4 + w_5}{5} = \dfrac{0.26 + 0.20 + 0.24 + 0.22 + 0.22}{5} = 0.2\%$

该样品含水率为0.2%。

[**案例1-20**] 某种岩石样品测试饱和吸水率,采用真空抽气法饱和试样。试样干质量以及经真空抽气饱和后试样质量见下表,计算各试样及整个样品的饱和吸水率。

试样编号	试样烘干后质量 m_s(g)	试样饱和后质量 m_p(g)
1	290.55	291.59
2	300.17	301.25
3	291.61	292.73
4	295.66	296.67
5	290.91	292.98

解 将上表中数据按计算式(1-284)计算,得出各试样饱和吸水率如下:

试样 1: $w_{sa1} = \dfrac{m_p - m_s}{m_s} \times 100 = \dfrac{291.59 - 290.55}{290.55} \times 100 = 0.358\%$

试样 2: $w_{sa2} = \dfrac{m_p - m_s}{m_s} \times 100 = \dfrac{301.25 - 300.17}{300.17} \times 100 = 0.360\%$

试样 3: $w_{sa3} = \dfrac{m_p - m_s}{m_s} \times 100 = \dfrac{292.73 - 291.61}{291.61} \times 100 = 0.384\%$

试样 4: $w_{sa4} = \dfrac{m_p - m_s}{m_s} \times 100 = \dfrac{296.67 - 295.66}{295.66} \times 100 = 0.342\%$

试样 5: $w_{sa5} = \dfrac{m_p - m_s}{m_s} \times 100 = \dfrac{292.98 - 290.91}{290.91} \times 100 = 0.357\%$

样品吸水率: $w = \dfrac{w_{sa1} + w_{sa2} + w_{sa3} + w_{sa4} + w_{sa5}}{5} = \dfrac{0.358 + 0.360 + 0.384 + 0.342 + 0.357}{5}$
$= 0.36\%$

该样品饱和吸水率为 0.36%。

[**案例 1-21**] 上例样品进行岩石块体干密度试验,饱和试样在水中的称量值 m_w 见下表,计算样品块体干密度。

试样编号	试样烘干后质量 m_s(g)	试样饱和后质量 m_p(g)	饱和试样在水中的称量值 m_w(g)
1	290.55	291.59	182.52
2	300.17	301.25	188.05
3	291.61	292.73	183.03
4	295.66	296.67	185.27
5	290.91	292.98	183.59

解 将上表中数据按计算式(1-285)计算,得出各试样块体干密度如下:

试验水温为 23℃,查《公路工程岩石试验规程》JTG E 41—2005 附录得 ρ_w 为 0.9976g/cm³。

试样 1: $\rho_{d1} = \dfrac{m_s}{m_p - m_w} \times \rho_w = \dfrac{290.55}{291.59 - 182.52} \times 0.9976 = 2.657 \text{g/cm}^3$

试样 2: $\rho_{d2} = \dfrac{m_s}{m_p - m_w} \times \rho_w = \dfrac{300.17}{(301.25 - 188.05)} \times 0.9976 = 2.645 \text{g/cm}^3$

试样 3: $\rho_{d3} = \dfrac{m_s}{m_p - m_w} \times \rho_w = \dfrac{291.61}{(292.73 - 183.03)} \times 0.9976 = 2.652 \text{g/cm}^3$

试样 4: $\rho_{d4} = \dfrac{m_s}{m_p - m_w} \times \rho_w = \dfrac{295.66}{(296.67 - 185.27)} \times 0.9976 = 2.648 \text{g/cm}^3$

试样 5：$\rho_{d5} = \dfrac{m_s}{m_p - m_w} \times \rho_w = \dfrac{290.91}{(292.98 - 183.59)} \times 0.9976 = 2.653 \text{g/cm}^3$

样品干密度：$\rho_d = \dfrac{\rho_{d1} + \rho_{d2} + \rho_{d3} + \rho_{d4} + \rho_{d5}}{5} = \dfrac{2.657 + 2.645 + 2.652 + 2.648 + 2.653}{5} = 2.65 \text{g/cm}^3$

该样品块体干密度为 2.65g/cm^3。

[**案例 1-22**] 一岩石样品测试岩石单轴抗压强度，试件尺寸及破坏荷载数据见下表，计算该样品的单轴抗压强度。

试样编号	试样直径(mm)	试样高度(mm)	破坏荷载(kN)
1	50.26	106.4	286.7
2	50.48	106.6	336.8
3	50.40	106.5	313.9

解 先计算试件高径比：

试件 1： 106.4/50.26 = 2.12 （高径比符合标准要求）

试件 2： 106.6/50.48 = 2.11 （高径比符合标准要求）

试件 3： 106.5/50.40 = 2.11 （高径比符合标准要求）

将上表中数据按计算式(1-286)计算，得出各试样单轴抗压强度：

试样 1： $R_1 = \dfrac{P}{A} = \dfrac{286.7 \times 1000}{1/4 \times 50.26^2 \times \pi} = 144.5 \text{MPa}$

试样 2： $R_2 = \dfrac{P}{A} = \dfrac{336.8 \times 1000}{1/4 \times 50.48^2 \times \pi} = 168.3 \text{MPa}$

试样 3： $R_3 = \dfrac{P}{A} = \dfrac{313.9 \times 1000}{1/4 \times 50.40^2 \times \pi} = 157.3 \text{MPa}$

样品单轴抗压强度平均值为：$R = \dfrac{R_1 + R_2 + R_3}{3} = \dfrac{144.5 + 168.3 + 157.3}{3} = 156.7 \text{MPa}$

该样品单轴抗压强度平均值为 156.7MPa。

思 考 题

1. 含水率试验不得采用何种样品作为测试试样？
2. 含水率、吸水率、块体密度以及单轴抗压强度试件数各为多少？
3. 试件烘干应达到何种状态下方可认为试件已烘干至恒重？
4. 块体密度试验中有哪几种饱和试件的方法？
5. 单轴抗压强度试验加压速率是多少？
6. 岩石密度试验有哪几种方法？其各自特点是什么？
7. 路面石材饱和抗压强度、饱和抗折强度技术指标分别是多少？

第十一节　检查井盖及雨水箅

一、检查井盖

1. 概念

(1) 检查井盖的种类主要有：铸铁检查井盖、再生树脂复合材料检查井盖、钢纤维混凝土检查井盖、聚合物基复合材料检查井盖。

(2)基本定义：

1)检查井盖：检查井口可开启的封闭物，由支座和井盖组成。

2)支座：检查井盖中固定于检查井井口的部分，用于安放井盖。

3)井盖：检查井盖中未固定部分。其功能是封闭检查井口，需要时能够开启。

4)试验荷载：在测试检查井盖承载能力时规定施加的荷载。

5)热塑性再生树脂：聚乙烯、聚丙烯、ABS等。

6)再生树脂复合材料：以再生的热塑性树脂和粉煤灰为主要原料，在一定温度压力条件下，经助剂的理化作用形成的材料。

7)聚合物基复合材料：利用聚合物和各种颗粒、纤维、金属等填充增强材料，通过少量添加剂及一定工艺作用生产出的材料。主要原材料也可以用各种废弃聚合物及废弃的颗粒、纤维代替。

(3)按承载能力分级见表1-91。

检查井盖种类及分级 表1-91

名称	等级	标志	设置场合
铸铁检查井盖	重型	Z	机动车行驶、停放的道路、场地
	轻型	Q	除上述范围以外的绿地、禁止机动车通行和停放的道路、场地
再生树脂复合材料检查井盖	轻型	Q	禁止机动车进入的绿地、匝道，自行车道或人行道
	普型	P	汽10级及其以下车辆通行的道路或停放场地
	重型	Z	机动车通行的道路或停放场地
钢纤维混凝土检查井盖	A级		机场或可供直升飞机起降的高速公路等特种道路和场地
	B级		机动车行驶、停放的城市道路、公路和停车场
	C级		慢车道、居民住宅小区内通道和人行道
	D级		绿化带及机动车辆不能行驶、停放的小巷和场地
聚合物基复合材料检查井盖	重型Z		快速路以上；货运站、码头等重型车较多的道路、场地
	普型P		快速路；车流量大的机动车行驶、停放的道路、场地
	轻型Q		次干路Ⅰ级；小型车慢速行走的道路、场地，居民小区，绿地等一般场所

(4)材料：

1)铸铁检查井盖：灰口铸铁、球墨铸铁；

2)再生树脂复合材料检查井盖：热塑性再生树脂、粉煤灰；

3)钢纤维混凝土检查井盖：钢纤维、钢筋、钢板、水泥、砂、石、外加剂、水；

4)聚合物基复合材料检查井盖：聚合物、填充增强材料。聚合物是各种高分子材料及其再生品；填充增强材料是各种颗粒状、纤维状材料及其再生品，各种金属及构件。

(5)型号和标记：

1)铸铁检查井盖编号由产品代号(JG)、结构形式：[单层(D)、双层(S)]，主要参数：[圆形井盖的公称直径(mm)或方形、矩形井盖的长(mm)×宽(mm)]、设计号四部分组成。标记示例：JG-D-600-Z。

2)再生树脂复合材料检查井盖由产品代号(RJG)、结构形式：[单层(1)、双层(2)]；承载等级：[轻型(Q)、普型(P)、重型(Z)]；主要参数：[圆形井盖的公称直径(mm)]四部分组成。标记示例：RJG-1-Z-600。

3）聚合物基复合材料检查井盖由产品代号（JJG）、结构形式：[单层（D）、双层（S）]；主要参数：[圆形井盖的公称直径（mm）或方形、矩形井盖的长（mm）×宽（mm）]，承载等级：[重型（Z）、普型（P）、轻型（Q）]四部分组成。标记示例：JJG-D-600-Z。

4）井盖实物如图1-80所示。

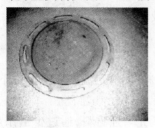

图1-80 井盖

2．检测依据

（1）《铸铁检查井盖》CJ/T 3012—1993

（2）《再生树脂复合材料检查井盖》CJ/T 121—2000

（3）《钢纤维混凝土检查井盖》JC 889—2001

（4）《聚合物基复合材料检查井盖》CJ/T 211—2005

3．仪器设备及环境

（1）仪器设备：

1）承载能力试验机

①由机架、橡胶垫片、加压装置、测力仪组成，机架的配套支座支撑面应与井盖接触面匹配，且要平整。

②橡胶垫片在刚性垫片与井盖之间，其平面尺寸应与刚性垫块相同，厚度为6～10mm，且具有一定的弹性。

③刚性垫块为直径356mm，厚度等于或大于40mm，上下表面平整的圆形钢板。

④加压装置能施加的荷载不小于500kN，其工作尺寸必须大于检查井盖配套支座最大外缘尺寸，测力仪误差低于±2%。

2）检查井盖试验机（图1-81）

①钢卷尺：量程范围0～1m，精确度Ⅱ级，最小分度值1mm。

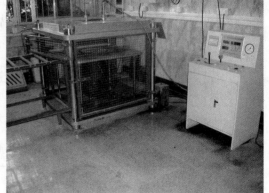

图1-81 检查井盖试验机

②钢直尺：量程范围0～300 mm，精确度Ⅱ级，最小分度值1mm。

③直角尺：量程范围0～150 mm，精确度Ⅱ级，最小分度值1mm。

④JC-10读数显微镜（钢纤维混凝土检查井盖）：量程范围0～8 mm，精确度±0.01，最小分度值0.1mm。

⑤塞尺（钢纤维混凝土检查井盖）：量程范围0.01～5mm，精确度±0.03。

⑥热老化试验箱（再生树脂复合材料检查井盖）。

⑦人工老化试验装置（再生树脂复合材料检查井盖）：调温调湿装置、喷水装置、光源装置（氙灯）。

（2）环境：常温。

4. 取样要求

(1) 铸铁检查井盖、再生树脂复合材料检查井盖

产品以同一规格、同一种类、同一原材料在相似条件下生产的检查井盖构成批量。一批为 100 套检查井盖，不足 100 套时也作为一批。

出厂检验：对外观，尺寸是逐套检查；加载试验，随机抽取 2 套。

型式检验：对外观，尺寸是随机抽取 20 套逐套检查；加载试验，在外观、尺寸合格产品中随机抽取 3 套。

(2) 钢纤维混凝土检查井盖

出厂检验：产品以同种类、同规格、同材料与配合比生产的 500 只检查井盖为一批，但在 3 个月内不足 500 套时仍作为一批，随机抽取 10 套进行检验外观尺寸；在外观和尺寸合格的产品中随机抽取 2 只进行承载能力试验。

型式检验：在不少于 100 个同种类、同规格产品随机抽取 10 套进行外观尺寸检测，在外观和尺寸合格的产品中随机抽取 2 只进行承载能力试验。

(3) 聚合物基复合材料检查井盖：以同一规格、相同原材料在相同条件下生产的检查井盖构成批量。以 300 套为一批，不足该数量时按一批计。

出厂检验：对外观，尺寸是逐套检查；承载能力试验，随机抽取 3 套。

型式检验：对外观，尺寸，按批量随机抽取 5% 逐套检查，承载能力试验，在外观、尺寸合格产品中随机抽取 3 套。

5. 操作步骤

(1) 外观尺寸

1) 铸铁检查井盖、再生树脂复合材料检查井盖、聚合物基复合材料检查井盖：井盖形状宜为圆形，也可以是方形或矩形；井盖与支座表面应铸造平整、光滑；不得有裂纹以及有影响检查井盖使用性能的冷隔、缩松等缺陷，不得补焊；井盖和支座装配结构符合要求，要保证井盖与支座互换性；井盖接触面与支承面应进行机加工，保证井盖与支座接触平稳。井盖与支座缝宽、支座支承面的宽度、井盖的嵌入深度，用钢直尺测量，至少 4 处，每边至少 1 处，精确至 1mm；井盖表面凸起的防滑花纹，用钢直尺和直角尺结合测量，至少 4 处，精确至 1mm。

2) 钢纤维混凝土检查井盖：

①用目测检查钢纤维混凝土检查井盖的表面有无破损和裂纹，是否光洁、平整，防滑花纹和标记是否清晰。

②外径：在井盖同一平面上测量通过圆心且互相垂直的两个外径值。

③边长：用钢卷尺测量方形井盖的每个边长。

④井盖搁置高度：在井盖周边约四等分处，测量四个搁置高度值。

⑤搁置面宽度：目测井盖搁置面宽度范围内是否均匀、平正，用直尺在宽度最大和最小处测量两个搁置面宽度值。

以上测量都精确至 1mm，测量值与标称值之差即是产品的尺寸偏差，取其最大值为测量结果。

(2) 承载能力试验

1) 铸铁检查井盖、再生树脂复合材料检查井盖、聚合物基复合材料检查井盖：调整检查井盖的位置，使其几何中心与荷载中心重合；以 1~3kN/s 速度加载，加载至 2/3 试验荷载，然后卸载，此过程重复进行 5 次；第一次加载前与第 5 次加载后的变形之差为残留变形；再以上述相同的速度加载至试验荷载，5min 后卸载，井盖、支座不得出现裂纹。

2) 钢纤维混凝土检查井盖：调整检查井盖的位置，使其几何中心与荷载中心重合；以 1~3kN/s 速度加载，每级加荷量为裂缝荷载的 20%，恒压 1min，逐级加荷至裂缝出现或规定的裂缝荷载，

然后以裂缝荷载的5%的级差继续加载,同时用塞尺或读数显微镜测量裂缝宽度,当裂缝宽度达到0.2mm,读取的荷载值即为裂缝荷载。读取裂缝荷载后继续按规定的破坏荷载分级加荷,每级加荷量为破坏荷载的20%,恒压1 min,逐级加荷至规定的破坏荷载,再继续按破坏荷载值的5%的级差加载至破坏,读取检查井盖的破坏荷载值。

(3)老化试验(再生树脂复合材料检查井盖)

1)热老化试验:热老化试验箱,试验控制温度80±2℃;试样尺寸40mm×40mm×160mm,龄期7d。一组试样在热老化箱条件下达到龄期,在室温下冷却24h,一组试样正常情况养护,做抗折强度试验。以经热老化后试件抗折强度与正常情况试样抗折强度相对变化率表示老化性能。

2)人工老化试验:两组试样,一组人工老化:60±5℃,氙灯及雨淋500h;一组正常环境。做抗折强度试验,以人工老化的试件抗折强度与常温条件下试件抗折强度相对变化率表示。

6. 数据处理与结果判定

(1)尺寸指标

1)铸铁检查井盖

①井盖与支座间的缝宽应符合的要求见表1-92。

井盖与支座间的缝宽要求(mm) 表1-92

检查井盖净宽	缝宽(两边之和)
≥600	6$^{+2}_{-4}$
<600	6$^{+2}_{-4}$

②支座支承面的宽度应符合的要求见表1-93。

支座支承面的宽度要求(mm) 表1-93

检查井盖净宽	支座支承面的宽度
≥600	≥20
<600	≥15

③井盖的嵌入深度,重型检查井盖应不小于40 mm,轻型检查井盖应不小于30 mm。

④井盖表面的防滑花纹的凸起高度应不小于3 mm。

2)再生树脂复合材料检查井盖

①井盖与支座间的缝宽应符合的要求见表1-94。

井盖与支座间的缝宽要求(mm) 表1-94

检查井盖净宽	缝宽(两边之和)
≥600	7±3
<600	6±3

②支座支承面的宽度应符合的要求见表1-95。

支座支承面的宽度要求(mm) 表1-95

检查井盖净宽	支座支承面的宽度
≥600	≥30
<600	≥20

③井盖的嵌入深度,重型检查井盖应不小于70 mm,普型检查井盖应不小于50 mm,轻型检查井盖应不小于20 mm。

④井盖表面的防滑花纹的凸起高度应不小于 3 mm。

3)钢纤维混凝土检查井盖

钢纤维混凝土检查井盖见表 1-96。

钢纤维混凝土检查井盖(mm)　　　　　表 1-96

等级	井口尺寸		外径或边长		井盖搁置高度			井盖搁置面宽	
	标称值	允许偏差	标称值	允许偏差	标称值≥		允许偏差	标称值≥	允许偏差
A	600	±20	660	±3	板式	60	+2 -3	35	±3
					带肋	50			
	650		740 (760)		板式	65			
					带肋	55			
	700		800		板式	70			
					带肋	60			
B	600	±20	740 (760)	3	板式	55	+2 -3	30	±3
					带肋	45			
	650		800		板式	60			
					带肋	50			
	700				板式	65			
					带肋	55			
C	600	±20	660	±3	板式	45	+2 -3	30	±3
					带肋	35			
	650		720		板式	50			
					带肋	40			
	700		780		板式	60			
					带肋	45			
D	600	20	660	3	35		+2 -3	30	±3
	650		710		40				
	700		770		45				

4)聚合物基复合材料检查井盖

①井盖与支座间的缝宽应符合的要求:井盖上沿尺寸大于下沿尺寸,锥度宜为 1:20~1:5 见表 1-97。

井盖与支座间的缝宽要求(mm)　　　　　表 1-97

检查井盖净宽	缝宽 a 两边之和
D	(1~2)% D

注:锥度较大时,a 值宜相对取小一些;锥度较小时,a 值宜取大些。

②支座支承面的宽度应不小于 4% D,且不应小于 10 mm。

③井盖的嵌入深度,重型检查井盖不应小于 70 mm,普型、轻型检查井盖不应小于 50 mm。

④井盖表面的防滑花纹的凸起高度应不小于 3 mm。

(2)承载能力指标

1)铸铁检查井盖承载能力规定见表1-98。

铸铁检查井盖承载能力 表1-98

检查井盖等级	试验荷载(kN)	允许残留变形(mm)
重型	360	$(1/500) \times D$
轻型	210	$(1/500) \times D$

2)再生树脂复合材料检查井盖承载能力规定见表1-99。

再生树脂复合材料检查井盖承载能力规定 表1-99

检查井盖等级	试验荷载(kN)	允许残留变形(mm)
轻型	20	$(1/500) \times D$
普型	100	$(1/500) \times D$
重型	240	$(1/500) \times D$

3)钢纤维混凝土检查井盖承载能力规定见表1-100。

钢纤维混凝土检查井盖承载能力 表1-100

检查井盖等级	裂缝荷载(kN)	破坏荷载(kN)
A	180	360
B	105	210
C	50	100
D	10	20

4)聚合物基复合材料检查井盖见表1-101。

聚合物基复合材料检查井盖 表1-101

检查井盖等级	试验荷载(kN)	破坏荷载(kN)	允许残留变形(mm)
重型	270	≥360	$(1/500) \times D$
普型	180	≥250	$(1/500) \times D$
轻型	90	≥130	$(1/500) \times D$

(3)老化试验(再生树脂复合材料检查井盖)

热老化抗折强度相对变化率不大于0.4%;人工老化抗折强度相对变化率不大于3%。

(4)检验规则

1)铸铁检查井盖承载能力、再生树脂复合材料检查井盖

①出厂检验:对外观尺寸,逐套检查;对荷载能力,每批随机抽取两套,如有一套不符合规定要求,则再抽取2套重复检测。如再有一套不符合要求,则该批检查井盖为不合格。

②型式检验:外观尺寸,每一批量中抽取20套逐套检查,如果有两套及以下不符合要求,则该批产品可视为合格,有3套及以上不符合要求,则该批产品为不合格;荷载能力,在抽取的20套中随机抽取三套,如有一套不符合要求,则再抽取3套重复本项试验,如再有一套不符合要求,则该批检查井盖不合格。

2)钢纤维混凝土检查井盖

出厂检验、型式检验抽检:都是在每批中抽取10套进行外观质量和尺寸偏差检验,不符合标准要求的样品不超过2套,则该批产品外观质量和尺寸偏差为合格;在外观尺寸合格的产品中抽

取两套进行承载能力试验,若 2 套样品全部符合规定,则该判该批产品承载能力合格;若有 1 套不符合,应以同批产品中再抽取 2 只进行复验,若仍有一只样品不符合规定,则判该批产品不合格。

3)聚合物基复合材料检查井盖

①出厂检验:对外观尺寸,逐套检查;对荷载能力,每批随机抽取 3 套,如有一套不符合规定要求,则再抽取 3 套重复检测。如再有一套不符合要求,则该批检查井盖为不合格。

②型式检验:外观尺寸,每一批量中抽取 5% 套逐套检查,如果有 3 套及以下不符合要求,则该批产品可视为合格,有 3 套及以上不符合要求,则该批产品为不合格;荷载能力,随机抽取 3 套,如有 1 套不符合要求,则再抽取 3 套重复本项试验,如再有 1 套不符合要求,则该批检查井盖不合格。

7. 检测注意的几个问题

(1)检查井盖的原材料要事先检测。

(2)检查井盖应按成套产品(井盖与支座一起为一套)进行承载能力检测。

(3)聚合物基复合材料检查井盖的耐热性能、抗冻性能、耐候性能、抗疲劳性能、复合材料主要性能指标等项目这里不作介绍,需用时详见 CJ/T 211—2005。

(4)如遇到井框比较薄,加压设备行程不够,可采用增加满足荷载强度辅助圈。

(5)如遇到有铰链井盖,在辅助圈满足荷载强度情况下,可采用增加活动式辅助圈。

(6)如遇到玻璃纤维增强塑料复合检查井盖,采用产品标准代号:JC/T 1009—2006,目前还没有使用,故不作介绍。

二、雨水箅

1. 概念

(1)雨水箅的种类

再生树脂复合材料水箅、钢纤维混凝土水箅、聚合物基复合材料水箅(图 1 - 82)。

图 1 - 82 雨水箅

(2)基本定义

1)排水口:污水、雨水等流入地下排水设施的入口。

2)水箅:排水口上放置的排水设施,由支座和箅子组成。

3)支座:水箅中固定于排水口的部分,用于安放箅子。

4)箅子:水箅中未固定的部分,其功能是排水、截留较大杂物进入排水口,需要时能够开启。

5)试验荷载:在测试水箅承载能力时规定施加的荷载。

(3)按承载能力分级(表 1 - 102)

雨水箅种类及分级　　　　　　　表 1 - 102

名称	等级	标志	设置场合
再生树脂复合材料水箅	轻型	Q	禁止机动车通行的道路、停放场地、绿地和室内
	重型	Z	机动车通行的道路或停放场地
钢纤维混凝土水箅	Ⅰ级		机动车行驶、停放的城市道路、厂区道路、公路、停车场
	Ⅱ级		非机动车行驶、停放的城市道路慢车道、停车场、居民住宅小区内通道、人行道、商场、小巷
	Ⅲ级		无车辆通行的园林内通道和绿化带
聚合物基复合材料水箅	重型 Z		快速路以上;货运站、码头等重型车较多的道路、场地
	普型 P		快速路;车流量大的机动车行驶、停放的道路、场地
	轻型 Q		次干路Ⅰ级;小型车慢速行走的道路、场地,居民小区、绿地等一般场所

(4) 材料

1) 再生树脂复合材料水箅:热塑性再生树脂、粉煤灰;

2) 钢纤维混凝土水箅:钢纤维、钢筋、钢板、水泥、砂、石、外加剂、水;

3) 聚合物基复合材料水箅:聚合物、填充增强材料。聚合物是各种高分子材料及其再生品;填充增强材料是各种颗粒状、纤维状材料及其再生品,各种金属及构件。

(5) 型号和标记

1) 再生树脂复合材料水箅由产品代号(RSB)、结构形式[单箅(1)、双箅(2)];承载等级[轻型(Q)、重型(Z)];主要参数[箅子的长(mm)×宽(mm)]四部分组成[标记示例:RSB-1-Z-500×400。

2) 钢纤维混凝土水箅由产品代号(SBG)、承载能力等级、基本结构尺寸、结构形式四部分组成。钢纤维混凝土水箅几何形状为矩形,按其底部形状分为板型(B)、带肋型(D)和圆弧底型(Y)。标记示例:SBG-1-750×450-D。

3) 聚合物基复合材料水箅由产品代号(JBG)、主要参数[水箅的公称尺寸长(mm)×宽(mm)]、承载等级[重型(Z)、普型(P)、轻型(Q)]三部分组成。标记示例:JBG-700×300-Z。

2. 检测依据

《再生树脂复合材料水箅》CJ/T130—2001

《钢纤维混凝土水箅盖》JC/T948—2005

《聚合物基复合材料水箅》CJ/T212—2005

3. 仪器设备及环境

(1) 仪器设备

承载能力试验机:检查井盖试验机可兼做水箅试验。

1) 配套支座支承面应与水箅盖接触面匹配,且平整。

2) 橡胶垫片在刚性垫块与水箅盖之间,其平面尺寸应与刚性垫块相同,厚度为 6~10 mm,且具有一定的弹性。

3) 不同种类的试验装置附件的刚性垫块尺寸不同。

①再生树脂复合材料水箅:尺寸 $c×d$ 不小于 500mm×400mm,刚性垫块尺寸为 350mm×260mm;$c×d$ 小于 500mm×400mm,刚性垫块尺寸为 200mm×200mm;厚度不小于 40mm,上下表面应平整。

②钢纤维混凝土水箅盖:水箅盖座孔口净尺寸 D(长度)不小于 550mm,刚性垫块尺寸为 200mm×500mm;盖座孔口净尺寸 D(长度)小于 550mm,刚性垫块尺寸为 200mm×250mm;厚度不小于 40mm。

③聚合物基复合材料水箅:水箅净尺寸不小于 500mm×400mm,刚性垫块尺寸为 300mm×400mm;否则,使用刚性垫块尺寸为 300mm×200mm。

4) 加载设备:测力设备要兼容各种类水箅的要求。

①再生树脂复合材料水箅,加载设备所能施加的荷载应不小于200kN,测力仪器的误差应小于±3%。

②钢纤维混凝土水箅盖,加载设备所能施加的荷载应不小于500kN,传感器的测力范围应使试验荷载在其量程的30%~80%之间。

③聚合物基复合材料水箅,加载设备所能施加的荷载应不小于300kN,测力仪器的误差应低于±2%。

(2) 检测环境

常温。

4. 取样要求

(1) 再生树脂复合材料水箅

产品以同一规格、同一种类、同一原材料在相似条件下生产的检查井盖构成批量。一批为 100 套检查井盖，不足 100 套时也作为一批。

1) 出厂检验，对外观，尺寸是逐套检查；加载试验，随机抽取 2 套。

2) 型式检验，对外观，尺寸是随机抽取 20 套逐套检查；加载试验，在外观、尺寸合格产品中随机抽取 3 套。

(2) 钢纤维混凝土水箅盖

1) 出厂检验，以同种类、同规格、同材料与同配比生产的 3000 只水箅盖为一批，但在 3 个月内生产不足 3000 只时仍作为一批，随机抽样 10 只进行检验；在外观质量和尺寸偏差检验合格的产品中随机抽取两只进行裂缝试验；

2) 型式检验，在不少于 100 只同种类、同规格产品中随机抽取 10 只进行外观质量和尺寸偏差检验；在外观质量和尺寸偏差检验合格的产品中随机抽取两只进行承载能力检验。

(3) 聚合物基复合材料水箅

1) 出厂检验：对外观尺寸，逐套检查；对荷载能力，每批随机抽取 3 套，如有一套不符合规定要求，则再抽取 3 套重复检测。如再有 1 套不符合要求，则该批为不合格；

2) 型式检验，外观尺寸，每一批量中抽取 5% 套逐套检查，如果有 3 套及以下不符合要求，则该批产品可视为合格，有 3 套及以上不符合要求，则该批产品为不合格；荷载能力，随机抽取三套，如有 1 套不符合要求，则再抽取 3 套重复本项试验，如再有 1 套不符合要求，则该批不合格。

5. 操作步骤

(1) 再生树脂复合材料水箅、聚合物基复合材料水箅：调整检查井盖的位置，使其几何中心与荷载中心重合；以 1~3kN/s 速度加载，加载至 2/3 试验荷载，然后卸载，此过程重复进行五次；第一次加载前与第 5 次加载后的变形之差为残留变形；再以上述相同的速度加载至试验荷载，5min 后卸载，井盖、支座不得出现裂纹。

(2) 钢纤维混凝土检查水箅：调整检查井盖的位置，使其几何中心与荷载中心重合；以 1~3kN/s 速度加载，每级加荷量为裂缝荷载的 20%，恒压 1min，逐级加荷至裂缝出现或规定的裂缝荷载，然后以裂缝荷载的 5% 的级差继续加载，同时用塞尺或读数显微镜测量裂缝宽度，当裂缝宽度达到 0.2mm，读取的荷载值即为裂缝荷载。读取裂缝荷载后继续按规定的破坏荷载分级加荷，每级加荷量为破坏荷载的 20%，恒压 1min，逐级加荷至规定的破坏荷载，再继续按破坏荷载值的 5% 的级差加载至破坏，读取检查井盖的破坏荷载值。

6. 数据处理与结果判定

(1) 承载能力指标

1) 再生树脂复合材料水箅承载能力规定见表 1-103。

再生树脂复合材料水箅承载能力 表 1-103

检查井盖等级	试验荷载 (kN)	允许残留变形 (mm)
轻型	20	$(1/500) \times D$
重型	130	$(1/500) \times D$

2) 钢纤维混凝土水箅承载能力规定见表 1-104。

钢纤维混凝土箅承载能力 表 1-104

检查井盖等级	裂缝荷载(kN)	破坏荷载(kN)
Ⅰ	78	156
Ⅱ	37	74
Ⅲ	8	16

3) 聚合物基复合材料水箅见表 1-105。

聚合物基复合材料水箅 表 1-105

检查井盖等级	试验荷载(kN)	破坏荷载(kN)	允许残留变形(mm)
重型	90	≥130	$(1/500) \times D$
普型	70	≥100	$(1/500) \times D$
轻型	50	≥70	$(1/500) \times D$

(2) 检验规则

1) 再生树脂复合材料水箅

① 出厂检验:对外观尺寸,逐套检查;对荷载能力,每批随机抽取 2 套,如有 1 套不符合规定要求,则再抽取 2 套重复检测。如再有 1 套不符合要求,则该批为不合格;

② 型式检验:外观尺寸,每一批量中抽取 20 套逐套检查,如果有 2 套及以下不符合要求,则该批产品可视为合格,有 3 套及以上不符合要求,则该批产品为不合格;荷载能力,在抽取的 20 套中随机抽取 3 套,如有 1 套不符合要求,则再抽取 3 套重复本项试验,如再有 1 套不符合要求,则该批不合格。

2) 钢纤维混凝土水箅盖

每批中抽取 10 套进行外观质量和尺寸偏差检验,不符合标准要求的样品不超过 2 套,则该批产品外观质量和尺寸偏差为合格;在外观尺寸合格的产品中抽取 2 套进行承载能力试验,若 2 套样品全部符合规定,则该判该批产品承载能力合格;若有 1 套不符合,应以同批产品中再抽取 2 只进行复验,若仍有 1 只样品不符合规定,则判该批产品不合格。

3) 聚合物基复合材料水箅

① 出厂检验:对外观尺寸,逐套检查;对荷载能力,每批随机抽取 3 套,如有 1 套不符合规定要求,则再抽取 3 套重复检测。如再有 1 套不符合要求,则该批为不合格;

② 型式检验,外观尺寸,每一批量中抽取 5% 套逐套检查,如果有 3 套及以下不符合要求,则该批产品可视为合格,有 3 套及以上不符合要求,则该批产品为不合格;荷载能力,随机抽取 1 套,如有 1 套不符合要求,则再抽取 3 套重复本项试验,如有 1 套不符合要求,则该批不合格。

7. 检测注意的几个问题

(1) 水箅的原材料要事先检测;

(2) 水箅应按成套产品进行承载能力检测;

(3) 聚合物基复合材料水箅的耐热性能、抗冻性能、耐候性能、抗疲劳性能、复合材料主要性能指标等项目这里不作介绍,需用时详见 CJ/T 212—2005。

[案例 1-23] 一套 JG-D-700 的重型铸铁检查井盖检测数据如下表所示:初始荷载 5kN。

序号	加载值(kN)	位移传感器 (或百分表读数)	破坏情况记录
1	5	2.00	
	240		
2	5	2.88	
	240		
3	5	2.98	
	240		
4	5	3.05	
	240		
5	5	3.09	
	240		
6	5	3.11	
7	360		恒压5min无裂缝
8	370	结束	未破坏

请确定实测残留变形和试验荷载,并作判定(井口净宽 $D=650\text{mm}$)。

解 (1)查标准得该井盖的试验荷载为360kN,允许残留变形为:

$D/500 = 650/500 = 1.30\text{mm}$

(2)计算实测残留变形为反复加卸载5次后的变形量。

实测残留变形:$3.11 - 2.00 = 1.11\text{mm}$ < 允许残留变形1.30mm。

该参数符合标准要求。

(3)加载至360kN恒压5min该井盖未出现裂缝,继续加载至370kN该井盖也未出现破坏症状,该参数也符合标准要求。

(4)判定:该井盖承载力检验符合标准要求。

思 考 题

1. 检查井盖的种类,各种类井盖原材料的组成?
2. 各种井盖的分类及其承载能力的指标?
3. 检查井盖取样要求?
4. 什么是残留变形?
5. 铸铁检查井盖承载能力、再生树脂复合材料检查井盖承载能力试验操作步骤?
6. 钢纤维混凝土检查井盖承载能力操作步骤?
7. 各种水箅的分类及其承载能力的指标?
8. 水箅取样要求?
9. 再生树脂复合材料水箅承载能力试验操作步骤?
10. 钢纤维混凝土水箅承载能力操作步骤?

第二章 桥梁伸缩装置检测

一、概念

桥梁伸缩装置是安装在桥梁两端的伸缩变形装置。其主要作用功能是满足桥梁结构在车辆荷载作用下的顺桥向受力变形,和春夏秋冬以及昼夜环境温差变化下的热胀冷缩所产生的温度变形的需要。桥梁设计人员根据不同桥型、不同结构材料、不同跨度等因素,设计选用不同规格型号的伸缩装置。市政桥梁与公路桥梁相比,一般跨度都不大,设计所要求的伸缩量都比较小,一般选用的规格为单缝和双缝的偏多。

1. 桥梁伸缩装置按伸缩体结构不同分类

(1)模数式伸缩装置:适用于伸缩量 160~2000mm 的公路桥梁和特大桥梁工程,如图 2-1、图 2-2 所示。

图 2-1 模数式伸缩装置(1040mm) 　　图 2-2 模数式伸缩装置(2000mm)
　　　　(南京长江三桥用) 　　　　　　　　　　(润扬长江大桥用)

(2)梳齿板式伸缩装置:适用于伸缩量不大于 300mm 的桥梁工程,市政桥梁应用较多,如图 2-3 所示。

(3)橡胶板式伸缩装置:分为板式橡胶伸缩装置和组合式橡胶伸缩装置两种。适用于伸缩量小于 60mm 的桥梁工程,市政桥梁应用较多,但容易损坏,如图 2-4 所示。

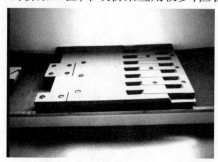 

图 2-3 梳齿板式伸缩装置 　　图 2-4 橡胶板式伸缩装置

(4)异型钢单缝和双缝伸缩装置:适用于伸缩量 80~160mm 的桥梁工程,市政桥梁应用较多,如图 2-5、图 2-6 所示。

图 2-5 单缝式伸缩装置

图 2-6 双缝式伸缩装置

2. 目前常用的桥梁伸缩装置安装构造特点

(1) 伸缩量 0~80mm 单缝

图 2-7 为常用的三种单缝构造形式与安装断面图。

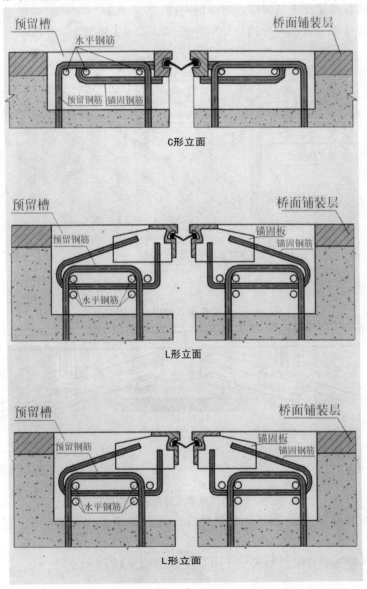

图 2-7 常用的三种单缝构造形式与安装断面图

(2) 160mm 以上模数式伸缩缝

图 2-8 为 160mm 以上模数式伸缩缝安装断面图。

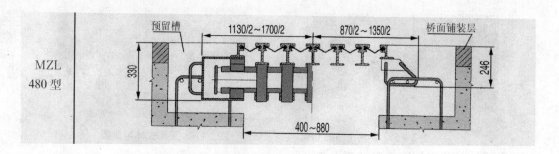

图2-8 模数式伸缩缝安装断面图

(3)160mm以上模数式伸缩装置

目前常用的两种横梁支承结构形式与作用原理：

1)斜向支承式伸缩装置结构形式与作用原理,如图2-9和图2-10所示。

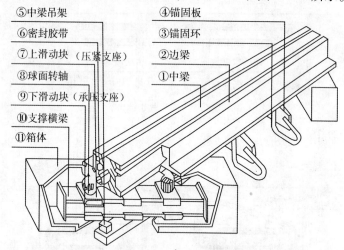

图2-9 斜向支承式伸缩装置结构形式

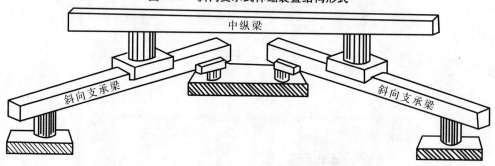

图2-10 斜向支承式伸缩装置作用原理

斜向支承式伸缩装置主要适用于大跨斜拉桥和其他结构形式的桥梁,但不适用于大跨悬索桥。

2)直向支承式伸缩装置结构形式与作用原理,如图2-11所示。

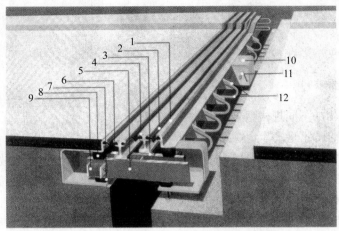

图 2-11 直向支承式伸缩装置结构形式

1—边梁；2—中梁；3—中梁连接块；4—支承横梁；5—不锈钢滑板；6—压紧支座；
7—承压支座；8—控制弹簧；9—密封带；10—车行道锚筋；11—箱体锚筋；12—位移控制箱

3. 按《公路桥梁伸缩装置》JT/T 327—2004 标准要求，伸缩装置的检测项目

桥梁伸缩装置检测项目见表 2-1。

桥梁伸缩装置检测项目一览表　　　　　　　　　　　　　　　　表 2-1

伸缩装置类型	检验项目				整体性能
	外形尺寸	外观质量	内在质量	组装精度	
模数式	√	√	—	—	√
梳齿板式	√	√	—	√	√
橡胶式伸缩装置	√	√	—	—	
异型钢单缝式	√	√	—	—	
检验周期	每道	每100块取一块	每道	每批一道	

二、检测依据

《公路桥梁伸缩装置》JT/T 327—2004
《钢焊缝手工超声波探伤方法和探伤结果分级》GB/T 11345—1989
《公路桥涵设计通用规范》JTG D60—2004
《公路工程质量检验评定标准》JTG F80/1—2004、JTG F80/2—2004
《城市桥梁养护技术规范》CJJ 99—2003、J281—2003
《公路桥涵养护规范》JTG H 11—2004
《钢结构设计规范》GB 50017—2003
生产厂家企业标准
《单元式多向变位梳形板桥梁伸缩装置》JT/T 723—2008

三、仪器设备与检测环境

(1) 钢直尺、游标卡尺；
(2) 平整度仪、水准仪；
(3) 涂层测厚仪；
(4) 超声波探伤仪；

(5)万能试验机和压力试验机;
(6)成品整体试验设备;
(7)检测环境温度一般在常温下进行。

四、取样及制备要求

(1)市政桥梁采用的不同规格型号的伸缩装置一般伸缩量不大,在产品进入施工现场后,直接在现场进行外观质量、尺寸偏差等检测,不专门取样加工制备。

(2)伸缩装置的整体性能试验取样要求(特殊要求时做,市政工程一般不做):整体试验应在制造厂家或专门试验机构进行,如果受试验设备限制不能进行整体试验时,可按《公路桥梁伸缩装置》JT/T 327—2004 标准中的下列规定取样:

1)模数式伸缩装置取不小于4m长并具有4个单元变位,支承横梁间距等于1.8m的组装试样进行试验;

2)梳齿板式伸缩装置取单元加工长度为2m的组装试样进行试验;

3)橡胶伸缩装置应取1m长的试样进行试验;

4)异型钢单缝伸缩装置应取组装件试样进行试验。

五、检测方法与试验操作步骤

1.外观质量检测方法

(1)橡胶伸缩装置,密封橡胶带的外观质量,通过目测和相应的量具,对进场产品逐个进行观测。

(2)模数式伸缩装置的异型钢、型钢、钢板等外观质量,通过目测和平整度仪、水准仪等对进场产品逐个观测,采用测厚仪对表面涂装的厚度进行测量。

2.尺寸偏差检测方法

伸缩装置的尺寸偏差,应采用经过计量标定的钢直尺、游标卡尺、平整度仪、水准仪等量测。

(1)橡胶板式伸缩装置平面尺寸除量测四边长度外,还应量测对角线尺寸,厚度应在四边量测8个点取其平均值。

(2)梳齿板式伸缩装置应每2m取其断面量测后,取其平均值。

(3)模数式伸缩装置的成品外观尺寸采用钢直尺、游标卡尺测量以下项目:

1)中梁、边梁断面尺寸;

2)伸缩量预留尺寸;

3)锚固筋间距;

4)锚固板的厚度;

5)锚固件距工作面高度;

6)直线度、平整度(每米测一直线度)。

3.内在质量检测方法

(1)对橡胶板式橡胶支座的解剖试验,每100块取一块,沿中横断面锯开进行规定项目检测。

(2)对焊缝进行超声波探伤(发现有严重质量缺陷的检测,一般情况下不做)。

4.整体性能试验方法

(1)对整体组装的伸缩装置进行力学性能试验时,应

图2-12 成品整体试验平台

将伸缩装置试样两边的固定系统用定位螺栓或其他有效方法固定在试验平台上,如图 2-12 所示,然后使试验装置模拟伸缩装置在桥梁结构中按实际受力状态进行规定项目试验。橡胶伸缩装置应在 15~28℃ 温度下进行;

(2)模数式伸缩装置应进行拉伸、压缩、纵向、竖向、横向错位试验,测定水平摩阻力,变位均匀性。应按实际受力荷载测定中梁、支承横梁及其连接部件应力、应变值,并对试样进行振动、冲击试验,对橡胶密封带进行防水试验;

(3)梳齿板式伸缩装置应进行拉伸、压缩试验,测定水平摩阻力和变位均匀性;

(4)橡胶伸缩装置,应进行拉伸、压缩试验,测定水平摩阻力及垂直变形;

(5)异型钢单缝伸缩装置应进行橡胶密封带防水试验。

六、检测结果判定

1. 外观质量

(1)伸缩装置密封橡胶带的外观质量检查应满足 JT/T 327—2004 标准规定要求,见表 2-2。

外观质量检查要求一览表　　　　　　　　　表 2-2

缺陷名称	质量标准
骨架钢板外露	不允许
钢板与粘结处开裂或剥离	不允许
喷霜、发脆、裂纹	不允许
明疤缺胶	面积不超过 30mm×5mm,深度不超过 2mm 缺陷,每延米不超过 4 处
气泡、杂质	不超过成品表面面积的 0.5%,且每处不大于 25mm^2,深度不超过 2mm
螺栓定位孔歪斜及开裂	不允许
连接榫槽开裂、闭合不准	不允许

(2)伸缩装置的异型钢、型钢、钢板等外观应光洁、平整,表面不得有大于 0.3mm 的凹坑、麻点、裂纹、结疤、气泡和夹杂、不得有机械损伤。上下表面应平行,端面应平整,长度大于 0.5mm 的毛刺应清除。

2. 内在质量

(1)板式橡胶伸缩装置解剖后,其内在质量应满足表 2-3 的要求。

板式橡胶伸缩装置内在质量要求　　　　　　　　　表 2-3

名称	内在质量要求
锯开后钢板、角钢位置	钢板、角钢位置要求准确,其平面位置偏差 ±3mm,高度位置偏差应在 -1~2mm 之间
钢板与橡胶粘结	钢板与橡胶粘结应牢固且无离层现象

(2)模数式伸缩装置:

1)伸缩装置的所有焊接、连接部位的焊缝应饱满,不应有漏焊、脱焊现象,不合格者要求补焊。

2)异型钢对接接长时,接缝应错开布置并设在受力较小处,错开距离不应小于 80mm,同时接缝不能设在行车道位置,接缝应采用厚度 >20mm 的钢板加强,焊缝处应进行探伤,并清除内应力。不满足要求,为不合格品。

3. 外观尺寸偏差

(1) 橡胶板式伸缩装置的尺寸偏差,应满足表 2-4 的要求和标准 JT/T 327—2004 的规定要求:

橡胶板式伸缩装置尺寸偏差表　　　　　　　　　表 2-4

长度范围	偏差	宽度范围	偏差	厚度范围	偏差	螺孔中距 l_1 偏差
$l=1000$	$-1,+2$	$a\leqslant 80$	$-2.0,+1.0$	$t\leqslant 80$	$-1.0,+1.8$	<1.5
		$80<a\leqslant 240$	$-1.5,+2.0$	$t>80$	$-1.5,+2.3$	
		$a>240$	$-2.0,+2.0$	—	—	

注:宽度范围正偏差用于伸缩体顶面,负偏差用于伸缩体底面。

(2) 模数式伸缩缝的异型钢断面尺寸,应满足表 2-5(标准 JT/T 327—2004)规定要求。

异型钢断面尺寸表(mm)　　　　　　　　　表 2-5

断面部位 \ 钢梁类别	中梁钢	边梁钢	单缝钢
H	$\geqslant 120$	$\geqslant 80$	$\geqslant 50$
B	$\geqslant 16$	$\geqslant 15$	$\geqslant 11$
t_1	$\geqslant 10$	$\geqslant 10$	$\geqslant 10$
t_2	$\geqslant 15$	$\geqslant 12$	$\geqslant 10$
B_1	$\geqslant 80$	$\geqslant 40$	$\geqslant 40$
B_2	$\geqslant 80$	$\geqslant 70$	$\geqslant 50$
质量(kg/m)	$\geqslant 36$	$\geqslant 19$	$\geqslant 12$
图例			

不满足表中尺寸要求的为不合格品。

(3) 模数式伸缩装置(包括单缝)组装后的成品尺寸偏差按表 2-6(设计图纸和企业标准)规定检测。

检测项目、图纸尺寸与实测数据比较(mm)　　　　　　　　　表 2-6

检测项目	图纸尺寸	实测值	备注
中梁、边梁尺寸			按标准要求
伸缩量预留尺寸			按标准要求
锚固筋间距			按图纸和企业标准要求
锚固钢板几何尺寸			按图纸和企业标准要求
直线度			每 1m 测一直线度
锚固性体距工作面高度			按图纸和企业标准要求
涂装(防腐层)厚度			按图纸和企业标准要求
异型钢接缝位置及错开距离			按标准和规范要求
表面缺陷		按标准要求	

如果不满足表2-4要求,允许进行一次修补。

(4)密封橡胶带的尺寸偏差。

在自然状态下,伸缩装置中使用的单元密封橡胶带尺寸(不包括锚固部分)的公差应满足表2-7的要求。

密封橡胶带尺寸(mm)　　　　　　　　　　　　　　表2-7

图示	宽度范围	偏差	厚度范围	偏差
(图)	a = 80	+3 0	b≥7	0, +1.0
			b1≥4	0, +0.3
	a < 80	+2 0	b≥6	0, +0.5
			b1≥3	0, +0.2

(5)伸缩装置整体性能应满足 JT/T 327—2004 标准规定要求,见表2-8。

桥梁伸缩装置整体性能要求　　　　　　　　　　　　表2-8

序号	项目		模数式	梳齿式	橡胶式		异型钢单缝式
					板式	组合式	
1	拉伸、压缩时最大水平摩阻力(kN/m)		≤4	≤5	<18	≤8	
2	拉伸、压缩时变位均匀性(mm)	每单元最大偏差值	-2~2	/	/	/	
		总变位最大偏差值	e≤480　-5~5	e≤480　±1.5			
			480<e≤480　-10~10	e>800　±2.0			
			e>800　-15~15				
3	拉伸、压缩时最大竖向偏差或变形(mm)		1~2	0.3~0.5	-3~3	-2~2	
4	相对错位后拉伸、压缩试验(满足1、2项要求前提下)	纵向错位	支承横梁倾斜角度不小于2.5°	/	/	/	
		竖向错位	相当顺桥向产生5%坡度	/	/	/	
		横向错位	两支承横梁3.6m范围内两端相差80mm				
5	最大荷载时中梁应力、横梁应力、应变测定、水平力(模拟制动力)		满足设计要求	/	/	/	
6	防水性		注满水24h无渗漏	/	/	/	注满水24h无渗漏

[案例2-1]

1.南京某大桥南接线引桥模数式伸缩装置检测报告。

伸缩装置现场检测报告

建设单位	南京某大桥建设指挥部	委托单位	南京某大桥总监办
工程名称	南京某长江大桥 S3 标	监理单位	解放军理工大学监理有限公司
样品名称	伸缩装置	检测类别	中心试验室抽检

续表

样品数量	一件	规格型号	DT-160
生产厂家		送样日期	现场检测
送样人		监理	
样品状态	完好、可检	检测日期	2005.6.25 上午9:30~10:30
检测地点	施工现场	检测环境温度	33℃
检测项目	组焊后伸缩量预留尺寸、锚固(钢)筋几何尺寸、锚固(钢)筋间距、锚固(钢板)几何尺寸、直线度、锚固件距工作面高度防腐层厚度、表面缺陷	样品编号	M407001
检测依据	交通部标准 JT/T 327—2004,企业标准,设计图纸		
主要检测设备	150 卡尺、1m 钢尺、30m 皮卷尺、涂层测厚仪		

检测数据

检测项目	图纸尺寸(mm)	测量值(mm)	备注
边梁钢	≥80	80.2、80.1、80.2	JT/T 327—2004 标准
中梁钢	≥120	120.2、120.1、120.2	
组焊后伸缩量预留尺寸	30±2	30、28 31、29 29、31、29、30	设计图纸 JTG/D 62—2004 设计规范 企业标准
锚固(钢)筋几何尺寸	φ20	20.5、20.5 20.5、20.5 20.5、20.5	企业标准
锚固(钢)筋间距	250	250、250、250、247 251、255、247 251、248、251	企业标准
锚固(钢板)几何尺寸	厚18	18.5、18 18、18 18、18	企业标准
直线度	≤1.5	0.2、0、0.15 0.25、0.10、0	每 m 测一直线度
锚固件距工作面高度	250±5	251、248、255、254 252、248、250 250、252、252	企业标准
防腐层厚度	平均厚度≥45μm	51μm	企业标准
表面缺陷	不得有裂纹、夹渣、分层、坑点、划伤	未见裂纹、夹渣、分层、坑点、划伤	JT/T 327—2004 标准 企业标准
检测结论	提供南京某大桥南引桥的公路桥梁伸缩装置 D-160 型号,经现场检测,其中边梁钢、中梁钢尺寸符合交通部 JT/T 327—2004 标准要求,其余技术指标符合企业提供的设计图要求		

技术负责人: 审核: 检测:

2. 伸缩缝用异型钢材料抗弯性能检测报告

委托单位：南京某大桥建设指挥部　　　　№2003112831
工程名称　　　　选择材料　　　　供应厂家　　　　抽样检验
建设单位：南京某大桥建设指挥部
试样名称：桥梁伸缩缝用异型钢材料　　　　试验资质等级章
样品加工状态热轧校直工艺成型
检测要求异型钢的抗弯性能测试
生产厂家_____

（1）检测设备
1000kN 材料万能试验机，使用量程 500kN。
（2）试件截面类型与尺寸
1）试件截面类型见下图；
2）几何特性见下表。

截面类型	1 号	2 号	3 号	4 号
I（抗弯惯性矩 mm^4）	3.75	17.10	18.40	6.58
A（截面面积 mm^2）	141.00	240.00	255.00	158.00
h（形心距下缘距离 mm）	26.10	36.20	34.40	39.10

（3）试验装置
三点弯曲荷载——挠度试验加载图。

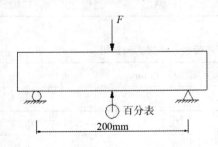

（4）检测结果
实测数据，见下表。

1号类型伸缩缝异型钢三点弯曲荷载——挠度实测数据

荷载(kN)	实测挠度(mm)		
	1-1	1-2	1-3
10	0.22	0.25	0.23
20	0.44	0.48	0.46
30	0.67	0.73	0.70
40	0.89	0.92	0.93
50	1.11	1.18	1.08

注：最大荷载为异型钢材下翼缘弯曲应力达到200MPa时的荷载，下同。

2号类型伸缩缝异型钢三点弯曲荷载——挠度实测数据

荷载(kN)	实测挠度(mm)		
	2-1	2-2	2-3
40	0.19	0.21	0.18
80	0.39	0.42	0.36
120	0.58	0.63	0.55
160	0.78	0.85	0.80
200	0.97	1.03	0.95

3号类型伸缩缝异型钢三点弯曲荷载—挠度实测数据

荷载(kN)	实测挠度(mm)		
	3-1	3-2	3-3
45	0.20	0.18	0.23
90	0.41	0.45	0.38
135	0.61	0.68	0.65
180	0.82	0.90	0.88
225	1.02	1.08	1.10

4号类型伸缩缝异型钢三点弯曲荷载—挠度实测数据

荷载(kN)	实测挠度(mm)		
	4-1	4-2	4-3
15	0.19	0.21	0.17
30	0.38	0.33	0.40
45	0.57	0.65	0.61
60	0.76	0.82	0.80
75	0.95	1.03	1.08

(5)检测结论

伸缩缝用异型钢抗弯刚度符合《公路桥涵设计通用规范》JTGD 60—2004和《钢结构设计规

范》GB 50017—2003 要求,判合格。

送样人:＿＿＿＿＿＿＿＿＿＿ 见证人:＿＿＿＿＿＿＿＿＿＿

试　验:＿＿＿＿＿＿＿＿＿＿ 审核:＿＿＿＿＿＿＿＿＿＿ 签发:

3. 桥梁伸缩装置锚固筋力学性能检测报告

委托单位:南京长江某大桥建设指挥部

工程名称:南北引桥使用产品质量抽检

试样名称:伸缩装置锚固筋

检测要求:锚固筋拉伸力学性能

生产厂家:

(1)检测设备

300kN 材料万能试验机,使用量程 300kN。

LX-5 型力学性能自动测定仪。

(2)检测执行标准

《紧固件机械性能螺栓、螺钉和螺柱》GB/T 3098.1—2000

《金属拉抻试验方法》GB 228—87

(3)测试结果

锚固筋力学性能测试结果见下表。

锚固筋力学性能测试结果表

试件编号	螺栓规格(mm)	计算面积(mm^2)	极限负荷(kN)	抗拉强度(MPa)
1-1	M20	245	150.7	615
1-2			150.2	610
1-3			149.3	610
性能要求	抗拉强度≥500MPa			

(4)检测结论

依《紧固件机械性能螺栓、螺钉和螺柱》GB/T 3098.1—2000,经检测,此批受检锚固钢筋抗拉强度符合高强度螺栓 5.8S 级抗拉强度性能要求,判抗拉强度合格。

送样人:＿＿＿＿＿ 见证人:＿＿＿＿＿

试验:＿＿＿＿＿ 审核:＿＿＿＿＿ 签发:＿＿＿＿＿

思 考 题

1. 桥梁伸缩装置的作用是什么?
2. 桥梁伸缩装置的检测依据是什么?
3. 桥梁伸缩装置主要有哪几种结构类型? 其主要特点和适用范围。
4. 市政桥梁一般应用较多的有哪些规格和类型? 为什么?
5. 桥梁伸缩装置主要检测哪些项目?
6. 桥梁伸缩装置的外观检测主要有哪些内容? 如何判别?
7. 桥梁伸缩装置的外观尺寸的主要检测内容有哪些? 检测和判定依据是什么?
8. 桥梁伸缩装置的内在质量如何检测?
9. 整体性能试验对不同类型的伸缩装置如何取样?
10. 模数式伸缩装置对异型钢使用的材料和规格尺寸、重量等,交通部标准 JT/T 327—2004 中有何规定和要求?

第三章 桥梁橡胶支座检测

一、概念

橡胶支座的主要功能:将上部结构的荷载(包括恒载、竖向活载、水平载荷)可靠地传递给桥墩;具有竖向转动能力,以满足上部结构的转动;具有单向位移或多向位移能力,以满足上部结构因温度、收缩徐变等因素产生的水平位移,(如水平滑动或变形、转动);具有特定的滞回和阻尼特性,起抗震减振作用。

通常质量合格的橡胶支座设计可使用30~50年。橡胶支座的质量直接影响到桥梁上部结构的使用寿命和交通安全。

根据 GB 20688—2006 规定,橡胶支座分为两大类;

隔震橡胶支座——过去称铅芯橡胶支座;

普通橡胶支座——包括板式橡胶支座和盆式橡胶支座。

1. 桥梁用隔震橡胶支座(图3-1)GB 20688.2—2006

隔震橡胶支座(铅芯橡胶支座)是在普通叠层橡胶支座中设置圆型铅芯,显著改善支座的阻尼特性,通过变化支座中铅芯面积的含量,可以得到预期的力学性能、滞回和阻尼特性。提高了橡胶支座吸能减振性能后形成的新品种,具有良好的隔震能力。目前,隔震橡胶支座在国际上广泛使用。应用于桥梁工程的称为桥梁用隔震橡胶支座,应用于建筑工程的称为建筑用隔震橡胶支座 GB 20688.3—2006。

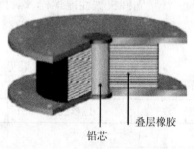

图3-1 桥梁用隔震橡胶支座

2. 桥梁普通橡胶支座

(1)普通板式橡胶所组成材料为金属板和橡胶层,橡胶材料是橡胶支座的主体材料。支座由多层钢板与多层橡胶叠合组成,属叠层板式橡胶支座(图3-2)。板式橡胶支座的金属板在支座中起加劲作用,起阻止橡胶片侧向膨胀作用,显著提高了橡胶层的抗压强度和支座的抗压刚度。根据位移能力又可分为固定支座与滑动支座。目前在公路桥梁及市政桥梁工程中应用 JT/T 4—2004 标准较多,在市政轨道交通(地钢、轻轨)桥梁工程中应用 TB/T 1893—2006 标准较多。桥梁用板式橡胶支座见图3-2、表3-1和表3-2。

1)GB 20688.4—2007 规定的标记方法为:

板式支座产品应按下述顺序标记,并可根据需要增加标记内容:

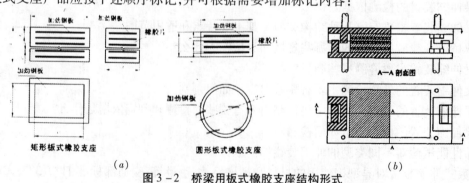

图3-2 桥梁用板式橡胶支座结构形式
(a)GB 20688—2006;JT/T 4—2004;(b)TB/T 1893—2006

桥梁用板式橡胶支座成品主要性能参数   表3-1

项目	指标		
	GB20688.4—2007	JT/T4—2004	TB/T 1893—2006
极限抗压强度为 R_u	≥70MPa	≥70MPa	≥60MPa
抗压弹性模量 E_1	$E±E×30\%$	$E±E×20\%$	$E±E×20\%$
E	$E=5.4GS^2$	$E=5.4GS^2$	见附表
疲劳后的抗压弹性模量 E_2	——————	——————	$≤(E_1+E_1×5\%)$
抗剪弹性模量 G_1	$G±G×15\%$	$G±G×15\%$	$G±G×15\%$
老化后抗剪弹性模量 G_2	$G_1±G_1×15\%$	≤$G±G×15\%$ 70±2℃ 72h 加 23±5℃ 48h	≤$G_1±0.15$MPa
抗剪粘结性能 ($τ=2$MPa,持荷5min)		无橡胶开裂和脱胶现象	无橡胶开裂和脱胶现象
实测转角正切值 $\tan\theta$	≥1/300(混凝土桥) ≥1/500(钢桥)	≥1/300(混凝土桥) ≥1/500(钢桥)	
聚四氟乙烯板与不锈钢板(表面摩擦系数 μ 加硅脂时)f	≤0.03	≤0.03	

抗压弹性模量 E(MPa)(TB/T 1893—2006)   表3-2

S	5	6	7	8	9	10	11	12	13	14	15
E	270	340	420	500	590	670	760	860	950	1060	1180

注:形状系数是橡胶支座设计的重要参数。

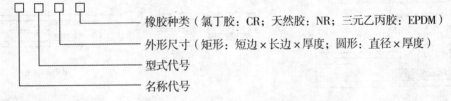

注:氯丁橡胶(CR)适应工作温度:-25~60℃,天然橡胶(NR)和三元乙丙胶(EPDM)适应工作温度:-40~-50℃。

2) JT/T 4—2004 规定的标记方法为:

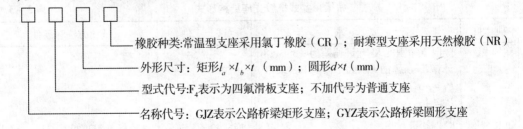

示例:公路桥梁矩形普通氯丁橡胶支座,短边尺寸为300mm,长边尺寸为400mm,厚度为64mm,表示为 GJZ300×400×64(CR)。

3) GJ 2300×400×64 梁板式橡胶支座(TB/T 1893—2006)规定的支座型号表示如下:

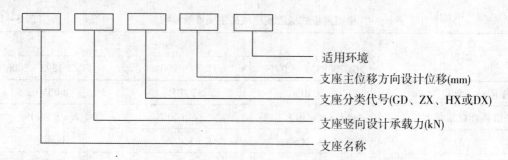

适用环境
支座主位移方向设计位移(mm)
支座分类代号(GD、ZX、HX或DX)
支座竖向设计承载力(kN)
支座名称

示例:TBZ1000GD-(CR)表示竖向设计承载力为1000kN的常温型固定板式橡胶支座。

TBZ2000ZX-e40(NR)表示竖向设计承载力为2000kN,设计主位移为±40mm的耐寒温型纵向活动板式橡胶支座。

(2)盆式橡胶支座是钢构件与橡胶组合而成的新型桥梁支座。具有承载能力大、水平位移量大、转动灵活等特点,广泛应用于铁路桥梁、城市地铁及轻轨交通工程和大跨径公路桥梁。

盆式橡胶支座分固定支座与活动支座。活动盆式橡胶支座由上支座板、聚四氟乙烯板、承压橡胶块、橡胶密封圈、中间支座板、钢筋箍圈、下支座板以及上下支座连接板组成。组合上、中支座板构造或利用上下支座连接板即可形成固定支座。

盆式橡胶支座结构形式见图3-3、表3-3。

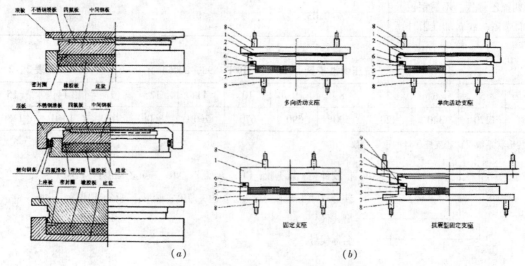

(a) (b)

图3-3 桥梁用盆式橡胶支座结构形式

(a)JT 391—1999;(b)GB 20688—2006

桥梁用盆式橡胶支座结构形式　　　　表3-3

序号	项目	要求	试件	试验方法和条件
1	压缩性能	竖向压缩刚度K_v允许偏差为±30%;计算K_v所需的P_1和P_2可由下式求得: $P_1 = A\sigma_1$; $P_2 = A\sigma_2$; 其中: P_1——第3次加载循环时的较小压力; P_2——第3次加载循环时的较大压力; A——有效面积,支座内部橡胶的平面面积; σ_1和σ_2为压应力,可分别采用1.5 MPa、6.0MPa	型式检验;应采用足尺支座	试验标准温度就为23℃。否则应对试验结果进行温度修正

续表

序号	项目	要 求	试件	试验方法和条件
2	转动性能	可在设备荷载作用下进行压缩试验,压缩位移应大于转动位移; 也可进行转动试验,确定支座的转动性能	型式检验:应采用足尺支座; 出厂检验:应使用支座产品	
3	剪切性能	剪应变可采用100%,175%,剪切性能项目规定为: 天然橡胶支座(LNR)剪切性能项目为水平等效刚度K_b; 高阻尼橡胶支座(HDR)剪切性能项目为水平等效刚度K_b,等效阻尼比h_{eq}; 铅芯橡胶支座(LRB)剪切性能项目为水平等效刚度K_b,等效阻尼比h_{eq},屈服后刚度K_d,屈服力Q_d。 水平等效刚度允许误差为:S-A类支座:±10%;S-B类支座:±20%	型式检验:应采用足尺支座; 出厂检验:应使用支座产品	1.可采用单、双剪试验装置,试验方法见GB/T 20688.1—2007的6.3.2; 2.试验标准温度应为23℃。否则应对试验结果进行温度修正
4	拉伸性能	在指定拉力作用下,试件不产生破坏	可采用足尺或缩尺模型B支座	1.在指定剪应变作用下,进行指定拉力的拉伸性能试验; 2.可采用单、双剪试验装置,试验方法见GB/T 20688.1—2007的6.3.2和6.6
5	极限性能	1.试件在恒定压力作用下产生剪切位移,发生破坏、屈曲或滚翻时的剪应变大于隔震橡胶支座极限性能要求的规定注。 2.对于设……,竖向恒定压力应为P_{max}和P_{min}。 3.对于承受拉力的支座,按照GB/T 20688.1—2007的6.6进行测试。当剪应变为Y时,支座不发生拉剪破坏。 4.当剪应变超过隔震橡胶支座极限性能要求注,未发生破坏、屈曲和滚翻现象时,试验可以继续进行。以支座无明显破坏迹象时的位移为最大位移值。 注:当静载引起的压应力10N/mm²,对A类隔震橡胶支座极限剪应变$\gamma_u \geq$300%,对B类隔震橡胶支座极限剪应变300% > $\gamma \geq$250%,对C类隔震橡胶支座极限剪应变250% > $\gamma_u \geq$200%。	可采用足尺或缩尺模型B支座	可采用单、双剪试验装置,试验方法见GB/T 20688.1—2007的6.3.2和6.5
6	低速变形下的反力性能		可采用足尺或缩尺A型支座	可采用单、双剪试验装置,试验方法见GB/T 20688.1—2007的6.3.2和6.8

1) GB 20688.4—2006 规定的分类与标记方法

① 盆式橡胶支座使用性能分类,表3-4。

盆式橡胶支座按使用性能分类(GB 20688.4—2007)　　表3-4

类型	名称代号	使用性能分类代号
固定支座	PZ	GD
双向活动支座	PZ	SX
单向活动支座	PZ	DX
抗震型固定支座	PZ	KGD

盆式橡胶支座按适用温度范围分类：

常温型盆式橡胶支座,适用于 -25 ~ 60℃;

耐寒型盆式橡胶支座,适用于 -40 ~ 60℃,代号 F。

盆式支座应按下列顺序标记,并可根据需要增加标记内容：

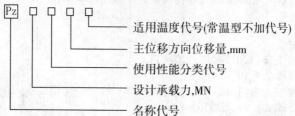

示例：设计承载力为 5MN,主位移方向位移量为 ±100mm,工作温度 -40 ~ 60℃的双向活动。

②铁路桥梁用盆式橡胶支座使用性能分类见表 3-5。

铁路桥梁用盆式橡胶支座(TB/T 2331—2004)使用性能： 表 3-5

类型		使用性能分类代号
固定支座		GD
多向活动支座		DX
单向活动支座	纵向	ZX
	横向	HX
抗震型固定支座		GD

2)铁路桥梁用盆式橡胶支座(TB/T 2331—2004)标记方法

①支座型号表示方法如下：

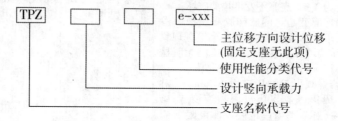

示例：TPZ20000DX - e100,表示设计竖向承载力 20 000 kN、多向活动支座、主位移方向设计位移为 ±100mm 的多向活动铁路桥梁盆式橡胶支座。

②铁路桥梁用盆式橡胶支座(TB/T 2331 - 2004)技术要求：

a. 外观质量：SF - I 三层复合板表面应无明显脱层、起泡、剥落、机械夹杂等缺陷。材料公称尺寸及偏差基层基铜板厚度为 2.1mm ±0.15mm,中间层烧结青铜粉厚度为 0.25 +15mm,面层由 20% 铅和 80% 聚四氟乙烯(体积比)组成的改性聚四氟乙烯烧结而成,厚度为 0.01 +0.02mm。SF - I 复合板总厚度为 2.4 +0.1mm。

b. 压缩变形：在 280MPa 压力之下的压缩永久变形量小于等于 0.03mm。

c. 层间结合：按规定方法反复弯曲 5 次,不允许有脱层、剥离,表层的改性聚四氟乙烯不断裂。

3)公路桥梁用盆式橡胶支座(JT 391—1999)标记方法

①支座型号表示方法：

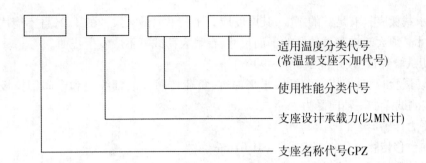

示例:GPZ15SXF:表示 GPZ 系列中设计承载力为 15MN 的双向(多向)活动的耐寒型盆式支座。

GPZ35DN:表示 GPZ 系列中设计承载力为 35MN 的单向活动的常温型盆式支座。

GPZ50GD:表示 GPZ 系列中设计承载力为 50MN 的固定的常温型盆式支座。

②技术要求

a. 竖向承载力:支座的竖向承载力(即支座反力)分 31 级,在竖向设计荷载作用下,支座压缩变形值不得大于支座总高度的 2%,盆环上口径向变形不得大于盆环外径的 0.5%,支座残余变形不得超过总变形量的 5%。

b. 水平承载力:固定支座在各方向和单向活动支座非滑移方向的水平承载力均不得小于支座竖向承载力的 10%。抗震型支座水平承载力不得小于支座竖向承载力的 20%。

c. 转角:支座转动角度不得小于 0.02 rad。

d. 摩阻系数:加 5201 硅脂润滑后,常温型活动支座设计摩阻系数最小取 0.03;加 5201 硅脂润滑后,耐寒型活动支座设计摩阻系数最小取 0.06。

e. 位移:活动支座位移量超过标准规定时,可按实际需要适当加大位移量。

③主要性能参数

盆式支座竖向压缩变形;盆环径向变形;极限抗压强度。

二、检测依据与主要技术指标

《橡胶支座 第 2 部分:桥梁隔震橡胶支座》GB 20688.2—2006
《橡胶支座 第 3 部分:建筑隔震橡胶支座》GB 20688.3—2006
《铁路桥梁盆式橡胶支座》TB/T 2331—2004
《铁路桥梁板式橡胶支座》TB/T 1893—2006
《建筑隔震橡胶支座》JG 118—2000
《叠层橡胶支座隔震技术规程》CECS 126:2001
《公路钢筋混凝土及预应力混凝土桥涵设计规范》JTG D 62—2004
《公路桥梁板式橡胶支座》JT/T 4—2004
《公路桥梁盆式橡胶支座》JT 391—1999;
《公路桥梁板式橡胶支座规格系列》JT/T 663—2006

三、仪器设备及环境

(1)压力试验机(精度要求为 I 级;使用范围 0.4% ~ 90%;施力速率 0.03 ~ 0.04MPa/s)

试验机具备下列功能:微机控制,能自动、平稳连续加载、卸载,且无冲击和颤动现象,自动持荷(试验机满负荷保持时间不少于 4h,且试验荷载的示值变动不应大于 0.5%),自动采集数据,自动绘制应力—应变图,自动储存试验原始记录及曲线图和自动打印结果的功能。

试验用承载板应具有足够的刚度,其厚度应大于其平面最大尺寸的1/2,且不能用分层垫板代替。平面尺寸必须大于被测试试样的平面尺寸,在最大荷载下不应发生挠曲。

(2)剪切试验装置(使用范围1%~90%)

进行剪切试验时,其剪切试验机的水平油缸、负荷传感器的轴线应和中间钢拉板的对称轴相重合,确保被测试样水平轴向受力。

(3)水平力传感器

(4)竖向位移传感器(分度值要求为0.01mm)

(5)水平位移传感器(分度值要求为0.01mm)

(6)测量转角变形量(分度值要求为0.001mm)

(7)压板 标准对检测用试验机规定了上下压板要求有足够的刚度

(8)试验室的标准温度为23±5℃

四、取样及制备要求

(1)橡胶支座试样应取用橡胶支座成品实样。只有受试验机吨位限制时,可由抽检单位或用户与检测单位协商用特制试样代替实样。试验前应将试样直接暴露在标准温度23±5℃下,停放24h,以使试样内外温度一致。

(2)试样的长边、短边、直径、中间层橡胶片厚度、总厚度等,均以该试样所属规格系列中的公称值为准。

(3)抗压弹性模量的检测按每检验批抽取橡胶支座成品3块,每一块橡胶支座成品试样的抗压弹性模量 E1 为三次加载过程所得的三个实测结果的算术平均值。且单项结果和算术平均值之间的偏差应小于算术平均值的3%。三块橡胶支座成品的抗压弹性模量实测值均应符合要求。否则应对该试样重新复核试验一次,如果仍超过3%,应请试验机生产厂专业人员对试验机进行检修和检定,合格后再重新进行试验。

(4)抗剪弹性模量的检测按每检验批抽取橡胶支座成品3对,每一对橡胶支座成品试样的抗剪弹性模量 G_1 为三次加载过程所得的三个实测结果的算术平均值。且单项结果和算术平均值之间的偏差应小于算术平均值的3%。三对橡胶支座成品的抗剪弹性模量实测值均应符合要求。否则应对该试样重新复核试验一次,如果仍超过3%,应请试验机生产厂专业人员对试验机进行检修和检定,合格后再重新进行试验。

(5)摩擦系数的检测按每检验批抽取橡胶支座成品3对。

(6)极限抗压强度检测按每检验批抽取橡胶支座成品3块。

(7)支座解剖检验按每检验批抽取橡胶支座成品一块。将其沿垂直方向锯开,进行规定项目检验。

(8)盆式支座整体支座力学性能。

测试盆式支座整体支座力学性能原则上应选实体支座,如试验设备不允许对大型支座进行试验,经与用户协商可选用小型支座。

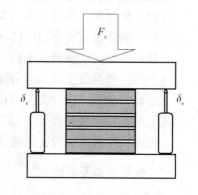

图3-4 测试系统示意图

五、试验操作步骤

橡胶支座纵向抗压(剪)弹性模量测试系统由压力试验机、压力传感器、位移传感器、信号调理器模块,与专用检测软件组成(图3-4)。桥梁板式橡胶支座抗压弹性模量测试时要求实时采集数据、按标准规定的检测加载循环、速率及分级和持荷时间加载,并绘制应力应变曲线。

1. 抗压弹性模量检测

(1) 预压三次,绘制应力应变曲线。

(2) 正式加载循环,自 1MPa 起,以 0.03~0.04MPa/s 的施力速率均匀加载至 4MPa,持荷 2min 后采集变形值,然后每 2MPa 为一级逐级加载,每级持荷 2min 后采集变形值。直至平均压应力为止。计算实测抗压弹性模量,绘制应力应变曲线。

(3) 以连续均匀的速度卸载至压应力为 1MPa,稳定 10min 后重复第二步骤加载循环。连续进行 3 次。

(4) 每一块试样的抗压弹性模量 E_1 为三次加载过程所得的三个实测结果的算术平均值。且单项结果和算术平均值之间的偏差应小于算术平均值的 3%。

2. 抗剪弹性模量检测

(1) 以 0.03~0.04MPa/s 的施力速率均匀加载(竖向力)至平均压应力 10MPa,并在整个抗剪试验过程中保持不变(图 3-5)。

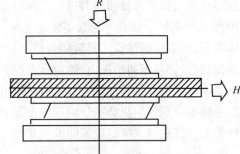

图 3-5 抗剪弹性模量检测示意图

(2) 预加水平力。以 0.002~0.003MPa/s 的施力速率连续施加水平剪应力至剪应力 1.0MPa,持荷 5min 后卸载至剪应力为 0.1MPa。持荷 5min,绘制应力应变曲线。预载三次。

(3) 以 0.002~0.003MPa/s 的施力速率加连续水平剪应力至剪应力 0.1MPa,持荷 5min 后采集变形值,然后每 0.1MPa 为一级剪应力逐级加载,每级持荷 1min 后采集变形值。直至剪应力为 1MPa 为止。计算实测抗剪弹性模量,绘制应力应变曲线。

(4) 以连续均匀的速度卸载至剪应力 $\tau = 0.1$MPa,稳定 10min 后重复第二步骤加载循环。连续进行三次。

3. 抗剪老化试验

将橡胶支座成品试样置于老化箱内,在 70±2℃ 温度下经 72h 后取出,将试样在标准温度 23±5℃ 下,停放 48h,再在标准试验室温度下进行剪切试验,试验与标准抗剪弹性模量试验方法步骤相同。老化后抗剪弹性模量 G_2 的计算方法与标准抗剪弹性模量计算方法相同。

4. 摩擦系数试验

试验时应将四氟滑板试样的储油槽内注满 5201-2 硅脂油;

将压应力以 0.03~0.04MPa/s 的速率连续地增至平均压应力 σ,绘制应力-时间图,并在整个摩擦系数试验过程中保持不变。其预压 1h 后,再以 0.002~0.003MPa/s 的速率连续地施加水平力,直至不锈钢板与四氟滑板试样接触面间发生滑动为止,记录滑动时的水平剪应力作为初始值。试验过程应连续进行三次,每对试样的摩擦系数为三次试验结果的算术平均值。

5. 累积压缩应变

累积压缩应变的定义,即以承载板四角所测的变化平均值,作为各级荷载下试样的累计竖向压缩变形 $\triangle c$,与试样橡胶层的总厚度 t_e 之比

$$\varepsilon_i = \triangle c / t_e \tag{3-1}$$

试样橡胶层总厚度可以通过下式计算得到

$$t_e = t - nt_0 \tag{3-2}$$

即试样原高减去钢板总厚度(单层钢板厚度与层数之积)。

6. 极限抗压强度(R_u)

将试样放置在试验机的承载板上,上下承载板与支座接触面不得有油污,对准中心位置,精度应小于 1% 的试件短边尺寸;以 0.1MPa/s 的速率连续地加载至试样极限抗压强度 R_u。不小于 70

MPa 为止,绘制应力—时间图,并随时观察试样受力状态及变化情况,试样是否完好无损。

7. 盆式支座竖向压缩变形 t 盆环径向变形试验

其检验荷载应是支座设计承载力的 1.5 倍,并以 10 个相等的增量加载。在支座顶底板间均匀安装 4 只百分表,测试支座竖向压缩变形;在盆环上口相互垂直的直径方向安装 4 只千分表,测试盆环径向变形。加载前应对试验支座预压 3 次,预压荷载为支座设计承载力。试验时检验荷载以 10 个相等的增量加载。加载前先给支座一个较小的初始压力,初始压力的大小可视试验机精度具体确定,然后逐级加载。每级加载稳压后即可读数,并在支座设计荷载时加测读数,直至加载到检验荷载后,卸载至初始压力,测定残余变形,此时一个加载程序完毕。一个支座需往复加载 3 次。支座压缩变形和盆环径向变形量分别取相应各测点实测数据的算术平均值。根据实测各级加载的变形量分别绘制荷载—竖向压缩变形曲线和荷载—盆环径向变形曲线。两变形曲线均应呈线性关系。卸载后支座复原不能低于 95%。

六、数据处理与结果判定

1. 实测抗压弹性模量 E_1

(1) 数据处理

实测抗压弹性模量计算公式如下:

$$E_1 = \frac{\sigma_{10} - \sigma_4}{\varepsilon_{10} - \varepsilon_4} \tag{3-3}$$

式中　　E_1——试样实测的抗压弹性模量计算值,精确至 1MPa;

　　$\sigma_4、\varepsilon_4$——第 4MPa 级试验荷载下的压应力和累积压缩应变值;

　　$\sigma_{10}、\varepsilon_{10}$——第 10MPa 级试验荷载下的压应力和累积压缩应变值。

(2) 结果判定

1) 弹性模量 E_1 为三次加载过程所得的三个实测结果的算术平均值。且单项结果和算术平均值之间的偏差应小于算术平均值的 3%。

2) 试样的抗压弹性模量 E_1,与标准的 E 值的偏差在 ±20% 范围之内时,应认为满足要求。

2. 抗剪弹性模量 G_1 和 G_2

(1) 数据处理

实测抗剪弹性模量计算公式如下:

$$G_1 = \frac{\tau_{1.0} - \tau_{0.3}}{\gamma_{1.0} - \gamma_{0.3}} \tag{3-4}$$

式中　　G_1——试样的实测抗剪弹性模量计算值,精确至 1%(MPa);

　　$\tau_{1.0}、\gamma_{1.0}$——第 1.0MPa 级试验荷载下的剪应力和累计剪切应变值;

　　$\tau_{0.3}、\gamma_{0.3}$——第 0.3MPa 级试验荷载下的剪应力和累计剪切应变值。

(2) 结果判定

1) 抗剪弹性模量 G_1 为三次加载过程所得的三个实测结果的算术平均值,且单项结果和算术平均值之间的偏差应小于算术平均值的 3%。

2) 试样的抗剪弹性模量 G_1 与规定 G 值的偏差在 ±15% 范围之内时,应认为满足要求。

3) 试样老化后的抗剪弹性模量 G_2 与规定 G 值的偏差在 ±15% 范围之内时,应认为满足要求。

3. 摩擦系数

(1) 数据处理

摩擦系数计算公式如下:

$$\mu_{f} = \frac{\tau}{\sigma}; \qquad (3-5)$$

$$\tau = \frac{H}{A_0}; \qquad (3-6)$$

$$\sigma = \frac{R}{A_0} \qquad (3-7)$$

式中 μ_f——四氟滑板与不锈钢板表面的摩擦系数,精确至0.01;

τ——接触面发生滑动时的平均剪应力(MPa);

σ——支座的平均压应力(MPa);

H——支座承受的最大水平力(kN);

R——支座最大承压力(kN);

A_0——支座有效承压面积(mm^2)。

(2)结果判定

四氟滑板试样与不锈钢板试样的摩擦系数 $\mu_f \leq 0.03$,应认为满足要求。

4. 抗压强度

(1)数据处理

极限抗压强度计算公式如下:

$$\sigma = \frac{R_u}{A_0} \qquad (3-8)$$

式中 R_u——试样极限抗压强度;

A_0——支座的有效承载面积计算(即计算钢板面积,mm^2)。

(2)结果判定

在不小于70MPa压应力时,橡胶层未被挤坏,中间层钢板未断裂,四氟滑板与橡胶未发生剥离,应认为试样的极限抗压强度满足要求。

5. 仲裁

(1)两个试验室的测试结果不同有争议时,则应以试验室温度为23±5℃的试验结果为准。两台压力试验机测试结果不同有争议时,应以试验设备满足《公路桥梁板式橡胶支座》JT/T 4—2004 第A.3.1~A.3.4条要求的试验机的试验结果为准(自动绘制应力应变曲线等)。两台试验机的功能相同时,可请国家批准的第三方质量监督机构仲裁。

(2)质量监督机构或用户提出检测时,若委托检测单位试验设备达不到《公路桥梁板式橡胶支座》JT/T 4—2004 第A.3.1~A.3.4条要求时,而生产厂具备该检测设备,并经国家认可的计量单位检定合格的,则检测机构可派有相应检测方法上岗证书的检测人员到该生产厂监督检测。

(3)检测单位应将检测结果连同检测原始数据一同提供被检测单位,以便发生争议时,作为判定的依据。检测单位与生产厂应将检测结果存档,便于追踪。

6. 判定规则

支座检验时,若有一项不合格,则应从该批产品中随机再取双倍支座,对不合格项目进行复检,若仍有一项不合格,则判定该批产品不合格。

支座力学性能试验时,随机抽取三块(或三对)支座,若有两块(或两对)不能满足要求,则认为该批产品不合格。若有一块(或一对)支座不能满足要求时,则应从该批产品中随机再抽取双倍支座对不合格项目进行复检,若仍有一项不合格,则判定该批产品不合格。

7. 盆式支座检测结果的判定

(1)盆式支座的竖向压缩在竖向设计荷载作用下,支座压缩变形值不得大于支座总高度的2%。

(2) 盆式支座的盆环上口径向变形在竖向设计荷载作用下不得大于盆环外径的0.5%,符合支座残余变形不得超过总变形量的5%的规定,支座为合格,该试验支座可以继续使用。

(3) 盆式支座的实测荷载—竖向压缩变形曲线或荷载—盆环径向变形曲线呈非线性关系,该支座为不合格。

(4) 盆式支座卸载后,如残余变形超过总变形量的5%,应重复上述试验;若残余变形不消失或有增长趋势,则认为该支座不合格。

(5) 盆式支座在加载中出现损坏,则该支座为不合格。

[案例3-1] 依现行标准JT/T4—2004规定说明:当同一批橡胶支座,两个试验室的测试结果不同时或有争议时,应当如何处置?

答:两个试验室的测试结果不同并有争议时,则应以试验室温度为23±5℃的试验结果为准。两台压力试验机测试结果不同有争议时,应以试验设备满足标准对检测仪器及对检测单位和人员的要求的试验机的试验结果为准。两台试验机的功能相同时,可请国家批准的第三方质量监督机构仲裁。

[案例3-2] 为了保证橡胶支座的规范使用,国家标准《橡胶支座 第4部分:普通橡胶支座》GB 20688.4—2007和《橡胶支座 第2部分:桥梁隔震橡胶支座》,于_____开始实施。

A. 2007年5月14日
B. 2004年6月1日
C. 2006年10月1日
D. 2006年5月14日
E. 2007年10月1日

答:E

[案例3-3] 依现行标准JT 391—1999规定简单说明盆式橡胶支座的主要检测项目与指标。

答:主要检测项目是竖向压缩变形、盆环径向变形、支座转动角。

其检验荷载应是支座设计承载力的1.5倍,并以10个相等的增量加载。在支座顶底板间均匀安装4只百分表,测试支座竖向压缩变形;在盆环上口相互垂直的直径方向安装4只千分表,测试盆环径向变形。加载前应对试验支座预压3次。

在竖向设计荷载作用下,支座压缩变形值不得大于支座总高度的2%,盆环上口径向变形不得大于盆环外径的0.05%,支座残余变形不得超过总变形量的5%。

固定支座在各方向和单向活动支座非滑移方向的水平承载力均不得小于支座竖向承载力的10%。

抗震型支座水平承载力不得小于支座竖向承载力的20%。

支座转动角度不得小于0.02rad。

[案例3-4] GYZϕ200×42橡胶支座一组,中间有6层钢板,厚度为2mm,其中一块支座的抗压、抗剪弹性模量实测数据见下表。

实测抗压弹性模量原始记录值

试验编号	橡胶层厚度 δ_i(mm)	测定次数	传感器编号	压应力(MPa)				
				1.0	4.0	6.0	80.	10.0
1	30	1	N1	2.75	3.02	3.18	3.29	3.41
			N2	2.54	3.09	3.29	3.42	3.52
			N3	3.72	4.30	4.48	4.60	4.70
			N4	7.67	7.97	8.11	8.23	8.37
		2	N1	2.80	3.07	3.24	3.36	3.46
			N2	2.57	3.10	3.30	3.45	3.54
			N3	3.84	4.33	4.51	4.63	4.71
			N4	7.76	8.05	8.20	8.30	8.40
		3	N1	2.72	3.02	3.20	3.33	3.47
			N2	2.45	3.06	3.27	3.39	3.49
			N3	3.60	4.09	4.25	4.32	4.41
			N4	7.63	7.86	7.99	8.09	8.24

实测抗剪弹性模量原始记录值

试验编号	橡胶层厚度 δ_i(mm)	测定次数	传感器编号	剪应力(MPa)									
				0.1	0.2	0.3	0.4	0.5	0.6	0.7	0.8	0.9	1.0
1	30	1	N1	45.15	43.50	41.82	39.87	37.90	35.92	34.18	32.02	30.53	29.14
			N2	45.00	43.38	41.68	39.63	37.70	35.73	34.00	31.83	30.30	28.96
		2	N1	44.62	42.90	41.18	39.15	37.14	34.75	33.12	31.03	29.70	28.33
			N2	43.96	42.28	40.60	38.55	36.48	37.09	32.84	30.30	29.00	27.68
		3	N1	48.82	47.53	46.18	44.50	42.72	40.81	38.42	36.73	34.52	32.92
			N2	48.00	46.81	45.22	43.83	41.86	39.00	37.93	35.79	33.38	31.95

解 (1)抗压弹性模量

橡胶层厚度 $\delta_i = 42 - (2 \times 6) = 30$mm,净橡胶层厚度 $t_1 = (30-5)/5 = 5$mm

形状系数 $S = d_0/4t_1 = (200 - 2 \times 5)/(4 \times 5) = 9.5$

抗压弹性模量标准值 $E = 5.4GS^2 = 5.4 \times 9.5^2 = 487$MPa

实测抗压弹性模量 $E_1 = \dfrac{\sigma_{10} - \sigma_4}{\varepsilon_{10} - \varepsilon_4}$

第一次加载时:$\varepsilon_{10} = \dfrac{(3.41 + 3.52 + 4.70 + 8.37)/4}{30} = \dfrac{5}{30}$

$\varepsilon_4 = \dfrac{(3.02 + 3.09 + 4.30 + 7.97)/4}{30} = \dfrac{4.595}{30}$

$E_{1_1} = \dfrac{\sigma_{10} - \sigma_4}{\varepsilon_{10} - \varepsilon_4} = \dfrac{10 - 4}{\dfrac{5}{30} - \dfrac{4.595}{30}} = 444$ MPa

同理,算出第二次加载时:

$E_{1_2} = 462$ MPa

第三次加载时：

$E_{1_3} = 456$ MPa

第一块的实测抗压弹性模量值 $E_1 = \dfrac{444 + 462 + 456}{3} = 454$ MPa

测试偏差 $\triangle E_{1_1} = \dfrac{(444 - 454)}{454} \times 100\% = 2.2\% < 3\%$

测试偏差 $\triangle E_{1_2} = \dfrac{(462 - 454)}{454} \times 100\% = 1.8\% < 3\%$

测试偏差 $\triangle E_{1_3} = \dfrac{(456 - 454)}{454} \times 100\% = 0.4\% < 3\%$

偏差 $\dfrac{(487 - 454)}{487} \times 100\% = 6.8\% < 20\%$

根据以上结果可以判定第一块支座的抗压弹性模量满足要求。

(2) 抗剪弹性模量

第一次加载时：$\gamma_{1.0} = \dfrac{(29.14 + 28.96)/2}{30} = \dfrac{29.05}{30}$

$\gamma_{0.3} = \dfrac{(41.82 + 41.68)/2}{30} = \dfrac{41.75}{30}$

$G_{1_1} = \dfrac{\tau_{1.0} - \tau_{0.3}}{\gamma_{1.0} - \gamma_{0.3}} = \dfrac{1.0 - 0.3}{\dfrac{29.05}{30} - \dfrac{41.75}{30}} = 1.65$

同理第二次加载时：$G_{1_2} = 1.63$

第三次加载时：$G_{1_3} = 1.58$

第一块支座的抗剪弹性模量为：$G_1 = \dfrac{1.65 + 1.63 + 1.58}{3} = 1.62$

三次结果和算术平均值之间的偏差均小于算术平均值的3%，但与规定的 G 值(1.0)的偏差大于 $\pm 15\%$，所以此块支座的抗剪弹性模量不满足要求。

思 考 题

1. 在做橡胶支座的抗压弹性模量试验中，竖向荷载如何计算？
2. 一组(三块)橡胶支座中，有一块抗压弹性模量不满足要求，如何判定？两块抗压弹性模量不满足要求，如何判定？
3. 盆式支座中的设计荷载和检验荷载之间的关系如何？在试验、计算中如何区分？

第四章 市政道路检测

一、路面厚度测试方法

1. 概念

路面结构的厚度是保证路面使用性能的基本条件,实际施工检测时,路面结构的厚度是一项十分重要的指标,必须满足设计要求。路面结构可靠度分析结果表明,路面厚度的变异性对路面结构的整体可靠度影响很大,路面厚度的变化将导致路面受力不均匀,局部将可能有应力集中现象,加快路面结构破坏,因此,要求路面结构厚度的变异性较小。同时施工监理要求检验路面各结构层施工完成后的厚度,该数据是工程交工验收的基础资料。所以在《公路工程质量检验评定标准》JTG F80/1—2004 中,路面各个层次的厚度的分值较高。

2. 检测依据

《公路路基路面现场测试规程》JTGE60—2008
《公路工程质量检验评定标准》JTG F80/1—2004
《城镇道路工程施工与质量验收规范》CJJ1—2008

3. 仪器设备及环境

(1)挖坑用镐、铲、凿子、小铲、毛刷。

(2)取样用路面取芯钻机及钻头、冷却水。钻头的标准直径为 ϕ100mm,如芯样仅供测量厚度,不作其他试验时,对沥青面层与水泥混凝土板也可用直径 ϕ50mm 的钻头,对基层材料有可能损坏试件时,也可用直径 ϕ150mm 的钻头,但钻孔深度均必须达到层厚。

(3)量尺:钢板尺、钢卷尺、卡尺。

(4)补坑材料:与检查层位的材料相同。

(5)补坑用具:夯、热夯、水等。

(6)其他:搪瓷盘、棉纱等。

4. 取样部位与取样要求

根据现行规范《公路路基路面现场测试规程》JTGE60—2008 的要求,按附录 A 的方法,随机取样决定挖坑检查的位置,如为旧路,该点有坑洞等显著缺陷或接缝时,可在其旁边检测。

5. 试验方法与操作步骤

(1)用挖坑法测定基层或砂石路面的厚度。

用挖坑法测定厚度应按下列步骤执行:

1)选一块约 40cm×40cm 的平坦表面作为试验点,用毛刷将其清扫干净。

2)根据材料坚硬程度,选择镐、铲、凿子等适当的工具,开挖这一层材料,直至层位底面。在便于开挖的前提下,开挖面积应尽量缩小,坑洞大体呈圆形,边开挖边将材料铲出,置搪瓷盘中。

3)用毛刷将坑底清扫,确认为下一层的顶面。

4)将钢板尺平放横跨于坑的两边,用另一把钢尺或卡尺等量具在坑中间位置垂直至坑底,测量坑底至钢板尺的距离,即为检查层的厚度,以 mm 计,准确至1mm。

(2)用钻孔取样法测定沥青面层及水泥混凝土路面的厚度。

用钻孔取样法测定厚度应按下列步骤执行:

1）按规定的方法用路面取芯钻机钻孔，芯样的直径应符合规定的要求，钻孔深度必须达到层厚。

2）仔细取出芯样，清除底面灰土，找出与下层的分层面。

3）用钢板尺或卡尺沿圆周对称的十字方向四处量取表面至上下层界面的高度，取其平均值，即为该层的厚度，准确至1mm。

在施工过程中，当沥青混合料尚未冷却时，可根据需要，随机选择测点，用大改锥插入量取或挖坑量取沥青层的厚度（必要时用小锤轻轻敲打），但不得使用铁镐扰动四周的沥青层。挖坑后清扫坑边，架上钢板尺，用另一钢板尺量取层厚，或用改锥插入坑内量取深度后用尺读数，即为层厚，以mm计，准确至1mm。

(3) 填补试坑或钻孔。

按下列步骤用取样层的相同材料填补试坑或钻孔：

1）适当清理坑中残留物，钻孔时留下的积水应用棉纱吸干。

2）对无机结合料稳定层及水泥混凝土路面板，应按相同配比，用新拌的材料分层填补并用小锤压实。水泥混凝土中宜掺加少量快凝早强的外掺剂。

3）对无基结合料粒料基层，可用挖坑取出的材料，适当加水拌合后分层填补，并用小锤压实。

4）对正在施工的沥青路面，用相同级配的热拌沥青混合料分层填补并用加热的铁锤或热夯压实。旧路钻孔也可用乳化沥青混合料修补。

5）所有补坑结束时，宜比原面层略高出少许，用重锤或压路机压实平整。

注：补坑工序如有疏忽、遗留或补得不好，易成为隐患而导致开裂，因此，所有挖坑、钻坑均应仔细做好。

6. 数据处理及结果判定

(1) 按式(4-1)计算实测厚度 T_{li} 与设计厚度 T_{oi} 之差：

$$\Delta T_i = T_{li} - T_{oi} \tag{4-1}$$

式中 T_{li}——路面的实测厚度(cm)；

T_{oi}——路面的设计厚度(cm)；

ΔT_i——路面实测厚度与设计厚度的差值(cm)。

(2) 按下面方法计算一个评定路段检测的厚度的平均值、标准差、变异系数，并计算代表厚度。

1）按式(4-1)计算实测值 T_{li} 与设计值 T_{oi} 之差 ΔT_i；

2）测定值的平均值、标准差、变异系数、绝对误差、精度性质按式(4-2)~式(4-6)计算：

$$\overline{T} = \frac{\sum T_i}{N} \tag{4-2}$$

$$S = \sqrt{\frac{\sum(T_i - \overline{T})^2}{(N-1)}} \tag{4-3}$$

$$C_v = \frac{S}{\overline{T}} \times 100\% \tag{4-4}$$

$$m_x = \frac{S}{\sqrt{N}} \tag{4-5}$$

$$P_x = \frac{m_x}{\overline{T}} \times 100\% \tag{4-6}$$

式中 T_{li}——各个测点的测定值；

N——评定路段内的测点数；

$\overline{T}$——评定路面内测定值的平均值；

C_v——评定路段内测定值的变异系数(%)；

m_x——评定路段内测定值的绝对误差;

P_x——评定路段内测定值的试验精度(%)。

计算一个评定路段内测点直观的代表值时,对双侧检验的指标,按式(4-7)计算;对单侧检验的指标,按式(4-8)计算:

$$T' = \bar{T} \pm \frac{t_a/2}{\sqrt{N}} \quad (4-7)$$

$$T' = \bar{T} \pm S \frac{t_a}{\sqrt{N}} \quad (4-8)$$

式中　　T'——评定路段内测定值的代表值;

t_a 或 $t_a/2$ ——T 分布表中随自由度($N-1$)和置信水平 A(保证率)而变化的系数,见《公路路基路面现场测试规程》附表。

(3)当为检查路面总厚度时,则将各层平均厚度相加即为路面总厚度。

路面厚度检测报告应列表填写,并记录与设计厚度之差,不足设计厚度为负,大于设计厚度为正。

二、路面基层压实度与含水量测试方法

1. 基本概念

路面基层压实度的测试方法有:挖坑灌砂法、核子仪法、环刀法三种。

核子仪法适用于施工现场的快速评定,不宜用作仲裁试验或评定验收的依据。环刀法适用于细粒土及无机结合料稳定细粒土的密度,但对于无机结合料稳定细粒土,其龄期不宜超过 2d,且宜用于施工过程中的压实度检验。本节仅介绍灌砂法测定路基或路面基层压实度。

2. 仪器设备及环境

本试验需要下列仪具与材料:

(1)灌砂筒:有大小两种,根据需要采用。型式和主要尺寸如图 4-1、表 4-1 所示。当尺寸与

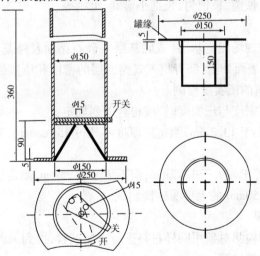

图 4-1　灌砂筒和标准定罐

表中不一致,但不影响使用时,亦可使用。储砂筒筒底中心有一个圆孔,下部装一倒置的圆锥型漏斗,漏斗上端开口,直径与储砂筒的圆孔相同。漏斗焊接在一块铁板上,铁板中心有一圆孔与漏斗上开口相接。在储砂筒筒底与漏斗顶端铁板之间设有开关。开关为一薄铁板,一端与筒底及漏斗铁板铰接在一起,另一端伸出筒身外。开关铁板上也有一个相同直径的圆孔。铁板铰接在一起,

另一端伸出筒身外。

(2)金属标定罐：用薄铁板制作的金属罐，上端周围有一罐缘。

灌砂筒尺寸　　　　　　　　　　　表4-1

结构		小型灌砂筒	大型灌砂筒
储砂筒	直径(mm)	100	150
	容积(cm^3)	2120	4600
流砂孔	直径(mm)	10	15
金属标定罐	内径(mm)	100	150
	外径(mm)	150	200
金属方盘基板	边长(mm)	350	400
	深(mm)	40	50
	中孔直径(mm)	100	150

(3)基板：用薄铁板制作的金属方盘，盘的中心有一圆孔。

(4)玻璃板：边长约500~600mm的方形板。

(5)试样盘：小筒挖出的试样可用饭盒存放，大筒挖出的试样可用300mm×400mm×500mm的搪瓷盘存放。

(6)天平或台秤：称量10~15kg，感量不大于1g。用于含水量测定的天平精度，对细粒土、中粒土、粗粒土宜分别为0.01g、0.1g、1.0g。

(7)含水量测定器具：如铝盒、烘箱等。

(8)量砂：粒径0.30~0.60mm或0.25~0.50mm清洁干燥的均匀砂，约20~40kg，使用前须洗净、烘干，并放置足够的时间，使其与空气的湿度达到平衡。

(9)盛砂的容器：塑料桶等。

(10)其他：凿子、改锥、铁锤、长把勺、长把小簸箕、毛刷等。

3. 目的和适用范围

(1)本试验法适用于在现场测定基层(或底基层)，砂石路面及路基土等各种材料压实层的密度和压实度，也适用于沥青表面处治、沥青贯入式路面层的密度和压实度检测，但不适用于填石路堤等有大孔洞或大孔隙材料的压实度检测。

(2)用挖坑灌砂法测定密度与压实度时，应符合下列规定：

1)当集料的最大粒径小于13.2mm，测定层厚度不超过150mm时，宜采用直径100mm的小型灌砂筒测试。

2)当集料的最大粒径等于或大于13.2mm，但不大于31.5mm，测定层的厚度超过150mm，但不超过200mm时，应用直径150mm的大型灌砂筒测试。

4. 检测方法与操作步骤

(1)按现行试验方法对检测对象用同样材料进行击实试验，得到最大干密度及最佳含水量。

(2)按规定选用适宜的灌砂筒。

(3)按下列步骤标定灌砂筒下部圆锥体内砂的质量：

1)在灌砂筒口高度上，向灌砂筒内装砂至距离顶15mm左右为止。称取装入筒内砂的质量m_1准确至1g。以后每次标定及试验都应维持装砂高度与质量不变。

2)将开关打开，使灌砂筒筒底的流砂孔、圆锥形漏斗上端开口圆孔及开关铁板中心的圆孔上下对准，让砂自由流出，并使流出砂的体积与工地所挖试坑内的体积相当(或等于标定罐的容积)，然后关上开关。

3)不晃动储砂筒的砂,轻轻将罐砂筒移至玻璃板上,将开关打开,让砂流出,直到筒内砂不再下流时,将开关关上,并细心地取走灌砂筒。

4)收集并称量留在玻璃板上的砂或称量筒内的砂,准确至1g。玻璃板上的砂就是填满筒下部圆锥形的砂(m_2)。

5)重复上述测量三次,取其平均值。

(4)按下列步骤标定量砂的松散密度:

1)用水确定罐的容积V,准确至1mL。

2)在储砂筒中装入质量为m_1的砂,并将灌砂筒放在标定罐上,将开关打开,让砂流出。在整个流砂过程中,不要碰动灌砂筒,直到储砂筒内的砂不再下流时,将开关关闭。取下灌砂筒,称取筒内剩余砂的质量(m_3),准确至1g。

3)按式(4-9)计算填满标定罐所需砂的质量m_a(g):

$$m_a = m_1 - m_2 - m_3 \tag{4-9}$$

式中 m_a——标定罐中砂的质量(g);

m_1——装入灌砂筒内的砂的总质量(g);

m_2——罐砂筒下部圆锥体内砂的质量(g);

m_3——灌砂筒内砂的剩余质量(g),取其平均值;

4)重复上述测量三次,取其平均值。

5)按式(4-10)计算量砂的单位质量:

$$\rho_s = \frac{m_a}{V} \tag{4-10}$$

式中 ρ_s——量砂的单位质量(g);

V——标定罐的体积(cm³)。

(5)试验步骤:

1)在试验地点,选一块平坦表面,并将其清扫干净,其面积不得小于基板面积。

2)将基板放在平坦表面上。当表面的粗糙度较大时,则将盛有量砂(m_5)的灌砂筒放在基板中间的圆孔上,将灌砂筒的开关打开,让砂流入基板的中孔内,直到储砂筒内的砂不再下流时关闭开关。取下灌砂筒,并称量筒内砂的质量(m_6),准确至1g。

3)取走基板,并将留在试验地点的量砂收回,重新将表面清扫干净。

4)将基板放回清扫干净的表面上(尽量放在原处),沿基板中孔凿洞(洞的直径与灌砂筒一致)。在凿洞过程中,应注意不使凿出的材料丢失,并随时将凿松的材料取出装入塑料袋中,不使水分蒸发。也可放在大试样盒内。试洞的深度应等于测定层厚度,但不得有下层材料混入,最后将洞内的全部凿松材料取出,对土基或基层,为防止试样盘内材料的水分蒸发,可以分几次称取材料的质量。全部取出材料的总质量为m_w,准确至1g。

注:当需要检测厚度时,应先测量厚度后再进行这一步骤。

5)从挖出的全部材料中取出有代表性的样品,放在铝盒或洁净的搪瓷盘中,测定其含水量w。样品的数量如下:用小灌砂筒测定时,对于细粒土,不少于100g;对于各种中粒土不少于500g。用大灌砂筒测定时,对于细粒土,不少于200g;对于各种中粒土,不少于1000g;对于粗粒土或水泥、石灰、粉煤灰等无机结合料稳定材料,宜将取出的全部材料烘干,且不少于2000g,称其质量m_d,准确至1g。

注:当为沥青表面处治或沥青贯入式结构类材料时,则省去测定含水量步骤。

6)将基板安放在试坑上,将灌砂筒安放在基板中间(储砂筒内放满砂到要求质量m_1),使灌砂筒的下口对准基板的中孔及试筒，打开灌砂筒的开关，让砂流入试坑内。在此期间，应注意勿碰动灌砂筒。直到储砂筒内的砂不再下流时，关闭开关。仔细取走灌砂筒，并称量剩余砂的质量（m_4），准确至1g。

7）如清扫干净的平坦表面的粗糙度不大，也可省去2）和3）的操作。在试洞挖好后，将灌砂筒直接对准放在试坑上，中间不需要放基板。打开筒的开关，让砂流入试坑内。在此期间，应注意勿碰动灌砂筒。直到储砂筒内的砂不再下流时，并闭开关。仔细取走灌砂筒，并称量剩余砂的质量（m'_4），准确至1g。

8）仔细取出试筒内的量砂，以备下次试验时再用。若量砂的湿度已发生变化或量砂中混有杂质，则应该重新烘干、过筛，并放置一段时间，使其与空气的湿度达到平衡后再用。

5.数据处理与结果判定

（1）按式(4-11)或式(4-12)计算填满试坑所用的砂的质量 m_b(g)：

灌砂时，试坑上放有基板时：

$$m_b = m_1 - m_4 - (m_5 - m_6) \tag{4-11}$$

灌砂时，试坑上不放基板时：

$$m_b = m_1 - m_4' - m_2 \tag{4-12}$$

式中　　m_b——填满试坑的砂的质量(g)；

　　　　m_1——灌砂前灌砂筒内砂的质量(g)；

　　　　m_2——灌砂筒下部圆锥体内砂的质量(g)；

　　　　m_4、m_4'——灌砂后，灌砂筒剩余砂的质量(g)；

　　　　$m_5 - m_6$——灌砂筒下部圆锥体内及基板和粗糙表面间砂的合计质量(g)。

（2）按式(4-13)计算试坑材料的湿密度：

$$\rho_w = \frac{m_w}{m_b}\gamma_s \tag{4-13}$$

式中　　m_w——试坑中取出的全部材料的质量(g)；

　　　　ρ_w——量砂的单位质量(g/cm³)。

（3）按式(4-14)计算试坑材料的干密度：

$$\rho_d = \frac{\rho_w}{1+0.01w} \tag{4-14}$$

式中　　w——试坑材料的含水量(%)。

（4）当为水泥、石灰、粉煤灰等无机结合料稳定土时，可按式(4-15)计算干密度 ρ_d (g/cm³)：

$$\rho_d = \frac{m_d}{m_b} \cdot \rho_s \tag{4-15}$$

式中　　m_d——试坑中取出的稳定土的烘干质量(g)。

（5）按式(4-16)计算施工压实度：

$$K = \frac{\rho_d}{\rho_c} \times 100 \tag{4-16}$$

式中　　K——测试地点的施工压实度(%)；

　　　　ρ_d——试样的干密度(g/cm³)；

　　　　ρ_c——由击实试验得到的试样的最大干密度(g/cm³)。

判定是否合格的依据是施工图设计要求。

注：当试坑材料组成与击实试验的材料有较大差异时，可用试坑材料作标准击实，求取实际的最大干密度。

三、沥青面层的压实度测试方法

1. 概念

压实度是指按规定方法采取的混合料试样的毛体积密度与标准密度之比,以百分率表示,标准密度可采用室内马歇尔试件密度、试验路现场密度或最大理论密度。沥青路面压实度的好坏直接关系到沥青路面的使用寿命,在《公路工程质量检验评定标准 第一册 土建工程》JTG F 80/1—2004 中得分值较高。

2. 仪器设备与环境

本试验需要下列仪具与材料:①路面取芯钻机;②天平:感量不大于 0.1g;③溢流水槽;④吊篮;⑤石蜡;⑥其他:卡尺、毛刷、小勺、取样袋(容器)、电风扇。

3. 取样与样品制备

试样采用钻孔取芯法钻取,芯样直径≥100mm,分层锯开,分别进行测定。

4. 检测方法与操作步骤

(1) 钻取芯样

按规程《公路工程沥青及沥青混合料试验规程》JTJ 052—2000、T0901"路面钻孔及切割取样方法"钻取路面芯样,芯样直径不宜小于 φ100mm。当一次钻孔取得的芯样包含有不同层位的沥青混合料时,应根据结构组合情况用切割机将芯样沿各层结合面锯开分层进行测定。普通沥青路面通常在第二天取样,改性沥青及 SMA 路面宜在第三天以后取样。

(2) 测定试件密度

1) 将钻取的试件在水中用毛刷轻轻洗净黏附的粉尘。如试件边角有浮松颗粒,应仔细清除。

2) 将试件晾干或电风扇吹干不少于 24h,直至恒重。

3) 按现行《公路工程沥青及沥青混合料试验规程》JTJ 052—2000 和沥青混合料试件密度试验方法测定试件的视密度或毛体积密度 ρ_s。当吸水率大于 2% 时,用蜡封法测定;对空隙率很大的透水性混合料及开级配混合料用体积法测定。当试件的吸水率小于 0.5% 时,采用水中重法测定;当吸水率为 0.5%~2% 时,采用表干法测定;当试件的吸水率小于 2% 时,采用水中重法或表干法测定。

(3) 根据现行的《公路沥青路面施工技术规范》JTG F 40—2004 的规定确定计算压实度的标准密度。

5. 数据处理与结果判定

(1) 当计算压实度的沥青混合料的标准密度采用马歇尔击实试件成型密度或试验路段钻孔取样密度时,沥青面层的压实度按式(4-17)计算:

$$K = \frac{\rho_s}{\rho_0} \times 100 \tag{4-17}$$

式中 K——沥青层面的压实度(%);

ρ_s——沥青混合料芯样试件的视密度或毛体积密度(g/cm³);

ρ_0——沥青混合料的标准密度(g/cm³)。

(2) 由沥青混合料实测最大理论密度计算压实度时,应按式(4-18)进行空隙率折算,作为标准密度,再按式(4-17)计算压实度:

$$\rho_o = \rho_t (100 - VV)/100 \tag{4-18}$$

式中 ρ_t——沥青混合料实测最大密度(g/cm³);

ρ_o——沥青混合料的标准密度(g/cm³);

VV——试样的空隙率(%)。

(3)按《公路路基路面现场测试规程》JTG E 60—2008 的方法,计算一个评定路段检测的压实度平均值、标准差、变异系数,并计算代表压实度。

6. 报告

压实度试验报告应记载压实度检查的标准密度及依据,并列表表示各测点的检测结果。

四、路面平整度测试方法

1. 基本概念

路面是铺筑在路基上供车辆行驶的结构层。它要求按照相应等级的设计标准而修建,能为经济建设和人民生活提供舒适良好的行车条件。

路面的使用性能,从不同侧面反映了路面状况对行车要求的满足或适应程度。路面的使用性能可分为五个方面:功能性能、结构性能、结构承载力、安全性和外观,如图 4 - 2 所示为路面使用性能随时间的变化。

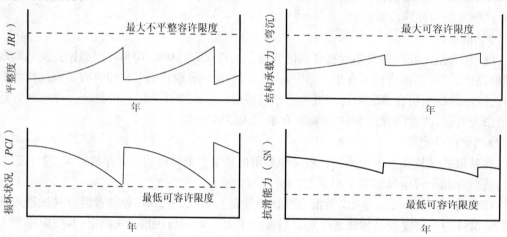

图 4 - 2 路面使用性能随时间的变化

路面平整度即是以规定的标准量规,间断地或连续地量测路表面的凹凸情况,即不平整度。它既是一个整体性指标,又是衡量路面质量及现有路面破坏程度的一个重要指标。除可以用来评定路面工程的质量、汽车沿道路行驶的条件(安全、舒适)、汽车的动力作用、行驶速度、轮胎的磨耗、燃料和润滑油的消耗、运输成本等外,重要的是还影响着路面的使用年限。

不平整的路表面会增大行车阻力,并使车辆产生附加的振动作用,这种振动作用会对路面施加冲击力,从而加剧路面和汽车机件的损坏和轮胎的磨损等。而且不平整的路面还会积滞雨水,加速路面的破坏,影响路面的使用年限。因此道路工作者必须对路面的平整度给予高度重视。

平整度的测量有两个用处,一是确定路面是否具有适应汽车行驶的舒适性;二是作为一个相关因素,用来判明路面结构中一层或几层的破坏情况。如果从施工和养护角度来看,也可认为:一是为了检查和控制路面施工质量和竣工验收;二是根据测定的路面平整度指标以确定养护维修计划。

路面的不平整性有纵向和横向两类,但这两种不平整性的形成原因基本是相同的。首先是由于施工原因而引起的建筑不平整,其次是由于个别的或多数的结构层承载能力过低,特别是沥青面层中使用的混合料抗变形能力低,致使道路产生永久变形。

纵向不平整性主要表现为坑槽、波浪。研究表明不平整所造成的影响如图 4 - 3 所示,纵向高低畸变,不同频率和不同振幅的跳动会使行驶在这种路面上的汽车产生振荡,从而影响行车速度或乘客的舒适性。

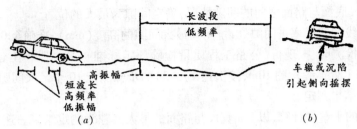

图 4-3 路面不平整度
(a)纵向跳动;(b)横向跳动

横向不平整性主要表现为车辙和隆起,它除造成车辆跳动外,还妨碍行驶时车道变换及雨水的排出,以至影响行车的安全和舒适,如图 4-3 所示。

由此可知,纵向和横向的不平整度对车辆产生的影响虽有所不同,但它们都影响交通安全和不同程度地影响车辆及行驶舒适性。

目前国际上对路面的平整度测试方法大致有以下三种:一是三米直尺法;二是连续式平整度仪法;三是车载颠簸累积仪法,最新的检测方法还有激光平整度仪法,前面三种测试方法目前在我国也普遍采用。路面的不平整度的主要表示方法有:①单位长度上的最大间隙;②单位长度间的间隙累积值;③单位长度内间隙超过某定值的个数;④路面不平整的斜率;⑤路面的纵断面;⑥振动和加速度(根据行车舒适感作为评价指标)。

平整的路表面,要依靠优良的施工机具、精细的施工工艺、严格的施工质量控制以及经常和及时的养护来保证,同时应采用强度和抗变形能力较好的路面结构和面层混合料。

2. 路面平整度测试方法

路面平整度测试常采用的方法有三种:即 3m 直尺法、连续式平整度仪法、激光平整度仪法。

(1) 3m 直尺测定平整度试验方法

1) 目的和适用范围

①用 3m 直尺测定距离路表面的最大间隙表示路基路面的平整度,以 mm 计。

②本方法适用于测定压实成型的路面各层面的平整度,以评定路面的施工质量及使用质量,也可用于路基表面成型后的施工平整度检测。

2) 仪具与材料

本试验需要下列仪具与材料:

① 3m 直尺:硬木或铝合金钢板,底面平直,长 3m。

②楔形塞尺:木或金属制的三角形塞尺,有手柄。塞尺的长度与高度之比不小于 10,宽度不大于 15mm,边部有高度标记,刻度精度不小于 0.2mm,也可使用其他类型的量尺。

③其他:皮尺或钢尺、粉笔等。

3) 测试部位与测试要求

①按有关规范规定选定测试路段。

②在测试路段路面上选择测试地点:当为施工过程中质量检测需要时,测试地点应选在接缝处,以单杆检测评定;当为路基路面工程质量检查验收或进行路况评定需要时,每 200m 测 2 处,每处应连续测量 10m。除特殊需要者外,应以行车道一侧车轮轮迹(距车道线 80~100cm)作为连续测定的标准位置。对旧路已形成车辙的路面,应取车辙中间位置为测定位置,用粉笔在路面上作好标记。

③清扫路面测定位置处的污物。

4) 试验方法与测试步骤

①在施工过程中检测时,按根据需要确定的方向,将 3m 直尺摆在测试地点的路面上。

②目测3m直尺底面与路面之间的间隙情况,确定间隙为最大的位置。

③用有高度标线的塞尺塞进间隙处,量测其最大间隙的高度(mm),准确至0.2mm。

④施工结束后检测时,按现行《公路工程质量检验评定标准 第一册 土建工程》JTG F 80/1—2004的规定,每1处连续检测10m,按上述1)~3)的步骤测记10个最大间隙。

5)数据处理与结果判定

单杆检测路面的平整度计算,以3m直尺与路面的最大间隙为测定结果。连续测定10m时,判断每个测定值是否合格,根据要求计算合格百分率,并计算10个最大间隙的平均值。

(2)连续式平整度仪测定平整度试验方法

1)目的和适用范围:

①用连续式平整度仪量测路面的不平整度的标准差(σ),以表示路面的平整度,以mm计。

②本方法适用于测定路表面的平整度,评定路面的施工质量和使用质量,但不适用于在已有较多坑槽、破坏严重的路面上测定。

2)仪器设备与环境:

本试验需要下列仪具:

①连续式平整度仪:结构如图4-4所示。除特殊情况外,连续式平整度仪的标准长度3m,其质量应符合仪器标准的要求。中间一个3m长的机架,机架可缩短或折叠,前后有4个行走轮,前后两组轮的轴间距离为3m。机架中间有一个能起落的测定轮。机架上装有蓄电池、电源及可拆卸的检测箱,检测箱可采用显示、记录、打印或绘图等方式输出测试结果。测定轮上装有位移传感器、距离传感器等检测器,自动采集位移数据时,测定间距为10cm,每一计算区间的长度为100m,输出一次结果。可记录测试长度(m),曲线振幅大于某一定值(如3mm、5mm、8mm、10mm等)的次数,曲线振幅的单向(凸起或凹下)累计值及以3m机架为基准的中点路面的偏差曲线图,计算打印。机架头装有一牵引钩及手拉柄,可用人力或汽车牵引。

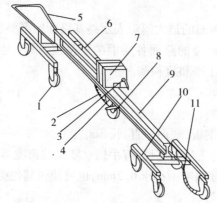

图4-4 连续式平整度仪结构示意图

1—脚轮;2—拉簧;3—离合器;4—测量架;5—牵引架;6—前架;
7—记录计;8—测定轮;9—纵梁;10—后架;11—次轴

②牵引车:小面包车或其他小型牵引汽车。

③皮尺或测绳。

3)测试部位与测试要求:

①选择测试路段。

②当为施工过程中质量检测需要时,测试地点根据需要决定;当为路面工程质量检查验收后进行路况评定需要时,通常以行车道一侧车轮轮迹带作为连续测定的标准位置。对旧路已形成车辙的路面,取一侧车辙中间位置为测量位置,按规定在测试路段路面上确定测试位置,当以内侧轮

迹带(IWP)或外侧轮迹带(OWP)作为测定位置时,测定位置距车道标线80～100cm。

③清扫路面测定位置处的脏物。

④检查仪器检测箱各部分是否完好、灵敏,并将各连接线接妥,安装记录设备。

4)检测方法与试验步骤:

①将连续式平整度测定仪置于测试路段路面起点上。

②在牵引汽车的后部,将平整度仪与牵引汽车连接好,按照仪器试用手册依次完成各项操作,随即启动汽车,沿道路纵向行驶,横向位置保持稳定,确认连续式平整度仪工作正常。牵引平整度仪的速度应保持匀速,速度宜为5km/h,最大不得超过12km/h。

在测试路段较短时,亦可用人力拖拉平整度仪测定路面的平整度,但拖拉时应保持匀速前行。

5)数据处理:

①连续式平整度测定仪测定后,可按每10cm间距采集的位移值自动计算每100m计算区间的平整度标准差(mm),还可记录测试长度(m)、曲线振幅大于某一定值(如3mm、5mm、8mm、10mm等)的次数、曲线振幅的单向(凸起或凹下)累计值及以3m机架为基准的中点路面偏差曲线图,计算打印。当为人工计算时,在记录曲线上任意设一基准线,每隔一定距离(宜为1.5m)读取曲线偏离基准线的偏离位移值d_i。

②每一计算区间的路面平整度以该区间测定结果的标准差表示,按式(4-19)计算:

$$\sigma_i = \sqrt{\frac{\sum d_i^2 - (\sum d_i)^2 / N}{N-1}} \qquad (4-19)$$

式中 σ_i——各计算区间的平整度计算值(mm);

d_i——以100m为一个计算区间,每隔一定距离(自动采集间距为10cm,人工采集间距为1.5m)采集的路面凹凸偏差位移值(mm);

N——计算区间用于计算标准差的测试数据个数。

③按《公路路基路面现场测试规程》附录B的方法计算一个评定路段内各区间的平整度标准差的平均值、标准差、变异系数。

6)报告试验应列表报告每一个评定路段内一个测定区间的平整度标准差、一个评定路段平整度的平均值、标准差、变异系数以及不合格区间数。

五、路面强度与承载能力检测方法

路基路面强度是衡量柔性路面承载能力的一项重要内容,它的调查指标为路面弯沉值,目前一般采用非破损检测,通过测得弯沉值从而得出强度指标。路表面在荷载作用下的弯沉值,可以反映路面的结构承载能力,然而路面的结构破坏可以是由于过量的变形所造成的;也可能是由于某一结构层的断裂破坏所造成的。对于前者,采用最大弯沉值表征结构的承载能力较为合适;而对于后者,则采用路面在荷载作用下的弯沉盆曲率半径表征其承载能力更为合适。

目前使用的弯沉测定系统有4种:①贝克曼梁弯沉仪;②自动弯沉仪;③稳态动弯沉仪;④脉冲弯沉仪;前两种为静态测定,得到路表的最大弯沉值;后两种为动态测定,可得到最大弯沉值和弯沉盆。

1.贝克曼弯沉仪测量法

(1)目的与意义

1)利用弯沉仪量测路面表面在标准试验车后轮垂直静载作用下的轮隙回弹弯沉值,用作评定路面强度的指标。

2)根据实测所得的土基或整层路面材料的回弹弯沉值,按照弹性半空间体理论的垂直位移公式计算土基或路面材料的回弹模量。

3)通过对路面结构分层测定所得的回弹弯沉值,根据弹性层状体系垂直位移理论解,反算路面各结构层的材料回弹模量值。

(2)仪器设备与检测环境

1)弯沉仪 1~2 台,我国目前多使用贝克曼弯沉仪。通常由铝合金制成总长为 3.6m 和 5.4m 两种,杠杆比(前臂与后臂长度之比)一般为 2∶1。要求刚度好、重量轻、精度高、灵敏度高和使用方便。当在半刚性基层沥青路面或水泥混凝土路面上测定时,应采用长度为 5.4m 的贝克曼梁弯沉仪;对柔性基层或混合式结构沥青路面可采用长度为 3.6m 的贝克曼梁弯沉仪测定。

2)规范规定试验用标准汽车为 BZZ-100(或用黄河 JN-150 型汽车)。用作试验的标准汽车,要求轮胎花纹清晰,没有明显磨损,车上所装重物应稳固均匀,汽车行驶时载物不得移动。装载后后轴总重 P 对于黄河 JN-150 型为 100kN,轮胎对路面压力 P 则为 0.7 ± 0.05MPa。测试前应对轮胎气压进行检验。

3)百分表 1~2 只量程大于 10mm,并带百分表支架。

4)皮尺 1~2 把,长 30~50m。

5)其他工具和物品如千斤顶、加载用重物、花杆、手杖、口哨、油漆、粉笔、记录板、记录表、厘米纸、铅笔和扳手等。

(3)检测部位与选择要求

测点选定:一般路段可在行车带上每隔 50~100m 选一测点,并记录测点里程、位置。如果情况特殊,可根据具体情况适当加密测点,有条件时,可用两台弯沉仪对左、右两行车带同时进行测定。

(4)试验方法与步骤

1)汽车加载:以砂石、砖等材料或铁块等重物加载,注意堆放稳妥。

2)称量汽车后轴重量:此时前轮应驶离地面,调整汽车加载重物,使汽车后轴总量 P 符合上述规定。

3)印取轮迹:在平整坚实的地表上,将合乎荷载标准的汽车后轮用千斤顶顶起,在车轮下放置盖有复写纸的厘米纸。开启千斤顶使车轮缓缓下放,即在复写纸覆盖的厘米纸上压现轮迹。然后再顶起后轮,取出厘米纸,注明左右轮,用笔勾画出轮印迹周界,计算其面积(虚面积) F。

4)计算后轮的单位面积压力及荷载相当圆直径:

压力为:

$$p = \frac{P}{2F} \tag{4-20}$$

单圆荷载直径为:

$$D = \sqrt{\frac{4F}{\pi}} \tag{4-21}$$

双圆荷载直径为:

$$d = \frac{D}{\sqrt{2}} \tag{4-22}$$

5)测定方法:由于目前我国沥青路面设计方法是以路面的回弹弯沉值作为其强度指标的,因此测定弯沉值一般都采用"前进卸荷法"。其具体操作程序如下:

①将试验车的一侧后轮(一般均使用左右轮)停于测点上。

②迅速在此一侧后轮的两轮胎间隙中间安置弯沉仪测头,并调平弯沉仪。为了得到较精确的弯沉值,测头应置于轮胎接地中间稍前 5~10cm 处。弯沉仪可以是单侧测定,也可以是双侧同时测定。

③调整百分表,使读数为 4~5mm。

④吹口哨。读取初数指挥汽车缓缓前进。百分表指针随路面变形的增加持续向前转动。当转动到最大值时,迅速读取初读数 d_1;汽车仍在继续前进,百分表指针反向回转。待汽车驶出弯沉影响半径后,百分表指针回转稳定,读取终读数 d_2。当弯沉仪的杠杆比为 2:1 时,则回弹弯沉值为:

$$t_t = 2 \times (d_1 - d_2) \times \frac{1}{100} \tag{4-23}$$

回弹弯沉试验记录表 表 4-2

路线名称_____ 试验日期_____ 气温(℃)_____
试验车型号_____ 后轴重_____(KN)
车轮当量圆半径_____(cm) 车轮当量圆压力_____(MPa)

编号	测点桩号	百分表读数(0.01mm)				回弹弯沉 (0.01mm)	土基干湿类型	路况描述	备注
		初读数		终读数					
		左侧	右侧	左侧	右侧				

(5)数据处理与结果判定

1)回弹弯沉测量的结果,可用表 4-2 予以记录。

2)如需测定总弯沉值和残余弯沉值,则应用"后退加载法"。即先将试验车停驻在弯沉影响半径范围以外,在测点先安置好弯沉仪测头,读记百分表读数 d_3,然后指挥试验车缓慢地由前后倒退至测点,并使弯沉仪测头刚好对准轮胎间隙中心,待百分表稳定后读记数值 d_4,随即指挥汽车向前缓缓驶离测点至影响半径范围之外,待百分表稳定后读记数值 d_5。则总弯沉为:

$$t_t = 2 \times (d_4 - d_3) \times \frac{1}{100} \tag{4-24}$$

回弹弯沉为:

$$t_t = 2 \times (d_4 - d_5) \times \frac{1}{100} \tag{4-25}$$

总弯沉与回弹弯沉之差即为残余弯沉,即:

$$l_c = l_z - l_t \tag{4-26}$$

路面结构强度评定时,可以利用测定的弯沉与路面设计弯沉进行比较。

2. 承载板法测试土基回弹模量

(1)概念

土基是路面结构的支承物,车轮荷载通过路面结构传至土基。所以土基的荷载—变形特性对路面结构的整体强度和刚度有很大影响。路面结构的损坏,除了它本身的原因外,主要是由于土基变形过大所引起的。在路面结构的总变形中,土基的变形占有很大部分,约为 70%~90%。以回弹模量表征土基的荷载—变形特性可以反映土基在瞬时荷载作用下的可恢复变形性质。对于各种以半空间弹性体模型来表征土基特性的设计方法,无论是柔性路面或是刚性路面,都以回弹模量 E_R 作为土基的强度或刚度指标。土基回弹模量测定方法有:承载板测试方法和分层测定法。

(2)仪器设备与环境

1)BZZ-60 标准轴测试汽车一辆或解放牌 CA-10B 型汽车一辆,后轴重 60kN,轮胎内压 0.5

MPa,附设加劲小横梁一根,横梁架设在汽车大梁上后轴以后80cm处;

2)刚性承载板一块。直径为30cm,直径两端设有立柱及可以调整高度的供安放弯沉仪测头的支座;

3)弯沉仪二台,附有百分表及其支架;

4)油压千斤顶一台,规格80~100kN,装有已经标定的压力表或测力环。

(3)测试部位与要求

根据《公路路基路面现场测试规程》JTG E 60—2008 附录 A 的方法随机选点。

(4)检测方法与测试步骤

1)选定有代表性的测点;

2)仔细平整土基表面,撒细砂填平土基凹处,砂子不可覆盖全部土基表面以免形成一层;

3)将承载板放置平稳,并用水平尺进行校正;

4)将试验车置于测点上,使系于加劲小横梁中部的垂球对准承载板中心,然后收起垂球;

5)在承载板上安放千斤顶,上面衬垫钢圆筒、钢板,并将球座置于顶部与加劲横梁接触;如用测力环时,应将测力环置于千斤顶与横梁中间,千斤顶及衬垫物必须保持垂直,以免加压时千斤顶倾倒发生事故;

6)安放弯沉仪,将两台弯沉仪的测头分别置于承载板立柱的支座上,百分表对零或其他合适的位置(图4-5);

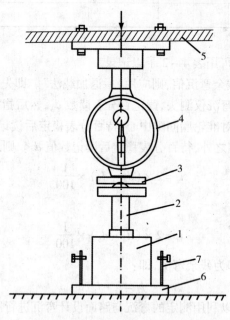

图4-5 承载板测试示意图

1—加载千斤顶;2—钢圆筒;3—钢板及球座;4—测力计;5—加劲横梁;6—承载板;7—立柱及支座

7)测定土基的压力—变形曲线。采用逐级加载卸载法,用已经标定的压力表或测力环控制加载重量。

首先预压0.05MPa(加载为3.02kN),使承载板与土基紧密接触;同时检查百分表的工作情况是否正常,然后放松千斤顶油门卸载,待百分表稳定后,将指针对零。再按下列程序逐级进行加载卸载测定:

0→0.05→0;

0→0.10→0;

0→0.15→0;

$0 \rightarrow 0.20 \rightarrow 0$；

$0 \rightarrow 0.30 \rightarrow 0$；

$0 \rightarrow 0.40 \rightarrow 0$；

$0 \rightarrow 0.50 \rightarrow 0$。

每级卸载后百分表不再对零。每次加载，卸载稳定 1min 后立即记取读数。两台弯沉仪变形值之差小于 30% 时，取平均值，如超过，则应重测。

当回弹变形值超过 1mm 时，即可停止加载。

8) 测定总影响量 a。加载结束后取走千斤顶，重新读取百分表初读数，再将汽车开出 10m 以外，读取终读数，两个百分表的终、初读数差之和即为总影响量 a。

各级压力的回弹变形值应加上表 4-3 所列的影响量后，则为计算回弹变形值。

影响量修正系数 表 4-3

承载板压力（MPa）	0.05	0.10	0.15	0.20	0.30	0.40	0.50
影响量	$0.06a$	$0.12a$	$0.18a$	$0.24a$	$0.36a$	$0.48a$	$0.60a$

(5) 数据处理与结果判定

1) 绘制 $P-l$ 曲线。将各级计算回弹变形值点绘于标准计算纸上，排除异常点并绘出 $P-l$ 曲线。如曲线起始部分出现反弯，应如图 4-6 所示修正原点。O 则是修正后的原点。

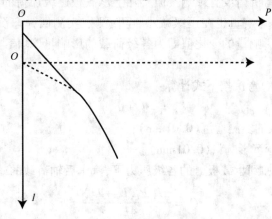

图 4-6 修正原点示意图

2) 计算 E_i 值。按式 (4-27) 计算土基回弹模量 E_i 值（MPa）：

$$E_i = \frac{\pi D}{4} \frac{P_i}{l_i}(1-\mu_0^2) = 20.7 \frac{P_i}{l_i} \quad (4-27)$$

式中 μ_0——土的泊松比，根据相关路面设计规范规定取用，一般取 0.35；

D——承载板直径 30cm；

P_i——承载板压力（MPa）；

l_i——相对于 P_i 的回弹变形（cm）。

取结束试验前的各回弹变形值按线性回归方法由式 (4-28) 计算土基回弹模量 E_0 值。

$$E_0 = \frac{\pi D}{4} \cdot \frac{\sum P_i}{\sum l_i}(1-\mu_0^2) \quad (4-28)$$

式中 E_0——土基回弹模量；

μ_0——土的泊松比，根据相关路面设计规范规定选用；

l_i——结束试验前的各级实测回弹变形值；

P_i——对应于 l_i 的各级压力值。

承载板测定记录表　　　　　　　　　　　表4-4

路线和编号：　　　　　　　　　　　　路面结构：
测定部位：　　　　　　　　　　　　　测定用汽车型号：
承载板直径：　　　　　　　　　　　　测定日期：

千斤顶表读数	承载板压力(MPa)	百分表读数(0.01mm)			总弯沉(0.01mm)	回弹弯沉(0.01mm)	分级影响量(0.01mm)	计算回弹弯沉(0.01mm)
		加载前	加载后	卸载后				

总影响量 a(0.01mm)	
土基回弹模量 E_0(MPa)	

(6)影响量原理

1)影响量的产生。施加到承载板上的荷载，是靠千斤顶顶起汽车大梁的尾部来实现的，因此，需要装一定荷载的汽车开到测点附近。这样汽车后轴的两组车轮对土基产生沉降，这个沉降量即为总影响量 a。在同一测点上，a 值与汽车后轴成正比。

如果承载板在逐级施加荷载的过程中，汽车后轮对土基表面压力不变，则总影响量 a 值不变，故对实测点所测得的回弹弯沉值没有影响。但实际上承载板逐级加荷的同时，汽车后轮对土基表面的压力逐级减少，因而总影响量也在逐级减小，至使测点实测回弹弯沉值比实际回弹弯沉值小一个影响量的变化值。总影响量的变化值即为各级荷载的影响量，其值与汽车后轴荷载的减少量成正比。

各级荷载的计算(实际)弯沉按下式计算：

$$l_i = l_i + a_i \tag{4-29}$$

式中　l_i——施加各级荷载的实测弯沉(0.01mm)；

　　　a_i——各级荷载的弯沉影响量(0.01mm)。

2)影响量的计算。施加到承载板上的各级压力下，汽车后轴荷载的减少量 Q_i 如下：

$$Q_i = \frac{\pi D^2 P_i (L_1 + L_2)}{4 L_1} \tag{4-30}$$

式中　Q_i——承载板各级压力下，汽车后轴荷载头减小值(kN)；

　　　P_i——承载板对土基的各级压强(Pa)；

　　　D——承载板直径(m)；

　　　L_1——汽车前后轴的距离(m)；

　　　L_2——加劲小横梁距后轴的距离(m)。

由于：

$$\frac{Q}{Q_i} = \frac{a}{a_i} \tag{4-31}$$

则：

$$a_i = a \frac{Q_i}{Q} \tag{4-32}$$

式中　Q_i——汽车后轴总荷载(kN)。

将式(4-30)代入式(4-32)，得各级压力下的影响量：

$$a_i = \frac{(L_1 + L_2) \pi D^2 P_i}{4 L_1 Q} a \tag{4-33}$$

对于解放 CA-10B 型汽车 $L_1 = 4\text{m}$，$Q = 58800\text{N}$，如果 $L_2 = 0.8\text{m}$，$D = 0.30\text{m}$，则各级影响量 a_i 值如表 4-3。

六、路面抗滑性能测试方法

1. 概述

世界各国随着汽车工业的发展，公路及城市道路交通运输事业也相应地蓬勃发展，全世界汽车保有量逐年不断增加，公路里程也不断地增长。高级路面，特别是沥青路面所占比率逐渐增大，与此同时，航空运输事业也得到了相应的发展，从而交通密度增大、车速增高、客货运量增大。为了保证行车安全，提高运输效率，要求路面和机场跑道面具有一定的粗糙度，防止在不利条件下产生滑溜行车事故，即路面的使用安全性能。

据资料分析造成行车事故的原因除了人为因素及汽车故障等之外，很大部分是直接或间接与路面滑溜有关。一般情况下，事故中 25% 是与路面潮湿而产生的滑溜有关，在严重的情况下大概为 40%，在冰雪路面这种百分率还要高些，因此，对路面有一定的粗糙度要求。

在我国这种情形尤为明显，目前我国高等级公路路面所占的比例还很小，大多数为多年修建的低等级路面，由于施工水平及原材料的缺陷，路面的抗滑性能较差，从而影响路面的使用安全。

2. 路面摩擦系数测试方法（摆式仪测定路面抗滑值试验方法）

（1）目的和适用范围

本方法适用于以摆式摩擦系数测定仪（摆式仪）测定沥青路面标线或其他材料试件的抗滑值，用以评定路面或材料试件在潮湿状态下的抗滑能力。

（2）仪器设备与材料

本试验需要下列仪具及材料：

1）摆式仪：形状及结构如图 4-7 所示，摆及摆的连接部分总质量为 $1500 \pm 30\text{g}$，摆动中心至摆的重心距离为 $410 \pm 5\text{mm}$，测定时摆在路面上滑动长度为 $126 \pm 1\text{mm}$，摆上橡胶片端部距摆动中心的距离为 510mm，橡胶片对路面的正向静压力为 $22.2 \pm 0.5\text{N}$，橡胶物理性质技术要求见表 4-5。

橡胶物理性质技术要求　　　　　　　　　　表 4-5

温度(℃)	0	10	20	30	40
弹性(%)	43~49	58~65	66~73	71~77	74~79
硬度	55±5				

2）橡胶片：当用于测定路面抗滑值时的尺寸为 $6.35\text{mm} \times 25.4\text{mm} \times 76.2\text{mm}$，橡胶质量应符合表 4-5 的要求。当橡胶片使用后，端部在长度方向上磨耗超过 1.6mm 或边缘在宽度方向上磨耗超过 3.2mm，或有油类污染时，即应更换新橡胶片。新橡胶片应先在干燥路面上测试 10 次后再用于测试。橡胶片的有效使用期为 1 年。

3）标准量尺：长 126mm。

4）洒水壶。

5）橡胶刮板。

6）路面温度计：分度不大于 1℃。

7）其他：皮尺或钢卷尺、扫帚、粉笔等。

（3）检测部位与要求

按规定的方法，对测试路段按随机取样选点的方法，决定测点所在横断面位置。测点应选在行车车道的轮迹带上，距路面边缘不应小于 1m，并用粉笔作出标记。测点位置宜紧靠铺砂法测定构造深度的测点位置——对应。

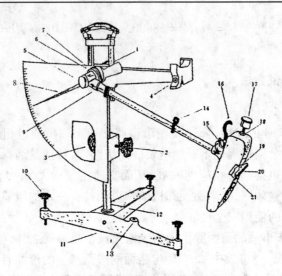

图 4-7 摆式仪形状及结构

1、2—紧固把手;3—升降把手;4—释放开关;5—转向节螺盖;6—调节螺母;7—针簧片或毡垫;
8—指针;9—连接螺栓;10—调平螺栓;11—底座;12—垫块;13—水准泡;14—卡环;15—定位螺丝;
16—举升柄;17—平衡锤;18—并紧螺母;19—滑溜块;20—橡胶片;21—止滑螺丝

(4) 测试方法与步骤

1) 检查摆式仪的调零灵敏情况,并定期进行仪器的标定。当用于路面工程检查验收时,仪器必须重新标定。

2) 仪器调平:

①仪器置于路面测点上,并使摆的摆动方向与行车方向一致。

②转动底座上的调平螺栓,使水准泡居中。

3) 调零:

①放松紧固把手,转动升降把手。使摆升高并能自由摆动,然后旋紧紧固把手。

②将摆固定在右侧悬臂上,使摆处于水平释放位置,并把指针拨至右端与摆杆平行处。

③按下释放开关,使摆向左带动指针摆动,当摆达到最高位置后下落时,用左手将摆杆接住,此时指针应指零。

④若不指零时,可稍旋紧或放松摆的调节螺母,重复③操作,直至指针指零,调零允许误差为 $\pm 1BPN$。

4) 校核滑动长度。

①让摆处于自然下垂状态,松开固定把手,转动升降把手,使摆下降。与此同时,提起摆头上的举升柄使摆向左移动,然后放下举升柄使橡胶片下缘轻轻触地紧靠橡胶片摆放滑动长度量尺,使量尺左端对准橡胶片的下缘;再提起举升柄使摆向右侧移动,然后放下举升柄使橡胶片下缘轻轻触地,检查橡胶片下缘应与滑动长度量尺的右端齐平。

②若平齐,则说明橡胶片两次触地的距离(滑动长度)符合 126mm 的规定。校核滑动长度时应以橡胶片长边刚刚接触路面为准,不可借摆的力量向前滑动,以免标定的滑动长度与实际不符。

③若不齐平,升高或降低摆或仪器底座的高度。微调时用旋转仪器底座上的调平螺丝调整仪器底座的高度的方法比较方便,但需注意保持水准泡居中。

④重复上述动作,直至滑动长度符合 126mm 的规定。

5) 将摆固定在右侧悬臂上,使摆处于水平释放状态,并把指针拨至右端与摆杆平行处。

6) 用喷壶的水浇洒测试路面,使路面处于潮湿状态。

7) 按下右侧悬臂上的释放开关,使摆在路面上滑过。当摆杆回落时,用左手接住摆,读数不记录。然后使摆杆和指针重新置于水平释放位置。

8)重复6)、7)的操作测定5次,并读记每次测定的摆值,即BPN。

单点测定的5个值中最大值与最小值的差值不得大于3。如果差数大于3时,应检查产生的原因,并再次重复上述各项操作,至符合规定为止。

取5次测定的平均值作为每个测点路面的抗滑值(即摆值BPN),取整数。

9)在测点位置上用路表温度计测记潮湿路面的温度,准确至1℃。

10)每个测点由3个单点组成,即需按以上方法在同一处平行测定不少于3次,3个测点均位于轮迹带上,测点间距3~5m。该处的测定位置以中间测点的位置表示。每一处均取3次测定结果的平均值作为该点的代表值(精确到1)。

(5)抗滑值的温度修正

当路面温度为t(℃)时测得的摆值为BPN_t,必须按式(4-34)换算成标准温度20℃的摆值BPN_t:

$$BPN_{20} = BPN_t + \triangle BPN \quad (4-34)$$

式中 BPN_{20}——换算成标准温度20℃时的摆值;

BPN_t——路面温度t时测得的摆值;

t——测定的路表潮湿状态下的温度(℃);

$\triangle BPN$——温度修正值,按表4-6采用。

温度修正值　　　　　　　　表4-6

温度t(℃)	0	5	10	15	20	25	30	35	40
温度修正值$\triangle BPN$	-6	-4	-3	-1	0	+2	+3	+5	+7

(6)数据处理与结果判定

1)测试日期,测点位置,天气情况,洒水后潮湿路面的温度,并描述路面类型,外观,结构类型等。

2)列表逐点报告路面抗滑值的测定值BPN_t,经温度修正后的BPN_{20}、现场温度、3次的平均值。

3)每一个评定路段路面抗滑值的平均值、标准差、变异系数。

3.路面构造深度测定(手工铺砂法测定路面构造深度试验方法)

(1)目的与适用范围

本方法适用于测定沥青路面及水泥混凝土路面表面构造深度,用以评定路面的宏观粗糙度、路面表面的排水性能抗滑性能。

(2)仪器设备与材料

本试验需用下列仪具与材料:

1)人工铺砂仪:由圆筒、推平板组成。

①量砂筒:形状尺寸如图4-8所示,一端是封闭的,容积为25±0.15mL,可通过称量砂筒中水的质量以确定其容积V,并调整其高度,使其容积符合规定要求。带一专门的刮尺将筒口量砂刮平。

②平板:形状尺寸如图4-9所示,推平板应为木制或铝制,直径50mm,底面粘一层厚1.5mm的橡胶片,上面有一圆柱把手。

③刮平尺:可用30cm钢板尺代替。

2)量砂:足够数量的干燥洁净的匀质砂,粒径0.15~0.3mm。

3)量尺:钢板尺、钢卷尺,或采用已按式(4-35)将直径换算成构造深度作为该单位的专用构造深度尺。

4）其他：装砂容器（小铲）、扫帚或毛刷、挡风板等。

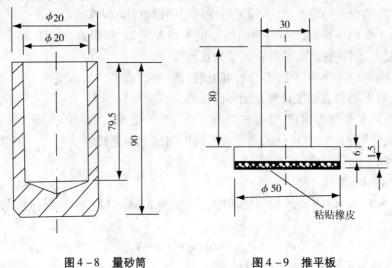

图 4-8　量砂筒　　　　图 4-9　推平板

(3) 测试部位与要求

按规定的方法，对测试路段按随机取样选点的方法，决定测点所在横断面位置。测点应选在行车道的轮迹带上，距路面边缘不应小于 1m。

(4) 测试方法与步骤

1) 准备工作

量砂准备：取洁净的细砂晾干、过筛，取 0.15~0.3mm 的砂置于适当的容器中备用。量砂只能在路面使用一次，不宜重复使用。回收砂必须经干燥、过筛处理后方可使用。

2) 试验步骤

①用扫帚或毛刷子将测点附近的路面清扫干净，面积不小于 30cm×30cm。

②用小铲装砂沿筒向圆筒中注满砂，手提圆筒上方，在硬质路表面上轻轻地叩打 3 次，使砂密实，补足砂面用钢尺一次刮平。

注：不可直接用量砂筒装砂，以免影响量砂密度的均匀性。

③将砂倒在路面上，用底面粘有橡胶片的推平板，由里向外重复做摊铺运动，稍稍用力将砂细心地尽可能地向外摊开，使砂填入凹凸不平的路表面的空隙中，尽可能将砂摊成圆形，并不得在表面上留有浮动余砂。注意摊铺时不可用力过大或向外摊挤。

④用钢板尺测量所构成圆的两个垂直方向的直径，取其平均值，准确至 5mm。

⑤按以上方法，同一处平行测定不少于 3 次，3 个测点均位于轮迹带上，测点间距 3~5m。对同一处，应该由同一个试验员进行测定。该处的测定位置以中间测点的位置表示。

(5) 数据处理

1) 路面表面构造深度测定结果按式 (4-35) 计算：

$$TD = \frac{1000V}{\pi D^2/4} = \frac{31831}{D^2} \qquad (4-35)$$

式中　TD——路面表面的构造深度 (mm)；

　　　V——砂的体积 (25cm³)；

　　　D——摊平砂的平均直径 (mm)。

2) 每一处均取 3 次路面构造深度测定结果的平均值作为试验结果，准确至 0.01mm。

3) 按规定的方法计算每一个评定区间路面构造深度的平均值、标准差、变异系数。

(6) 报告

1)列表逐点报告路面构造深度的测定值及3次测定的平均值,当平均值小于0.2mm时,试验结果以"<0.2mm"表示。

2)每一个评定区间路面构造深度的平均值、标准差、变异系数。

七、沥青路面渗水系数试验方法

1. 目的和适用范围

本方法适用于用路面渗水仪测定沥青路面的渗水系数。

2. 仪器设备与材料

本试验需要下列仪具与材料:

(1)路面渗水仪:形状及尺寸如图4-10所示,上部盛水量筒由透明有机玻璃制成,容积600mL,上有刻度,在100mL及500mL处有粗标线,下方通过ϕ10mm的细管与底座相接,中间有一开关。量筒通过支架连接,底座下方开口径ϕ150mm,外径ϕ220mm,仪器附压重铁圈两个,每个质量约5kg,内径160mm。

(2)水桶及大漏斗。

(3)秒表。

(4)密封材料:玻璃腻子、油灰或橡皮泥。

(5)其他:水、粉笔、刮刀、塑料圈、扫帚等。

3. 测试部位与要求

在测试路段的行车道路面上,按规定的随机取样方法选择测试位置,每一个检测路段应测定5个测点,并用粉笔划上测试标记。用扫帚清扫表面,用刷子将表面的杂物刷去。杂物的存在不仅影响水的渗入,还会影响渗水仪和路面或者试件的密封效果。

4. 测试方法与步骤

(1)将塑料圈置于试件中央或者路面表面的测点上,用粉笔沿塑料圈的内侧和外侧画上圈。在外环和内环之间的部分就是要用密封材料进行密封的区域。

(2)用密封材料对环状密封区域进行密封处理,注意不要使密封材料进入内圈。如果密封材料不小心进入内圈,必须用刮刀将其刮走。然后再将搓成拇指粗细的条状密封材料摞在环状密封材料的中央,并且摞成一圈。

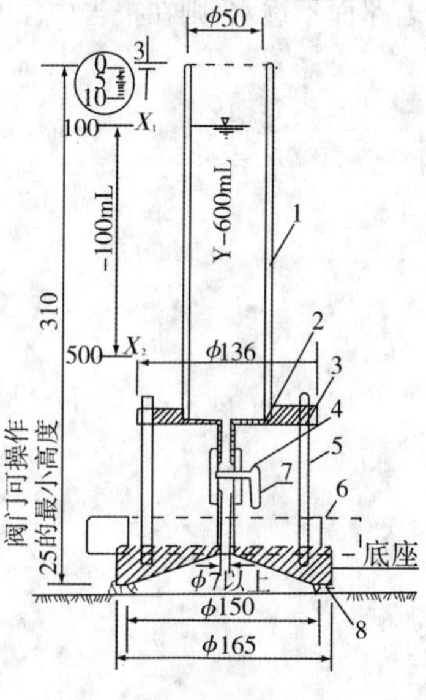

图4-10 路面渗水仪
1—透明有机玻璃筒;2—螺纹连接;
3—预板;4—阀;5—立柱支架;
6—压重铁圈;7—把手;8—密封材料

(3)将渗水仪放在试件或者路面表面的测点上,注意使渗水仪的中心尽量和圆环中心重合,然后略微使劲将渗水仪压在条状密封材料表面,再将配重加上,以防压力水从底座与路面间流出。

(4)将开关关闭,向量筒中注入满水,然后打开开关,使量筒中的水下流排出渗水仪底部内的空气,当量筒中的水下降速度变慢时用双手轻压渗水仪使渗水仪底部的气泡全部排出。关闭开关,并再次向量筒中注满水。

(5)将开关打开,待水面下降100mL时,立即开动秒表开始计时,每间隔60s,读记仪器管的刻度一次,至水面下降500mL时为止。测试过程中,如水从底座与密封材料间渗出,说明底座与路面密封不好,应移至附近干燥路面处重新操作。如水面下降速度很慢,从水面下降至100mL开始,测得3min的渗水量即可停止。当水面下降速度较快,在不到3min的时间就到达了500mL刻度线,则记录到达了500mL刻度线的时间;若试验时水面下降至一定程度后基本保持不动,说明路面基本不透水或根本不透水,则在报告中注明。

(6)按以上步骤在同一个检测路段选择5个测点测定渗水系数,取其平均值作为检测结果。

5. 数据处理与结果判定

沥青路面的渗水系数按式(4-36)计算,计算时以水面从 100 下降至 500 所需的时间为标准,若渗水时间过长,亦可采用 3min 通过的水量计算：

$$C_w = \frac{V_2 - V_1}{t_2 - t_2} \times 60 \tag{4-36}$$

式中　C_w——路面渗水系数(mL/min)；
　　　V_1——第一次读数时的水量(mL),通常为 100mL；
　　　V_2——第二次读数时的水量(mL),通常为 50mL；
　　　t_1——第一次读数时的时间(s)；
　　　t_2——第二次读数时的时间(s)。

6. 报告

列表逐点报告每个检测路段各个测点的渗水系数,及 5 个测点的平均值、标准差、变异系数。若路面不透水,则在报告中注明为 0。

第五章　市政桥梁检测

一、概述

桥梁荷载试验是指已建成桥梁按实际运营条件下最不利工况进行的现场荷载试验。

桥梁荷载试验一般分为静载试验和动载试验。

1. 桥梁荷载试验用于解决下列三种情况

(1)检验新建桥梁的竣工质量,评定工程可靠性。竣工试验是对新建的大中型桥梁和新型桥梁,通过试验,综合评定工程质量的安全性和可靠性,判断工程是否符合设计文件和规范的要求,并将试验报告作为评定桥梁工程质量优劣的技术文件档案归档备查。

(2)检验旧桥的整体受力性能和实际承载力,为旧桥改造提供依据。所谓旧桥是指已建成运营了较长时间的桥梁。这些桥梁有的已不能满足当前通行的需要;有的年久失修,不同程度地受到损伤与破坏;其中大多数都缺乏原始设计与施工资料和图纸。因此经常采用荷载试验的方法来确定旧桥的实际承载能力和运营等级,提出加固和改造方案。

(3)处理工程事故,为修复加固提供数据。对因受到自然灾害或人为因素而遭受损坏的桥梁,通常为处理工程事故进行现场调查和必要的荷载试验,通过试验数据分析确定修复加固的方案。

2. 桥梁荷载试验主要检测指标

(1)作用力的大小:

外力包括静荷载、动荷载、支座反力、推力等。

构件内力包括弯矩、轴力、剪力、扭矩等。

(2)结构截面上各种应力的分布状态及其大小:

静应力通过检测结构的静应变而求得。

动应力通过检测结构的动应变而求得。

(3)结构的各种静态变形:

静态变形包括水平位移、竖向挠度、相对滑移、转角等。

桥梁结构的变形中,最主要的是挠度变形。通常我们通过对中小型梁桥结构检测其挠度来评定是否符合要求。

(4)结构的动力性能:

桥梁结构的动力性能分为动力特性和动力反应。

动力特性包括自振频率、阻尼比、振型等。

动力反应包括振动频率、振幅、动位移、动应变及加速度等。

(5)结构的裂缝:

现场对桥梁结构裂缝的开裂位置、开裂宽度和深度、裂缝走向与开展过程进行检测与描述。

通过检测桥梁在荷载作用下,是否产生裂缝;原裂缝是否发展;裂缝宽度是否扩大;裂缝的高度是否增加等情况进行综合评定。

二、检测依据

《公路桥涵设计通用规范》JTG D60—2004

《公路砖石及混凝土桥涵设计规范》JTJ 022—1985
《公路钢筋混凝土及预应力混凝土桥涵设计规范》JTG D 62—2004
《公路桥涵地基与基础设计规范(附条文说明)》JTT 024—1985
《公路桥涵钢结构及木结构设计规范》JTJ 025—1986
《公路桥涵施工技术规范》JTJ 041—2000
《公路桥涵养护规范》JTG H 11—2004
《公路桥梁承载能力检测评定规程》即将出版
《城市桥梁养护技术规范(附条文说明)》CJJ 99—2003

设计文件中对桥梁结构各部分结构尺寸、材料强度的要求是试验检测的基本依据,结构理论内力和变形是检测与评估重要依据。

三、检测仪器与使用方法

桥梁结构检测常用的仪器有机械式仪器、光学仪器和电测仪器。其中光学仪器如精密水准仪、全站仪等在测量部分已详细地介绍过,本节主要介绍机械测试仪器和电测仪器。

1. 结构应变量测

(1)千分表式应变计

应变是结构构件某区段单位长度的相对变化。千分表式应变计是用金属制作的夹具把千分表安装在构件测点上构成的检测应变的装

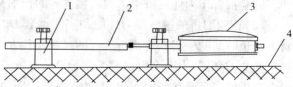

图 5-1 千分表式应变计
1—夹具;2—金属顶杆;3—千分表;4—试件

置,如图 5-1 所示。夹具采用胶粘剂粘贴的方法安装。在混凝土构件表面粘贴夹具时,应将混凝土表面打磨平整,用丙酮或无水乙醇擦净。待表面干燥后用胶粘剂按预先选定的标距 L(一般为 10~20cm)粘贴上,待夹具与混凝土牢固地粘住后,方可安装千分表进行测量。两个夹具中心间距即为仪器的标距 L;当结构变形后,从千分表上读出变化值 $\triangle L$;从而求得测点应变 $\varepsilon = \triangle L/L$。

千分表式应变计结构轻巧,使用灵活,装拆方便,又能重复使用,适用于测点不多及缺少电源的地方。缺点是多点测量时,需千分表数量多,要大量人员观测。

(2)手持式应变计

手持式应变计也是一种利用位移计(百分表或千分表)测量应变的仪器。其优点是一台仪器可测量多个测点,且操作方便,可重复使用。使用时不必将仪器固定在结构测点上,而是每次量测时用手把持着,临时安在各结构测点标距上的钢制测头上进行

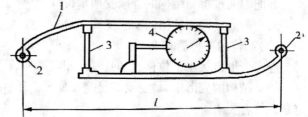

图 5-2 手持式应变计其构造原理
1—刚性金属杆;2—插足;3—弹簧片;4—位移计

测读,读完收起,而所测的结果仍能保持数值的连续性。

手持式应变计其构造原理如图 5-2 所示。使用时,将千分表固定在一根刚性金属杆上,其测杆自由地顶在另一根刚性金属杆的外突部分,两根金属杆之间由两片富有弹性的弹簧片连接,因而能彼此相对平行移动。每根金属杆的一端带有一个尖形的插足,两插足间的距离即为仪器的标距 L。其标距一般为 25cm。

测试前应在构件的测点部分,按标距 L 打上测孔(钢结构)或预埋或预贴带有圆锥孔穴的钢制测头(混凝土)。测头一般用不锈钢或铜、铝合金制成,其外径 $\phi 8mm$,中心孔径为 $\phi 1 - \phi 1.5 mm$,如图 5-3 所示。

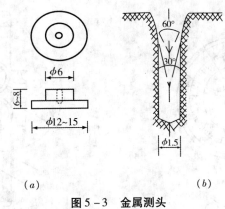

图 5-3 金属测头
(a)脚标;(b)中心孔径

测量时,将仪器的两个插足垂直插在孔穴中,两个测头间的相对长度的变化,可由仪器加载前后两次读数之差得出,经计算可确定被测点的应变值。

使用手持式应变计,当温度变化较大时应考虑温度补偿。为了从读数中扣除温度部分的影响,在布设测点时,在垂直应变的方向布置温度补偿测点,如图 5-4 所示。

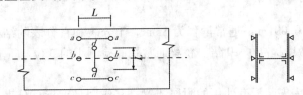

图 5-4 应变横向温度补偿

图中测点 $a-a$、$b-b$、$c-c$ 分别为构件的应变测点,$d-d$ 为温度补偿测点,位于杆件中部并垂直于应变测点。各测点的应变和温度应变可用下列公式计算:

$$\varepsilon_t = \frac{\mu \varepsilon'_b + \varepsilon'_d}{1+\mu} \quad (5-1)$$

$$\varepsilon_a = \varepsilon'_a - \frac{\mu \varepsilon'_b + \varepsilon'_d}{1+\mu} \quad (5-2)$$

$$\varepsilon_b = \frac{\varepsilon'_b - \varepsilon'_d}{1+\mu} \quad (5-3)$$

$$\varepsilon_c = \varepsilon' - \frac{\mu \varepsilon'_b + \varepsilon'_d}{1+\mu} \quad (5-4)$$

式中　　μ——材料泊松比(混凝土为 $\mu=0.2$);

ε_t——温度应变;

ε'_a、ε'_b、ε'_c、ε'_d——测点 $a-a$、$b-b$、$c-c$、$d-d$ 的综合荷载应变读数;

ε_a、ε_b、ε_c——测点 $a-a$、$b-b$、$c-c$ 的荷载应变。

2.结构位移量测

测量位移的仪器称为位移计。百分表和千分表是桥梁结构位移测量中最常用的仪器,配合使用相应的夹具装置可以测量桥梁的位移、转角等。

1)百分表和千分表

百分表的工作原理就是利用齿轮转动机构把接触位置的位移放大,并将测杆的直线往复运动转换成指针的回旋转动,以指示其位移值。图 5-5 为百分表的构造简图。

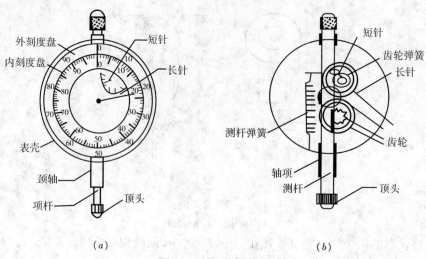

图 5-5 百分表构造
(a)外形;(b)构造简图

百分表最小刻度为 0.01mm;其量程有 5mm、10mm、30mm 和 50mm。桥梁位移检测量程通常用 30~50mm。

千分表最小刻度为 0.001mm;通常量程为 1mm。千分表和百分表的结构相似,比百分表多增加了一对放大齿轮,灵敏度提高了 10 倍。桥梁通常用其检测小的变位。

2)磁性表座

磁性表座是与百分表安装配套使用的附属装置。其作用是夹持百分表,吸附在钢板平面或钢管架上。图 5-6 为磁性表座的构造图。

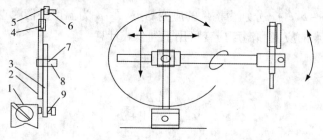

图 5-6 磁性表座构造图
1—磁体开关;2、3—连接杆;4—微调螺栓;5—颈箍;6、8、9—紧固螺栓;7—连接件

桥梁检测通常将其安装在临时搭设的钢管支架上,支架应具有足够的刚度,不能与被测结构和人行走道相连,以免影响检测数据的可靠性。

3)精密水准仪

桥梁检测中,在条件允许的情况下,有时利用桥梁的整体性,将挠度测点设在桥面上或桥梁结构的底部,而将水准仪架设在桥台外,利用跑尺或将观测尺粘贴在结构底部的方法,测量桥梁的挠度。

4)张线式位移计

张线式位移计是一种大行程位移计。它通过一根张紧的钢丝与结构上的测点相连,利用钢丝传递测点的位移,其构造见图 5-7。

从图 5-7 可见,当结构测点 A 产生位移时,利用绕在仪器摩擦轮上的钢丝和挂在钢丝上的重物,直接带动滚轮转动,进而引起主动齿轮、中心齿轮和被动齿轮转动,读数由大、小指针指示。如钢丝过长,要注意消除温度

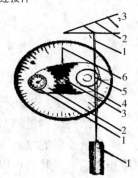

图 5-7 张线式位移计
1—钢丝;2—摩擦滚轮;
3—重物;4—主动齿轮;
5—被动齿轮;6—测点

5) 简易式挠度计

图 5-8 所示为一简易挠度计。当结构测点产生位移时,利用绕在指针根部上的钢丝和挂在钢丝上的重物,直接引起指针运动,读数由指针在刻度盘上指出。这种设备制作构造简单,安装方便,成本低廉,杠杆的放大率 $V = L_1/L_2 = 10 \sim 20$ 倍。刻度值一般可用 $0.05 \sim 0.1$ mm,量程可达 100mm;钢丝的直径为 $0.2 \sim 0.3$ mm,悬挂重物一般在 $2 \sim 3$ kg 左右。

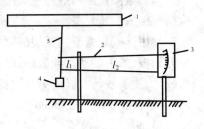

图 5-8 简易挠度计
1—结构;2—指针;3—刻度盘;
4—重物;5—钢丝

6) 电测位移计

桥梁检测中,位移传感器与电阻应变仪是配套使用的。

① 应变式位移传感器

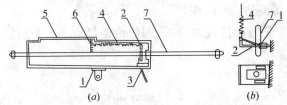

图 5-9 应变式位移传感器工作原理及构造
(a) 应变式位移传感器　(b) 悬臂梁构造
1—电阻应变片;2—悬臂梁;3—引线;4—拉簧;
5—标尺;6—标尺指针;7—测杆

图 5-9 所示为应变式位移传感器构造和工作原理图。传感器将二个弹性元件(弹簧和悬臂梁)串联。悬臂梁为铍青铜制成,固定在仪器的外壳,在悬臂梁(矩形截面)固定端,正反两面粘贴四片应变片组成全桥线路。当测杆随试件位移而移动时,通过传力弹簧使悬臂梁产生挠曲,利用悬臂梁自由端位移使固定端产生应变的线性关系,通过电阻应变仪即可测得试件的位移。位移传感器的量程从 $50 \sim 150$ mm,其读数分辨能力可达 0.01mm。

② 电测百分表

桥梁检测中最常用的还有电测百分表,这是应变式位移传感器与机械式百分表融于一体的仪表。它既可像普通百分表那样灵活使用、直接读数,又能像位移传感器作为电测仪器一样使用。

电测百分表的构成与普通百分表不一样的是在表内装上一弹性悬臂梁,悬臂梁端通过弹簧挂在百分表限位螺钉上,根部用螺栓固定在表座上。固定端根部正反两面贴有应变片,以构成测量电桥。如图 5-10 所示。

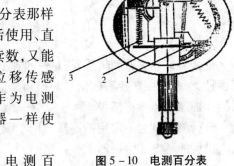

图 5-10 电测百分表
1—应变片;2—弹性悬梁;3—弹簧

3. 混凝土裂缝的量测

1) 读数显微镜

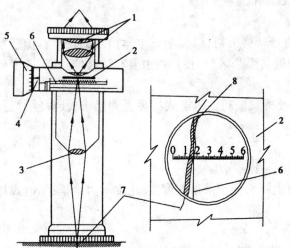

图 5-11 读数显微镜及构造原理
1—目镜、场镜;2—上分划板;3—物镜;4—读数指针;
5—读数鼓轮;6—下分划板;7—试件裂缝;8—放大后裂缝

桥梁检测中,对裂缝的检测主要是量测裂缝的宽度、高度与裂缝的走向。高度与走向可用钢尺或卷尺在结构上打方格测量,而裂缝宽度只能用读数显微镜等仪器来量测。目前国产的读数显微镜种类很多,刻度值由 0.01~0.1mm,量程为 3~8mm 不等。

读数显微镜的构造原理如图 5-11 所示。它主要由目镜、物镜、测微分划板、测微读数鼓轮和镜筒等组成。

使用读数显微镜测量裂缝宽度时,使被测构件的被测部位照明,再调节目镜螺旋,使视场中看清分划板,然后旋动读数鼓轮,使视场中长线与裂缝的一边相切,得一读数(如 3.51mm),再旋动读数鼓轮,使长线与裂缝的另一边相切,又得一读数(如 3.84mm),则裂缝的宽度为两次读数的差值(即 3.84-3.51=0.33mm)。

2)塞尺

塞尺又名塞规。原用于机械间隙的测量,工程检测中主要用于粗略测定混凝土裂缝的宽度和深度,由一些不同厚度的薄钢片组成。

使用时按裂缝的大致宽度选择不同的塞尺,刚好插入的塞尺厚度即为裂缝宽度;测量深度采用比宽度小的塞尺插入裂缝中,根据塞尺插入深度而得到裂缝的深度。

测量裂缝还有一些其他的仪器,如裂缝视频仪、裂缝成像技术仪等,因为价格昂贵,加之性能单一,此处就不再介绍了。

4.结构动力特性量测

目前测振仪器系统是由拾振器、放大器和数据采集分析系统三部分组成,如图 5-12。

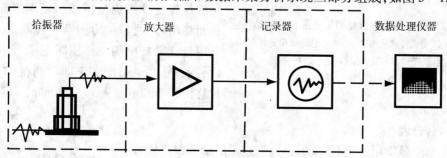

图 5-12 测振仪器测试系统方框图

1)拾振器

拾振器又称为振动传感器,是一种把振动信号转换为机械、光学或电学信号的仪器。传感器有多种类型,按照转换后的信号与振动参量之间的关系来区分,传感器主要有位移传感器、速度传感器和加速度传感器三种。

桥梁测振试验中常用拾振器为用于测量一般桥梁振动的磁电式拾振器和用于大跨径桥梁振动大质量的压电式拾振器。

2)测振放大器

测振放大器的种类很多,选用时往往根据所配拾振器而定。

磁电式拾振器通常匹配电压放大器(微积分电路),便于求得速度、加速度等力学量;压电式加速度计匹配电荷放大器。

3)数据采集分析系统

数据采集分析系统主要是基于微型计算机 WINDOWS 系统编制的动态信号处理分析系统软件,不仅具有专用信号分析仪的几乎全部功能,而且具备操作十分方便的计算机界面。如北京东方振动与噪声研究所的 DASP INV306 软件。

四、加载设备

加载车辆(按设计要求选择车型)或加载重物(因地制宜选择)。

五、荷载试验方法与操作程序

1. 实桥试验的现场考察与调查

试验桥梁现场考察与调查包括：试验桥梁有关文件资料的收集研究；结构状态的现场考察。

(1) 试验桥梁资料文件的收集

试验前应收集有关试验桥梁的资料文件，一般包括：

1) 试验桥梁的设计文件（如设计图纸、设计计算书等）。

2) 试验桥梁的施工文件（施工日志及记录，相关材料性能的检验报告，竣工图及隐蔽工程验收记录等）。

3) 试验桥梁如为改建或加固的旧桥，应收集包括历次试验记录报告，改建加固的设计与施工文件等。

(2) 桥梁结构状态的现场考察

桥梁结构的现场考察是通过有经验的工程师和试验人员的现场目测和利用简易量测仪器对桥梁进行全面细致的外观检查，观察和发现试验桥梁已存在的缺陷和外部损伤，判断分析其对试验可能产生的影响程度。实桥试验的现场考察内容一般为上部结构的外观检查、支座检查和下部结构外观检查三部分。

1) 桥梁上部结构外观检查

桥梁上部结构是桥梁主要承重结构，主要由梁、板、拱肋、桁架等基本构件组成。检查主要对基本构件的工作状况进行检查。检查内容包括：基本构件的主要几何尺寸及纵轴线；基本构件的横向联系；基本构件的缺陷和损伤。

基本构件的主要几何尺寸检查，主要用钢尺量测其实际长度，截面尺寸以及用混凝土保护层测试仪量测混凝土的实际保护层厚度和主筋的尺寸及位置。

基本构件的纵轴线检查，主要指梁桥主梁纵轴线下挠度的测量；对拱桥是指主拱圈的实际拱轴线及拱顶下沉量的测量。基本构件纵轴线的检查可以先目测，发现基本构件纵轴线发生明显变化时，再用精密水准仪量测。

基本构件的横向联系检查，对梁桥应检查横隔板的缺陷及裂缝情况；对拱桥应检查横系梁（板）的缺陷和裂缝外，还应注意与拱肋连接处是否有脱离现象等。

基本构件的缺陷和损伤检查主要对已存在的混凝土的表面裂缝、蜂窝、麻面、露筋、孔洞等缺陷进行细心观察，将观察到的缺陷的种类、发生部位、范围及严重程度记录下来，作为后面进行综合分析和判断桥梁结构性能的参考依据。

2) 支座的检查

桥梁支座的作用是将上部结构重量及车辆荷载作用传给墩台，并完成梁体按设计所需要的变形，即水平位移和转角。

支座的检查主要是观察支座的橡胶是否老化，支座垫石有无裂缝、破损，特别要注意的是活动支座的伸缩与转动是否正常，支座有无错位和变形等缺陷。

3) 下部结构外观检查

桥梁下部结构检查内容一般为墩台台身缺陷和裂缝；墩台变位（沉降、位移等）以及墩台基础的冲刷和浆砌片石扩大基础的破裂松散。

对钢筋混凝土的墩台主要缺陷检查混凝土的表面的侵蚀剥落、露筋以及风化、掉角等；裂缝主要检查墩台沿主筋方向的裂缝或箍筋方向的裂缝，盖梁与主筋方向垂直的裂缝。

对砖、石及混凝土墩台缺陷主要检查砌缝砂浆的风化，大体积混凝土内部空洞引起的破损等；裂缝主要检查墩台台身的网状裂缝及沿墩台高度方向延伸的竖向裂缝等。

墩台变位(位移、沉降等)可采用精密水准仪测量墩台的位移沉降量,观测点设在墩台顶面两端,与两岸设置永久水准点组成闭合网。另外对墩台倾斜可在墩台上设置固定的铅垂线测点,用经纬仪观察墩台的倾斜度。

墩台基础注意检查圬工表面的剥落、破损外,特别要注意当桥梁墩台有位移、沉降或在活载作用下墩顶位移较大时,可能是基础存在着冲刷或局部冲空等病害,应进行挖探检查。必要时,可用激光探测和振动检查方法,检查墩台基础中裂缝、断裂、冲空等病害。

2. 加载方案的制定与实施

(1)加载试验工况确定

加载试验工况应根据不同桥型的承载力鉴定要求来确定。通常为了满足试验桥梁承载力鉴定的要求,加载试验工况应选择桥梁设计中的最不利受力状态,对单跨的中小桥可选加载试验工况 1~2 个,对多跨及大跨径的大中桥梁可多选几个工况。总之工况的选择原则是在满足试验目的的前提下,工况宜少不宜多。加载试验工况的布置一般以理论分析桥梁截面内力和变形影响线进行,选择一两个主要内力和变形控制截面布置。

常见的主要桥型加载试验工况如下:

1)简支梁桥

跨中最大正弯矩和最大挠度;

1/4 跨弯矩和挠度;

支点混凝土主拉应力;

墩台最大竖向力。

2)连续梁桥

主跨跨中最大正弯矩和最大挠度;

主跨支点最大负弯矩;

主跨桥墩最大竖向力;

支点混凝土主拉应力;

边跨跨中最大正弯矩和最大挠度。

3)T形刚构桥(悬臂梁桥)

锚固孔跨中最大正弯矩和最大挠度工况;

支点最大负弯矩工况;

支点混凝土主拉应力工况;

挂梁跨中最大正弯矩和最大挠度工况。

4)无铰拱桥

跨中最大正弯矩和最大挠度工况;

拱脚最大负弯矩工况;

拱脚最大水平推力工况;

1/4 和 3/8 跨弯矩及挠度工况。

此外,对于大跨径箱梁桥面板或桥梁相对薄弱的部位,可专门设置加载试验工况,检验桥面板或该部位对结构整体性能的影响。

(2)荷载类型与加载方法

对于实桥荷载试验,在满足试验要求的情况下,一般情况下可只进行静载试验。为了全面了解移动车辆荷载作用于桥面不同部位时的结构承载状况,通常在静载试验结束后,安排加载车(多辆车则相应的进行排列)沿桥长方向以时速小于 5km 的速度缓慢行驶一趟,同时观测各截面的变形情况。桥梁动载试验项目一般安排跑车试验、车辆制动试验、跳车试验以及无荷载时的脉动观测试验。跑车试验一般用标准汽车车列（对小跨径桥也可用单列）以时速10km、20km、30km、40km、50km的匀速平行驶过预定的桥跨路线，测试桥梁的动态增量，量测桥梁的动态反应。车辆制动力或跳车试验一般用1~2辆标准重车以时速10km、20km、30km、40km的速度行驶通过桥梁测试截面位置时进行紧急刹车或跃过按国际惯例高为7cm有坡面的三角木，测试桥梁承受活载的水平力性能或测定桥梁的动力反应性能。

（3）试验荷载等级的确定

1）车辆荷载系统

桥梁检测通常利用车辆荷载来作为试验荷载。而车辆荷载系统，就是按设计等级和要求，利用相适应的满载的汽车类型或履带车作为试验荷载。必须注意的是公路桥涵设计新规范中设计荷载为车道荷载和集中荷载等按照公路桥涵设计的85规范规定，桥梁设计的车辆荷载主要有汽车、平板挂车及履带车。其中计算荷载分为四级，分别为汽-10级、汽-15级、汽-20

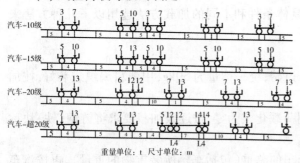

图5-13 汽车的纵向排列

级和汽-超20级。车辆纵向排列如图5-13所示。

验算车辆荷载(85规范)主要为履带车和挂车，荷载级别又分为四种，分别为履-50、挂-80、挂-100和挂-120，如图5-14所示。

按桥梁结构设计理论分析的内力和变形影响线进行布置，计算出控制截面的内力和变形的最不利结果，将最不利结果所对应的车辆荷载作为静载试验的控制荷载，由此决定试验用车辆的型号和所需的数量。因为平板挂车和履带车在桥梁设计规范中规定不计冲击力，所以动载试验一般采用汽车荷载。

实桥试验的车辆荷载应尽量采用与设计控制荷载相近的车辆荷载，当现场客观条件有所限制时，实桥试验的车辆荷载与设计控制车辆荷载会有所不同，为了确保实桥试验的效果，在选择试验车辆荷载大小和加载位置时，采用静载试验效率 η_q 和动载试验效率 η_d 来控制。

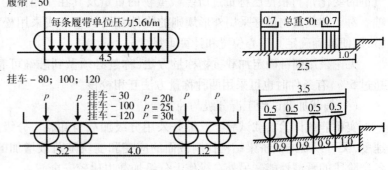

图5-14 验算车辆的纵向排列和横向排列

实桥试验通常选择温度相对稳定的季节和天气进行。当大气温度变化对某些桥型结构内力产生的影响较大时，应选择对桥梁温度内力不利的季节进行试验，如果现场条件和工期受限时，可考虑适当增大静载试验效率 η_q 来弥补温度影响对结构控制截面产生的不利内力。

当现场条件受限，需用汽车荷载代替控制荷载的挂车或履带车加载时，由于汽车荷载产生的横向应力增大系数较小，为了使试验车辆产生的截面最大应力与控制荷载作用下截面产生的最大应力相等，可适当增大静载试验效率 η_q。

2）重物加载系统

重物加载系统是指重物与加载承载架等组成的荷载系统。重物加载系统是利用物件的重量作为静荷载作用于桥梁上，其做法是一般按桥梁加载车辆控制荷载的着地轮迹的尺寸搭设承载架，再在承载架上设置水箱或堆放重物（如铸钢块，路缘石等）进行加载。如加载仅为满足控制截面的内力要求,也可采用直接在桥面上设置水箱或堆放重物的方法加载。

另外,承载架的搭设应使加载物体保持平稳,加载物的堆放应安全、合理,能按试验要求分布加载重量,避免重物因堆放空隙尺寸不合要求,而致使荷载作用方向改变的现象。

由于重物加载系统准备工作量大,费工费时,加卸载周期所需时间较长,导致中断交通的时间也长,加之试验时温度变化引起的测点读数的影响也较大,因此适宜安排在夜间进行。

此外,其他一些加载方式也可根据加载要求因地制宜采用。

对于加载重物的称量可根据试验桥梁现场具体条件和不同的加载方法选用以下几种方法来对所加载重物进行称量。

① 称重法

当采用重物为砂、石材料时,可预先将砂、石过磅,统一称量为50kg,用塑料编织袋装好,按加载级堆放整齐,以备加载时用。

当采用重物为铸钢(铁)块时,可将试验控制荷载化整为零,按逐级加载要求将铸钢(铁)块称重后,分级码放整齐,以便加载取用。

当采用车辆荷载加载时,可先用地磅称量全车的总重(包括车辆所装重物的重量),再按汽车的前后轴分别开上地磅称重,并记录下每辆车的总重和前、后轴重,同时将汽车按加载工况编号,排放整齐,等候加载。

② 体积法

当采用水箱用水作重物对桥梁加载时,可在水箱中预先设置标尺(量测水的高度)和虹吸管(调整加载重量),试验时,可通过量测水的高度计算出水的体积来换算成水的重量来控制。

③ 综合法

根据车辆的型号、规格确定空车轴重(注意考虑车辆零部件的增减和更换,汽油、水以及乘员重量的变化),再根据已称量过所装载重物的重量及其在车箱内的重心位置将重量分配至前后各轴。对于装载重物最好采用外形规则的物件并码放整齐或采用松散均匀材料在车箱内能摊铺平整,以便准确确定其重心位置和计算重量。

无论采用何种确定加载重物称量方法,称量必须做到准确可靠,其称量误差一般应控制在不超过5%,有条件时也可采用两种称量方法互相校核。

(4)静载加载试验工况分级与控制

实桥静载试验加载试验工况最好采用分级加载与卸载。分级加载的作用在于既可控制加载速度,又可以观测到桥梁结构控制截面的应变和变位随荷载增加的变化关系,从而了解桥梁结构各个阶段的承载性能。另外在操作上分级加载也比较安全。

1)加载工况分级控制的原则

① 当加载工况分级较为方便,而试验桥型(如钢桥)又允许时,可将试验控制荷载均分为5级加载。每级加载级距为20%的控制荷载。

② 当使用车辆加载,车辆称重有困难而试验桥型为钢筋混凝土结构时,可按3级不等分加载级距加载,试验加载工况的分级为:空车、计算初裂荷载的0.9倍和控制荷载。

③ 当遇到桥梁现场调查和检算工作不充分或试验桥梁本身工况较差的情况,应尽量增多加载级距。并注意在每级加载时,车辆应逐辆以不大于5km/h的速度缓缓驶入桥梁预定加载位置,同时通过监控控制截面的控制测点的读数,确保试验万无一失。

④ 当划分加载级距时,应充分考虑加载工况对其他截面内力增加的影响,并尽量使各截面最大内力不应超过控制荷载作用下的最不利内力。

⑤ 另外,根据桥梁现场条件划分分级加载时,最好能在每级加载后进行卸载,便于获取每级荷载与结构的应变和变位的相应关系。当条件有所限制时,也可逐级加载至最大荷载后再分级卸

载,卸载量可为加载总荷载量的一半,或全部荷载一次卸完。

2)车辆荷载加载分级的方法

① 先上单列车,后上双列车。

② 先上轻车,后上重车。

③ 逐渐增加加载车数量。

④ 车辆分次装载重物。

⑤ 加载车位于桥梁内力(变位)影响线预定的不同部位。

以上各法也可综合运用。

3)加卸载的时间选择

加卸载时间的确定一般应注意二个问题:①加卸载时间的长短应取决于结构变位达到稳定时所需要的时间;②应考虑温度变化的影响。

对于正常的桥梁结构试验,加、卸载级间间歇时间如钢结构应不少于10min,对于其他结构一般不少于15min。所定的加、卸载时间是否符合实际情况,试验时可根据观测控制截面的仪表读数是否稳定来调整和验证。

对于采用重物加载,因其加卸载周期比较长,为了减少温度变化对荷载试验的影响,通常桥梁荷载试验安排在22:00~6:00时间段内进行。对于采用加卸载迅速方便的车辆荷载,如受到现场条件限制,也可安排在白天进行,但加载试验时每一加卸载周期花费时间应控制在20min内。

对于拱桥当拱上建筑或桥面系参与主要承重构件受力,有时因其连接较弱或变形缓慢,造成测点观测值稳定时间较长,如其结构实测变位(或应变)值远小于理论计算值,则可将加载稳定时间定为20~30min。

(5)加载程序实施与控制

1)加载程序的实施

加载程序实施应选择在天气较好,温度相对稳定性好的时间段内。加载应在现场试验指挥的统一指挥下,严格按照设计好的加载程序计划有条不紊地进行。加载施加的次序一般按计划好的工况,先易后难进行,加载量施加由小到大逐级增加。对采用车辆加载时,如为对称加载,每级荷载施加次序一般纵向为先施加单列车辆,后施加双列车辆;横桥向先沿桥中心布置车辆,后施加外侧车辆。

为了防止现场试验意外情况的发生,加载过程中应随时准备做好停止加载和卸载的准备。

2)加载试验的控制

加载过程中,应对桥梁结构控制截面的主要测点进行监控,随时整理控制测点的实测结果,并与理论计算结果进行比较。另外注意监控桥梁构件薄弱部位的开裂和破损,组合构件的结合面的开裂、错位等异常情况,并及时报告试验指挥人员,以便采取相应措施。

加载过程中,当发现下列情况应立即终止加载:

① 控制测点挠度超过规范允许值或试验控制理论值时。

② 控制测点应力值已达到或超过按试验荷载计算的控制理论值时。

③ 混凝土梁裂缝的长度和缝宽的扩展在未加载到预计的试验控制荷载前,达到和超过允许值时或在加载过程中,新裂缝不断出现,缝宽和缝长不断增加,达到和超过允许值的裂缝大量出现,对桥梁结构使用寿命造成较大影响时。

④ 桥梁结构发生其他损坏,影响桥梁承载能力或正常使用时。

3. 量测方法与试验数据采集

(1)测点布置

1)测点布置的原则

根据桥梁试验项目的要求，测点布置应遵循以下原则：

① 在满足试验目的的前提下，桥梁控制截面测点布置宜少不宜多。

② 测点的位置必须有代表性并服从桥梁结构分析的需要。测点的位置和数量必须是合理的，同时又是足够的。测点布置一般在桥梁结构的最不利部位上，如对箱梁截面腹板高度应变测点布置应不少于5个。

③ 布置一定数量的校核性测点。在测试过程中，就可以同时测得控制数据与校核数据，将二者比较，可以判别试验数据的可靠程度。

④ 测点的布置应有利于工作操作和量测安全。为了试验时测读的方便，测点宜适当集中，在现场情况许可时桥梁荷载试验可充分利用结构的对称性，尽量将测点布置在桥梁结构的半跨或1/4跨区域内。

2）主要测点布置

一般情况下，桥梁试验对主要测点的布置应能监控桥梁结构的最大应力（应变）和最大挠度（或位移）截面以及裂缝的出现或可能扩展的部位。几种主要桥梁体系的主要测点布置如下：

① 简支梁桥：跨中挠度、支点沉降、跨中截面应变、支点斜截面应变。

② 连续梁桥：跨中挠度、支点沉降、跨中截面应变、支点截面应变和支点斜截面应变。

③ 悬臂桥梁（包括T形刚构的悬臂部分）：悬臂端的挠度、支点沉降、支点截面应变、T形刚构墩身控制截面应变。

④ 拱桥：跨中挠度、1/4跨挠度、跨中、1/4处、拱脚截面应变。

⑤ 刚架桥（包括框架、斜腿刚架和刚架-拱式体系）：跨中截面的挠度和应变，节点附近截面的应变和变位。

⑥ 悬索结构（包括斜拉桥和悬索桥）：刚性梁的最大挠度，索塔顶部的水平位移，塔柱底截面应变，偏载扭转变位和控制截面应变。

挠度测点一般布置在桥梁中轴线位置，有时为了实测横向分布系数，也会在多主梁各梁跨中沿桥宽方向布置。截面抗弯应变测点一般设置在跨中截面应变最大部位，沿梁高截面上、下缘布设，横桥向测点设置数量以能监控到截面最大应力的分布为宜。

3）其他测点布设

根据桥梁现场调查和桥梁试验目的的要求，结合桥梁结构的特点和状况，在确定了主要测点的基础上，为了对桥梁的工作状况进行全面评价，也可适当增加一些以下测点：

① 挠度测点沿桥长或沿控制截面桥宽方向布置；

② 应变沿控制截面桥宽方向布置；

③ 剪切应变测点；

④ 组合构件的结合面上、下缘应变测点布置；

⑤ 裂缝的监控测点；

⑥ 墩台的沉降、水平位移测点等。

对于桥梁现场调查发现结构横向联系构件质量较差，连接较弱的桥梁，必须实测控制截面的横向应力增大系数。简支的横向应力分布系数可采用观测沿桥宽方向各梁的应变变化的方法计算，也可采用观测跨中沿桥宽方向各梁的挠度变化的方法来进行计算求得。

对于剪切应变一般采用布置应变花测点的方法进行观测。梁桥的实际最大剪应力截面的测点通常设置在支座附近，而不是在支座截面上。

对于钢筋混凝土或部分预应力混凝土桥梁的裂缝的监控测点，可在桥梁结构内力最大受拉区沿受力主筋高度和方向连续布置测点，通常连续布置的长度不小于2~3个计算裂缝间距，监控试验荷载作用下第一条裂缝的产生以及每级荷载作用下，出现的各条裂缝宽度、开展高度和发展趋向。

4)温度测点布置

为了消除温度变化对桥梁荷载试验观测数据的影响,通常选择在桥梁上大多数测点较接近的部位设置 1~2 处温度观测点,另外还根据需要在桥梁控制截面的主要测点部位布置一些构件表面温度测点,进行温度补偿。

(2)试验数据的采集

1)温度观测

在桥梁试验现场,通常在加载试验前对各测点仪表读数进行 1h 的温度稳定观测。测读时间间隔为每 10min 一次,同时记录下温度和测点的观测数据,计算出温度变化对数据的影响误差,用于正式试验测点的温度影响修正。

2)预载观测

在正式加载试验前应进行 1~2 次的预载试验。预载的目的在于:

①预载可以起预演作用,达到检查试验现场组织和人员工作质量,检查全部观测仪表和试验装置是否工作正常。以便能及时发现问题,在正式试验前得到解决。

②预载可以使桥梁结构进入正常工作状态,特别是对新建桥梁,预载可以使结构趋于密实;对于钢筋混凝土结构经过若干次预载循环后,变形与荷载的关系才能趋向稳定。

对于钢桥,预载的加载量最大可达到试验控制荷载。对于钢筋混凝土和部分预应力混凝土桥梁,预载的加载量一般不超过 90% 的开裂荷载;对于全预应力混凝土桥梁,预载的加载量为试验控制荷载的 20%~30%。

3)变形量测仪表的观测

① 因为桥梁结构的变形与桥梁结构的荷载作用时间有关,因此,测读仪表的一条原则就是试验现场仪表的观测读数必须在同一时间段内读取。只有同时读取的试验数据才能真实的反映桥梁结构整体受载的实际工作状态。

② 测读时间一般选在加载与卸载的间歇时间内进行。每一次加载或卸载后等 10~15min,当结构变形测点稳定后即可发出信号,统一开始测读一次,并记录在专门的表格上或在自动打印记录上做好每级的加载时间和加载序号,以便整理资料。

③ 在量测仪表的观测过程中,对桥梁控制截面的重要测点数据,应边记录边做整理,计算出每级荷载下的实测值,与检算的理论值进行比较分析,发现异常情况应及时报告指挥者,查明原因后再进行。

4)裂缝观测

裂缝观测的重点是对钢筋混凝土和预应力混凝土桥梁构件中承受拉力较大的主筋部位以及旧桥原有的裂缝中较长和裂缝较宽的部位。加载试验前,对这些部位应仔细测量裂缝的长度、宽度,并沿裂缝走向离缝约 1~3mm 处用记号笔进行描绘。加载过程中注意观测裂缝的长度和宽度的变化,并直接在混凝土表面描绘。如发现加载过程中,裂缝长度突然增加很大,宽度突变超过允许宽度等异常情况时,应及时报告现场指挥,立即中止试验,查明情况。试验结束后,应对桥梁结构裂缝进行全面检查记录,特别应仔细检查在桥梁结构控制截面附近是否产生新的裂缝,必要时将裂缝发展情况用照相或录像的方式记录下来,或绘制在裂缝展开图上。

六、试验成果分析与评定

1. 静载试验数据整理分析

(1)测试值修正与计算

桥梁结构的实测值应根据各种测试仪表的率定结果进行测试数据的修正,如机械式仪表的校正系数,电测仪表的灵敏系数,电阻应变观测的导线电阻等影响,这些影响的修正公式前面章节有的已经涉及,没有涉及的公式可查相关书籍。在桥梁检测中,当上述影响对于实测值的影响不超过1%时,一般可不予修正。

(2)温度影响修正计算

在桥梁荷载试验过程中,温度对测试结果的影响比较复杂,一般采用综合分析的方法来进行温度影响修正。具体做法采用加载试验前进行的温度稳定观测结果,建立温度变化(测点处构件表面温度或大气温度)和测点实测值(应变或挠度)变化的线性关系,按下式进行修正计算:

$$S = S_1 - \Delta t \cdot k_t \tag{5-5}$$

式中 S——温度修正后的测点加载观测值;
S_1——温度修正前的测点加载观测值;
Δt——相应于S_1时间段内的温度变化值(℃);
k_t——空载时温度上升1℃时测点测值变化值:

$$k_t = \frac{\Delta S}{\Delta t_1} \tag{5-6}$$

式中 ΔS——空载时某一时间段内测点观测变化值;
Δt_1——相应于ΔS同一时间段内温度变化值。

在桥梁检测中,通常温度变化值的观测对应变采用构件表面温度,对挠度则采用大气温度。温度修正系数k_t应采用多次观测的平均值,如测点测试值变化与温度变化关系不明显时则不能采用。由于温度影响修正比较困难,一般可不进行这项工作,而通过在加载过程中,尽量缩短加载时间或选择温度稳定性好的时间进行试验等方法来尽量减少温度对试验的影响。

(3)测点变位及相对残余变位计算

1)测点变位

根据控制截面各主要测点量测的挠度,可作下列计算:

总变位 $\qquad S_t = S_l - S_i \tag{5-7}$

弹性变位 $\qquad S_e = S_l - S_u \tag{5-8}$

残余变位 $\qquad S_p = S_t - S_e = S_u - S_i \tag{5-9}$

式中 S_i——加载前仪表初读数;
S_l——加载达到稳定时仪表读数;
S_u——卸载后达到稳定时仪表读数。

2)相对残余变位计算

桥梁结构残余变位中最重要的是残余挠度,相对残余变位的计算主要是针对桥梁结构加载试验的主要监控测点的变位进行,可按下式计算:

$$S'_p = \frac{S_p}{S_t} \times 100\% \tag{5-10}$$

式中 S'_p——相对残余变位;
S_p, S_t——意义同式(5-9)。

(4)荷载横向分布系数计算

通过对试验桥梁(多主梁)跨中及其他截面横桥向各主梁挠度的实际测定,可以整理绘制出跨中及其他截面横向挠度曲线,按照桥梁荷载横向分布的概念,采用变位互等原理,即可计算并绘制出实测的任一主梁的荷载横向分布影响线。荷载横向分布系数可用下式求得:

$$k_i = \frac{y_i}{\sum y_i} \tag{5-11}$$

式中 k_i——第 i 根主梁的荷载横向分布系数;
y_i——第 i 根主梁的实测挠度值;
Σy_i——桥梁某截面横向各主梁实测挠度值的总和。

(5)试验结果整理分析

桥梁结构的荷载内力、强度、刚度(变形)以及裂缝等试验资料,经过相应的修正计算后,通常将最不利工况的每级荷载作用下的桥梁控制截面的实测结果与理论分析值整理绘制成曲线,便于直观比较和分析。通常需整理的桥梁结构试验常用曲线种类大致如下:

(1)桥梁结构纵横向的挠度分布曲线;
(2)桥梁结构荷载位移($P-f$)曲线;
(3)桥梁结构控制截面的荷载与应力($P-\sigma$)曲线;
(4)桥梁结构控制截面应变沿梁高度分布曲线;
(5)桥梁结构裂缝开展分布图(图中注明各裂缝编号、长度、宽度、荷载等级与裂缝发展过程情况)。

通过以上将结果整理绘制的曲线,即可直观地对实测结果与理论分析值的关系进行比较,初步判断试验桥梁的实际工作状态是否满足设计与安全运营要求。

2. 静载试验效率计算

静载试验效率 η_q 可用下式表示:

$$\eta_q = \frac{S_s}{S(1+\mu)} \tag{5-12}$$

式中 η_q——静载试验效率;
S_s——静载试验车辆荷载作用下控制截面内力(或变位)计算值;
S——控制荷载作用下控制截面最不利内力(或变位)计算值;
μ——按桥梁设计规范采用的冲击系数。当车辆为平板挂车、履带车、重型车辆时,取 $\mu=0$。

静载试验效率 η_q 的取值范围,对大跨径桥梁 η_q 可采用 0.8～1.0;对旧桥试验的 η_q 可采用 0.8～1.05。η_q 的取值高低主要根据桥梁试验的前期工作的具体情况来确定。当桥梁现场调查与检算工作比较完善而又受到加载设备能力限制时,η_q 可采用低限;当桥梁现场调查、检算工作不充分,尤其是缺乏桥梁计算资料时,η_q 可采用高限;一般情况下旧桥的 η_q 值不宜低于 0.95。

3. 动载试验资料的整理分析

桥梁实测冲击系数可按下式计算:

$$\mu_t = \frac{y_{d\,max}}{y_{s\,max}} - 1 \tag{5-13}$$

式中 μ_t——试验车辆的实测冲击系数;
$y_{d\,max}$——实测的最大动挠度;
$y_{s\,max}$——实测的最大静挠度。

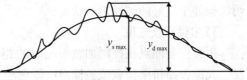

图 5-15 车辆荷载作用下桥梁变形曲线

对于公路桥梁行驶的车辆荷载因为无轨可循,所以不可能使两次通过桥梁的路线完全相同。因此,一般采取以不同速度通过桥梁的方法,逐次记录下控制部位的挠度时程曲线,并找出其中一次通过使挠度达到最大值的时程曲线来计算冲击系数,静挠度取动挠度记录曲线中最高位置处振动曲线的中心线。如图 5-15 所示,最大动挠度与最大静挠度在桥梁动变形记录图中的取值位置。

实测的冲击系数应满足下列条件:

$$\mu_t \cdot \eta_d \leq \mu_s \tag{5-14}$$

式中 μ_t——实测冲击系数;

μ_s——设计时采用的冲击系数;

η_d——动载试验效率。

当式(5-14)条件不满足时,应按实测的 μ_t 值来考虑试验桥梁标准设计中汽车荷载的冲击作用。

4. 桥梁试验结果的分析评定

(1)结构的工作状况

1)校验系数 η 在桥梁试验中,结构校验系数 η 是评定桥梁结构工作状况,确定桥梁承载能力的一个重要指标。通常根据桥梁控制截面的控制测点实测的变位或应变与理论计算值比较,得到桥梁结构的校验系数 η,按公式(5-15)计算

$$\eta = \frac{S_e}{S_s} \tag{5-15}$$

式中 S_e——试验荷载作用下实测的变位(或应变)值;

S_s——试验荷载作用下理论计算变位(或应变)值,式(5-15)计算得到的 η 值,可按以下几种情况判别:

当 $\eta = 1$ 时,说明理论值与实际值相符,正好满足使用要求。

当 $\eta < 1$ 时,说明结构强度(刚度)足够,承载力有余,有安全储备。

当 $\eta > 1$ 时,说明结构设计强度(刚度)不足,不安全。应根据实际情况找出原因,必要时应适当降低桥梁结构的载重等级,限载限速或者对桥梁进行加固和改建。

在大多数情况下,桥梁结构设计理论值总是偏安全的。因此,荷载试验桥梁结构的校验系数 η 往往稍小于 1。

不同桥梁结构型式的 η 值常不相同,表 5-1 所列的结构校验系数 η,可供参考。

桥梁结构校验系数常值表 表 5-1

桥梁类型	应变(或应力)校验系数	挠度校验系数
钢筋混凝土板桥	0.20 ~ 0.40	0.20 ~ 0.50
钢筋混凝土梁桥	0.40 ~ 0.80	0.50 ~ 0.90
预应力混凝土桥	0.60 ~ 0.90	0.70 ~ 1.00
圬工拱桥	0.70 ~ 1.00	0.80 ~ 1.00

2)实测值与理论值的关系曲线

对于桥梁结构的荷载与位移($P-f$)曲线,荷载与应力($P-\sigma$)曲线的分析评定,因为理论值一般按线性关系计算,所以如果控制测点的实测值与理论计算值成正比,其关系曲线接近于直线,说明结构处于良好的弹性工作状况。

3)相对残余变位

桥梁控制测点在控制加载工况时的相对残余变位 S_p 越小,说明桥梁结构越接近弹性工作状况。我国公路桥梁荷载试验标准一般规定 S_p 不得大于20%。当 S_p 大于20%时,应查明原因。如确系桥梁结构强度不足,应在评定时,酌情降低桥梁的承载能力。

4)动载性能

当动载试验效率 η_d 接近 1 时,不同车速下实测的冲击系数最大值可用于桥梁结构强度及稳定性检算。

对 40~120kN 载重汽车行车激振试验测得的竖向振幅值宜小于表 5-2 所列的参考指标。

竖向振幅值参考指标　　表5-2

桥型及跨度	竖向振幅允许值(mm)
跨度为20m以下的钢筋混凝土梁桥	0.3
跨度为20~45m的预应力混凝土梁桥	1.0
跨度为60~70m的连续梁桥和T型刚构桥	3.0~5.0
跨度为30~124m的钢梁桥和组合梁桥	2.0~3.0

对于公路桥梁中小跨径的一阶自振频率测定值一般应大于3.0Hz,否则认为该桥结构的总体刚度较差。

(2)结构强度及稳定性

1)新建桥梁

新建桥梁的试验荷载一般情况下,选用设计荷载作为试验荷载,在试验荷载的作用下,桥梁结构混凝土控制截面实测最大应力(应变)就成为评价结构强度的主要依据。一方面可通过控制截面实测最大应力与相关设计规范规定的允许应力进行比较来说明结构的安全程度;另一方面可通过控制截面实测最大应力与理论计算最大应力进行比较,采用桥梁结构校验系数 η 来评价结构强度及稳定性。

2)旧桥

我国公路部门提出的《公路旧桥承载能力鉴定方法》,对于旧桥承载能力的检算基本上按现行的有关公路桥梁设计规范进行,但可根据桥梁现场调查得到的旧桥检算系数 Z_1 和桥梁经荷载试验得到的 Z_2 值,对检算结果进行适当修正。

当旧桥经全面荷载试验后,可采用通过结构控制截面主要挠度测点的校验系数 η 值查取旧桥检算系数 Z_2 值代替仅仅根据现场调查得到的旧桥检算系数 Z_1 值,对旧桥进行检算,通过检算结果对桥梁结构抗力效应予以提高或折减。验算按式(5-16)、式(5-17)计算:

砖、石及混凝土桥:

$$S_d(\gamma_{so}\Psi\sum\gamma_{sl}Q) \leq R_d(\frac{R_j}{\gamma_m}, a_k)\xi_c Z_2 \tag{5-16}$$

式中 　S_d ——荷载效应函数;

　　　Q ——荷载在结构上产生的效应;

　　　γ_{so} ——结构重要性系数;

　　　γ_{sl} ——荷载安全系数;

　　　Ψ ——荷载组合系数;

　　　R_d ——结构抗力效应函数;

　　　R_j ——材料或砌体的安全系数;

　　　a_k ——结构几何尺寸;

　　　ξ_c ——截面折减系数;

　　　Z_2 ——旧桥检算系数(荷载试验取得)。

钢筋混凝土及预应力混凝土桥:

$$S_d(\gamma_g G; \gamma_q \sum Q) \leq \gamma_b R_d(\xi_c \frac{R_c}{\gamma_c}; \xi_s \frac{R_s}{\gamma_s}) Z_2 (1-\xi_e) \tag{5-17}$$

式中　G ——永久荷载(结构重力);

　　　γ_g ——永久荷载(结构重力)的安全系数;

　　　Q ——可变荷载及永久荷载中混凝土收缩、徐变影响力,基础变位影响力,对重载交通桥梁汽车荷载效应应计入活载影响修正系数 ξ_s；

γ_q——荷载 Q 的安全系数；

R_d——结构抗力函数；

γ_b——结构工作条件系数；

R_c——混凝土强度设计采用值；

γ_c——在混凝土强度设计采用值基础上的混凝土安全系数；

R_s——预应力钢筋或非预应力钢筋强度设计采用值；

γ_s——在钢筋强度设计采用值基础上的钢筋安全系数；

ξ_c——混凝土结构截面折减系数；

ξ_s——钢筋截面折减系数；

ξ_e——承载能力恶化系数。

Z_2 值(荷载试验取得)的取值范围根据校验系数 η 在表 5-3 中查取。η 值是评价桥梁实际工作状态的一个重要指标。对于 η 的某一个值，都可在表 5-3 中的 Z_2 有一个相应的取值范围，符合下列条件时，Z_2 值可取高限，否则应酌减，直至取低限。

经过荷载试验桥梁检算系数 Z_2 值表　　　　　　　表 5-3

η	Z_2	η	Z_2
0.4 及以下	1.20 ~ 1.30	0.8	1.00 ~ 1.10
0.5	1.15 ~ 1.25	0.9	0.97 ~ 1.07
0.6	1.10 ~ 1.20	1.0	0.95 ~ 1.05
0.7	1.05 ~ 1.15		

注：1. η 值应经校验确保计算及实测无误；

2. η 值在表列之间时可内插；

3. 当 η 值大于 1 时应查明原因，如确系结构本身强度不够，应适当降低检算承载能力。

① 加载产生桥梁结构内力与总内力(加载产生内力与恒载内力之和)的比值较大，荷载试验效果较好；

② 桥梁结构实测值与理论值线性关系较好，相对残余变形较小；

③ 桥梁结构各部分无损伤，风化，锈蚀情况，已有裂缝较轻微。

当采用 Z_1 值(现场调查取得)根据式(5-16)或式(5-17)检算不符合要求，但采用 Z_2 值(荷载试验取得)进行检算符合要求时，可评定桥梁承载能力的检算满足要求。

3)墩台及基础

当试验荷载作用下实测的墩台沉降，水平位移及倾角较小，符合上部结构检算要求，卸载后变位基本回复时，认为墩台与基础在检算荷载作用下能正常工作。否则，应进一步对墩台与基础进行探查、检算，必要时应进行加固处理。

4)结构刚度分析

在试验荷载作用下，桥梁结构控制截面在最不利工况下主要测点挠度校验系数 η 应不大于 1。

另外，在公路桥梁现有设计规范中，对不同桥梁都分别规定了允许挠度的范围。在桥梁荷载试验中，可以测出在桥梁结构设计荷载作用时结构控制截面的最大实测挠度 f_z，应符合式(5-18)的要求：

$$f_z \leqslant [f] \tag{5-18}$$

式中　　f_z——消除支点沉降影响的跨中截面最大实测挠度值；

[f]——设计规范规定的允许挠度值。

当试验荷载小于桥梁设计荷载时,可用下式推算出结构设计荷载时的最大挠度f_z,然后与规范规定值进行比较:

$$f_z = f_s \frac{P}{P_s} \tag{5-19}$$

式中 f_s——试验荷载时实测跨中最大挠度;

P_s——试验荷载;

P——结构设计荷载。

5) 裂缝

对于新建桥梁在试验荷载作用下全预应力混凝土结构不应出现裂缝。

对于钢筋混凝土结构和部分预应力混凝土结构 B 类构件在试验荷载作用下出现的最大裂缝宽度不应超过有关规范规定的允许值。即

$$\delta_{max} \leq [\delta] \tag{5-20}$$

式中 δ_{max}——控制荷载下实测的最大裂缝宽度值;

[δ]——规范规定的裂缝宽度允许值。

另外,一般情况下对于钢筋混凝土结构和部分预应力混凝土结构 B 类构件在试验荷载作用下出现的最大裂缝高度不应超过梁高的$\frac{1}{2}$。

通过试验桥梁的荷载试验得到的试验资料的整理,就可对桥梁结构的工作状况、强度、刚度和裂缝宽度等各项指标进行综合分析,再结合桥梁结构的下部构造和动力特性评定,就可得出试验桥梁的承载能力和正常使用的试验结论,并用桥梁荷载试验鉴定报告的形式给出评定结论。

七、桥梁现场荷载试验实例

1. 试验桥梁概况

南京长江第二大桥北汊桥主桥为 90m + 3×165m + 90m 的五跨变截面连续箱梁桥,位于半径 R = 16000m 的竖曲线上。桥面宽 32m,预应力混凝土箱梁桥由上、下行分离的两个单箱单室箱形截面组成。箱梁采用纵、横、竖三向预应力体系。全桥于 2000 年 12 月底建成时,为亚洲当时已完成的最大跨径预应力混凝土连续箱梁桥。

为了确保大桥安全可靠地投入营运,对竣工后的大桥进行荷载试验是十分必要的。根据大桥建设指挥部的要求,北汊主桥的竣工荷载试验工作由东南大学桥梁与隧道工程研究所具体实施,北汊主桥由两幅分离的预应力混凝土单室箱梁组成,现场竣工荷载试验选择在上游幅进行。

2. 荷载试验目的

(1) 检验北汊桥主桥主体结构受力状况和承载能力是否符合设计要求,确定能否交付正常使用。

(2) 根据北汊桥主桥特大跨径预应力混凝土连续箱梁桥的结构特点,用静载测试的方法了解桥梁结构体系的实际工作状况,检验桥梁结构的使用阶段性能是否可靠。同时,也为评价工程的施工质量、设计的可靠性和合理性以及竣工验收提供可靠依据。

(3) 通过测试移动车辆荷载作用下桥梁控制截面的动应变和动挠度得到结构实际的动态增量,判别其动态反应是否在预应力连续箱梁桥允许范围内。

(4) 通过动力性能试验,了解桥梁结构的固有振动特性以及在长期使用荷载阶段的动力性能。

3. 静载试验

(1) 试验荷载

试验荷载采用的加载车辆由东风康明思 EQ3141 自卸车和太脱拉 815-2 自卸车两种车型组成。加载车辆主要尺寸如图 5-16 所示。

南京长江二桥北汊主桥按静载试验方案,共使用 6 辆太脱拉自卸车和 21 辆东风康明思自卸车。采用的车辆均按标准配量进行配载称重。

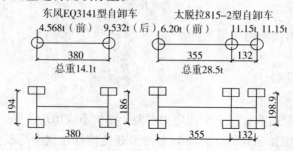

图 5-16 加载车主要尺寸(单位:cm)

(2)测试截面、测试内容及测点布置

1)测试截面

根据设计提供的资料和对北汊桥主桥预应力混凝土连续箱梁在营运阶段的分析计算,北汊主桥桥跨中跨跨中截面 A 和次中跨跨中截面 C 的正弯矩值以及 23 号墩顶附近截面 B 的负弯矩值是设计的主要控制值;而箱梁混凝土主应力由边跨截面 D 控制。因此,北汊主桥桥跨结构的静载试验相应选择了 4 个主要控制截面。如图 5-17 所示。

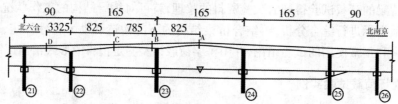

图 5-17 北汊主桥静载试验测试截面位置图(单位:m)

2)测试内容及测点布置

根据《大跨径混凝土桥梁的试验方法》和选择的控制截面要求,本次静载试验是在每种加载工况作用下,测试截面的混凝土应变和观测各桥跨的挠度变形。

① 箱梁挠度变形测试

箱梁挠度变形测点布置见图 5-18。除在每个桥墩纵向中心线位置箱梁上布设测量测点外,每跨的跨中处及四分点处均设挠度变形测点。

挠度变形测点设在桥面上,在桥面横桥向的上、下游两侧,分别布置了 19 个点共 38 个测点,见图 5-19。

挠度变形采用多台水准仪沿全桥分段同时进行测试。

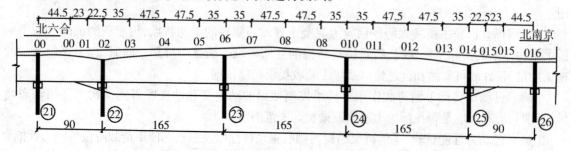

图 5-18 桥跨箱梁挠度变形纵向布置图(单位:m)

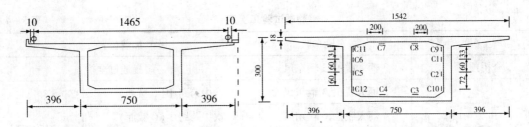

图 5-19 挠度变形测点在横桥面上的布置图(单位:cm)　　图 5-20 截面应变片测点布置图(单位:cm)

②箱梁应力测试

在箱梁主要控制截面(A、B、C)上各布置混凝土应变测点 17 个,其中钢弦式应变计 5 点(在箱梁施工中已预先埋入混凝土内),外贴大标距铂式应变片测点 12 个。部分截面的应变测点布置见图 5-20。

D 截面为箱梁主应力测试截面,共设置了 4 个应变花测点,计 12 片混凝土应变片。主应力测点布置见图 5-21。

(3)加载工况及方法

1)加载工况

北汊主桥跨结构静载试验采用汽车车队加载。在桥面宽度上布置 3 列车队,每列车队按照加载工况要求由数量不等的东风康明斯和太脱拉自卸车组成。

对于北汊主桥桥跨结构 A、B、C、D 测试截面,除在桥面宽度方向进行对称加载工况,还进行偏心加载工况,在桥面横向位置具体对称加载和偏心加载布置见图 5-22。

图 5-21 截面主应力测点布置图(单位:cm)

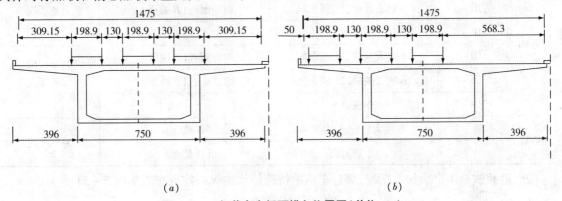

图 5-22 加载车在桥面横向位置图(单位:cm)
(a)加载车辆对称位置;(b)加载车辆偏心位置

北汊主桥静载试验根据对桥跨结构具体分析和设计要求,主要进行 4 个大加载工况,共计 8 个小加载工况。静载试验具体实施工况详见表 5-4。

静载试验工况表 表 5-4

工况		加载车辆车队	加载位置	
全桥预压		3 辆太脱拉,3 辆东风	缓慢通过全桥	
工况 I	I-1	2 辆太脱拉,3 辆东风	次中跨跨中（C 截面）	对称工况
	I-2	4 辆太脱拉,6 辆东风	次中跨跨中（C 截面）	
	I-3	6 辆太脱拉,9 辆东风	次中跨跨中（C 截面）	
	I-4	车辆退出		
	I-5	4 辆太脱拉,6 辆东风	次中跨跨中（C 截面）	偏载工况
	I-6	6 辆太脱拉,9 辆东风	次中跨跨中（C 截面）	
	I-7	车辆退出		
工况 II	II-1	2 辆太脱拉,3 辆东风	中跨跨中（A 截面）	对称工况
	II-2	4 辆太脱拉,6 辆东风	中跨跨中（A 截面）	
	II-3	6 辆太脱拉,9 辆东风	中跨跨中（A 截面）	
	II-4	车辆退出		
	II-5	4 辆太脱拉,6 辆东风	中跨跨中（A 截面）	偏载工况
	II-6	6 辆太脱拉,9 辆东风	中跨跨中（A 截面）	
	II-7	车辆退出		
工况 III	III-2	4 辆太脱拉,14 辆东风	墩顶附近（B 截面）	对称工况
	III-3	6 辆太脱拉,21 辆东风	墩顶附近（B 截面）	
	III-4	车辆退出		
	III-5	4 辆太脱拉,14 辆东风	墩顶附近（B 截面）	偏载工况
	III-6	6 辆太脱拉,21 辆东风	墩顶附近（B 截面）	
	III-7	车辆退出		
工况 IV	IV-1	6 辆太脱拉,3 辆东风	（D 截面）	对称工况
	IV-2	车辆退出	（D 截面）	

按照静载试验 4 个大加载工况,部分车队沿桥跨结构的纵向排列布置如图 5-23 所示。

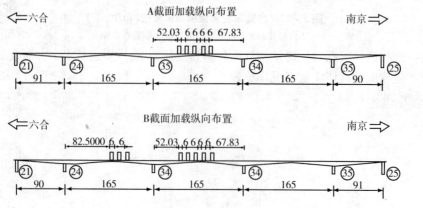

图 5-23 加载车队纵向布置图（单位:m）

2）加载方法

北汉主桥静载试验按表5-4所示的加载大工况,每个加载大工况采用分级加载的方法,当加载工况为沿桥面横向对称布置车队时,分3级加载,即1列车队为1级;当加载工况为非对称布置车队时,分2级加载,即先上1列车队为第1级,而后同时上2列车队为第2级。本次加载时在桥跨结构经过车队预压之后,依次按表5-4的工况顺序进行加载试验。

3) 静载试验效率

按照图5-23所示车队纵向排列位置以及桥面上共3个试验车队作用时,计算得到的静载试验效率 $\eta_q = 0.8 \sim 0.9$,满足《大跨径混凝土桥梁的试验方法》的要求。

(4) 试验仪器

1) 混凝土应变测试采用TDS-303静态数据采集仪,其分辨率为 0.1×10^{-6};最大测量测点数据为1000个,量测速度为0.06S,与之相配的混凝土应变片为大标距铂式应变片。

同时对箱梁截面混凝土应变还使用了SS-2型液晶显示钢弦频率接收仪2台,其测量精度为1Hz,最大测量范围为8000Hz。与之相配的是预先埋入箱梁混凝土内的钢弦式应变计。

2) 桥跨结构挠度变形测试仪器采用8台精密水准仪沿全桥分段同时测量进行。

(5) 静载试验结果

1) 桥梁结构的挠度

根据北汉主桥桥跨结构各控制截面最大加载工况实测得到部分的最大挠度值与相应加载工况的理论计算挠度值对照表见表5-5。

根据全桥跨结构实测挠度结果整理绘制的部分加载工况挠度实测曲线如图5-24所示。

控制截面实测最大挠度与理论计算挠度对照表　　　　　表5-5

测试截面	实测挠度(mm)	理论计算挠度(mm)	备注
A 截面	46	62.5	中跨跨中
B 截面	49	52.4	次中跨跨中

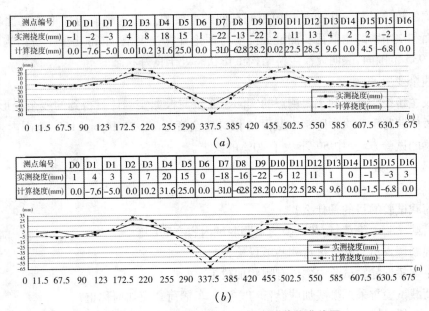

图5-24　A截面偏载上、下游测点挠度曲线图

2) 箱梁混凝土应变

根据北汉主桥桥跨结构各控制截面加载工况,静载试验中所测得的箱梁控制截面各部位应力值均为加载后的应力增量值,下面仅将理论计算的应力增量值与实测的应力增量值进行比较。其

中应力值为负号代表受压,正号代表受拉。下面实测应力值与理论计算值均指加载后的应力值增量。

①根据全桥各控制截面箱梁混凝土正应力实测得到的范围与理论计算正应力值对照见表5-6。表中实测混凝土正应力变化范围均小于理论计算值。

混凝土实测应力范围与理论计算值对照表　　　表5-6

截面部位		实测应力范围(MPa)	理论计算应力值(MPa)	备注
A	顶板	2.77～3.58	3.73	
	底板	2.96～3.89	4.20	
B	顶板	0.92～1.04	1.85	
	底板	0.57～1.07	1.58	
C	顶板	0.69～0.77	1.77	
	底板	2.5～2.60	2.62	

②根据北汊主桥施工控制组在全桥桥面铺装施工后对预埋在中跨跨中截面和次中跨跨中截面的钢弦应变计荷载试验测试结果,中跨跨中截面顶板混凝土压应力为6.67MPa,底板混凝土压应力为11.42MPa;次中跨跨中截面顶板混凝土压应力为8.89MPa,底板混凝土压应力为14.96MPa。因此,静载试验各工况在试验荷载作用下,北汊主桥箱梁截面混凝土总的应力状态处于压应力范围内。

3) 主应力测试结果

实测计算结果得到的箱梁腹板混凝土主拉应力最大为0.94MPa,小于理论计算得到的主拉应力值1.2MPa。

4) 结构工作状况

①结构校验系数 η

桥梁结构的校验系数 η 主要是利用控制截面的主要测点的实测值与理论值之比求得。根据中跨跨中截面和次中跨跨中截面实测最大挠度与理论计算挠度值,求得北汊主桥结构校验系数 η 在0.736～0.935范围内,表明北汊主桥结构工作状态处于良好状态。

②相对残余变形 S'_p

根据北汊主桥控制截面的主要测点的实测总变位与根据实测计算得到的残余变形值,可计算得到北汊主桥中跨跨中和次中跨跨中截面的相对残余变形 S'_p 在14%～16%范围内,满足《大跨径混凝土桥梁的试验方法》中 S'_p 不大于20%的要求。

思　考　题

1. 实桥荷载试验的目的是什么?
2. 实桥荷载试验中静载、动载试验的主要测试内容有哪些?
3. 实桥现场调查与考察应进行哪些项目检查?
4. 常见主要桥型静载试验中主要有哪些加载工况?
5. 实桥荷载试验常采用哪些加载设备与方法?车辆荷载应如何称重?
6. 几种主要桥梁体系的试验控制截面的主要测点应如何布置?
7. 采用汽车车队作桥梁静载试验时,如何进行加载工况的分级?
8. 静载试验时,钢筋混凝土梁桥加载稳定时间应如何控制?
9. 实桥现场荷载试验中,什么条件下应终止加载试验?